Hochschultext

R.E. Rosenberg

Flugleistungserprobung von Strahlflugzeugen

Grundlagen · Versuchsablauf Versuchsauswertung

Mit 127 Abbildungen

Springer-Verlag
Berlin Heidelberg New York
London Paris Tokyo 1987

Dr.-Ing. Richard E. Rosenberg
Bereichsleiter bei der Erprobungsstelle 61 der Bundeswehr, Manching
Lehrbeauftragter an der Universität der Bundeswehr, München

CIP-Kurztitelaufnahme der Deutschen Bibliothek
Rosenberg, Richard E.: Flugleistungserprobung von Strahlflugzeugen:
Grundlagen, Versuchsablauf, Versuchsauswertung / R.E. Rosenberg. -
Berlin ; Heidelberg ; New York ; London ; Paris ; Tokyo : Springer 1987.
ISBN 978-3-540-17847-7   ISBN 978-3-642-50270-5 (eBook)
DOI 10.1007/ 978-3-642-50270-5

Formelsatz: Vignold Essen·Ratingen·Düsseldorf; Schriftsatz : BWB, Koblenz;
Weiterverarbeitung: Siebdruckatelier Herbert Geier, Ingolstadt
2362/3020-543210

*"Eine Flugmaschine zu erfinden bedeutet gar nichts,
sie zu bauen nicht viel,
sie zu erproben alles."*

Otto Lilienthal

Vorwort

So alt wie der Flugzeugbau ist die Forderung, Flugzeuge zu erproben und ihre Leistungen zu bestimmen.

Die dazu benötigte Versuchstechnik, anfangs mehr empirisch betrieben, hat sich inzwischen auf der Basis von eigenen theoretischen Grundlagen, die aus den Erkenntnissen der Flugmechanik abgeleitet und ganz systematisch den speziellen Erfordernissen der Flugerprobung angepaßt worden sind, zu einer weitgehend selbständigen Disziplin der Flugwissenschaften entwickelt.

Ihre Träger sind die Versuchsabteilungen der großen Flugzeugfirmen, einige wenige Forschungsinstitute sowie die amtlichen Erprobungsstellen[1] einschließlich der vier im Westen bekannten Schulen für Flugversuchsingenieure und Testpiloten[2]. Jede einzelne der drei erstgenannten Einrichtungen hat dabei mehr oder minder ihre eigenen Praktiken entwickelt. Ebenso unterschiedlich und nur im Grundsatz gleich ist auch der Lehrstoff, den die vier Schulen vermitteln.

So hat dieses Fachgebiet, das nicht zum allgemein eingeführten Lehrgut des Flugzeugbaustudiums gehört und gewissermaßen erst im Berufsleben erschlossen werden muß, noch keine einheitliche Basis gefunden. Es gibt zwar inzwischen eine ganze Reihe von teilweise ausgezeichneten Einzelschriften, unter anderem in Form der AGARD-Veröffentlichungen oder der Skripten der genannten Schulen. Außer dem Werk der russischen Autoren W.S. Wedrow und M.A. Taiz, dessen Erscheinen inzwischen mehr als 25 Jahre zurückliegt, ist mir jedoch kein Fachbuch bekannt geworden, das der Forderung nach einer in sich geschlossenen und den Lehrgrundsätzen einer Technischen Universität angepaßten Darstellung gerecht wird.

Das vorliegende Buch soll dazu beitragen, diese Lücke zu schließen. Es baut hierbei auf den Erkenntnissen aus der Flugversuchspraxis auf, die an der Erprobungsstelle 61 gewonnen worden sind und ist aus meiner Vorlesung an der Universität der Bundeswehr München entstanden. Es behandelt die Flugleistungserprobung des Flugzeugs in dem Umfang, wie er in der Studienrichtung Luft- und Raumfahrttechnik an einer Technischen Universität gelehrt werden kann, und wendet sich neben dem Studierenden vor allem

---

[1] in der Bundesrepublik Deutschland die Erprobungsstelle 61 der Bundeswehr

[2] L'ECOLE DU PERSONNEL NAVIGANT D'ESSAIS ET DE RECEPTION (Frankreich), EMPIRE TEST PILOT'S SCHOOL (England), U.S NAVAL TEST PILOT'S SCHOOL und USAF TEST PILOT SCHOOL (USA)

VIII

an den Flugzeugbauingenieur, der sich mit diesem Spezialgebiet der Flugwissenschaften vertraut machen will. Es soll aber auch dem in der Praxis
tätigen Ingenieur bei der Lösung seiner Probleme helfen. Bezüglich der
dafür vorausgesetzten flugmechanischen Grundlagen darf auf den Band
"Flugleistungen" von G. Brüning und X. Hafer verwiesen werden, der im
gleichen Verlag erschienen ist.

Das Buch behandelt die mit Strahltriebwerken angetriebenen Flugzeuge.
Obwohl die Anwendungen der Methoden fast ausschließlich an Beispielen
gezeigt werden, die aus dem Bereich der Hochleistungs-Kampfflugzeuge
stammen, sind diese vom Prinzip her aber auch weitgehend auf Transport-
oder Passagierflugzeuge anwendbar.

Es muß an dieser Stelle jedoch deutlich gesagt werden, daß mit der hier
beschriebenen Methodik zwar das Wesentliche, aber doch nur ein Teil der
Problematik angesprochen wird. So würde zum Beispiel eine tiefergehende
Behandlung der meßtechnischen Fragen sowie die Einbeziehung der
Höhen-, Fahrt-, Anstellwinkel- und Schiebewinkelmessung, einschließlich der
Kalibrierung dieser Parameter, welche eine wichtige Voraussetzung für die
Bestimmung der Flugleistungen sind, weit über den Rahmen dieses Buches
hinausgehen. Die wichtigsten Zusammenhänge werden deshalb in einem
Anhang bereitgestellt.

Darüber hinaus spielen im Flugversuch noch in besonderem Maße
Erkenntnisse eine Rolle, die nicht durch ein Fachbuch zu vermitteln sondern
nur über persönlich gesammelte Erfahrungen zu erwerben sind. So verlangt
zum Beispiel die Bewertung der durch Versuch und Auswertung erzielten
Ergebnisse ein ausgeprägtes Gespür für die flugmechanischen Zusammenhänge, das nicht allein durch Theoretisieren, sondern nur in Verbindung mit
praxisnaher Detailarbeit, durch unermüdliches sorgfältiges Überprüfen,
Vergleichen und Analysieren der erzielten Meßdaten gewonnen werden
kann. Hierfür will das Buch versuchen, das Problembewußtsein zu wecken
und die notwendigen Voraussetzungen zu schaffen.

Bei der Ausarbeitung des Buches habe ich immer gern die speziellen
Erfahrungen meiner Mitarbeiter in Anspruch genommen. Sie haben mich
durch wertvolle Hinweise und durch Diskussionen unterstützt. Den Herren
Dr.-Ing. Fohrer (UniBw), Dipl.-Ing. Galleithner und Dipl.-Ing. Skudridakis
(DFVLR) sowie Herrn Dr.-Ing. Wagner (TU München) danke ich für ihre
sorgfältige Überprüfung des Skriptums, ebenso Herrn Dipl.-Ing. Zeidler
(MBB) für seine Hinweise zum Kapitel 3. Der Leitung des Bundesamtes für
Wehrtechnik und Beschaffung, die mir den Rückgriff auf das in meiner
Dienststelle erarbeitete umfangreiche Material an Versuchsdaten sowie die
Schreibarbeiten zum Manuskript ermöglicht und mich bei der Herstellung
des Buches unterstützt hat, bin ich zu besonderem Dank verpflichtet.

Wettstetten, im Dezember 1986   R. Rosenberg

Inhaltsverzeichnis

3 Zelle und Triebwerk als Einzelsysteme

Anhang

A Ermittlung der Luftwerte

B Ermittlung der Flughöhe, Machzahl und Fluggeschwindigkeit

Formelzeichen

Grundsätzlich gelten die Festlegungen und Bezeichnungen des Normblattes LN 9300. Darüber hinaus wird die Einführung einiger neuer Größen und Indizierungen erforderlich.

Zeichen	Bedeutung, Definition	Einheit
a	Schallgeschwindigkeit	m/s
a	konstanter Faktor	
a_c	Eichschallgeschwindigkeit	m/s
a_n	Normschallgeschwindigkeit ($= 340,294$ m/s)	m/s
A	Auftrieb, z_a - Komponente der Summe aller auf das Flugzeug einwirkenden Luftkräfte	N
A_{ges}	Gesamtauftrieb, Auftrieb A der Zelle plus Summe der dem Antriebssystem zuzuschlagenden Auftriebskräfte	N
b	Spannweite	
$\vec{b}$	Totalbeschleunigungsvektor, Summe des Erd- und Inertialbeschleunigungsvektors	m/s²
b_x	x - Komponente von $\vec{b}$	m/s²
b_y	y - Komponente von $\vec{b}$	m/s²
b_z	z - Komponente von $\vec{b}$	m/s²
b_{xa}	x_a- Komponente von $\vec{b}$	m/s²
b_{ya}	y_a- Komponente von $\vec{b}$	m/s²
b_{za}	z_a- Komponente von $\vec{b}$	m/s²
C_F	Schubkoeffizient	
C_m	Luftdurchsatzkoeffizient	
C_A	Auftriebsbeiwert der Zelle	

Zeichen	Bedeutung, Definition	Einheit
$C_{A\,ges}$	Beiwert des Gesamtauftriebs von Zelle plus Antriebssystem	
C_W	Widerstandsbeiwert der Zelle	
$C_{W\,ges}$	Beiwert des Gesamtwiderstands von Zelle plus Antriebssystem	
C_{WI}	Interferenzwiderstandsbeiwert	
$C_{W\ddot{U}}$	Überlaufwiderstandsbeiwert	
e	spezifische Energie	m
$\dot{e}$	zeitliche Änderung der spezifischen Energie	m/s
E	Totalenergie	Nm
f	Korrekturfaktor	
F	Vortriebskraft $(= F_t\ )$	N
F_n	Normalschubkraft, z_a - Komponente von F_N	N
F_t	Tangentialschubkraft, x_a - Komponente von F_N	N
F_B	Bruttoschub	N
F_N	Nettoschub, resultierende Schubkraft	N
g	Fallbeschleunigung	m/s^2
g_n	Normfallbeschleunigung $(=\ 9{,}80665\ \text{m/s}^2)$	m/s^2
h	spezifische Enthalpie	Nm/kg
H	geopotentielle Höhe	m
H_p	(geopotentielle) Druckhöhe	m
H_u	(unterer) Heizwert	Nm/kg
H_H	Hindernishöhe	m
k, K	konstanter Faktor	
K	Wärmerückgewinnfaktor, K - Faktor	
m_B	Brennstoffmasse	kg
$\dot{m}_B$	Brennstoff(massen)durchsatz	kg/s
m_F	Flugmasse	kg
m_{FO}	Abflugmasse	kg

Zeichen	Bedeutung, Definition	Einheit
$\dot{m}_G$	Gas(massen)durchsatz	kg/s
$\dot{m}_L$	Luft(massen)durchsatz	kg/s
Ma	Machzahl	
N	Drehzahl	1/s
n_x	x - Komponente des Lastvielfachen	
n_{xa}	x_a- Komponente des Lastvielfachen	
n_y	y - Komponente des Lastvielfachen	
n_{ya}	y_a- Komponente des Lastvielfachen	
n_z	z - Komponente des Lastvielfachen	
n_{za}	z_a- Komponente des Lastvielfachen	
N_T	Triebwerks- (Rotor-)Drehzahl	1/s
p_n	Normdruck ($= 1{,}01325 \cdot 10^5$ N/m^2)	N/m^2
p_p	Pitotdruck	N/m^2
p_{pi}	gemessener Pitotdruck	N/m^2
p_s	statischer Druck	N/m^2
p_{si}	gemessener statischer Druck	N/m^2
p_t	Totaldruck, Ruhedruck	N/m^2
P_H	Leistungsaufnahme der Hilfsantriebe	Nm/s
q	Nickgeschwindigkeit	rad/s, °/s
q	kinetischer Druck	N/m^2
q_c	Auftreffdruck	N/m^2
q_{ci}	gemessener Auftreffdruck	N/m^2
$\dot{Q}_B$	Brennstoffenergiedurchsatz ($= \dot{m}_B H_u$)	Nm/s
r	spezifische Reichweite	m/kg
$\vec{R}$	resultierender Kraftvektor der auf das Flugzeug einwirkenden Schub-, Auftriebs- und Widerstandskräfte	N
R	Kurvenradius	m
R	Gaskonstante	Nm/kg K

Zeichen	Bedeutung, Definition	Einheit
R_n	Normgaskonstante (= 287,05287 Nm/kg K)	Nm/kg K
S	Bezugsfläche	m^2
t	Zeit	s
T_n	Normtemperatur (= 288,15 K)	K
T_s	statische Temperatur	K
T_t	Totaltemperatur, Ruhetemperatur	K
T_{ti}	gemessene Totaltemperatur	K
u_a	x_a- Komponente von $\vec{V}$, $u_a = V$	m/s
u_{Kg}	x_g- Komponente von $\vec{V_K}$	m/s
u_{Kk}	x_k- Komponente von $\vec{V_K}$	m/s
u_{Wg}	x_g- Komponente von $\vec{V_W}$	m/s
V $\vec{V}$	Fluggeschwindigkeit, Translationsgeschwindigkeit des Flugzeugs gegenüber der Luft	m/s
V_K $\vec{V_K}$	Bahngeschwindigkeit, Translationsgeschwindigkeit des Flugzeugs gegenüber der Erde	m/s
V_W $\vec{V_W}$	Windgeschwindigkeit, Translationsgeschwindigkeit der vom Flugzeug nicht gestörten Luft gegenüber der Erde	m/s
w	Steiggeschwindigkeit, zeitliche Änderung der geopotentiellen Druckhöhe[3]	m/s
w_w	Steiggeschwindigkeit bei wirtschaftlichstem Steigen (geringstem Brennstoffverbrauch)	m/s
W	Widerstand, x_a - Komponente der Summe aller auf das Flugzeug einwirkenden Luftkräfte	N

---

[3] Das Symbol w ist in der Flugversuchstechnik für die Steiggeschwindigkeit eingeführt. Es wird deshalb auch in diesem Buch verwendet, da hier keine Gefahr der Verwechslung mit der z-Komponente von $\vec{V}$ besteht. Nach der LN 9300 entspricht es jedoch dem Zeichen $-w_{Kg}$.

Zeichen	Bedeutung, Definition	Einheit
W_{ges}	Gesamtwiderstand, Widerstand der Zelle plus Summe der dem Antriebssystem zuzuschlagenden Widerstandskräfte	N
W_E	Einlaufwiderstand	N
W_I	Interferenzwiderstand	N
$W_{\ddot{U}}$	Überlaufwiderstand	N
x	Flugzeuglängsachse	
x_a	Flugwindachse, Längsachse des aerodynamischen (flugwindfesten) Achsenkreuzes	
x_e	Längsachse des experimentellen (querachsenfesten) Achsenkreuzes	
x_g	Längsachse des geodätischen (erdlotfesten) Achsenkreuzes	
x_k	Bahnachse, Längsachse des Bahnachsenkreuzes	
x_S	Schwerpunktabstand in x-Richtung	m
y	Flugzeugquerachse	
y_a	Querkraftachse, Querachse des aerodynamischen (flugwindfesten) Achsenkreuzes	
y_e	Querachse des experimentellen (querachsenfesten) Achsenkreuzes	
y_g	Querachse des geodätischen (erdlotfesten) Achsenkreuzes	
y_k	Querachse des Bahnachsenkreuzes	
y_S	Schwerpunktabstand in y-Richtung	m
z	Flugzeughochachse	
z_a	Auftriebachse, Hochachse des aerodynamischen (flugwindfesten) Achsenkreuzes	
z_e	Hochachse des experimentellen (querachsenfesten) Achsenkreuzes	

6

Zeichen	Bedeutung, Definition	Einheit
z_g	Lotachse, Hochachse des geodätischen (erdlotfesten) Achsenkreuzes	
z_k	Hochachse des Bahnachsenkreuzes	
z_S	Schwerpunktabstand in z-Richtung	m
α	(wahrer) Anstellwinkel	rad, °
α_S	Sonden-Anstellwinkel	rad, °
β	(wahrer) Schiebewinkel	rad, °
β_S	Sonden-Schiebewinkel	rad, °
γ	Bahneignungswinkel, Steigwinkel	rad, °
γ_a	Flugwindeignungswinkel	rad, °
δ	Druckverhältnis ($= p_s/p_n$)	
δ_T	Leistungshebelstellung	° , %
ϑ	Start- bzw. Landebahngefälle	rad, °
η	Wirkungsgradfaktor	
η	Höhenruderausschlag	rad, °
θ	Temperaturverhältnis ($= T_s/T_n$)	
θ	Längseignung (Nickwinkel)	rad, °
κ	Verhältnis der spezifischen Wärmekapazitäten	
μ_a	Flugwindhängewinkel	rad, °
ϱ_s	statische Luftdichte	kg/m³
ϱ_n	Normdichte ($= 1{,}225$ kg/m³)	kg/m³
σ	Schubeinstellwinkel	rad, °
ϕ	Hängewinkel (Rollwinkel)	rad, °
χ_a	Flugwind-Azimut	rad, °
ψ	Azimut	rad, °
$\vec{\Omega}$	Drehgeschwindigkeitsvektor	rad/s, °/s
ω	Komponente des Drehgeschwindigkeitsvektors	rad/s, °/s

Indices

A	Anfang
E	Ende
FR	Flügel-Rumpf
HL	Höhenleitwerk
ist	Ist-Zustand
krit	kritisch
red	reduziert auf Normatmosphärenzustand
R	Referenz-, Bezugszustand
soll	Soll-Zustand
std	Standard-, Normzustand

Nur einmal oder im speziellen Zusammenhang verwendete Indizierungen sind hier nicht mit aufgenommen. Ihre Bedeutung läßt sich jedoch stets aus dem unmittelbaren Zusammenhang ablesen.

1 Einführung

1.1 Aufgabenstellung

Der Begriff "Flugleistungen" ist nicht eindeutig. Wir verstehen darunter eine Vielzahl von meßbaren Größen, welche die Leistungsfähigkeit des Flugzeugs auf ganz unterschiedliche Weise beschreiben, und zwar abhängig vom betrachteten Flugzustand. So sind beispielsweise beim Start die über Grund zurückgelegten Streckenabschnitte (die Rollstrecken und die Übergangsflugstrecken bis zur Hindernishöhe) von Interesse. Beim Steigflug wird vorrangig nach der Zeit und dem Brennstoffverbrauch als Funktion der Höhe gefragt. Beim stationären Kurvenflug kommt es hingegen auf das maximal erzielbare Lastvielfache in Abhängigkeit von der Höhe und der Machzahl an, usw.

Im Gegensatz zu den Flugeigenschaften, wo der Flugversuch viele unterschiedliche Fragen beantworten muß, lassen sich die Flugleistungen mittels einiger weniger gezielter Nachweise der oben erwähnten Art erschöpfend behandeln. Man kann diese unter den folgenden fünf Oberbegriffen zusammenfassen: Start- und Landeleistung, Steigflugleistung, Horizontalflugleistung, Kurvenflugleistung und Sinkflugleistung.

Die Ableitung einer geeigneten Versuchsmethodik für den Nachweis der Flugleistungen von Strahlflugzeugen ist die Aufgabenstellung für dieses Buch.

1.2 Besondere Probleme

Die Erprobung wird von einer Vielzahl charakteristischer Einflüsse geleitet. Sie bestimmen die Vorgehensweise, die sich damit sehr wesentlich von der allgemein üblichen Experimentaltechnik (wie man sie beispielsweise im Laborversuch anwendet) unterscheidet. Davon sind drei besonders kennzeichnend:

● Die wichtigsten Versuchsparameter wie beispielsweise der Druck, die Temperatur und der Wind sind aufgrund der atmosphärischen Bewegungen ständigen Änderungen unterworfen. Sie lassen sich weder frei einstellen oder konstant halten noch in einer gewünschten Zuordnung reproduzieren.

● Eine weitere nicht eindeutig erfaßbare Variable ist der Pilot, der bei Aufgaben mit einer starken Flugführungskomponente (z.B. bei Starts und

Landungen) als Glied des Regelkreises im Mensch-Maschine System aufgrund seiner physiologischen-psychologischen Eigenheiten teils bewußt teils unbewußt das Versuchsergebnis mit beeinflußt.

● Die Versuche sind mit Sicherheitsrisiken, nicht nur für das Gerät sondern auch für den Menschen verbunden.

Dadurch sind die Möglichkeiten bei der Versuchsdurchführung erheblich eingeschränkt. Es gelingt nicht, die Wirkungen bestimmter Einflußgrößen unbeeinflußt von Nebeneffekten zu messen, sondern man kann die Zusammenhänge meist nur indirekt, über ihre Auswirkungen auf andere Parameter, erfassen.
Der Schwerpunkt der Erprobung wird deshalb vom Messen auf die Auswertung verlagert, welche stets auf eine Korrektur der störenden Nebeneffekte hinausläuft. Dadurch erhalten wir die beim Experiment nicht einhaltbare Vergleichsbasis für die Bewertung der Versuchsergebnisse zurück. Den Algorithmus dazu liefern Modellbetrachtungen der flugmechanischen Zusammenhänge, woraus sich auch die zu messenden Größen ableiten lassen. Die Organisation der Versuchsabläufe ist dementsprechend anzupassen. Die Gesamtheit dieser Probleme, von der Modellbetrachtung über den Versuchsablauf bis hin zur Auswertung wird in diesem Buch unter dem Begriff "Versuchsmethodik" zusammengefaßt.

Es ist unschwer einzusehen, daß unter diesen Voraussetzungen durch kleinste Zusatzforderungen große Anstrengungen auf allen Ausführungsebenen in Bewegung gesetzt werden, wodurch die Erprobungen mit einem hohen Zeit- und Kostenaufwand verbunden sind. Deshalb ist eine klare Definition des Erprobungszieles wichtig, wobei eine besonders sorgfältige Abwägung zwischen dem Wünschenwerten und den unverzichtbaren Forderungen allen Überlegungen und Maßnahmen vorangestellt werden muß.

1.3 Vorgehensweise

Die Flugleistungen werden allein durch die arerodynamische Güte der Zelle und die Leistungsfähigkeit des Antriebssystems (Schub- und Brennstoffverbrauch) bestimmt, die sich auch gegenseitig beeinflussen. Die Erprobung kann deshalb auf zwei von ihren Ansätzen her gänzlich verschiedenen Wegen erfolgen.
Bei der einen Art des Leistungsnachweises wird das Flugzeug als Ganzes betrachtet, ohne daß das Verhalten der Zelle oder des Antriebssystems im einzelnen bekannt sein muß. Diese Vorgehensweise führt direkt auf die Start- und Landeleistung, die Steigflugleistung, die Horizontalflugleistung usw. sowie auf die Vortriebskraft. Man operiert bei den dazu notwendigen

Korrekturen stets mit dem Gesamtauftrieb A_{ges} und dem Gesamtwiderstand W_{ges} des Flugzeugs, die man praktisch als Nebenergebnis der Versuche mit erhält und woraus sich die Flugzeugpolare ableiten läßt. In der Flugzeugpolare (Polare des Gesamtsystems) sind allerdings neben den Wirkungen der Flugzeugaerodynamik auch die Nebenwirkungen des Antriebssystems auf die Umströmung der Zelle mit enthalten, die sich in diesem Falle nicht mehr voneinander trennen lassen. Die zugehörige Flugversuchsmethodik wird im Kapitel 2 dieses Buches behandelt.

Die andere Art des Leistungsnachweises hebt auf eine getrennte Analyse des Antriebssystems und der Zelle ab. Antriebsseitig gewinnt man dabei die erforderlichen Aussagen über den Brennstoffverbrauch, den Luftdurchsatz und den Schub. Zellenseitig werden die von der Aerodynamik des Flugzeugs herrührenden Luftkräfte (der Auftrieb A und der Widerstand W) erfaßt, womit man u.a. die Polare der Zelle bestimmen kann. Mit dieser Art der Flugversuchsmethodik befaßt sich das Kapitel 3 dieses Buches.

Die Flugzeugpolare bzw. die Polare der Zelle in Verbindung mit den Triebwerksdaten wie Brennstoffverbrauch, Luftdurchsatz und Schub ist die Grundlage einer jeden Flugleistungsrechnung. Diese gehört jedoch nicht mehr zum Umfang dieses Buches.

2   Zelle und Triebwerk als Gesamtsystem

In diesem Kapitel werden Zelle und Triebwerk als Ganzes behandelt.

Die Erprobung des Flugzeugs als Gesamtsystem erfordert im Gegensatz zu
der im nachfolgenden Kapitel behandelten Vorgehensweise nur einen ver-
hältnismäßig geringen versuchs- und auswertetechnischen Aufwand, ohne
besondere Kenntnis vom Verhalten einzelner Komponenten (vor allem des
Triebwerks).
Von weiterem Vorteil ist, daß unmittelbar Kennfelder gewonnen werden, aus
denen sich die Flugleistungen anschaulich ablesen lassen. Allerdings ist
es hierbei nicht möglich, aus den Ergebnissen auf den individuellen Einfluß einzelner Bauelemente zurückzuschließen oder die ermittelten Flug-
leistungswerte auf andere Zellen- oder Triebwerksstandards umzurechnen.
Diese Versuchsmethoden sind somit nicht geeignet für Leistungsanalysen
zur Weiterentwicklung des Entwurfs. Sie werden aber bevorzugt dann angewendet, wenn es darum geht, gezielt und ohne besonderen Aufwand spezielle
Einzelleistungen (z.B. die Steigflugleistungen, die Horizontalflugleistungen
oder andere) zu analysieren. Sie sind einfach anzuwendende Werkzeuge,
wenn man weniger am Optimierungsgrad der verschiedenen Komponenten
von Zelle und Triebwerk als an einer raschen Überprüfung der Flugleistungen des Gesamtentwurfs interessiert ist.

2.1   Grundkonzept

Die in diesem Buch vorgestellten Methoden zur Erprobung des Flugzeugs
als Gesamtsystem basieren auf dem Grundsatz der Erhaltung der Energie
und dem Grundsatz der Äquivalenz von Energie und Arbeit. Hierbei geht
es neben der Umwandlung von chemischer (d.h. Brennstoff-) Energie in
mechanische (d.h. kinische und potentielle) Energie vor allem um den
Wechsel zwischen diesen beiden Energieformen, wobei die Total- oder
Gesamtenergie des Systems konstant bleibt. Das Flugzeug wird bei dieser
Betrachtungsweise gewissermaßen als Massepunkt aufgefaßt, der durch die
äußeren Kräfte in Flugbahnrichtung fortbewegt wird.

2.1.1   Allgemeines

Wir befassen uns zunächst in allgemeiner Form mit der flugmechanischen
Bedeutung der Energie und ihrer zeitlichen Änderung, welche die Grund-

lage für die nachfolgenden Betrachtungen darstellt.

Wie eingangs erwähnt, hängen alle im Flugversuch ermittelten Größen stets in irgendeiner Form von Nebeneinflüssen ab, die sich während der Versuche kaum oder nur sehr schwer kontrollieren lassen. Von solchen Nebeneinflüssen ist auch die zeitliche Änderung der Energie betroffen, deren Meßwert hier außerdem noch einem systematischen Fehler unterliegt, welcher auf das Meßverfahren zurückzuführen ist. Wir müssen deshalb das Versuchsergebnis zuerst vom gemessenen auf

- den wahren Wert

umrechnen. Danach werden mittels Korrekturen auf

- Bezugs-Flugbahn
- Normatmosphäre
- Bezugs-Flugmasse
- Bezugs-Schwerpunktlage
- Bezugs-Triebwerksleistung

die verschiedenen Nebeneinflüsse eliminiert, welche nach Erfahrung den größten Schwankungen während der Versuche unterliegen und damit das Endergebnis am meisten beeinflussen.

Wir kennzeichnen im folgenden die gemessenen Größen mit einem Stern und unterscheiden die umgerechneten Größen entsprechend der Reihenfolge ihrer Korrekturen durch hochgesetzte römische Ziffern. Die nachfolgende Tabelle erleichtert die Übersicht.

Tabelle 2.1 Indizierung der Korrekturgrößen zur Ermittlung der zeitlichen Änderung der Energie

Index	Bedeutung
*	unkorrigiert, gemessen
V	korrigiert auf den wahren Wert
IV	korrigiert auf den wahren Wert und die Bezugs-Flugbahn
III	korrigiert auf den wahren Wert, die Bezugs-Flugbahn und die Normatmosphäre
II	korrigiert auf den wahren Wert, die Bezugs-Flugbahn, die Normatmosphäre und die Bezugs-Flugmasse
I	korrigiert auf den wahren Wert, die Bezugs-Flugbahn, die Normatmosphäre, die Bezugs-Flugmasse und die Bezugs-Schwerpunktslage
ohne Index	korrigiert auf den wahren Wert, die Bezugs-Flugbahn, die Normatmosphäre, die Bezugs-Flugmasse, die Bezugs-Schwerpunktslage und die Bezugs-Triebwerksleistung

Bei konstanter Windgeschwindigkeit bewegt sich das Flugzeug wie in einer ruhenden Luftmasse und die zeitliche Änderung seiner Energie bleibt, bezogen auf das aerodynamische Bezugssystem, vom Wind unbeeinflußt. Wir verzichten hier auf eine Windkorrektur unter der Voraussetzung, daß die längs der Flugbahn angetroffenen Windgradienten vernachlässigbar klein bleiben.

2.1.2 Grundbeziehungen

Die Begriffe kinetische und potentielle Energie eines Systems sind uns von der technischen Mechanik her vertraut. Ein Flugzeug mit der Masse m_F ist ein solches System. Bewegt es sich mit der Geschwindigkeit V gegenüber der ruhenden Luft, so ist seine kinetische Energie $m_\mathrm{F} V^2/2$. Befindet es sich in einem Schwerefeld mit der Fallbeschleunigung g_n in der Höhe H über einem Nullniveau, so ist seine potentielle Energie $m_\mathrm{F}\, g_\mathrm{n}\, H$.

Die Größe g_n ist eine Konstante, mit dem Wert $9{,}80665$ m/s^2, die mit Normfallbeschleunigung bezeichnet wird; die Größe H nennt man geopotentielle Höhe.

Die Fallbeschleunigung ist in Wirklichkeit eine Funktion der geometrischen Höhe h. Die Höhe H wurde somit praktisch als Hilfsgröße eingeführt, um die flugmechanischen Betrachtungen von der veränderlichen Fallbeschleunigung unabhängig zu machen. Sie entspricht (nach der Definition $m_\mathrm{F}\, g_\mathrm{n}\, H = m_\mathrm{F}\, {}_0\!\int^H g(h)\, \mathrm{d}h$ in [1]) derjenigen Flughöhe, in der sich die gleich große potentielle Energie einstellen würde, wenn die Fallbeschleunigung konstant und gleich der Normalbeschleunigung g_n wäre.

In der Flugversuchstechnik wird ausschließlich mit der konstanten Normfallbeschleunigung gearbeitet. Wir können deshalb im Folgenden bei der Fallbeschleunigung g den Index n weglassen, da keine Verwechslungsgefahr besteht. Damit läßt sich die Totalenergie des Systems in der Form

$$E = m_\mathrm{F}\, g\, H + \frac{m_\mathrm{F}}{2}\, V^2 \qquad\qquad (2.1\text{-}1)$$

anschreiben.

Um zusammengehörende Flugleistungsdaten miteinander vergleichen zu können, die bei verschiedenen Flugmassen gewonnen worden sind, ist es zweckmäßig, die Energie auf die Masse m_F bzw. das Gewicht $m_\mathrm{F} g$ des Flugzeugs zu beziehen. Damit stellt sich die Gl. (2.1-1) dar in der Form

$$e = \frac{E}{m_\mathrm{F}\, g} = H + \frac{V^2}{2\, g}\,. \qquad\qquad (2.1\text{-}2)$$

Die Größe e wird spezifische (Total-) Energie genannt.

Da wir es bei den Flugversuchen mit instationären Flugzuständen zu tun haben, bei denen das Flugzeug entweder seine Höhe oder seine Geschwindigkeit oder beides verändert, ist vor allem die Ableitung von Gl. (2.1-2) nach der Zeit

$$\dot{e} = \frac{\mathrm{d}H}{\mathrm{d}t} + \frac{V}{g}\frac{\mathrm{d}V}{\mathrm{d}t} \qquad (2.1\text{-}3)$$

von Bedeutung, die wir hier in der Form

$$\frac{\mathrm{d}e}{\mathrm{d}t} = \frac{V}{g}\left(g\frac{\dot{H}}{V} + \dot{V}\right) \qquad (2.1\text{-}4)$$

anschreiben. Die Größe $\dot{e}$ wird als die Änderungsrate der spezifischen Energie bezeichnet. Sie ist das Maß für die Fähigkeit der Zellen-Triebwerks-kombination zur Änderung der Energieform, welcher bei Kampfflugzeugen für die Ermittlung der Energiemanövrierbarkeit eine zusätzliche Bedeutung zukommt. Ihrer Ermittlung durch Flugversuche gelten die nachfolgenden Überlegungen.

Bestimmungsgleichungen für $\dot{e}$

Gl. (2.1-3) enthält die beiden Variablen H und V bzw. deren Ableitungen. Erstere sind nicht direkt meßbar, denn trotz allen technischen Fortschritts läuft die Messung von Höhe und Fluggeschwindigkeit auf das einfache Prinzip der Druck- bzw. Differenzdruckmessung mit Hilfe des Prandtl'schen Staurohres hinaus, wie in den Anfängen der Luftfahrt, s. dazu Anhang B und Bild A.1 in Anhang A. Die damit gewonnenen Meßergebnisse stellen jedoch immer noch die genauesten Werte dar, die uns die Flugmessung liefert. Für die Bestimmung von $\dot{e}$ erweisen sich die Größen H und V allerdings als nicht besonders gut geeignet. Wir müßten hierzu die Ableitungen nach der Zeit bilden, was mit erheblichen numerischen Unsicherheiten behaftet ist. Statt-dessen bietet sich eine Auswertung der auf das Flugzeug einwirkenden Beschleunigungen an, die der Gegenstand der nachfolgenden Betrachtungen sind.

Den Einstieg in diese Problematik finden wird durch Umformung der Gl. (2.1-4). Wir drücken $\dot{H}/V$ durch den Sinus des Flugwindneigungs-winkels γ_a (Winkel zwischen x_a-Achse und Horizontalebene) aus, womit sich die Änderungsrate der Energie im betrachteten Zeitpunkt in der Form

$$\dot{e} = \frac{V}{g}(g\sin\gamma_a + \dot{V}) \qquad (2.1\text{-}5)$$

darstellt. Der Klammerausdruck ist, wie man leicht nachweisen kann, mit der in Richtung der Flugwindachse x_a wirkenden Komponente des Total-beschleunigungsvektors $\vec{b}$ identisch, den auch der Pilot oder ein im Flugzeug eingebauter Beschleunigungsmesser empfindet. Dieser unterscheidet nicht, ob die Beschleunigung von einer Bewegung des Flugzeugs oder von der Erdanziehung herrührt.

Der Totalbeschleunigungsvektor folgt ganz allgemein der Beziehung

$$\vec{b} = \vec{V}_{\Omega=0} + \vec{\Omega} \times \vec{V} + \vec{g}\,. \tag{2.1-6}$$

Uns interessieren die Beschleunigungskomponenten im aerodynamischen Achsenkreuz. Wir setzen einen schiebefreien ($\beta = 0$), koordinierten Flugzustand voraus: Der von außen auf das Flugzeug wirkende Translationsbeschleunigungsvektor $\dot{V}_{\Omega=0}$ wirkt nach Definition in der Flugwindrichtung (d.h. entgegengesetzt zur Richtung von Flugwindachse x_a und Fluggeschwindigkeitsvektor $\vec{V}$); seine x_a-Komponente ist somit identisch mit der Größe $-\dot{V}$. Das Kreuzprodukt aus $\vec{V}$ und dem Drehgeschwindigkeitsvektor $\vec{\Omega}$ kann im aerodynamischen Achsenkreuz nur Zentrifugalbeschleunigungskomponenten senkrecht zur Flugwindrichtung erzeugen, und zwar die Komponente $\omega_{ya}V$ in z_a-Richtung und die Komponente $-\omega_{za}V$ in y_a-Richtung, wenn beim Kurvenflug oder beim Abfangen Drehgeschwindigkeiten ω_{ya} um die y-Achse bzw. Drehgeschwindigkeiten ω_{za} um die z-Achse auftreten. Die Größe $\vec{\Omega} \times \vec{V}$ liefert somit keinen Beschleunigungsbeitrag in Richtung x_a. Der von außen einwirkende Erdbeschleunigungsvektor $\vec{g}$ ist in z_g-Richtung (nach unten, zum Erdmittelpunkt hin) definiert; er hat in x_a-Richtung die Komponente $-g \sin \gamma_{a}$, in y_a-Richtung die Komponente $g \cos \gamma_a \sin \mu_a$ und in z_a-Richtung die Komponente $g \cos \gamma_a \cos \mu_{a\,.}$, worin μ_a den Flugwindhängewinkel bedeutet. Die y_a-Komponenten des Drehbeschleunigungs- und des Erdbeschleunigungsvektors sind entgegengesetzt gerichtet und heben sich gegenseitig auf. Der Zusammenhang ist in Bild 2.1a) verdeutlicht.

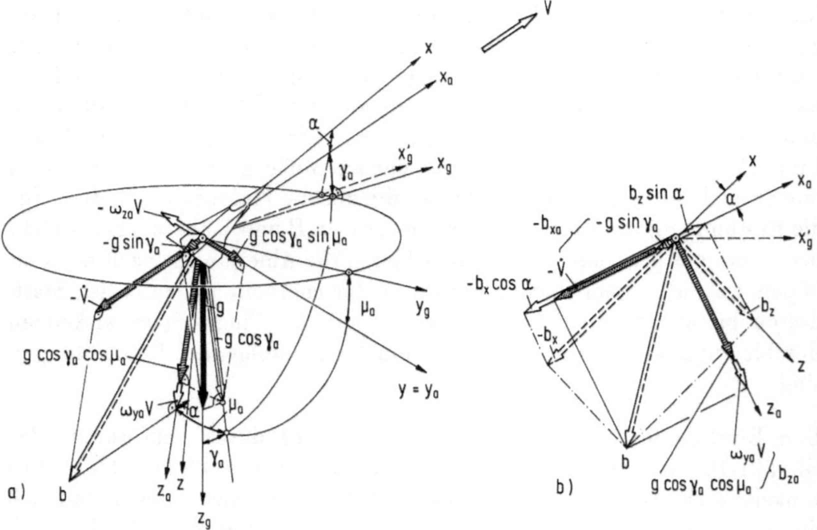

Bild 2.1

Definition der am Flugzeug angreifenden Beschleunigungskomponenten (schiebefreier Flugzustand)

Für die nachfolgenden Energiebetrachtungen interessieren uns die Reaktionen des Flugzeugs auf diese Beschleunigungen. Wir kehren deshalb die einzelnen Vorzeichen um und erhalten für die Komponente von $\vec{b}$ in x_a-Richtung die Beziehung

$$b_{xa} = g \sin \gamma_a + \dot{V} \ . \tag{2.1-7}$$

Diese ist identisch mit dem Klammerausdruck in Gl. (2.1-5), wie demonstriert werden sollte. Die zur Flugwindrichtung senkrecht verlaufende Beschleunigungskomponente von $\vec{b}$ in z_a-Richtung

$$b_{za} = - (g \cos \gamma_a \cos \mu_a + \omega_{ya} V) \tag{2.1-8}$$

liefert keinen Beitrag zur Energieänderung. Eine Komponente von $\vec{b}$ in y_a-Richtung ist nicht vorhanden. Hier hebt sich wie bereits gesagt der Drehbeschleunigungsanteil gegen den Erd-beschleunigungsanteil auf, $\beta = 0$ vorausgesetzt.

Wir können also ohne weiteres die Gl. (2.1-7) mit Gl. (2.1-5) zusammenfassen und die Änderungsrate der spezifischen Energie durch die Gleichung

$$\dot{e} = \frac{V}{g} \, b_{xa} \tag{2.1-9}$$

darstellen. Die Größe b_{xa} ist einer Messung im Fluge nicht ohne weiteres zugänglich. Sie läßt sich aber durch die Komponenten von $\vec{b}$ in Richtung der körperfesten Achsen des Flugzeugs ausdrücken. Da wir einen schiebefreien Flugzustand voraussetzen verschwindet die Beschleunigung in y-Richtung und die Koordinatentransformation liefert uns die Beziehung

$$b_{xa} = b_x \cos \alpha - b_z \sin \alpha \ , \tag{2.1-10}$$

welche in Bild 2.1b) veranschaulicht ist.

Bild 2.1b) zeigt die Draufsicht auf die x_a, z_a -Ebene in Bild 2.1a), die im schiebefreien Flug-zustand mit der x,z-Ebene des Flugzeugs zusammenfällt. Wie man sieht, läßt sich der Totalbe-schleunigungsvektor $\vec{b}$ in Richtung der körperfesten Achsen in die Komponenten $-b_x$ und b_z zerlegen, die einer Messung im Fluge zugänglich sind. Aus den Komponenten $-b_x \cos \alpha$ und $b_z \sin \alpha$ von $-b_x$ bzw. b_z erhalten wir die Beschleunigungskomponente b_{xa} in Flugwindrichtung mittels der Gl. (2.1-10). Wir kehren hierzu wieder die Vorzeichen um. Aus Bild 2.1b) lesen wir außerdem den Zusammenhang von Gl. (2.1-7) und Gl. (2.1-8) ab.

Wir fassen Gl. (2.1-9) und Gl. (2.1-10) zusammen und erhalten damit die Bestimmungsgleichung

$$\dot{e} = \frac{V}{g} \, (b_x \cos \alpha - b_z \sin \alpha) \tag{2.1-11}$$

für die Änderungsrate der spezifischen Energie, welche auf im Fluge direkt meßbaren Größen beruht. Die Terme b_x und $-b_z$ entsprechen dem Signal eines Beschleunigungsaufnehmers, dessen Wirkachse in Richtung der Flugzeuglängs- bzw. der Flugzeughochachse justiert ist. Diese Beziehung gilt für jedes beliebige Flugmanöver, vorausgesetzt daß kein Schieben auf-tritt (d.h. $\beta = 0$).

Die Beschleunigung $b_{xa} = b_x \cos\alpha - b_z \sin\alpha$ wird durch die resultierende Kraft aufgebracht, die in Flugwindrichtung x_a auf das System einwirkt. Es gilt deshalb

$$F - W_{ges} = m_F\, b_{xa}\,, \tag{2.1-12}$$

wenn F die Komponente des resultierenden Schubkraftvektors (die Vortriebskraft) und W_{ges} die Summe der von der Zelle und vom Antriebssystem hervorgerufenen Widerstandskräfte (den Gesamtwiderstand) darstellt. Auf die Zusammensetzung dieser Kräfte werden wir im Kapitel 3 dieses Buches eingehend zu sprechen kommen, s. dort Bild 3.12 und Gl. (3.2-37). Die Differenz zwischen diesen beiden Größen wird gewöhnlich als Schubüberschuß bezeichnet.

Gl. (2.1-12) läßt sich mit Gl. (2.1-9) zu

$$\dot{e} = \frac{(F - W_{ges})\, V}{m_F\, g} \tag{2.1-13a}$$

zusammenfassen. Damit stehen uns neben dem Zusammenhang

$$\dot{e} = \frac{dH}{dt} + \frac{V}{g}\frac{dV}{dt}\,, \tag{2.1-13b}$$

den wir bereits von Gl. (2.1-3) her kennen, und dem Zusammenhang

$$\dot{e} = \frac{V}{g}\left(b_x \cos\alpha - b_z \sin\alpha\right), \tag{2.1-13c}$$

der mit Gl. (2.1-11) bereitgestellt worden ist, insgesamt drei verschiedene Beziehungen zur Verfügung, um die Größe $\dot{e}$ auszudrücken. Wir werden im Folgenden alle drei Gleichungen gleichwertig nebeneinander benutzen.

Die Fluggeschwindigkeit V in Gl. (2.1-11) wird, wie bereits gesagt, aus der Pitot-Statik-Anzeige bestimmt (s. Anhang B). Den Anstellwinkel α liefert die Messung der Anströmrichtung (s. Anhang A), die Größen b_x und b_z folgen aus den Beschleunigungsmessungen in den körperfesten Achsenrichtungen.
Daraus läßt sich jedoch noch kein Anspruch auf die Gültigkeit des Ergebnisses ableiten. Die Meßwerte werden durch verschiedene Parameter beeinflußt, die durch entsprechende Korrekturen zu berücksichtigen sind. Damit befassen sich die nachfolgenden Abschnitte. Wir gehen in der in Tabelle 2.1 angegebenen Reihenfolge vor.

Korrektur auf den wahren Wert von $\dot{e}$

Um die Änderungsrate der spezifischen Energie aus Flugversuchsdaten zu bestimmen, greifen wir auf Gl. (2.1-13c) zurück. Setzen wir hier die Meßwerte V^*, b_x^*, b_z^* und α^* ein, so folgt

$$\dot{e}^* = \frac{V^*}{g}\,(b_x^* \cos \alpha^* - b_z^* \sin \alpha^*). \tag{2.1-14}$$

Die Größe $\dot{e}^*$ ist also eine abgeleitete Meßgröße, die vom Manöververlauf abhängt und sich deshalb als Funktion der Zeit darstellt. Bild 2.2a) zeigt an einem Beispiel den Verlauf $\dot{e}^*(t)$ während eines gradlinigen horizontalen Beschleunigungsfluges (ausgezogene Kurve).

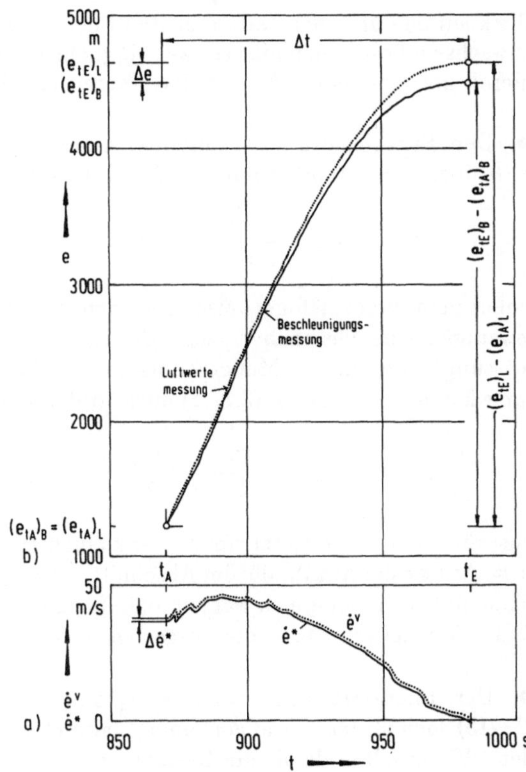

Bild 2.2 Zeitlicher Verlauf der gemessenen und auf den wahren Wert korrigierten Signalverläufe von $\dot{e}$ und e am Beispiel eines gradlinigen horizontalen Beschleunigungsfluges

Der Verlauf $\dot{e}^*(t)$ enthält neben allen zufallsbedingten Nebeneinflüssen, welche über die Flugzustandsparameter einwirken, zunächst einen systematischen Fehler, der von der Justierung der Beschleunigungsaufnehmer abhängt, und zwar von der Ausrichtung der Wirkachsen. Diese müssen entsprechend der Definition von b_x und b_z mit der körperfesten x- bzw. z-Achse des Flugzeugs zusammenfallen, damit Gl. (2.1-11) das richtige Ergebnis liefert. Weiterhin hängt $\dot{e}^*(t)$ auch noch von der Meßgenauigkeit des Anstellwinkels α ab, d.h. von der Genauigkeit, mit der die Richtung der Flugwindachse x_a bestimmt werden kann. In der Praxis sind solche Winkelfehler bei der Festlegung der körper- und flugwindfesten Achsen nicht zu vermeiden, was sich in doppelter Weise ungünstig auswirkt: Auch sehr kleine Winkelfehler, obwohl sie über den Sinus und Cosinus eingehen sind nicht vernachlässigbar, da $\dot{e}^*(t)$ durch "kleine Unterschiede von großen Zahlen" bestimmt wird. Zum anderen lassen sich an den relativ kurzen Achsen der sehr kompakt gebauten Sensoren die Winkelfehler nicht genau genug ablesen, um sie etwa als Korrekturgrößen in Gl. (2.1-14) einzuführen.

Man ist deshalb gezwungen, den Fehler auf indirektem Wege zu ermitteln. Hierfür bietet sich eine Überprüfung des Meßsignals $\dot{e}^*(t)$ an, und zwar mit Blick auf den über der Zeit t erzielten Energiezuwachs. Um diesen Energiezuwachs zu bestimmen gibt es zwei Möglichkeiten. Wir werden diese kombinieren und daraus ein Korrekturverfahren entwickeln.

• Den Energiezuwachs erhalten wird zum einen durch Integration von $\dot{e}^*(t)$ über einen repräsentativen Zeitabschnitt $t_E - t_A$. Das Ergebnis lautet

$$(e_{tE})_B - (e_{tA})_B = \int_{t_A}^{t_E} \dot{e}^*(t)\, dt \,, \qquad (2.1\text{-}15)$$

wobei man zweckmäßigerweise t_A an den Anfang und t_E an das Ende des jeweiligen Versuchsmanövers legt. Der Index B steht für "Beschleunigungsmessung", worauf das Meßergebnis basiert. Für rechnergestützte Auswertung können wir die Gl. (2.1-15) auch in der Form

$$(e_{tE})_B - (e_{tA})_B = \left[\frac{\dot{e}_{tA} + \dot{e}_{tA+n\cdot\delta t}}{2} + \sum_{i=1}^{n} \dot{e}_{ta+i\cdot\delta t}\right] \delta t \qquad (2.1\text{-}16)$$

ausdrücken, worin δt jetzt einen zwar kleinen aber endlichen Zeitschritt und $n = \Delta t / \delta t$ die Anzahl der im Abschnitt $\Delta t = t_E - t_A$ gewählten Zeitschritte darstellt (wir müssen n so wählen, daß δt ganzzahlig wird, i bezeichnet den laufenden Zeitschritt), s. die ausgezogene Kurve in Bild 2.2b).

• Der Energiezuwachs zwischen t_A und t_E kann unabhängig von Gl. (2.1-15) auch mittels der allgemeinen Energieformel Gl. (2.1-2) bestimmt werden. Wir erhalten damit die Beziehung

$$(e_{tE})_L - (e_{tA})_L = H_E - H_A + \frac{V_E^2 - V_A^2}{2\,g} \,. \qquad (2.1\text{-}17)$$

Hierin stellt $(e_{tA})_L$ die Energiehöhe zum Zeitpunkt t_A und $(e_{tE})_L$ die Energiehöhe zum Zeitpunkt t_E dar. Die Flughöhen H_A und H_E sowie die Flug-

geschwindigkeiten V_A und V_E werden aus den sogenannten Luftwerten p_p, p_s und T_s, s. Anhang A, bestimmt. Die entsprechenden Gleichungen sind in Anhang B bereitgestellt. Der Index L in Gl. (2.1-17) steht für "Luftwertemessung". Die aus den Luftwerten abgeleitete momentane Energiehöhe stellt nach Erfahrung den genauesten Wert dar, welchen uns die Flugmessung liefert, s. die punktierte Kurve in Bild 2.2b).
Wir benützen den Wert $(e_{tE})_L - (e_{tA})_L$ als Vergleichsbasis zur Überprüfung von $(e_{tE})_B - (e_{tA})_B$, s. Bild 2.2b); man erkennt, daß die beiden Kurven über Δt deutlich auseinanderdriften. Der Unterschied bei t_E geht auf die Fehlmessung von $e^*(t)$ zurück, unter der Annahme, daß uns die Gl. (2.1-2) den genauen Energiewert liefert. Der Fehler[4] beträgt

$$\Delta \dot{e}^* = \frac{[(e_{tE})_B - (e_{tA})_B] - [(e_{tE})_L - (e_{tA})_L]}{t_E - t_A} = \frac{\Delta e}{\Delta t} \, . \qquad (2.1\text{-}18)$$

Er berücksichtigt neben den Justierfehlern der Beschleunigungsaufnehmerachsen zusätzlich alle Meßfehler sowohl bei der Beschleunigungs- als auch bei der Anstellwinkelmessung , und zwar gemittelt über Δt.
Es ist leicht einzusehen, daß die Korrektur um den Betrag $\Delta \dot{e}^*$ eine Parallelverschiebung der Meßkurve $\dot{e}^*(t)$ in Richtung der $\dot{e}^*$-Achse bewirkt (punktierter Verlauf in Bild 2.2a).
Damit gilt für den wahren Meßwert, unabhängig vom betrachteten Zeitpunkt, die Beziehung, s. Fußnote 4,

$$\dot{e}^V = \dot{e}^* - \Delta \dot{e}^*, \qquad (2.1\text{-}19)$$

die wir auch in der Form

$$\dot{e}^V = f^V \, \dot{e}^* \qquad (2.1\text{-}20)$$

anschreiben können. Hierin stellt

$$f^V = 1 - \frac{\Delta \dot{e}^*}{\dot{e}^*} \qquad (2.1\text{-}21)$$

den Korrekturfaktor dar. Für $\Delta \dot{e}^*$ wird Gl. (2.1-18), für $\dot{e}^*$ wird Gl. (2.1-14) eingesetzt.

Anmerkung: Das Verfahren bedient sich auf geschickte Weise der Vorteile der Luftwertemessung, um die Nachteile der Beschleunigungsmessung auszugleichen und umgekehrt. So liefert uns die Luftwertemessung zwar unmittelbar die genauen Energiehöhen $e(t)$ in den einzelnen (quasi-stationären) Manöverpunkten (punktierte Kurve in Bild 2.2b); die daraus nachträglich ab-

---

[4] Fehler werden in diesem Buch grundsätzlich in Übereinstimmung mit DIN 1319 (Fehler gleich "falscher Wert minus richtiger Wert") definiert.

geleiteten Verläufe $\dot{e}(t)$ werden jedoch ungenau wegen den bei der Differentiation auftretenden Sprüngen. Aus der Beschleunigungsmessung erhalten wir dagegen unmittelbar die Werte $\dot{e}^*(t)$ mit einem glatten, der Tendenz nach sehr zuverlässigen Zeitverlauf (ausgezogene Kurve in Bild 2.2a). Integriert man diese auf, so werden über der Zeit Abweichungen in der Energiehöhe $e(t)$ deutlich (ausgezogene Kurve in Bild 2.2b). Aus der Abweichung in e wird der Fehler von $\dot{e}$ bestimmt.

Korrektur auf Bezugsflugbahn

Nach Gl. (2.1-13b) kommen als Flugversuchsmanöver sowohl stationäre Steig- oder Sinkflüge als auch instationäre (d.h. beschleunigte oder verzögerte) Horizontal-, Steig- oder Sinkflüge in Frage. Die Flugbahn kann geradlinig oder räumlich gekrümmt sein, abhängig von der Aufgabenstellung. Die Bezugsflugbahn ist gekennzeichnet durch einen dementsprechend definierten Verlauf.
Mit der Bezugsflugbahn verändert sich der Auftriebsvektor nach Größe und Richtung. Damit ändert sich auch der Widerstand des Flugzeugs, der bekanntlich über die Flugzeugpolare mit dem Auftrieb verknüpft ist. Über den Widerstand wird nach Gl. (2.1-13a) wiederum die Größe $\dot{e}$ beeinflußt. Da wir aus versuchstechnischen Gründen sowohl die Vortriebskraft F als auch die Fluggeschwindigkeit V als Parameter fest vorgeben müssen, schlägt jede Flugbahnabweichung, die ja von den Beschleunigungsaufnehmern und von der Anstellwinkelsonde registriert und über Gl. (2.1-14) mit in die Auswertung einbezogen wird, voll auf das Ergebnis durch. Wir müssen somit eine Korrektur durchführen, um vergleichbare Ergebnisse zu erzielen.
Den Einstieg liefert uns die allgemeine Gleichung für den Gesamtauftrieb

$$A_{\mathrm{ges}} = m_{\mathrm{F}}\, g\, n_{\mathrm{za}} = C_{\mathrm{A\,ges}}\, \frac{\varrho_{\mathrm{s}}}{2}\, V^2\, S\,, \tag{2.1-22}$$

worin $C_{\mathrm{A\,ges}}$ den Beiwert für den Gesamtauftrieb des Flugzeugs, ϱ_{s} die statische Luftdichte, V die Fluggeschwindigkeit und S die Bezugsfläche (z.B. die Flügelfläche, durchgehend durch den Rumpf) darstellt. Die Größe

$$n_{\mathrm{za}} = \frac{b_{\mathrm{za}}}{g} \tag{2.1-23}$$

ist das Lastvielfache. Hierin bezeichnet b_{za} die Totalbeschleunigungskomponente in Richtung der z_{a}-Achse, die sich nach Bild 2.1 aus der Komponente $g\cos\gamma_{\mathrm{a}}\cos\mu_{\mathrm{a}}$ der Fallbeschleunigung und der Komponente $\omega_{\mathrm{ya}}\,V$ des Drehbeschleunigungsvektors zusammengesetzt. Über b_{za} können wir die Flugbahn in die Überlegungen mit einbeziehen. Wir bedienen uns dazu der in Bild 2.3 veranschaulichten Zusammenhänge.

Bild 2.3a) ist eine vereinfachte Darstellung von Bild 2.1b).

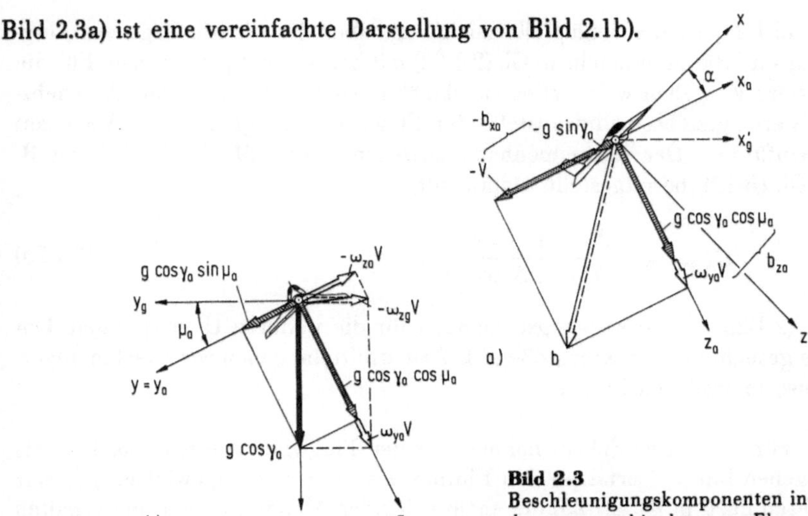

Bild 2.3
Beschleunigungskomponenten in
der x_a, z_a - und in der z_a, y_a -Ebene

In Bild 2.3b) schauen wir von vorn, in Flugwindrichtung, auf das aerodynamische Achsenkreuz. Wie man herauslesen kann, besteht in der
y_a,z_a-Ebene zwischen den einzelnen Beschleunigungsanteilen und der Lage
des Flugzeugs im Raum (ausgedrückt durch die Winkel μ_a und γ_a) ein
fester geometrischer Zusammenhang. Aus

$$\omega_{zg}\, V = \frac{g \cos \gamma_a \sin \mu_a}{\cos \mu_a} = g \cos \gamma_a \cos \mu_a \sin \mu_a + \omega_{ya}\, V \sin \mu_a$$

folgt zunächst die Beziehung

$$\omega_{ya}\, V = g \cos \gamma_a \frac{\sin^2 \mu_a}{\cos \mu_a},$$

die man in

$$b_{za} = g \cos \gamma_a \cos \mu_a + \omega_{ya}\, V$$

einsetzen kann, womit man nach einigen Zwischenrechnungen die Beziehung

$$n_{za} = \frac{\cos \gamma_a}{\cos \mu_a}$$

erhält. Faßt man diese mit Gl. (2.1-23) zusammen, so folgt

$$b_{za} = g\, \frac{\cos \gamma_a}{\cos \mu_a}. \tag{2.1-24}$$

Gl. (2.1-24) ist die Schlüsselbezeichnung, über die wir die Lage des Flugzeugs im Raum nunmehr in Gl. (2.1-22) mit berücksichtigen können. Für die weitere Vorgehensweise ist es zweckmäßig, Gl. (2.1-22) nach dem Auftriebsbeiwert aufzulösen und anstelle der Fluggeschwindigkeit V die Machzahl einzuführen. Der Zusammenhang zwischen V und Ma ist in Anhang B, s. Gl. (B-19), bereitgestellt. Damit gilt

$$C_{A\,ges} = \frac{2\,m_F\,g}{p_s\,Ma^2\,\kappa\,S}\frac{\cos\gamma_a}{\cos\mu_a} \; . \tag{2.1-25}$$

Gl. (2.1-25) ist die Ausgangsbeziehung für die weiteren Überlegungen. Um die gesuchten Korrekturgrößen für $\dot{e}$ zu ermitteln, gehen wir zweckmäßigerweise in zwei Schritten vor:

- Für den ersten Schritt nehmen wir den Flugwindneigungswinkel γ_a als gegeben hin und erfassen den Einfluß des Flugwindhängewinkels μ_a. Wir führen dazu in Gl. 2.1-25) die entsprechenden Meßgrößen ein und erhalten damit

$$C_{A\,ges}^* = \frac{2\,m_F^*\,g}{p_s^*\,Ma^{*2}\,\kappa\,S}\frac{\cos\gamma_a^*}{\cos\mu_a^*} \; . \tag{2.1-26}$$

In einem Gedankenexperiment werden nun sämtliche Versuchsparameter mit Ausnahme von μ_a konstant gehalten. Wir ändern zugleich die Schräglage durch Verkleinern des Kurvenradius so weit, bis der vorgegebene Sollwert $\mu_{a\,soll}$ erreicht wird. Der zugehörige Auftriebswert beträgt

$$(C_{A\,ges})_{soll} = \frac{2\,m_F^*\,g}{p_s^*\,Ma^{*2}\,\kappa\,S}\frac{\cos\gamma_a^*}{\cos\mu_{a\,soll}} \; . \tag{2.1-27}$$

Die Änderung $C_{A\,ges}^*$ auf $(C_{A\,ges})_{soll}$ ist mit einer Änderung des Widerstandsbeiwertes von $C_{W\,ges}^*$ auf $(C_{W\,ges})_{soll}$ verbunden, die sich mit Hilfe der Flugzeugpolare bestimmen läßt, s. Bild 2.4.

Wir gehen dabei über die gemessene Machzahl Ma^*. Da es nicht auf die Absolutwerte des Widerstandsbeiwerts ankommt, sondern auf die Differenz zwischen Ist- und Sollwert, reichen Windkanalpolaren aus. Für die Änderung des Widerstands gilt jetzt aufgrund der allgemeinen Widerstandsgleichung

$$(\Delta W_{ges})_{\mu a} = [C_{W\,ges}^* - (C_{W\,ges})_{soll}]_{\mu a}\,\frac{\varrho_s}{2}\,V^{*2}\,S \; , \tag{2.1-28}$$

was aufgrund von Gl. (2.1-13a) einem Inkrement von $\dot{e}$ in der Größe

$$\Delta\dot{e}_{\mu a}^{V} = \frac{(\Delta W_{ges})_{\mu a}\,V^*}{m_F^*\,g} = \frac{[C_{W\,ges}^* - (C_{W\,ges})_{soll}]_{\mu a}\,p_s\,V^{*3}\,S}{2\,m_F^*\,g\,R\,T_s^*} \tag{2.1-29}$$

enspricht. Man erhält diese Beziehung beispielsweise durch Differentiation von $\dot{e}$ nach W, indem man die Größen F, V und $m_\mathrm{F}\,g$ als Konstante annimmt.

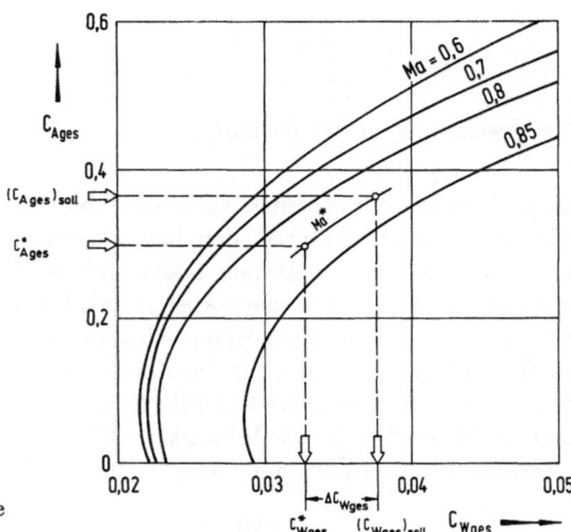

Bild 2.4
Ermittlung von $\Delta C_{W\,ges}$ mit Hilfe der Flugzeugpolare

● Für den zweiten Schritt nehmen wir den Flugwindhängewinkel μ_a als gegeben an und untersuchen den Einfluß von γ_a. Die Vorgehensweise ist analog zu Gl. (2.1-26) bis Gl. (2.1-29) und liefert uns den Zusammenhang

$$\Delta\dot{e}^{\,\mathrm{V}}_{\gamma\mathrm{a}} = \frac{(\Delta W_{ges})_{\gamma\mathrm{a}}\,V^*}{m^*_\mathrm{F}\,g} = \frac{[C^*_{\mathrm{W}\,ges} - (C_{\mathrm{W}\,ges})_\mathrm{soll}]_{\gamma\mathrm{a}}\,p_\mathrm{s}\,V^{*3}\,S}{2\,m^*_\mathrm{F}\,g\,R\,T^*_\mathrm{s}}\,. \tag{2.1-30}$$

Mit Gl. (2.1-29) und Gl. (2.1-30) läßt sich nunmehr die korrigierte Flugbahn, s. Fußnote 4, darstellen in der Form

$$\dot{e}^{\,\mathrm{IV}} = \dot{e}^{\,\mathrm{V}} - (\Delta\dot{e}^{\,\mathrm{V}}_{\mu\mathrm{a}} + \Delta\dot{e}^{\,\mathrm{V}}_{\gamma\mathrm{a}})\,. \tag{2.1-31}$$

Es ist vorteilhaft, wenn wir hier in Anlehnung an Gl. (2.1-20) die Schreibweise

$$\dot{e}^{\,\mathrm{IV}} = f^{\mathrm{IV}}\,\dot{e}^{\,\mathrm{V}} \tag{2.1-32}$$

anwenden, worin

$$f^{\mathrm{IV}} = f^{\mathrm{IV}}_{\mu\mathrm{a}}\,f^{\mathrm{IV}}_{\gamma\mathrm{a}} \tag{2.1-33}$$

den Korrekturfaktor für die Abweichung des Flugzeugs von der Bezugsflugbahn darstellt. Hierin berücksichtigt

$$f_{\mu a}^{IV} = 1 - \frac{\Delta \dot{e}_{\mu a}^{V}}{\dot{e}^{V}} \qquad\qquad (2.1\text{-}34)$$

die Abweichung in der Schräglage und

$$f_{\gamma a}^{IV} = 1 - \frac{\Delta \dot{e}_{\gamma a}^{V}}{f_{\mu a}^{IV}\, \dot{e}^{V}} \qquad\qquad (2.1\text{-}35)$$

die Abweichung in der Nicklage.

Im praktischen Flugversuch kann sich der Pilot nicht an $\mu_{a\,soll}$ und $\gamma_{a\,soll}$ orientieren, sondern nur an den Lagewinkeln θ und ϕ, die er am künstlichen Horizont abliest. Daraus lassen sich die Größen $\mu_{a\,soll}$ und $\gamma_{a\,soll}$ ohne weiseres ableiten: Da der Anstellwinkel α klein ist, kann in guter Näherung $\gamma_a = \theta$ (schiebefreier Flugzustand und Windstille vorausgesetzt) und $\mu_a = \phi$ gesetzt werden. Die Unterschiede zwischen γ_a und θ sowie μ_a und ϕ sind in Bild 2.19 veranschaulicht.
Gewöhnlich wird nicht der Rollwinkel als Parameter vorgegeben sondern das Lastvielfache. Den Zusammenhang liefert Gl. (2.1-24). Es gilt

$$\mu_{a\,soll} = \text{arc cos}\left[\frac{\cos \gamma_{a\,soll}}{n_{za\,soll}}\right]. \qquad\qquad (2.1\text{-}36)$$

Gl. (2.1-36) beschreibt nichts anderes als die bekannte Tatsache, daß der Pilot die Flughöhe mit dem Querruder steuern muß, wenn das Höhenruder zur Aufrechterhaltung eines bestimmten Lastvielfachen festgehalten wird.

Korrektur auf Normatmosphäre

Wie Gl. (2.1-13a) zeigt, ist $\dot{e}$ letztendlich eine Funktion der Variablen F, W_{ges} und V, die alle drei vom Zustand der Atmosphäre (dem statischen Druck p_s und der statischen Temperatur T_s) abhängen. Damit hängt auch $\dot{e}$ vom Atmosphärenzustand ab. Da die atmosphärischen Größen nicht konstant sind, sondern sich während des Versuchsablaufs zeitlich und örtlich verändern, müssen wir entsprechende Korrekturen einführen, um miteinander vergleichbare $\dot{e}$-Werte zu gewinnen. Die Bezugsbasis hierfür ist entweder die deutsche Normatmosphäre nach [2] oder die US Standard Atmosphäre nach [3], wo durch Vereinbarung die Abhängigkeiten zwischen dem Druck und der Temperatur eindeutig festgelegt sind. Die beiden Definitionen unterscheiden sich dabei nur unwesentlich; wir werden uns im folgenden der deutschen Normatmosphäre nach [2] bedienen. Eine ausführliche Beschreibung der physikalischen Grundlagen findet sich in [4].
Demnach müssen wir grundsätzlich zwischen zwei Bereichen unterscheiden, in denen verschiedene Gesetzmäßigkeiten für den Druck- und Temperatur-

verlauf über der Höhe gelten. Diese sind in Anhang B.1 dieses Buches abgeleitet und bereitgestellt.

- Von 0 bis 11 km Höhe gilt

$$H_p = \frac{1,0 - (p_s/101325,0)^{0,190263}}{2,2557696 \cdot 10^{-5}} , \qquad (2.1\text{-}37)$$

worin p_s in N/m² eingesetzt werden muß, damit man H_p in m erhält. Die statische Umgebungstemperatur T_s in K folgt dabei der Beziehung

$$T_s = 288,15 - 0,0065 \cdot H_p \qquad (2.1\text{-}38)$$

unter der Bedingung, daß H_p in m eingesetzt wird.

- Von 11 bis 20 km Höhe gilt

$$H_p = 11000,0 - 6341,713 \, \text{In} \, \frac{p_s}{22632,04} . \qquad (2.1\text{-}39)$$

Auch hier wird p_s in N/m eingesetzt und man erhält H_p in m. Die Temperatur T_s (in K) bleibt in diesem Bereich konstant, nämlich

$$T_s = 216,65 . \qquad (2.1\text{-}40)$$

Der Bereich oberhalb von 20 km liegt bereits außerhalb der üblichen Flugenveloppen und ist deshalb für unsere Betrachtungen nicht weiter interessant.

Die Druckhöhe H_p ist durch die Druckverteilung in der Atmosphäre festgelegt. Druck- und Temperaturverteilung beeinflussen sowohl die am Flugzeug angreifenden aerodynamischen Kräfte als auch die Triebwerkskräfte und damit die Flugleistungen. Die weiter oben, in Gl. (2.1-1) eingeführte geopotentielle Höhe H ist dagegen das Maß für die potentielle Energie des Flugzeugs über dem Nullniveau. Da jedoch H_p nach [1] als diejenige geopotentielle Höhe H definiert ist, die in der Normatmosphäre dem Luftdruck in dem betrachteten Punkt zugeordnet ist, ist H_p mit H identisch. Für die nachfolgenden Betrachtungen kann somit der Index p weggelassen werden, da kein Mißverständnis möglich ist.

Gefragt ist nach den Flugleistungen in einer vorgegebenen Höhe H, womit also nach Gl. (2.1-37) bzw. Gl. (2.1-39) der Umgebungsdruck und nach Gl. (2.1-38) bzw. Gl. (2.1-40) die Umgebungstemperatur festgelegt sind. Wir bezeichnen diese Bezugsgrößen im folgenden mit $p_{s\,soll}$ und $T_{s\,soll}$.

Wenn es gelingt, die Versuche immer exakt auf dem Druckniveau $p_{s\,soll}$ durchzuführen, welches der vorgegebenen Höhe H bzw. H_p in der Normatmosphäre entspricht, entfällt die Druckkorrektur und wir müssen lediglich die Abweichung der augenblicklichen Temperatur von der dem Druck

$p_s^* = p_{s\,soll}$ entsprechenden Normtemperatur $T_s = T_{s\,soll}$ berücksichtigen. Nach Gl. (2.1-38) bzw. Gl. (2.1-40) gilt dafür

$$T_{s\,soll} = 288,15 - \left(\frac{p_{s\,soll}}{101325,0}\right)^{0,190263} \tag{2.1-41a}$$

bzw.

$$T_{s\,soll} = 216,65 \, , \tag{2.1-41b}$$

worin $p_{s\,soll}$ in N/m² eingesetzt werden muß, damit man die Temperatur in K erhält.

In der Praxis ist es jedoch schwierig, das Flugzeug über längere Versuchsabschnitte einer bestimmten Isobarenfläche nachzuführen, die vom Ort und der Zeit abhängig ist. Hinzu kommt, daß die Flugbahn Störeinflüssen (Böen) unterliegt und der Pilot gewöhnlich auf die relativ trägen Bordinstrumente (Höhenmesser und Variometer) angewiesen ist, die als reine Flugführungsinstrumente über ein für Flugversuchszwecke zu geringes Auflösungsvermögen verfügen. Deshalb stellen wir uns darauf ein, daß sowohl die Druckabweichung $p_s^*-p_{s\,soll}$ als auch die Temperaturabweichung $T_s^*-T_{s\,soll}$ bei der Korrektur von $\dot{e}$ berücksichtigt werden muß.

Den Einstieg in die Problematik finden wir durch Differentiation der Gl. (2.1-13a), welche die vom Atmosphärenzustand abhängigen Variablen F, W_{ges} und V enthält. Wir gewinnen damit eine Differentialgleichung, die uns den Zusammenhang zwischen der Änderung von $\dot{e}$ und den Änderungen von F, W_{ges} und V herstellt. Man kann diese Gleichung sofort in Differenzenform anschreiben und die in Tabelle 2.1 vereinbarten Indices einführen, womit sich der genannte Zusammenhang in der Form

$$\Delta \dot{e}^{\,IV} = \frac{V^*}{m_F^* \, g} \Delta F - \frac{V^*}{m_F^* \, g} \Delta W_{ges} + \frac{F^* - W_{ges}^*}{m_F^* \, g} \Delta V \tag{2.1-42}$$

darstellt. Hierin sind F^*, W_{ges}^* und V^* die im Versuch erhaltenen Größen, während $\dot{e}^{\,IV}$ die bereits auf den wahren Wert und die Bezugs-Flugbahn korrigierte Änderungsrate der spezifischen Energie nach Gl. (2.1-34) darstellt.

Im folgenden wollen wir die Inkremente ΔF, ΔW_{ges} und ΔV durch die Druck- und Temperaturabweichungen ausdrücken. Betrachtet werden die Unterschiede zwischen den gemessenen (Ist-)Werten p_s^*, T_s^* und den auf die Normatmosphäre bezogenen Soll-Werten $p_{s\,soll}$, $T_{s\,soll}$:

● *Das Inkrement der Vortriebskraft F sei durch*

$$\Delta F = F^* - F_{soll} \tag{2.1-43}$$

definiert. Die Größe F^* entspricht dabei den Versuchsbedingungen p_s^* und T_s^*. Die Größe F_{soll} würde sich beim Umgebungszustand $p_{s\,soll}$, $T_{s\,soll}$ einstellen, auf den $\dot{e}^{\,IV}$ korrigiert wird. Man kann nun die Vortriebskraft ganz allgemein durch die Beziehung

$$F = F_B \cos(\alpha + \sigma) - W_E \qquad (2.1\text{-}44)$$

ausdrücken, worin F_B den Bruttoschub (des eingebauten Triebwerks), α den Anstellwinkel, σ den sogenannten Schubeinstellwinkel und W_E den Einlaufwiderstand darstellt, s. dazu Bild 2.5.

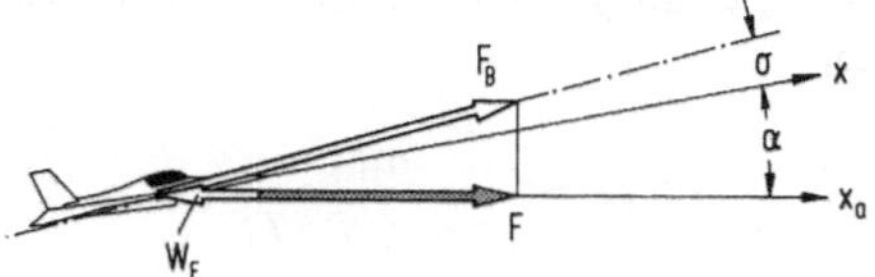

Bild 2.5
Zusammenhang zwischen Bruttoschub F_B, Einlaufwiderstand W_E und Vortriebskraft F

Gl. (2.1-44) ist den Ableitungen in Kapitel 3.2.1 vorweggenommen, wo die durch das Antriebssystem hervorgerufenen Kräfte am Flugzeug im einzelnen behandelt sind, und Bild 2.5 ist ein Auszug aus Bild 3.12. Die Größe W_E setzt sich demnach aus dem Standardeinlaufwiderstand $W_{E\,std}$ und dem Überlaufwiderstand $W_{\ddot{U}}$ zusammen (s. Gl. (3.2-24)). Da wir hier nur Vortriebskraftunterschiede infolge von Druck- und Temperaturunterschieden betrachten, können wir den Einfluß des Überlaufwiderstandsanteils vernachlässigen und unter Zuhilfenahme von Gl. (3.2-2) näherungsweise

$$W_E = \dot{m}_L \, V \qquad (2.1\text{-}45)$$

setzen, worin $\dot{m}_L$ den Luftdurchsatz des Triebwerks und V die wahre Fluggeschwindigkeit darstellt. Für die weiteren Betrachtungen ist es zweckmäßig, wenn anstelle von V wieder die Machzahl Ma eingeführt wird, wofür im Anhang B, s. Gl. (B-19), der Zusammenhang

$$V = Ma \sqrt{\kappa\, R\, T_s} \qquad (2.1\text{-}46)$$

bereitgestellt ist.

Um F in Gl. (2.1-44) auszudrücken, müssen wir F_B und $\dot{m}_L$ bestimmen. Diese beiden Größen werden vom Triebwerkshersteller gewöhnlich in der reduzierten Form

$$\frac{F_B}{\delta} = f\left(\frac{\dot{m}_B}{\delta\sqrt{\theta}},\ Ma,\ H\right) \qquad (2.1\text{-}47)$$

und

$$\frac{\dot{m}_{\mathrm{L}} \sqrt{\theta}}{\delta} = \mathrm{f}\left(\frac{\dot{m}_{\mathrm{B}}}{\delta \sqrt{\theta}}, \ Ma, \ H\right) \qquad (2.1\text{-}48)$$

angeben, die wir hier (wieder im Vorgriff auf den Abschnitt 3.2.1) anschreiben. Sie werden entweder in Tabellen oder in Form von Kennfeldern bereitgestellt, Bild 2.6 zeigt ein typisches Beispiel. Hierin bezeichnet $\dot{m}_{\mathrm{B}}$ den Brennstoffdurchsatz, $\delta = p_{\mathrm{s}} / p_{\mathrm{n}}$ das Verhältnis des Umgebungsdrucks im betrachteten Betriebspunkt zum Druck am Normtag in mittlerer Meereshöhe und $\theta = T_{\mathrm{s}} / T_{\mathrm{n}}$ das entsprechende Temperaturverhältnis[5].

Die Vorgehensweise ist wie folgt: Zunächst wird der reduzierte Brennstoffdurchsatz ausgerechnet. Mit den gemessenen Werten p_{s}^{*}, T_{s}^{*} und m_{B}^{*} erhält man

$$\dot{m}_{\mathrm{B}\ \mathrm{red}}^{*} = \frac{\dot{m}_{\mathrm{B}}^{*}}{p_{\mathrm{s}}^{*}/p_{\mathrm{n}} \ \sqrt{T_{\mathrm{s}}^{*}/T_{\mathrm{n}}}} \ . \qquad (2.1\text{-}49\mathrm{a})$$

Für die Bedingung $p_{\mathrm{s}\,\mathrm{soll}}$, $T_{\mathrm{s}\,\mathrm{soll}}$, m_{B}^{*} folgt parallel dazu

$$(\dot{m}_{\mathrm{B}\ \mathrm{red}})_{\mathrm{soll}} = \frac{\dot{m}_{\mathrm{B}}^{*}}{p_{\mathrm{s}\,\mathrm{soll}}/p_{\mathrm{n}} \ \sqrt{T_{\mathrm{s}\,\mathrm{soll}}/T_{\mathrm{n}}}} \ . \qquad (2.1\text{-}49\mathrm{b})$$

Zu beiden Werten wird an der Parameterkurve $Ma = $ const in Bild 2.6a) der reduzierte Luftdurchsatz abgelesen, woraus man zum einen

$$\dot{m}_{\mathrm{L}}^{*} = \dot{m}_{\mathrm{L}\ \mathrm{red}}^{*} \ \frac{p_{\mathrm{s}}^{*}/p_{n}}{\sqrt{T_{\mathrm{s}}^{*}/T_{\mathrm{n}}}} \qquad (2.1\text{-}50\mathrm{a})$$

und zum anderen

$$\dot{m}_{\mathrm{L}\ \mathrm{soll}} = (\dot{m}_{\mathrm{L}\ \mathrm{red}})_{\mathrm{soll}} \ \frac{p_{\mathrm{s}\,\mathrm{soll}}/p_{\mathrm{n}}}{\sqrt{T_{\mathrm{s}\,\mathrm{soll}}/T_{\mathrm{n}}}} \qquad (2.1\text{-}50\mathrm{b})$$

bestimmt. Analog folgt aus Bild 2.6b) der reduzierte Bruttoschub, womit man sowohl die Größe

$$F_{\mathrm{B}}^{*} = F_{\mathrm{B}\ \mathrm{red}}^{*} \ \frac{p_{\mathrm{s}}^{*}}{p_{\mathrm{n}}} \qquad (2.1\text{-}51\mathrm{a})$$

---

[5] Bei manchen Triebwerken wird statt auf δ und θ auf das Einlaufdruckverhältnis $\delta_{\mathrm{E}} = \mathrm{f}$ $(\delta, Ma, \eta_{\mathrm{E}})$ bzw. auf das Einlauftemperaturverhältnis $\theta_{\mathrm{E}} = \mathrm{f}(\theta, Ma)$ bezogen, worin η_{E} den Einlaufwirkungsgrad bedeutet. Die Kennfelder sind dem Prinzip nach höhenunabhängig. Ein Höheneinfluß macht sich geltend, wenn der Regler (beispielsweise durch Änderung der Geometrie der Maschine) einen neuen Gleichgewichtszustand herstellt und damit den Kreisprozeß verändert. Dies wird vor allem bei Mehrwellentriebwerken relevant, die systembedingt über ein komplizierteres Regelsystem verfügen.

als auch die Größe

$$F_{\text{B soll}} = (F_{\text{B red}})_{\text{soll}} \frac{p_{\text{s soll}}}{p_{\text{n}}} \qquad\qquad (2.1\text{-}51\text{b})$$

erhält.

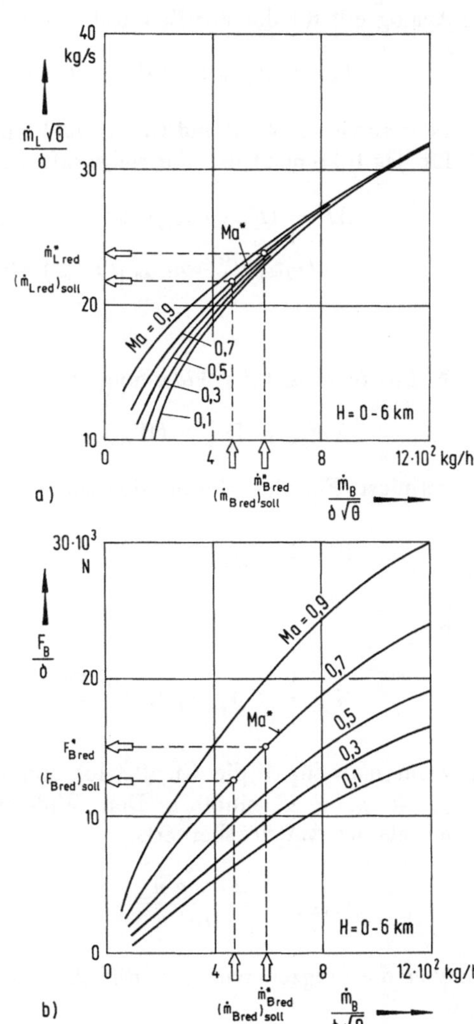

Bild 2.6
Typischer Zusammenhang zwischen
a) reduziertem Luftdurchsatz, Machzahl
   und reduziertem Brennstoffdurchsatz
b) reduziertem Bruttoschub, Machzahl
   und reduziertem Brennstoffdurchsatz

Beim genauen Vergleich der Bilder 2.6b) und 3.10a) sowie der Bilder 2.6a) und 3.11a), die das gleiche Triebwerk beschreiben, wird man Unterschiede feststellen: Bild 2.6a) und 2.6b) beziehen sich auf das eingebaute Triebwerk, hier sind die Verluste aufgrund der Triebwerks-Zellen Interferenzen mit berücksichtigt. Bild 3.10a) und 3.11a) geben dagegen die Verhältnisse im nicht eingebauten Zustand wieder, wie man sie beispielsweise am Triebwerksprüfstand ermittelt. Die Triebwerks-Zellen-Interferenzen bewirken im Regelfall eine Schubminderung (Unterscheidung zwischen Standardbruttoschub $F_{\text{B std}}$ und Bruttoschub F_{B}) und eine Minderung des Luftdurchsatzes.

Die Gleichung für die Vortriebskraft unter Versuchsbedingungen lautet

$$F^* = F_B^* \cos(\alpha^* + \sigma) - \dot{m}_L^* \, Ma^* \sqrt{\kappa \, R \, T_s^*} \,. \qquad (2.1\text{-}52\text{a})$$

Für F_B^* wird die Gl. (2.1-51a) und für $\dot{m}_L^*$ wird die Gl. (2.1-50a) eingesetzt. Analog gilt für die Vortriebskraft im Normzustand

$$F_\text{soll} = F_{B\,\text{soll}} \cos(\alpha^* + \sigma) - \dot{m}_{L\,\text{soll}} \, Ma^* \sqrt{\kappa \, R \, T_{s\,\text{soll}}} \,, \qquad (2.1\text{-}52\text{b})$$

wo man Gl. (2.1-51b) und Gl. 2.1-50b) einsetzt. Damit gilt nach Gl. (2.1-43) für das Inkrement der Vortriebskraft die Beziehung

$$\Delta F = (F_B^* - F_{B\,\text{soll}}) \cos(\alpha^* + \sigma)$$
$$- \left(\dot{m}_L^* \sqrt{T_s^*} - \dot{m}_{L\,\text{soll}} \sqrt{T_{s\,\text{soll}}} \right) Ma^* \sqrt{\kappa \, R} \qquad (2.1\text{-}53)$$

- *Das Inkrement des Widerstands W_ges in Gl. (2.1-42) sei mit*

$$\Delta W_\text{ges} = W_\text{ges}^* - (W_\text{ges})_\text{soll} \qquad (2.1\text{-}54)$$

definiert. Für den Gesamtwiderstand gilt ganz allgemein die Beziehung

$$W_\text{ges} = C_{W\,\text{ges}} \, \frac{\varrho_s}{2} \, V^2 \, S \qquad (2.1\text{-}55\text{a})$$

bzw.

$$W_\text{ges} = C_{W\,\text{ges}} \, p_s \, Ma^2 \, \frac{\kappa \, S}{2} \,, \qquad (2.1\text{-}55\text{b})$$

wenn man für V die Gl. (2.1-46) und für die Dichte die Gasgleichung $\varrho_s = p_s / R \, T_s$ einführt. Den Widerstandsbeiwert $C_{W\,\text{ges}}$ erhalten wir mittels des Auftriebsbeiwerts

$$C_{A\,\text{ges}} = \frac{2 \, m_F \, g \, n_\text{za}}{p_s \, Ma^2 \, \kappa \, S} \qquad (2.1\text{-}56)$$

über die Flugzeugpolare, s. Bild 2.4. Zu Gl. (2.1-57) vgl. Gl. (2.1-56).

Für die gemessenen Zustandsvariablen p_s^*, T_s^* läßt sich damit der Auftriebsbeiwert unter Ist-Bedingungen ausrechnen. Es gilt

$$C_{A\,\text{ges}}^* = \frac{2 \, m_F^* \, g \, n_\text{za\,soll}}{p_s^* \, Ma^{*2} \, \kappa \, S} \,, \qquad (2.1\text{-}57\text{a})$$

wofür wir aus Bild 2.4 $C_{W\,\text{ges}}^*$ ablesen. Für $p_{s\,\text{soll}}$, $T_{s\,\text{soll}}$ gilt

$$(C_{A\,ges})_{soll} = \frac{2\,m_F^*\,g\,n_{za\,soll}}{p_{s\,soll}\,Ma^{*2}\,\kappa\,S}\,, \qquad (2.1\text{-}57b)$$

womit man $(C_{W\,ges})_{soll}$ bestimmt. Man beachte: Wir setzen hier $n_{za\,soll}$ ein, da die Flugbahnkorrektur bereits durchgeführt worden ist.

Damit erhält man nach Gl. (2.1-55b)

$$W_{ges}^* = C_{W\,ges}^*\,p_s^*\,Ma^{*2}\,\frac{\kappa\,S}{2} \qquad (2.1\text{-}58a)$$

und

$$(W_{ges})_{soll} = (C_{W\,ges})_{soll}\,p_{s\,soll}\,Ma^{*2}\,\frac{\kappa\,S}{2}\,. \qquad (2.1\text{-}58b)$$

Wir fassen schließlich Gl. (2.1-54) mit Gl. (2.1-58a) und Gl. (2.1-58b) zusammen. Das Ergebnis lautet

$$\Delta W_{ges} = [C_{W\,ges}^*\,p_s^* - (C_{W\,ges})_{soll}\,p_{s\,soll}]\,Ma^{*2}\,\frac{\kappa\,S}{2}\,. \qquad (2.1\text{-}59)$$

- *Das Inkrement der wahren Fluggeschwindigkeit V in Gl. (2.1-42)* ist mit

$$\Delta V = V^* - V_{soll} \qquad (2.1\text{-}60)$$

definiert, wofür wir wegen Gl. (2.1-46) sofort die Beziehung

$$\Delta V = Ma^*\,\sqrt{\kappa\,R}\,\left(\sqrt{T_s^*} - \sqrt{T_{s\,soll}}\right) \qquad (2.1\text{-}61)$$

angeben können.

Wir kommen nun auf Gl. (2.1-42) zurück, die man auch in der Form

$$\Delta\dot{e}^{IV} = \Delta\dot{e}_F^{IV} - \Delta\dot{e}_W^{IV} + \Delta\dot{e}_V^{IV} \qquad (2.1\text{-}62)$$

anschreiben kann, und fassen zusammen:
Aus Gl. (2.1-53) erhalten wir die erste Unbekannte

$$\Delta\dot{e}_F^{IV} = \frac{Ma^*\,\sqrt{\kappa\,R\,T_s^*}}{m_F^*\,g} \qquad (2.1\text{-}63)$$

$$\cdot\left[(F_B^* - F_{B\,soll})\cos(\alpha^* + \sigma) - (\dot{m}_L^*\,\sqrt{T_s^*} - \dot{m}_{L\,soll}\,\sqrt{T_{s\,soll}})\,Ma^*\,\sqrt{\kappa\,R}\right].$$

Mit Gl. (2.1-59) wird die zweite Unbekannte

$$\Delta \dot{e}_{\mathrm{W}}^{\mathrm{IV}} = \frac{Ma^{*3}\sqrt{\kappa^3\, R\, T_{\mathrm{s}}^{*}}\, S}{2\, m_{\mathrm{F}}^{*}\, g}\,[C_{\mathrm{W\,ges}}^{*}\, p_{\mathrm{s}}^{*} - (C_{\mathrm{W\,ges}})_{\mathrm{soll}}\, p_{\mathrm{s\,soll}}] \qquad (2.1\text{-}64)$$

bestimmt. Durch Zusammenfassung von Gl. (2.1-52a), Gl. (2.1-58a) und Gl. (2.1-61) wird die dritte Unbekannte gewonnen

$$\Delta \dot{e}_{\mathrm{V}}^{\mathrm{IV}} = \frac{Ma^{*}\sqrt{\kappa\, R}}{m_{\mathrm{F}}^{*}\, g}$$

$$\cdot\left[F_{\mathrm{B}}^{*}\cos(\alpha^{*} + \sigma) - \dot{m}_{\mathrm{L}}^{*}\, Ma^{*}\sqrt{\kappa\, R\, T_{\mathrm{s}}^{*}} - C_{\mathrm{W\,ges}}^{*}\, p_{\mathrm{s}}^{*}\, Ma^{*2}\,\frac{\kappa\, S}{2}\right]$$

$$\cdot\left(\sqrt{T_{\mathrm{s}}^{*}} - \sqrt{T_{\mathrm{s\,soll}}}\right)\,. \qquad (2.1\text{-}65)$$

Der Einbauwinkel σ zwischen der Triebwerks- und Flugzeuglängsachse ist eine Konstante, die als bekannt vorausgesetzt wird. Damit können wir für den auf Normatmosphäre korrigierten Wert $\dot{e}^{\mathrm{III}}$ die Beziehung

$$\dot{e}^{\mathrm{III}} = \dot{e}^{\mathrm{IV}} - \Delta \dot{e}^{\mathrm{IV}} = \dot{e}^{\mathrm{IV}} - \Delta \dot{e}_{\mathrm{F}}^{\mathrm{IV}} + \Delta \dot{e}_{\mathrm{W}}^{\mathrm{IV}} - \Delta \dot{e}_{\mathrm{V}}^{\mathrm{IV}} \qquad (2.1\text{-}66)$$

ansetzen. Diese läßt sich auch in der Form

$$\dot{e}^{\mathrm{III}} = f^{\mathrm{III}}\, \dot{e}^{\mathrm{IV}} \qquad (2.1\text{-}67)$$

darstellen, worin jetzt

$$f^{\mathrm{III}} = 1 - \frac{\Delta \dot{e}_{\mathrm{F}}^{\mathrm{IV}} - \Delta \dot{e}_{\mathrm{W}}^{\mathrm{IV}} + \Delta \dot{e}_{\mathrm{V}}^{\mathrm{IV}}}{\dot{e}^{\mathrm{IV}}} \qquad (2.1\text{-}68)$$

den gesuchten Korrekturfaktor für den Atmosphäreneinfluß darstellt. Es ist zweckmäßig, die verschiedenen Einflüsse zu trennen, und zwar durch die Schreibweise

$$f^{\mathrm{III}} = f_{\mathrm{F}}^{\mathrm{III}}\, f_{\mathrm{W}}^{\mathrm{III}}\, f_{\mathrm{V}}^{\mathrm{III}}\,. \qquad (2.1\text{-}69)$$

Entsprechend Gl. (2.1-67) gilt dann

$$\dot{e}^{\mathrm{III}} = f_{\mathrm{F}}^{\mathrm{III}}\, f_{\mathrm{W}}^{\mathrm{III}}\, f_{\mathrm{V}}^{\mathrm{III}}\, \dot{e}^{\mathrm{IV}}\,. \qquad (2.1\text{-}70)$$

Nach einigen Zwischenrechnungen erhält man für den anteiligen Faktor der Vortriebskraft F die Beziehung

$$f_{\mathrm{F}}^{\mathrm{III}} = 1 - \frac{\Delta \dot{e}_{\mathrm{F}}^{\mathrm{IV}}}{\dot{e}^{\mathrm{IV}}}\,. \qquad (2.1\text{-}71)$$

Für den anteiligen Faktor des Widerstands W_{ges} gilt

$$f_{\mathrm{W}}^{\mathrm{III}} = 1 - \frac{\Delta \dot{e}_{\mathrm{W}}^{\mathrm{III}}}{f_{\mathrm{F}}^{\mathrm{III}}\, \dot{e}^{\mathrm{IV}}} \tag{2.1-72}$$

und für den anteiligen Faktor der Fluggeschwindigkeit V gilt

$$f_{\mathrm{V}}^{\mathrm{III}} = 1 - \frac{\Delta \dot{e}_{\mathrm{V}}^{\mathrm{III}}}{f_{\mathrm{F}}^{\mathrm{III}}\, f_{\mathrm{W}}^{\mathrm{III}}\, \dot{e}^{\mathrm{IV}}} \ . \tag{2.1-73}$$

Man beachte, daß jeder einzelne Korrekturschritt auf dem Ergebnis des vorangegangenen aufbaut. Für $\Delta \dot{e}_{\mathrm{F}}^{\mathrm{IV}}$ wird Gl. (2.1-63), für $\Delta \dot{e}_{\mathrm{W}}^{\mathrm{IV}}$ wird Gl. (2.1-64) und für $\Delta \dot{e}_{\mathrm{V}}^{\mathrm{IV}}$ wird Gl. (2.1-65) eingesetzt. Die Größe $\dot{e}^{\mathrm{IV}}$ ist in Gl. (2.1-32) bereitgestellt.

Korrektur auf Bezugs-Flugmasse

Wegen des Brennstoffverbrauchs ist jedem Meßpunkt eine andere Flugmasse zugeordnet, denn m_{F} nimmt kontinuierlich während des Fluges ab. Damit die Versuchsergebnisse auch diesbezüglich miteinander vergleichbar werden, ist eine Korrektur der $\dot{e}$-Werte auf eine einheitliche Bezugs-Flugmasse erforderlich. Ausgangsbasis für unsere Überlegungen dazu ist wieder die Gl. (2.1-13a). Wegen der Abhängigkeit des induzierten Widerstands von der Flächenbelastung ist hierin W_{ges} als Funktion von m_{F} aufzufassen. Die Abhängigkeit der Größe $\dot{e}$ von den Variablen m_{F} und $W(m_{\mathrm{F}})$ findet man durch partielle Differentiation. Diese ergibt

$$\mathrm{d}\dot{e} = -\frac{(F - W_{\mathrm{ges}})\, V}{m_{\mathrm{F}}^2\, g}\, \mathrm{d}m_{\mathrm{F}} - \frac{V}{m_{\mathrm{F}}\, g}\, \mathrm{d}W_{\mathrm{ges}} \ . \tag{2.1-74}$$

Daraus folgt nach einigen Umformungen die Beziehung

$$\frac{\mathrm{d}\dot{e}}{\dot{e}} = -\frac{\mathrm{d}m_{\mathrm{F}}}{m_{\mathrm{F}}} - \frac{\mathrm{d}W_{\mathrm{ges}}}{F - W_{\mathrm{ges}}} \ , \tag{2.1-75}$$

die wir sofort unserem speziellen Fall anpassen und in der Form

$$\frac{\Delta \dot{e}^{\mathrm{III}}}{\dot{e}^{\mathrm{III}}} = -\frac{\Delta m_{\mathrm{F}}}{m_{\mathrm{F}}^*} - \frac{\Delta W_{\mathrm{ges}}}{F_{\mathrm{soll}} - (W_{\mathrm{ges}})_{\mathrm{soll}}} \tag{2.1-76}$$

anschreiben können. Hierin ist $\dot{e}^{\mathrm{III}}$ die bereits auf den wahren Wert, die Bezugs-Flugbahn und die Normatmosphäre umgerechnete Änderungsrate der spezifischen Energie, und zwar aus dem vorangegangenen Korrekturschritt nach Gl. (2.1-70). Aus diesem Korrekturschritt sind dementsprechend auch die (bereits auf den Normzustand korrigierte) Vortriebskraft nach Gl. (2.1-52b) und der Widerstand nach Gl. (2.1-58b) übernommen. Der Ausgangswert für die Flugmasse ist die bisher unkorrigierte Größe m_{F}^*.

Die Inkremente von Flugmasse und Widerstand sind in der Form

$$\Delta m_{\mathrm{F}} = m_{\mathrm{F}}^{*} - m_{\mathrm{F\,soll}} \qquad (2.1\text{-}77)$$

bzw.

$$\Delta W_{\mathrm{ges}} = W_{\mathrm{ges}}^{*} - (W_{\mathrm{ges}})_{\mathrm{soll}} \qquad (2.1\text{-}78)$$

definiert (s. dazu wieder die Fußnote 4, S. 21). Man kann hierfür auch

$$\Delta W_{\mathrm{ges}} = [C_{\mathrm{W\,ges}}^{*} - (C_{\mathrm{W\,ges}})_{\mathrm{soll}}]\, p_{\mathrm{s\,soll}}\, Ma^{*2}\, \frac{\kappa\, S}{2} \qquad (2.1\text{-}79)$$

schreiben, was aus Gl. (2.1-55b) hervorgeht. Die beiden Widerstandsbeiwerte finden wir mit Hilfe der Flugzeugpolare (wie in Bild 2.4 demonstriert), und zwar $C_{\mathrm{W\,ges}}^{*}$ zu dem Auftriebsbeiwert

$$C_{\mathrm{A\,ges}}^{*} = \frac{2\, m_{\mathrm{F}}^{*}\, g\, n_{\mathrm{za\,soll}}}{p_{\mathrm{s\,soll}}\, Ma^{*2}\, \kappa\, S} \qquad (2.1\text{-}80\mathrm{a})$$

bei der Flugmasse m_{F}^{*} und $(C_{\mathrm{W\,ges}})_{\mathrm{soll}}$ zu dem Auftriebsbeiwert

$$(C_{\mathrm{A\,ges}})_{\mathrm{soll}} = \frac{2\, m_{\mathrm{F\,soll}}\, g\, n_{\mathrm{za\,soll}}}{p_{\mathrm{s\,soll}}\, Ma^{*2}\, \kappa\, S} \qquad (2.1\text{-}80\mathrm{b})$$

bei unserer Bezugsflugmasse $m_{\mathrm{F\,soll}}$. Der Zusammenhang für den Auftriebsbeiwert wurde bereits mit Gl. (2.1-24) und Gl. (2.1-25) bereitgestellt. Da die Korrektur auf Bezugs-Flugbahn und Normatmosphäre bereits durchgeführt ist, muß hier $n_{\mathrm{za\,soll}}$ bzw. $p_{\mathrm{s\,soll}}$ eingesetzt werden. Die Machzahl Ma^{*} führen wir so wie gemessen als Parameter mit.

Die gewichtskorrigierte Änderungsrade der spezifischen Energie läßt sich in der Form

$$\dot{e}^{\,\mathrm{II}} = \dot{e}^{\,\mathrm{III}} - \Delta\dot{e}^{\,\mathrm{III}} \qquad (2.1\text{-}81)$$

zum Ausdruck bringen. Wir fassen also Gl. (2.1-81) mit Gl. (2.1-76), Gl. (2.1-77) und Gl. (2.1-79) zusammen und erhalten damit nach einigen Umrechnungen schließlich die Beziehung

$$\dot{e}^{\,\mathrm{II}} = \dot{e}^{\,\mathrm{III}} \left\{ 2 - \frac{m_{\mathrm{F\,soll}}}{m_{\mathrm{F}}^{*}} + \frac{[C_{\mathrm{W\,ges}}^{*} - (C_{\mathrm{W\,ges}})_{\mathrm{soll}}]\, p_{\mathrm{s\,soll}}\, Ma^{*2}\, \kappa\, S}{2\,[F_{\mathrm{soll}} - (W_{\mathrm{ges}})_{\mathrm{soll}}]} \right\}$$

$$(2.1\text{-}82)$$

bzw.

$$\dot{e}^{\,\mathrm{II}} = f^{\,\mathrm{II}}\, \dot{e}^{\,\mathrm{III}}, \qquad (2.1\text{-}83)$$

worin

$$f^{\mathrm{II}} = 2 - \frac{m_{\mathrm{F\,soll}}}{m_{\mathrm{F}}^{*}} + \frac{[C_{\mathrm{W\,ges}}^{*} - (C_{\mathrm{W\,ges}})_{\mathrm{soll}}]\, p_{\mathrm{s\,soll}}\, Ma^{*2}\, \kappa\, S}{2\,[F_{\mathrm{soll}} - (W_{\mathrm{ges}})_{\mathrm{soll}}]} \qquad (2.1\text{-}84)$$

den Korrekturfaktor für den Einfluß der Flugmasse bedeutet. Um den direkten Einfluß der Flugmasse von dem Nebeneinfluß zu trennen, der über den induzierten Widerstand wirksam wird, führen wir die Beziehung

$$\dot{e}^{\mathrm{II}} = f_{\mathrm{mF}}^{\mathrm{II}}\, f_{\mathrm{W}}^{\mathrm{II}}\, \dot{e}^{\mathrm{III}} \qquad (2.1\text{-}85)$$

ein. Man erhält hierfür aus Gl. (2.1-84) sofort den Zusammenhang

$$f_{\mathrm{mF}}^{\mathrm{II}} = 2 - \frac{m_{\mathrm{F\,soll}}}{m_{\mathrm{F}}^{*}} \qquad (2.1\text{-}86)$$

und nach einigen Zwischenrechnungen auch

$$f_{\mathrm{W}}^{\mathrm{II}} = 1 + \frac{[C_{\mathrm{W\,ges}}^{*} - (C_{\mathrm{W\,ges}})_{\mathrm{soll}}]\, p_{\mathrm{s\,soll}}\, Ma^{*2}\, \kappa\, S}{2\, f_{\mathrm{mF}}^{\mathrm{II}}\,[F_{\mathrm{soll}} - (W_{\mathrm{ges}})_{\mathrm{soll}}]}\,. \qquad (2.1\text{-}87)$$

Bei zu großer Flugmasse ($m_{\mathrm{F}}^{*} > m_{\mathrm{F\,soll}}$) vermindert sich das Steig- und Beschleunigungsvermögen des Flugzeugs, d.h. die Größe $\dot{e}$ wird zu klein. Folgerichtig nimmt in diesem Fall sowohl der Faktor $f_{\mathrm{mF}}^{\mathrm{II}}$ als auch der Faktor $f_{\mathrm{W}}^{\mathrm{II}}$ Werte größer 1 an, wodurch der $\dot{e}$-Wert entsprechend angehoben wird. Bei zu kleiner Flugmasse ($m_{\mathrm{F}}^{*} < m_{\mathrm{F\,soll}}$) kehren sich die Verhältnisse um.

Korrektur auf Bezugs-Schwerpunktslage

Wegen des Brennstoffverbrauchs verschiebt sich die Schwerpunktslage während des Versuchs. Die Schwerpunktsverschiebung bewirkt eine Änderung des Momentengleichgewichts am Flugzeug, welches durch entsprechende Höhenruderausschläge (Veränderung der Auftriebsverteilung an Flügel-Rumpf-Kombination und Höhenleitwerk) dem ursprünglichen Flugzustand wieder angepaßt werden muß. Dadurch ändert sich der Widerstand und mit dem Widerstand die Änderungsrate der spezifischen Energie $\dot{e}$. Der Widerstand wird also von drei verschiedenen Versuchsparametern beeinflußt, von der Atmosphäre, von der Flugmasse und von der Schwerpunktslage, die wir in diesem Abschnitt erfassen wollen. Die Änderung von $\dot{e}$ mit W_{ges} erhalten wir durch Differentiation der Gl. (2.1-13a). Es gilt

$$\mathrm{d}\dot{e} = -\frac{V}{m_{\mathrm{F}}\, g}\, \mathrm{d}W_{\mathrm{ges}}\,. \qquad (2.1\text{-}88)$$

Gl. (2.1-88) ist im Prinzip der Sonderfall von Gl. (2.1-74) für $\mathrm{d}m_{\mathrm{F}} = 0$. Für die nachfolgenden Betrachtungen sei Gl. (2.1-88) in der Form

$$\Delta \dot{e}^{\mathrm{II}} = - \frac{Ma^* \sqrt{\kappa R T_{\mathrm{soll}}}}{m_{\mathrm{F\,soll}}\, g}\, (\Delta W_{\mathrm{ges}})_{\Delta x_{\mathrm{s}}} \tag{2.1-89}$$

angeschrieben, worin

$$(\Delta W_{\mathrm{ges}})_{\Delta x_{\mathrm{s}}} = (W_{\mathrm{ges}})_{x_{\mathrm{s}}^*} - (W_{\mathrm{ges}})_{x_{\mathrm{s\,soll}}} \tag{2.1-90}$$

jetzt die Widerstandsänderung aufgrund der Wanderung des Schwerpunkts um das Wegelement Δx_{s} angibt. Dieses sei durch die Beziehung

$$\Delta x_{\mathrm{s}} = x_{\mathrm{s}}^* - x_{\mathrm{s\,soll}} \tag{2.1-91}$$

festgelegt, s. dazu wieder die Fußnote 4 auf S. 21.

Die nachfolgenden Überlegungen zielen darauf hin, die gleichungsmäßigen Zusammenhänge mit $(W_{\mathrm{ges}})_{x_{\mathrm{s}}}$ und $(W_{\mathrm{ges}})_{x_{\mathrm{s\,soll}}}$ zu finden. Man kann sich dazu $(W_{\mathrm{ges}})_{x_{\mathrm{s}}}$ aus dem Widerstand $(W_{\mathrm{FR}})_{x_{\mathrm{s}}}$ der Flügelrumpfkombination und dem Widerstand $(W_{\mathrm{HL}})_{x_{\mathrm{s}}}$ des Höhenleitwerks zusammengesetzt denken, womit ganz allgemein

$$(W_{\mathrm{ges}})_{x_{\mathrm{s}}} = (W_{\mathrm{FR}})_{x_{\mathrm{s}}} + (W_{\mathrm{HL}})_{x_{\mathrm{s}}} \tag{2.1-92}$$

gilt. Für die folgenden Betrachtungen sei die Rumpfspitze als Bezugspunkt für x_{s} gewählt, s. Bild 2.7.

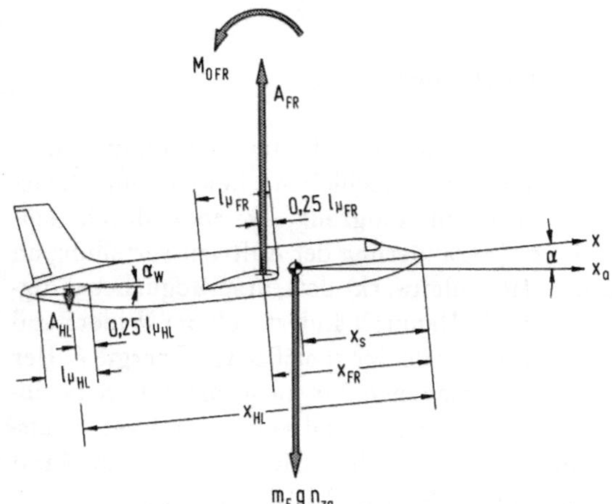

Bild 2.7 Bezeichnungen zur Bestimmung der Kräfte- und Momentenbilanz

Für den Widerstand der Flügelrumpfkombination kann man mit Hilfe des allgemeinen Polarenansatzes $C_{\mathrm{W}} = k_0 + k_1\, C_{\mathrm{A}}^2$ die Beziehung

$$(W_{FR})_{x_s} = (K_0)_{FR} \, p_{s\,soll} \, Ma^{*2} + (K_1)_{FR} \, \frac{A_{FR}^2}{p_{s\,soll} \, Ma^{*2}} \qquad (2.1\text{-}93a)$$

finden, während für den Widerstand des Höhenleitwerks die Gleichung

$$(W_H)_{x_s} = (K_0)_{HL} \, p_{s\,soll} \, Ma^{*2} + (K_1)_{HL} \, \frac{A_{HL}^2}{p_{s\,soll} \, Ma^{*2}} \qquad (2.1\text{-}93b)$$

gilt. Die jeweiligen Konstanten seien hier in den Koeffizienten $(K_0)_{FR}$, $(K_1)_{FR}$, $(K_0)_{HL}$ und $(K_1)_{HL}$ zusammengefaßt. Auf

$$(K_1)_{FR} = (k_1)_{FR} \, \frac{2}{\kappa \, S} \qquad (2.1\text{-}94)$$

werden wir später noch zurückkommen. Der gleichungsmäßige Zusammenhang zwischen den Teilauftrieben A_{FR} und A_{HL}, der Flugmasse m_F und dem Schwerpunktsabstand x_s^* läßt sich nunmehr über die Kräftebilanz

$$m_{F\,soll} \, g \, n_{za\,soll} + A_{HL} - A_{FR} = 0 \qquad (2.1\text{-}95)$$

und über das Momentengleichgewicht am Flugzeug herstellen. Für unsere Betrachtungen reicht es aus, wenn wir dabei den Widerstandseinfluß sowie den Einfluß des Abwindwinkels α_W und des Nullmoments $M_{0\,FR}$ der Flügelrumpfkombination vernachlässigen und die vereinfachte Beziehung

$$A_{FR} \, (x_{FR} - x_s^*) - A_{HL} \, (x_{HL} - x_s^*) = 0 \qquad (2.1\text{-}96)$$

ansetzen. Faßt man Gl. (2.1-96) mit Gl. (2.1-95) zusammen, so ergibt sich

$$A_{FR} = m_{F\,soll} \, g \, n_{za\,soll} \, \frac{x_{HL} - x_s^*}{x_{HL} - x_{FR}} \qquad (2.1\text{-}97)$$

und

$$A_{HL} = m_{F\,soll} \, g \, n_{za\,soll} \, \frac{x_{FR} - x_s^*}{x_{HL} - x_{FR}} \, . \qquad (2.1\text{-}98)$$

Mit x_{FR} wird der Abstand zwischen dem Bezugspunkt und dem Aufpunkt der Auftriebskraft A_{FR}, mit x_{HL} der Abstand zwischen dem Bezugspunkt und dem Aufpunkt der Auftriebskraft A_{HL} bezeichnet. Mann kann hier ohne weiteres annehmen, daß die Auftriebskräfte im Unterschall bei 25 % und im Überschall bei 50 % der Bezugsflügeltiefe $(l_\mu)_{FR}$ bzw. der Bezugshöhenleitwerktiefe $(l_\mu)_{HL}$ angreifen. Damit lassen sich diese beiden Abstände x_{FR} und x_{HL} festlegen.

Wir können die Gl. (2.1-92) mit Gl. (2.1-93a), Gl. (2.1-93b), Gl. (2.1-97) und Gl. (2.1-98) zusammenfassen und erhalten

$$(W_{ges})_{x_s^*} = [(K_0)_{FR} + (K_0)_{HL}]\, p_{s\,soll}\ Ma^{*2}$$

$$+ \frac{(m_{F\,soll}\, g\, n_{za\,soll})^2}{p_{s\,soll}\, Ma^{*2}\, (x_{HL} - x_{FR})^2}\, [A_1 + A_2] \qquad (2.1\text{-}99)$$

mit

$$A_1 = (K_1)_{FR}\ x_{HL}^2 \left(1 - \frac{x_s^*}{x_{HL}}\right)^2$$

und

$$A_2 = (K_1)_{HL}\ x_{FR}^2 \left(1 - \frac{x_s^*}{x_{FR}}\right)^2.$$

Für einen um den Betrag Δx_s verschobenen Schwerpunkt gilt analog

$$(W_{ges})_{x_{s\,soll}} = [(K_0)_{FR} + (K_0)_{HL}]\, p_{s\,soll}\ Ma^{*2}$$

$$+ \frac{(m_{F\,soll}\, g\, n_{za\,soll})^2}{p_{s\,soll}\, Ma^{*2}\, (x_{HL} - x_{FR})^2}\, [B_1 + B_2] \qquad (2.1\text{-}100)$$

mit

$$B_1 = (K_1)_{Fr}\ x_{HL}^2 \left(1 - \frac{x_s^* - \Delta x_s}{x_{Hl}}\right)^2$$

und

$$B_2 = (K_1)_{Hl}\ x_{FR}^2 \left(1 - \frac{x_s^* - \Delta x_s}{x_{FR}}\right)^2.$$

Setzt man Gl. (2.1-99) und Gl. (2.1-100) in Gl. (2.1-90) ein, so fallen die den Nullwiderstand ausdrückenden Glieder fort und man erhält die Beziehung

$$(\Delta W_{ges})_{\Delta x_s} = \frac{(m_{F\,soll}\, g\, n_{za\,soll})^2}{p_{s\,soll}\, Ma^{*2}\, (x_{HL} - x_{FR})^2}\, [C_1 + C_2] \qquad (2.1\text{-}101)$$

mit

$$C_1 = (K_1)_{FR}\ x_{HL}^2 \left[\left(1 - \frac{x_s^*}{x_{HL}}\right)^2 - \left(1 - \frac{x_s^* - \Delta x_s}{x_{HL}}\right)^2\right]$$

und

$$C_2 = (K_1)_{HL}\ x_{FR}^2 \left[\left(1 - \frac{x_s^*}{x_{FR}}\right)^2 - \left(1 - \frac{x_s^* - \Delta x_s}{x_{FR}}\right)^2\right].$$

Das quadratische Glied von Δx_s ist klein von zweiter Ordnung. Außerdem kann in der Praxis ohne weiteres noch der Widerstandsanteil des Höhenleitwerks im Vergleich zu dem der Flügelrumpfkombination vernachlässigt werden. Damit folgt aus Gl. (2.1-101) die relativ einfache Beziehung

$$(\Delta W_{ges})_{\Delta x_s} = - \frac{4\,(k_1)_{FR}\,(m_{F\,soll}\,g\,n_{za\,soll})^2}{p_{s\,soll}\,Ma^{*2}\,\kappa\,s}\,\frac{(x_{HL}-x_s^*)}{(x_{HL}-x_{FR})^2}\,(x_s^*-x_{s\,soll})\,,$$

$$(2.1\text{-}102)$$

wenn man für Δx_s Gl. (2.1-91) und für $(K_1)_{FR}$ Gl. (2.1-94) einführt.

Wir setzen Gl. (2.1-102) in Gl. (2.1-89) ein und erhalten

$$\Delta \dot{e}^{\,I} = \frac{4\,(k_1)_{FR}\,m_{F\,soll}\,g\,n_{za\,soll}^2}{p_{s\,soll}\,Ma^*\,S}\,\sqrt{\frac{R\,T_{s\,soll}}{\kappa}}\,\frac{(x_{HL}-x_s^*)}{(x_{HL}-x_{FR})^2}\,(x_s^*-x_{s\,soll}).$$

$$(2.1\text{-}103)$$

Die schwerpunktskorrigierte Änderungsrate der spezifischen Energie läßt sich in der Form

$$\dot{e}^{\,I} = \dot{e}^{\,II} - \Delta \dot{e}^{\,II} \tag{2.1-104}$$

bzw.

$$\dot{e}^{\,I} = f^{\,I}\,\dot{e}^{\,II} \tag{2.1-105}$$

zum Ausdruck bringen, worin

$$f^{\,I} = 1 - \frac{\Delta \dot{e}^{\,II}}{\dot{e}^{\,II}} \tag{2.1-106}$$

den gesuchten Korrekturfaktor für die Verlagerung des Schwerpunkts darstellt. Die Größe $\dot{e}^{\,II}$ folgt Gl. (2.1-82), $\Delta\dot{e}^{\,I}$ folgt Gl. (2.1-103).

Bei zu weit hinten liegendem Schwerpunkt ($x_s^* < x_{s\,soll}$) wird $f^{\,I}$ größer als 1, wodurch die $\dot{e}$-Werte bei der Korrektur angehoben werden. Die daraus abzulesende abnehmende Tendenz der $\dot{e}$-Werte bei einer Verschiebung des Schwerpunkts nach hinten stimmt mit der bekannten Gesetzmäßigkeit überein, daß sich der Widerstand des Flugzeugs vergrößert, wenn seine Längsstabilität zunimmt, s. dazu auch Gl. (2.1-102). Umgekehrt wird der Korrekturfaktor $f^{\,I}$ kleiner als 1 bei zu weit vorn liegendem Schwerpunkt.

Während des Fluges kommen Schwerpunktsverlagerungen praktisch nur durch die Brennstoffentnahme aus den verschiedenen Tankgruppen zustande, wenn von einem bestimmten Beladungszustand bzw. einer bestimmten Konfiguration während der Versuchsreihe ausgegangen wird. Die Enttankungsfolge wird bei Kampfflugzeugen (wegen der Forderung nach einer stabilen Waffenplattform) so gesteuert, daß der Trimmzustand möglichst konstant bleibt. Daher ist hier die Schwerpunktskorrektur gewöhnlich nicht wichtig und wir können bedenkenlos $f^{\mathrm{I}} = 1$ setzen. Bei Transport- und Passagierflugzeugen sind dagegen größere Schwerpunktswanderungen möglich. Diese sind entsprechend zu berücksichtigen. Aus diesem Grunde wurde hier der Korrekturfaktor für ein Flugzeug mit Aussteuerung der Schwerpunktswanderung mittels Höhenruder abgeleitet.

Korrektur auf Bezugs-Triebwerksleistung

Wie Gl. (2.1-13a) zeigt, hängt $\dot{e}$ von der Vortriebskraft F ab. Diese ist bekanntlich eine Funktion der Triebwerksleistung, welche sich im Bruttoschub F_{B} und im Einlaufimpuls $\dot{m}_{\mathrm{L}} V$, ausdrückt, was aus Gl. (2.1-44), Gl. (2.1-45) und aus Bild 2.5 hervorgeht. Die beiden Größen F_{B} und $\dot{m}_{\mathrm{L}}$ werden dabei entsprechend Bild 2.6 durch den Brennstoffverbrauch $\dot{m}_{\mathrm{B}}$ festgelegt, der wiederum in unmittelbarem Zusammenhang mit der Rotordrehzahl N_{T} des Triebwerks steht, s. Bild 2.8. Damit ist die Rotordrehzahl ein Maß für die Triebwerksleistung. Sie wird über die Leistungshebelstellung δ_{T} angewählt.

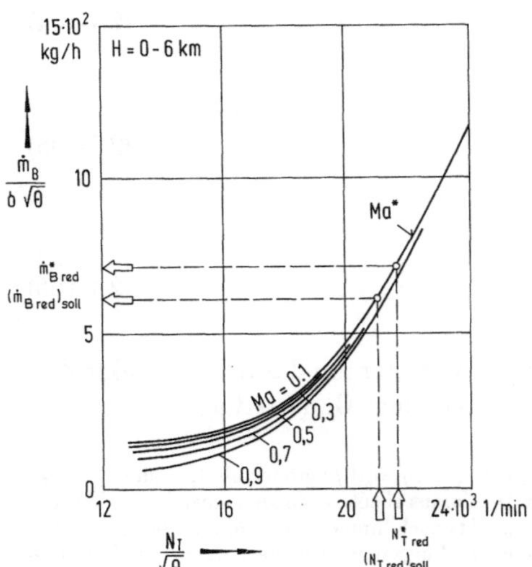

Bild 2.8
Typischer Zusammenhang zwischen dem reduzierten Brennstoffdurchsatz, der Machzahl und der reduzierten Triebwerks-(Rotor-)Drehzahl.

Aus versuchstechnischen Gründen wird während der Versuchsmanöver zur Ermittlung von $\dot{e}$ eine konstante Leistungsabgabe des Triebwerks angestrebt. Zu diesem Zweck werden die Manöver bei konstanter Leistungshebelstellung δ_{T} durchgeführt. In der Praxis beobachtet man jedoch, daß nach jeder Änderung der Leistungshebelstellung der Brennstoffdurchsatz und die Rotordrehzahl zunächst ''nachlaufen'' und dabei eine gewisse Zeit brauchen, um sich auf einen konstanten Wert einzustellen, ganz gleich, ob es sich bei dem Versuchsmanöver um eine Beschleunigung oder Verzögerung, um einen Steig- oder Sinkflug handelt. Mit dem Brennstoffdurchsatz und der Rotordrehzahl ändern sich natürlich auch der Bruttoschub F_B und der Luftdurchsatz $\dot{m}_L$ (die Leistungsabgabe des Triebwerks) während des Manövers und wir erhalten einen verfälschten Wert für $\dot{e}$, der einer entsprechenden Korrektur bedarf.

Eine der Ursachen für dieses asymptotische Nachlaufen der Rotordrehzahl ist die unterschiedliche Wärmeausdehnung der einzelnen Baugruppen des Triebwerks, bis sich nach einer Änderung der Brennstoff-(Energie)-Zufuhr das thermische Gleichgewicht im System wieder eingestellt hat. Hierdurch werden vor allem die Spalte an der Beschaufelung (Spaltverluste) beeinflußt, was Rückwirkungen auf den gesamten Kreisprozeß hat.

Den Einstieg in diese Problematik liefert uns wieder die Gl. (2.1-13a), welche die Verbindung zwischen $\dot{e}$ und der Vortriebskraft F ausdrückt. Da nur F von der Rotordrehzahl abhängt, gilt ganz allgemein

$$\mathrm{d}\dot{e} = \frac{V}{m_F\, g}\, \mathrm{d}F. \tag{2.1-107}$$

Die Aufgabe besteht darin, den Bezug zwischen F und der Rotordrehzahl N_T herzustellen, welche unser Maß für die Triebwerksleistung ist. Dazu hilft ein Diagramm mit der Auftragung $\dot{m}_L\,\sqrt{\theta}\,/\,\delta$ und $F_B/\,\delta$ als Funktion von Ma und der reduzierten Rotordrehzahl $N_T/\,\sqrt{\theta}$, wie es Bild 2.9 für das bereits in Bild 2.6 und Bild 2.8 benutzte Beispieltriebwerk zeigt.

Mit der gemessenen Rotordrehzahl N_T^* bestimmen wir zunächst die reduzierte Drehzahl

$$N_{T\,\mathrm{red}}^* = \frac{N_T^*}{\sqrt{T_{s\,\mathrm{soll}}/T_n}} \tag{2.1-108}$$

und finden zur Versuchsmachzahl Ma^* den reduzierten Bruttoschub $F_{B\,\mathrm{red}}^*$ und den reduzierten Luftdurchsatz $\dot{m}_{L\,\mathrm{red}}^*$. Damit lassen sich Bruttoschub und Luftdurchsatz ausrechnen. Es folgt

$$F_B^* = F_{B\,\mathrm{red}}^* \frac{p_{s\,\mathrm{soll}}}{p_n} \tag{2.1-109}$$

und

$$\dot{m}_L^* = \frac{\dot{m}_{L\,\mathrm{red}}^*\, p_{s\,\mathrm{soll}}/p_n}{\sqrt{T_{s\,\mathrm{soll}}/T_n}}. \tag{2.1-110}$$

Da die Korrektur auf Normatmosphäre bereits durchgeführt ist, werden hier natürlich wieder die Soll-Zustandsgrößen $p_{s\,\mathrm{soll}}$, $T_{s\,\mathrm{soll}}$ eingesetzt. Für die Berechnung der Vortriebskraft greifen wird auf Gl. (2.1-44) mit Gl. (2.1-45) zurück. Es gilt

$$F^* = F_\mathrm{B}^* \cos (\alpha^* + \sigma) - \dot{m}_\mathrm{L\,soll}\, Ma^* \sqrt{\kappa\, R\, T_\mathrm{s\,soll}}\,. \qquad (2.1\text{-}111)$$

Dieses ist die Vortriebskraft, die sich zur gemessenen Rotordrehzahl N_T^* unter den atmosphärischen Normbedingungen einstellt.

Als Soll-Drehzahl wird gewöhnlich diejenige Rotordrehzahl angenommen, welche sich nach genügend langer Stabilisation zur gewählten Leistungshebelstellung einstellen wird. Diese entspricht zum Beispiel bei Voll-Last der 100%-Drehzahl.

Mit der Soll-Drehzahl $N_\mathrm{T\,soll}$ bestimmen wir jetzt die reduzierte Soll-Drehzahl

$$(N_\mathrm{T\,red})_\mathrm{soll} = \frac{N_\mathrm{T\,soll}}{\sqrt{T_\mathrm{s\,soll}/T_\mathrm{n}}} \qquad (2.1\text{-}112)$$

und finden mit dieser zur Versuchsmachzahl Ma^* den reduzierten Bruttoschub $(F_\mathrm{B\,red})_\mathrm{soll}$ und den reduzierten Luftdurchsatz $(\dot{m}_\mathrm{L\,red})_\mathrm{soll}$, s. Bild 2.9.

Daraus folgt

$$F_\mathrm{B\,soll} = (F_\mathrm{B\,red})_\mathrm{soll}\, \frac{p_\mathrm{s\,soll}}{p_\mathrm{n}} \qquad (2.1\text{-}113)$$

und

$$\dot{m}_\mathrm{L\,soll} = \frac{(\dot{m}_\mathrm{L\,red})_\mathrm{soll}\, p_\mathrm{s\,soll}/p_\mathrm{n}}{\sqrt{T_\mathrm{s\,soll}/T_\mathrm{n}}}\,, \qquad (2.1\text{-}114)$$

womit man die Vortriebskraft unter Soll-Bedingungen erhält, nämlich

$$F_\mathrm{soll} = F_\mathrm{B\,soll} \cos (\alpha^* + \sigma) - \dot{m}_\mathrm{L\,soll}\, Ma^* \sqrt{\kappa\, R\, T_\mathrm{s\,soll}}\,. \qquad (2.1\text{-}115)$$

Die Differenz zwischen F^* und F_soll ist das gesuchte Vortriebskraftinkrement

$$\Delta F = (F^* - F_\mathrm{soll}) \cos (\alpha^* + \sigma). \qquad (2.1\text{-}116)$$

Dieses entspricht dem Unterschied an Vortriebskraft, der sich infolge des Drehzahlunterschieds $\Delta N_\mathrm{T} = N_\mathrm{T}^* - N_\mathrm{T\,soll}$ ergibt.

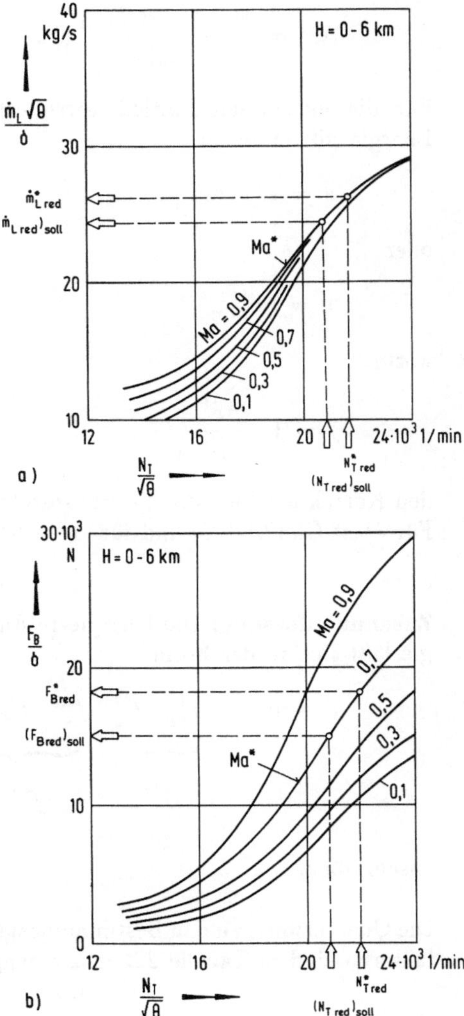

Bild 2.9
Typischer Zusammenhang zwischen
a) reduziertem Luftdurchsatz, Machzahl
   und reduzierter Rotordrehzahl
b) reduziertem Bruttoschub, Machzahl
   und reduzierter Rotordrehzahl

Man schreibt Gl. (2.1-107) unter Berücksichtigung von Gl. (2.1-46) zweckmäßigerweise in der Differenzenform

$$\Delta \dot{e} = \frac{Ma \sqrt{\kappa R T_s}}{m_F \, g} \Delta F \tag{2.1-117}$$

an und kann jetzt für ΔF die Gl. (2.1-116) einsetzen. Für die Flugmasse muß
an dieser Stelle $m_{F\,soll}$ und für die statische Umgebungstemperatur muß
$T_{s\,soll}$ eingeführt werden, da die Korrektur auf Bezugs-Flugmasse und
Normatmosphäre bereits durchgeführt ist. Es folgt

$$\Delta\dot{e}^{\mathrm{I}} = \frac{Ma^* \sqrt{\kappa\,R\,T_{\mathrm{s\,soll}}}}{m_{\mathrm{F\,soll}}\,g}\,(F_{\mathrm{B}}^* - F_{\mathrm{B\,soll}})\,\cos(\alpha^* + \sigma)\,. \qquad (2.1\text{-}118)$$

Für die um diesen Einfluß korrigierte Änderungsrate der spezifischen Energie gilt nunmehr

$$\dot{e} = \dot{e}^{\mathrm{I}} - \Delta\dot{e}^{\mathrm{I}} \qquad (2.1\text{-}119)$$

oder

$$\dot{e} = f\,\dot{e}^{\mathrm{I}}, \qquad (2.1\text{-}120)$$

worin

$$f = 1 - \frac{\Delta\dot{e}^{\mathrm{I}}}{\dot{e}^{\mathrm{I}}} \qquad (2.1\text{-}121)$$

den Korrekturfaktor für die Rotordrehzahl darstellt.
Für $\dot{e}^{\mathrm{I}}$ ist Gl. (2.1-105) und für $\Delta\dot{e}^{\mathrm{I}}$ ist Gl. (2.1-118) einzusetzen.

Zusammenfassung: Die korrigierte Änderungsrate der spezifischen Energie läßt sich in der Form

$$\dot{e} = \dot{e}^* f^{\mathrm{V}} \;\underbrace{f_{\mu_a}^{\mathrm{IV}}\; f_{\gamma_a}^{\mathrm{IV}}}_{f^{\mathrm{IV}}}\; \underbrace{f_{\mathrm{F}}^{\mathrm{III}}\; f_{\mathrm{W}}^{\mathrm{III}}\; f_{\mathrm{V}}^{\mathrm{III}}}_{f^{\mathrm{III}}}\; \underbrace{f_{\mathrm{m_F}}^{\mathrm{II}}\; f_{\mathrm{W}}^{\mathrm{II}}}_{f^{\mathrm{II}}}\; f^{\mathrm{I}}\; f \qquad (2.1\text{-}122)$$

anschreiben.

Die Querverweise zu den Bestimmungsgleichungen der einzelnen Korrekturfaktoren sind in Tabelle 2.2 zusammengestellt.

Tabelle 2.2 Gleichungen der Korrekturfaktoren

Faktor	f^{V}	$f_{\mu_a}^{\mathrm{IV}}$	$f_{\gamma_a}^{\mathrm{IV}}$	$f_{\mathrm{F}}^{\mathrm{III}}$	$f_{\mathrm{W}}^{\mathrm{III}}$	$f_{\mathrm{V}}^{\mathrm{III}}$	$f_{\mathrm{m_F}}^{\mathrm{II}}$	$f_{\mathrm{W}}^{\mathrm{II}}$	f^{I}	f
Gleichung	2.1-21	2.1-34	2.1-35	2.1-71	2.1-72	2.1-73	2.1-86	2.1-87	2.1-106	2.1-121

Die Variable $\dot{e}^*$ entspricht dem Ergebnis, das man durch Anwendung von Gl. (2.1-14) aus den über der Zeit t fortlaufenden Meßwerten b_{x}^*, b_{z}^*, α^* und V^* erhält. Der zeitliche Verlauf von $\dot{e}^*$ läßt sich natürlich umso genauer erfassen, je häufiger jede einzelne Meßstelle abgetastet wird.

Mit der gleichen Frequenz, in der die Meßwerte anfallen, müssen auch die einzelnen Korrekturschritte durchgeführt werden, wobei allerdings beachtliche Datenströme zu verarbeiten sind. Dieses ist nur mit Hilfe der elektronischen Datenverarbeitung unter Anwendung der Programmiertechnik möglich.
Bei digitalen Meßanlagen wird üblicherweise mit Raten von 32 Abtastungen/sec (und mehr) operiert.

2.1.3 Versuchsablauf

Der Versuchsablauf ist durch die in Gl. (2.1-3) ausgedrückte Abhängigkeit von $\dot{e}$ festgelegt, welche nichts anderes als die "Momentaufnahme" eines Bewegungsablaufs bei einer bestimmten Fluggeschwindigkeit V beschreibt, wobei sich entweder die Höhe oder die Geschwindigkeit oder beides verändert. Wie bereits festgestellt entspricht die Gl. (2.1-3) der Gl. (2.1-13c). Letztere wird aus meßtechnischen Gründen bevorzugt, wobei nach wie vor ein schiebefreier Flugzustand Voraussetzung ist.

Im Prinzip wäre somit die Festlegung eines bestimmten Versuchsablaufes überhaupt nicht erforderlich: Wir können $\dot{e}$ ohne weiteres für jede gewünschte Geschwindigkeit V an Hand eines beliebigen stationären oder instationären Flugzustands bestimmen. An verschiedenen Beispielen wird später noch deutlich werden, daß tatsächlich kein Unterschied im Ergebnis besteht, ob das Flugzeug bei der Geschwindigkeit V seine Energie in Höhe oder in Fahrt oder in eine Kombination aus diesen beiden Zustandsparametern umsetzt.
Wir werden jedoch sogleich erkennen, daß es für die richtige Einordnung der erzielten Meßwerte von $\dot{e}$ neben der Fluggeschwindigkeit V noch auf die genaue Kenntnis und Berücksichtigung einer Reihe von anderen Versuchsparametern ankommt, die sich nicht unmittelbar an Gl. (2.1-3) ablesen lassen.

Die systematische Erfassung des Flugbereiches unter Einbeziehung dieser Parameter macht letztlich doch eine methodische Vorgehensweise und damit die Festlegung eines bestimmten Versuchsablaufs erforderlich.
Einer dieser Versuchsparameter ist die Triebwerksleistung, ausgedrückt durch die Leistungshebelstellung δ_T, der hier die zentrale Bedeutung zukommt: Es läßt sich leicht nachweisen, daß sich mit der Einführung von δ_T die komplexen Abhängigkeiten von $\dot{e}$ auf insgesamt vier einfach meßbare Variable zurückführen lassen. Diese sind neben der Fluggeschwindigkeit V bzw. der Machzahl Ma die Höhe H, die Flugmasse m_F und das Lastvielfache n_{za}.

Für den Nachweis können wir uns bereits bekannter Zusammenhänge bedienen:
Von Gl. (2.1-13a) her wissen wir, daß $\dot{e}$ von F, W_{ges}, V und m_F abhängt.

- Hierin ist die Vortriebskraft F nach Gl. (2.1-44), Gl. (2.1-45) und Gl. (2.1-46) eine Funktion von F_B, $\dot{m}_L$, α und T_s. Aus Bild 2.9 folgt $F_B = \mathrm{f}\,(Ma$, N_T, p_s, $T_s)$ und $\dot{m}_L = \mathrm{f}\,(Ma$, N_T, p_s, $T_s)$. Wegen $\alpha = \mathrm{f}\,(C_{A\,ges})$ und $C_{A\,ges} = \mathrm{f}\,(m_F$, n_{za}, p_s, $Ma)$, s. Gl. (2.1-56), ist auch $\alpha = \mathrm{f}\,(m_F$, n_{za}, p_s, $Ma)$. Da in der Normatmosphäre $p_s = \mathrm{f}\,(H)$ und $T_s = \mathrm{f}\,(H)$ gilt, lassen sich die Abhängigkeiten in die Form $F = \mathrm{f}\,(Ma$, H, m_F, n_{za}, $N_T)$ zusammenfassen.

- Der Widerstand W_{ges} ist nach Gl. (21-55b) eine Funktion von Ma, p_s und $C_{W\,ges}$. Aus Bild 2.4 folgt $C_{A\,ges} = \mathrm{f}\,(C_{W\,ges}, Ma)$, worin sich der Auftriebsbeiwert nach Gl. (2.1-56) wieder durch $C_{A\,ges} = \mathrm{f}\,(m_F$, n_{za}, p_s, $Ma)$ ausdrücken läßt. Gleichzeitig gilt auch hier $p_s = \mathrm{f}\,(H)$ und $T_s = \mathrm{f}\,(H)$. Diese Abhängigkeiten lassen sich in der Form $W_{ges} = \mathrm{f}\,(Ma$, H, m_F, $n_{za})$ zusammenfassen.

- Die wahre Fluggeschwindigkeit ist nach Gl. (2.1-46) eine Funktion von Ma und T_s. Wegen $T_s = \mathrm{f}\,(H)$ gilt $V = \mathrm{f}\,(Ma$, $H)$.

Hieraus ergibt sich $\dot{e} = \mathrm{f}\,(Ma$, H, m_F, n_{za}, $\delta_T)$, wenn man davon ausgeht, daß die Triebwerks-(Rotor)-Drehzahl n_T der Leistungshebelstellung δ_T unmittelbar proportional ist.

Diese einfache, durch direkt meßbare Größen ausgedrückte Abhängigkeit von $\dot{e}$ erlaubt sehr anschauliche Darstellungen der Versuchsergebnisse, zum Beispiel im Höhen-Machzahl Diagramm.

Wie Gl. (2.1-3) zeigt, hängt $\dot{e}$ von $\mathrm{d}H/\mathrm{d}t$ und von $\mathrm{d}V/\mathrm{d}t$ ab. Die Versuchsdurchführung ist einfacher und die Auswertung wird wesentlich erleichtert, wenn wir entweder H konstant halten und dabei nur Geschwindigkeitsänderungen $\mathrm{d}V/\mathrm{d}t$ zulassen oder V konstant halten und dabei nur Höhenänderungen $\mathrm{d}H/\mathrm{d}t$ zulassen. Damit unterscheiden wir zwischen zwei Arten von Versuchsmanövern:

a) dem horizontalen Beschleunigungs- oder Verzögerungsflug ($H = \mathrm{const}$)
b) dem stationären Steig- oder Sinkflug ($V = \mathrm{const}$)

Wir werden erkennen, daß die Vorgehensweise nach a) auf jeden Fall vorteilhafter ist. Es gibt aber auch Fälle, wo der Möglichkeit b) eine gewisse Bedeutung zukommt.

a) Der horizontale Beschleunigungs- oder Verzögerungsflug

Hier wird unter Beibehaltung der Höhe der gesamte Energieüberschuß des Flugzeugs in Fahrt umgesetzt. Dies drückt sich in Gl. (2.1-3) durch ein Verschwinden des Gliedes $\dot{H}$ aus, womit sich der Zusammenhang in der Form

$$\dot{e} = \frac{V}{g}\,\dot{V} \tag{2.1-123}$$

darstellt. Ist der Energieüberschuß positiv, so resultiert daraus eine Beschleunigung; ein Energiedefizit bewirkt eine Verzögerung.
Versuchsabläufe dieser Art bieten sich schon von der Meßgenauigkeit her immer dann an, wenn große zeitliche Änderungen von $\dot{V}$ und V zu erwarten

sind. Dies ist vornehmlich bei Flugzeugen mit großem Schubüberschuß oder hohem Schub-Gewichtsverhältnis der Fall, also bei Kampfflugzeugen.

Diese Versuchsabläufe lassen sich am besten im sogenannten *H-V* Diagramm veranschaulichen, s. Bild 2.10. Dieses hat den Vorteil, daß sich neben der Zuordnung von Höhe *H* und wahrer Fluggeschwindigkeit *V* zugleich auch der Zusammenhang zwischen *V* und der Machzahl *Ma* sowie zwischen *V* und der kalibrierten Fluggeschwindigkeit V_c (Fahrt) ablesen läßt, die für die Flugführung wichtig ist.

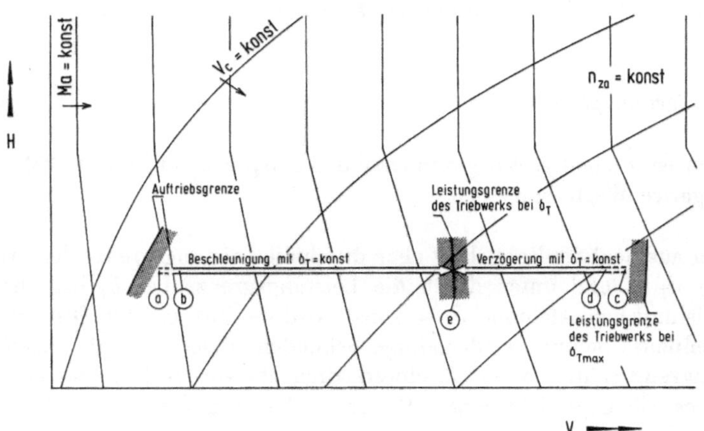

Bild 2.10
Horizontaler Beschleunigungs-Verzögerungsflug zur Ermittlung von $\dot{e}$

Die Zusammenhänge zwischen den einzelnen Größen sind im Anhang B bereitgestellt. Die kalibrierte Geschwindigkeit V_c entspricht praktisch der Geschwindigkeit, die der Pilot am Instrument abliest, wenn man von den Gerätefehlern und dem aerodynamischen (dem Statikdruck-)Fehler absieht. Bei modernen Flugzeugen wird der Statikdruck-Fehler ohnehin automatisch kompensiert und die Gerätefehler sind für die fliegerische Praxis vernachlässigbar klein.

Beschleunigungsphase:

Hier ist $\dot{V}$ positiv. Wir erhalten deshalb entsprechend Gl. (2.1-123) nur positive Werte von $\dot{e}$.

Der ausfliegbare Bereich ist unten durch die Auftriebsgrenze des Flugzeuges abgeschnitten, worunter hier die kleinstmögliche Geschwindigkeit verstanden wird, bei der in der Versuchshöhe das Flugzeug noch sicher steuerbar ist. Man beachte, daß diese entlang einer Linie, V_c = konst. verläuft, die dem Staudruck entspricht, vgl. Anhang B.

Die obere Grenze ist die Leistungsgrenze des Triebwerks bei der gewählten Leistungshebelstellung δ_T. Diese Leistungshebelstellung $\delta_T =$ konst. wird bei ⓐ gesetzt. Die auswertbare Meßphase beginnt einige Sekunden später bei ⓑ, wobei das Flugzeug (während die Triebwerksdrehzahl hochläuft und sich ein bestimmtes thermisches Gleichgewicht im Triebwerk einstellt) bereits Fahrt aufnimmt. Sie endet bei ⓔ, direkt an der jeweiligen mit δ_T angewählten Leistungsgrenze des Triebwerks, die jedoch nur asymptotisch (über eine lange Versuchszeit) zu erreichen ist.

Man vergleiche dazu die zeitlichen Verläufe der Meßparameter T_{ti} und q_{ci} in Bild 2.12. Wichtig ist, daß die Höhe H dabei konstant gehalten wird, was sich in Bild 2.12 im Verlauf des Parameters p_{si} ausdrückt.

Verzögerungsphase:

Hier ist $\dot{V}$ negativ. Wir gewinnen dabei entsprechend Gl. (2.1-123) somit nur negative Werte von $\dot{e}$.

Der ausfliegbare Bereich ist oben durch die Leistungsgrenze des Triebwerks bei $\delta_{T\,max}$ und unten durch die Leistungsgrenze bei δ_T begrenzt. Diese Leistungshebelstellung $\delta_T =$ konst. wird bei ⓒ gesetzt. Die auswertbare Meßphase beginnt wieder einige Sekunden später bei ⓓ, nachdem das Flugzeug (während die Triebwerksdrehzahl zurückläuft und sich thermisches Gleichgewicht einstellt) bereits Fahrt aufgegeben hat. Sie endet bei ⓔ an der Leistungsgrenze von δ_T, die auch von dieser Seite her wieder nur asymptotisch zu erreichen ist. Man vergleiche dazu wieder die zeitlichen Verläufe der Meßparameter T_{ti} und q_{ci} in Bild 2.13. Auch hierbei ist wichtig, daß die vorgegebene Versuchshöhe H konstant gehalten wird, was sich im Verlauf des Parameters p_{si} ausdrückt.

b) Der stationäre Steig- oder Sinkflug

In diesem Fall wird der gesamte vorhandene Energieüberschuß des Flugzeugs bei konstantem V in Höhe umgesetzt. Ist dieser positiv, so steigt das Flugzeug, bei Energiedefizit ist nur noch Sinken möglich. Dieses drückt sich in Gl. (2.1-3) durch ein Verschwinden des Beschleunigungsgliedes aus. Es gilt

$$\dot{e} = \dot{H} \tag{2.1-124}$$

Wie in Bild 2.11 veranschaulicht, wird die vorgegebene Versuchshöhe H bei ein und derselben Leistungshebelstellung δ_T nacheinander mit verschiedenen Fluggeschwindigkeiten V durchflogen.

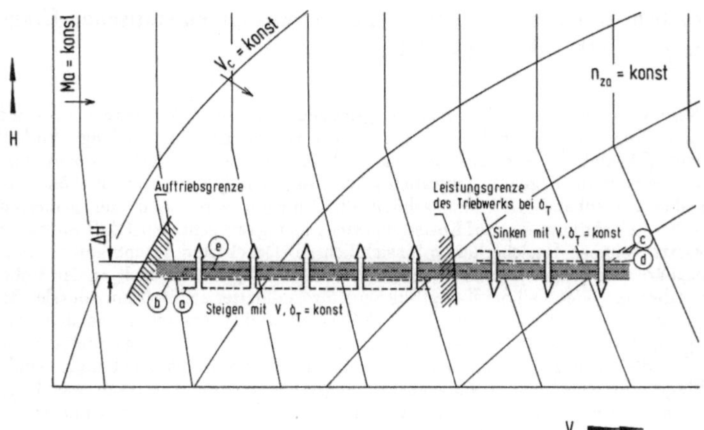

Bild 2.11 Stationärer Steig-Sinkflug zur Ermittlung von $\dot{e}$

Dieses Verfahren wird gern dann angewandt, wenn nur kleine zeitliche Änderungen von Fahrt und Beschleunigung zu erwarten sind. Dies ist bei Flugzeugen der Fall, die nur über ein geringes Beschleunigungsvermögen verfügen, also vornehmlich bei Passagier- und Transportflugzeugen, aber auch bei Hochleistungsflugzeugen in der Landekonfiguration mit ausgefahrenen Klappen.

Steigphase:

Diese spielt sich zwischen der Auftriebsgrenze und der Leistungsgrenze des Flugzeuges (bei der Leistungshebelstellung δ_T) ab. In diesem Bereich ist, wie wir bereits wissen, $\dot{e}$ positiv. Nach Gl. (2.1-13a) herrscht hier somit ein Schubüberschuß. Wenn wir $\dot{e}$ mit Hilfe von Gl. (2.1-14) bestimmen, kommt es im Prinzip nicht darauf an, daß die gewählte Fluggeschwindigkeit V beim Durchsteigen der Versuchshöhe H unter allen Umständen konstant gehalten wird. Die Gleichung berücksichtigt automatisch ein vorhandenes Beschleunigungs- oder Verzögerungsglied. Am Ergebnis ändert sich dabei nichts.

Trotzdem empfiehlt es sich, die Versuche so anzulegen, daß in der Versuchshöhe H ein vorgegebenes Höhenband ΔH mit $V = $ konst. durchflogen wird. Aus dem Zeitintervall Δt zum Durchmessen von ΔH läßt sich nach Gl. (2.1-124) $\dot{e}$ direkt bestimmen, und zwar auch mit einfachen Meßmitteln (Stoppuhr und Höhenmesser). Die Leistungshebelstellung δ_T wird bei ⓐ gesetzt und zwar so rechtzeitig, daß bei ⓑ ein stabilisierter Triebwerkszustand erreicht ist, bevor das Flugzeug in die eigentliche Meßstrecke eintritt. Die Versuchshöhe wird jeweils bei ⓔ passiert.
Man vergleiche hierzu die Parameterverläufe in Bild 2.16. Die vorgegebene

Versuchshöhe beträgt dort $H = 4200$ m, was einem statischen Umgebungsdruck $p_{si} = 600$ mbar entspricht.

Bei Kampfflugzeugen ist die Anwendungsmöglichkeit dieses Verfahrens allerdings eingeschränkt: Wegen des normalerweise großen Steigvermögens sind zu lange Vorlaufstrecken
zwischen ⓐ und ⓑ zur Stabilisierung des Flugzustandes erforderlich, womit man rasch an
die Grenzen des ausfliegbaren Luftraumes stößt, vor allem in niedrigen Flughöhen. Da hierbei
auch das Höhenband ΔH sehr schnell durchstiegen wird, sind die gemessenen Zeit-
intervalle Δt sehr kurz, was auf Kosten der Meßgenauigkeit geht. Wird ΔH entsprechend her-
aufgesetzt, kommen Unsicherheiten hinsichtlich der Druck- und Temperaturverteilung in der
Atmosphäre zum Tragen. Sie erschweren vor allem die Anpassung von V_c an den Höhenverlauf.
Es ist daher auf jeden Fall bei Kampfflugzeugen vorteilhafter $\dot{e}$ mittels horizontaler Beschleuni-
gungsflüge zu ermitteln, außer im niedrigen Geschwindigkeitsbereich, wo bei den meisten Flug-
zeugtypen Beschleunigungen "aus dem Stand heraus" mit Führungsproblemen verbunden
sind. Da die niedrigen Geschwindigkeiten an hohe Anstellwinkel gebunden sind, tendiert
das Flugzeug hier bei einer spontanen Leistungserhöhung zum Aufnicken, was die Einleitung
eines ungestörten-horizontalen Flugzustandes beachtlich erschweren kann oder gar ver-
hindert. An diesen Stellen lassen sich recht gut einzelne Steigflüge mit den entsprechend niedrigen Geschwindigkeiten einblenden, um die Meßreihe mit zusätzlichen Meßpunkten aufzufüllen.

Sinkphase:

Wir wissen bereits, daß im Bereich rechts von der δ_T - Leistungsgrenze $\dot{e}$
negativ ist und daß hier entsprechend der Gl. (2.1-13a) ein Schubdefizit
besteht.
Auch hier kommt es im Prinzip nicht darauf an, daß die gewählte Fluggeschwindigkeit V beim Durchstoßen der vorgegebenen Versuchshöhe H unbedingt konstant gehalten wird, wenn wir $\dot{e}$ mit Hilfe von Gl. (2.1-14)
bestimmen.
Es empfiehlt sich jedoch auch hier ein Höhenband ΔH zu definieren, das
mit $V =$ konstant durchflogen wird. Die Leistungshebelstellung δ_T wird
bei ⓒ gesetzt, damit bei ⓓ ein stabiler Zustand erreicht ist, bevor das
Flugzeug in die Meßstrecke eintritt. Die vorgegebene Versuchshöhe H wird
bei ⓔ passiert.

Stationäre Sinkflüge stellen in der Praxis die einzige Möglichkeit dar, $\dot{e}$ - Verläufe jenseits der
Leistungsgrenze des Triebwerks zu ermitteln. Um das Flugzeug an die zu untersuchende Fluggeschwindigkeit in der gewünschten Flughöhe heranzuführen, ist allerdings zunächst ein
gewisser Überschuß an potentieller Energie (d.h. Flughöhe) erforderlich. Dieser Energieüberschuß kann über die durch das Triebwerk vorgegebene Leistungsgrenze hinaus in Fahrt
umgesetzt werden. Techniken dieser Art firmieren in der Versuchsfliegerei unter dem Begriff
"Energie-Management". Wir werden später noch im einzelnen darauf zurückkommen.

Die nachfolgende Tabelle zeigt die an Bord des Flugzeugs aufzuzeichnenden Versuchsparameter, aus denen $\dot{e}$ abgeleitet wird. Diese werden als
Funktion der Zeit t registriert. Die Konfiguration (Klappenstellung, Belade-
zustand) wird als konstant vorausgesetzt.
Wir unterscheiden Parameter, die unmittelbar zur Ermittlung von $\dot{e}$ benötigt

werden (Rubrik A) und solche, die zum Erkennen von Störungen, d.h. zur Überprüfung des Flugzustandes wichtig sind (Rubrik B).

Eine solche Störung ist beispielsweise eine überlagerte Rollbewegung (aufgrund von Turbulenzen) oder Schieben. Wir wissen von Abschnitt 2.1.2 her, daß jede Unruhe im Bewegungsablauf von den Beschleunigungsaufnehmern mit registriert wird und daß in diesem Fall die Voraussetzung für die Anwendung unserer Basisbeziehung Gl. (2.1-14) nicht mehr gilt, d.h. das Ergebnis verfälscht wird.

Tabelle 2.3 Versuchsparameter zur Ermittlung von $\dot{e}$

Boden-messung		m_{FO}	kg	Abflugmasse *)	$\Big\}m_F$
		m_B	kg	verbrauchte Brennstoffmasse **)	
		$\dot{m}_B$	kg/s	Brennstoffdurchsatz	
		N_T	1/min	Triebwerks-(Rotor-)Drehzahl	
		p_{si}	N/m^2	gemessener statischer Umgebungsdruck	
		q_{ci}	N/m^2	gemessener Auftreffdruck	$\Big\}V_c\Big\}Ma_i$
		T_{ti}	K	gemessene Totaltemperatur	
Bordmessung	A	b_x	-	x-Komponente der Totalbeschleunigung	
		b_z	-	z-Komponente der Totalbeschleunigung	
		α	°	Anstellwinkel	
		θ	°	Längsneigungswinkel	
		ϕ	°	Hängewinkel	
		δ_T	%	Leistungshebelstellung	
		x_s	m	Schwerpunktsabstand	
	B	b_y	-	y-Komponente der Totalbeschleunigung	
		β	°	Schiebewinkel	

*)   gemessen vor dem Anlassen der Triebwerke
**) gemessen ab Anlassen der Triebwerke

Es ist wichtig, daß neben den in Tabelle 2.3 aufgelisteten Parametern zur Bestimmung von $\dot{e}$ auch der Beladungszustand des Flugzeugs mit festgehalten wird, d.h. die Art und Verteilung der Außenlasten, die sogenannte Konfiguration (von Bedeutung bei Kampfflugzeugen), sowie die Größe und Verteilung der Innenlasten einschließlich der Kraftstoffentnahme aus den einzelnen Tankgruppen während des Versuchsablaufs. Diese Angaben werden für die Berechnung der Schwerpunktslage benötigt.

2.1.4 Versuchsauswertung

In diesem Abschnitt wird vorausgesetzt, daß für die in Tabelle 2.3 aufgelisteten Versuchsparameter die Meßdaten als Funktion der Zeit t vorliegen.

a) horizontaler Beschleunigungs- oder Verzögerungsflug

Bild 2.12 und 2.13 zeigt als Beispiel solche typischen Meßwerteverläufe für den horizontalen Beschleunigungs- und Verzögerungsflug.

Die Leistungshebelstellung δ_T wurde hier bei ⓐ bzw. bei ⓑ gesetzt. Man erkennt deutlich den damit verbundenen Anstieg bzw. Abfall von Drehzahl N_T und Brennstoffdurchsatz $\dot{m}_B$, einschließlich der damit in Gang gesetzten Änderung von Totaltemperatur T_{ti} , Anstellwinkel α und Längsbeschleunigung (ausgedrückt durch n_x). Die Unruhe in n_z , α , θ , n_y und ϕ ist durch atmosphärische Turbulenzen bedingt. Im Mittel deuten die Kontrollparameter β , n_y und ϕ auf einen ungestörten schiebefreien Versuchsablauf. Im Bild 2.12 fällt jedoch auf, daß Drehzahl und Brennstoffdurchsatz nach einem sprunghaften Anstieg zunächst wieder leicht zurückfallen, bevor sie asymptotisch dem angewählten Grenzwert zustreben. Dieser Drehzahleinbruch ist verständlicherweise mit einer Einbuße an Triebwerksleistung verbunden, die sich wiederum entscheidend auf den $\dot{e}$ - Verlauf auswirkt. Dieses Verhalten bei einer spontanen Leistungserhöhung des thermisch unbelasteten Triebwerks ist eine Eigenheit des hier untersuchten Triebwerkstyps. In einem solchen Fall kann man auf die in Abschnitt 2.1.2 beschriebene Drehzahlkorrektur zum Nivellieren der Vortriebskraft auf keinen Fall verzichten.

Für die Auswertung solcher Datenverläufe greifen wird auf den in Abschnitt 2.1.2 bereitgestellten Formelapparat zurück:

Zunächst wird $\dot{e}^*$ berechnet (Gl. (2.1-14)) und auf den wahren Wert korrigiert (Gl. (2.1-20)). Es folgt die Korrektur auf die Bezugs-Flugbahn (Gl. (2.1-32)), auf die Normatmosphäre (Gl. (2.1-70)), auf die Bezugs-Flugmasse (Gl. (2.1-85)), auf die Bezugs-Schwerpunktslage (Gl. (2.1-105)) und auf die Bezugs-Triebwerksleistung (Gl. (2.1-120)).
Wir ermitteln m_F aus m_{FO} und $m_B(t)$; H aus $p_{si}(t)$, V aus $q_{ci}(t)$ und $p_{si}(t)$; Ma aus $q_{ci}(t)$, $p_{si}(t)$ und $T_{ti}(t)$, s. Anhang B. Die Kenntnis von Statikdruckfehler Δp_s und Wärmerückgewinnfaktor K wird dabei vorausgesetzt, ebenso die Kalibrierfunktion von α, s. Anhang A.
Ein wichtiges Kriterium ist hier die Gleichförmigkeit der Höhe, d.h. des statischen Umgebungsdrucks p_{si} während des Versuchslaufs. Daher wird bei der Korrektur der Flugbahnabweichung $n_{za\,soll} = 1$, $\mu_{a\,soll} = 0$ und $\gamma_{a\,soll} = 0$ gesetzt.
Man erkennt in Bild 2.12 und Bild 2.13 eine leichte Schwankung im Verlauf von $p_{si}(t)$. Diese wird mit Hilfe der Atmosphärenkorrektur ausgeglichen. Wir korrigieren hier unter Berücksichtigung des Statikdruckfehlers (s. Anhang A) auf einen Mittelwert $p_{s\,soll}$, mit dem zugleich die Norm-Temperatur $T_{s\,soll}$ festgelegt ist.

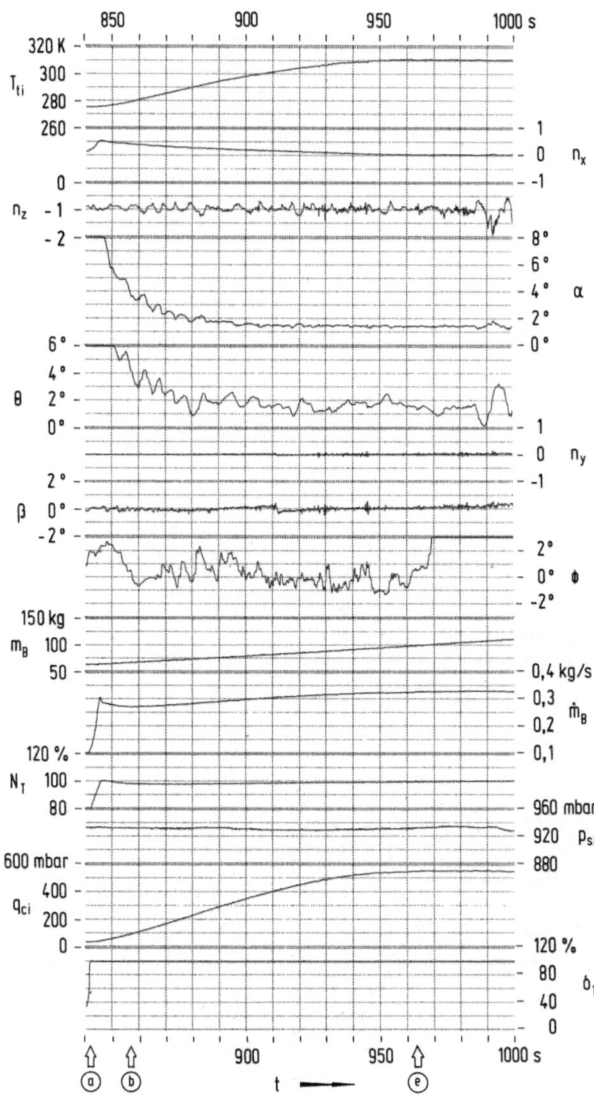

Bild 2.12

Typische Verläufe der Meßparameter bei einem horizontalen Beschleunigungsflug

In Bild 2.14 und Bild 2.15 sind die unkorrigierten Verläufe $\dot{e}^*(Ma)$ den korrigierten Verläufen $\dot{e}(Ma)$ an Hand des gewählten Beispiels gegenübergestellt. (Bild 2.14 korrespondiert mit den Datenverläufen in Bild 2.12, Bild 2.15 basiert auf den Datenverläufen in Bild 2.13).

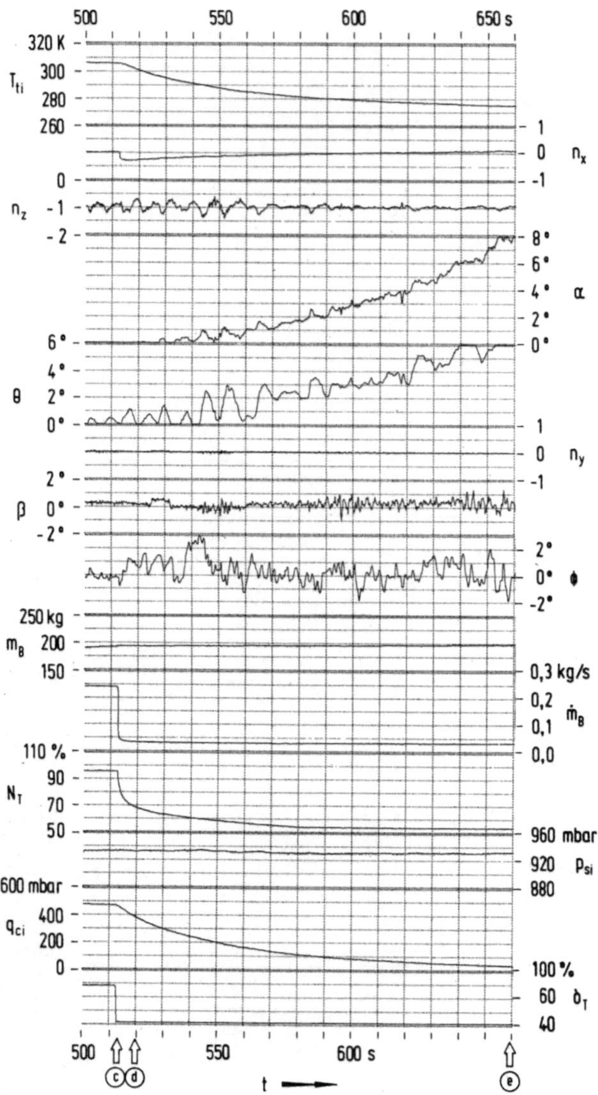

Bild 2.13
Typische Verläufe der Meßparameter bei einem horizontalen Verzögerungsflug

In Bild 2.14 laufen die Werte von $\dot{e}$ in Richtung ansteigender Machzahl entsprechend der Beschleunigung. Man beachte das ausgeprägte Optimum von $\dot{e}$. Bei der Verzögerung, Bild 2.15, laufen die $\dot{e}$-Werte in Richtung abnehmender Machzahl. Wir werden bei der Interpretation von Bild 2.18 noch auf diese Zusammenhänge zurückkommen.

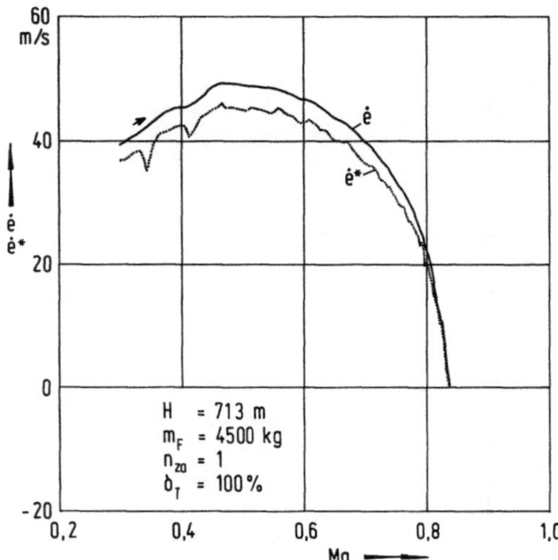

Bild 2.14
Verlauf von $\dot{e}^*$ und $\dot{e}$ im horizontalen Beschleunigungsflug (Beispiel wie in Bild 2.12)

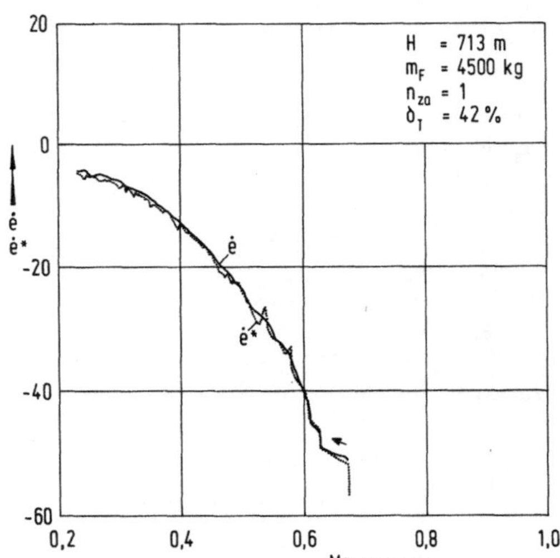

Bild 2.15
Verlauf von $\dot{e}^*$ und $\dot{e}$ im horizontalen Verzögerungsflug (Beispiel wie in Bild 2.13)

b) Stationärer Steig- oder Sinkflug

In Bild 2.16 und 2.17 sind an einem Beispiel die typischen Meßdatenverläufe für den Steig-Sinkflug gezeigt. Für die Ermittlung von $\dot{e}$ benötigen wir daraus jeweils nur die Meßdaten für einen einzigen Zeitpunkt, nämlich den, wo der vorgegebene Umgebungsdruck $p_{s\,soll}$ (entsprechend unserer Versuchshöhe H_{soll}) angeschnitten wird.

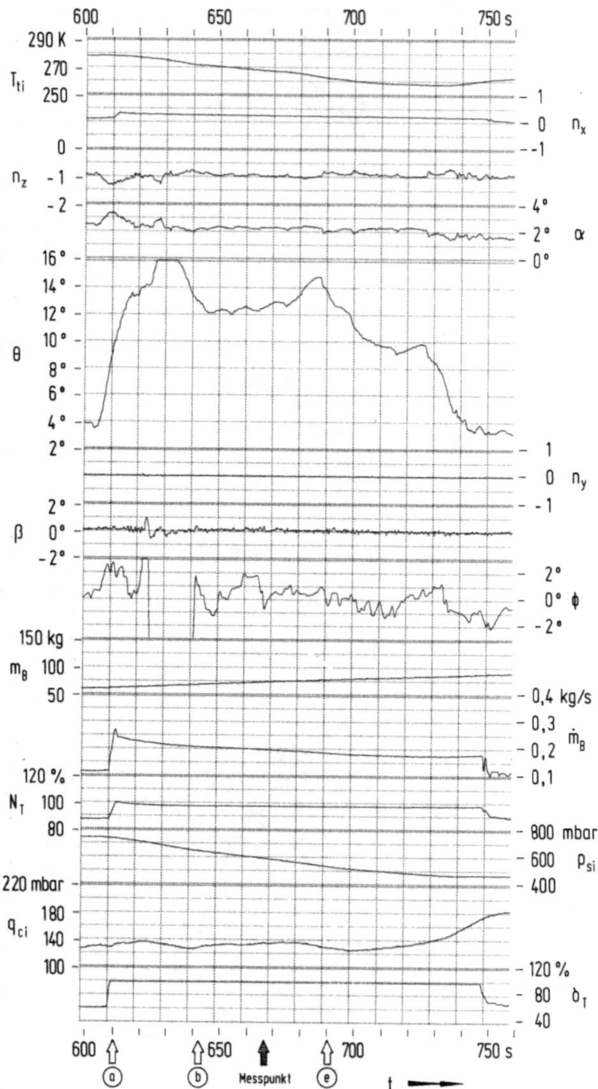

Bild 2.16
Typische Verläufe der Meßparameter bei einem stationären Steigflug

Dementsprechend einfach gestaltet sich hier auch die Korrektur:
Für den ausgewählten Zeitpunkt wird zunächst $\dot{e}^{*}$ berechnet (Gl. (2.1-14)).
Die Anpassung an die Energiehöhenänderung entfällt hier ebenso, wie die
Korrektur der Flugbahnabweichung.

Die Korrektur auf die Normatmosphäre (Gl. (2.1-70)), auf die Bezugs-Flugmasse (Gl. (2.1-85)), auf die Bezugs-Schwerpunktslage (Gl. (2.1-105)) und auf die Bezugs-Triebwerksleistung (Gl. (2.1-120)) ist wichtig, damit die Ergebnisse aus verschiedenen Steig- Sinkflügen untereinander verglichen werden können.

Im Gegensatz zum horizontalen Beschleunigungsflug, wo wir eine über der Fahrt kontinuierliche fortlaufende Serie von $\dot{e}$ - Werten erhalten haben, ist das Ergebnis jedes einzelnen Steig-Sinkfluges jeweils nur ein einziger Wert von $\dot{e}$.

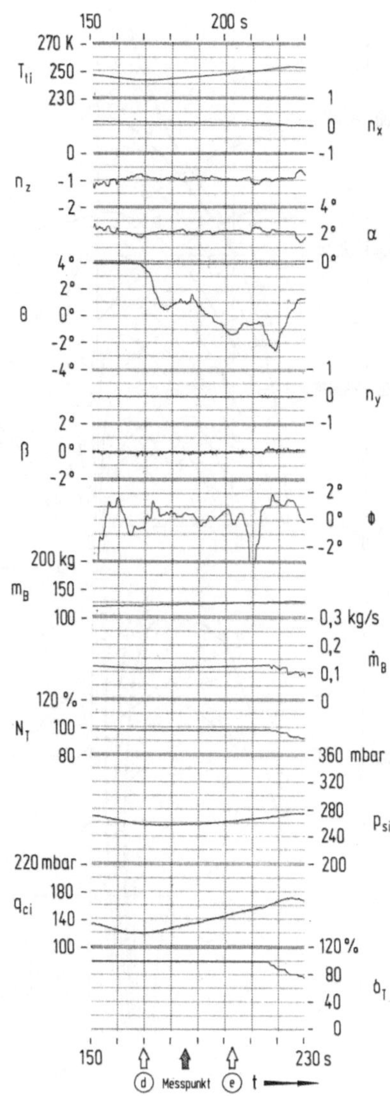

Bild 2.17
Typische Verläufe der Meßparameter
bei einem beschleunigten Sinkflug

Die Ergebnisse lassen sich sehr anschaulich im Höhen-Machzahl Diagramm auftragen, das die Grundlage für praktisch alle nachfolgenden Überlegungen in diesem Kapitel darstellt. Bild 18a) zeigt das typische Kennfeld eines Überschallflugzeugs im Nachbrennerbetrieb, während Bild 18b) ein Unterschallflugzeug beschreibt. Beide Kennfelder wurden durch Beschleunigungs-Verzögerungs- bzw. Steig- Sinkflüge ermittelt.

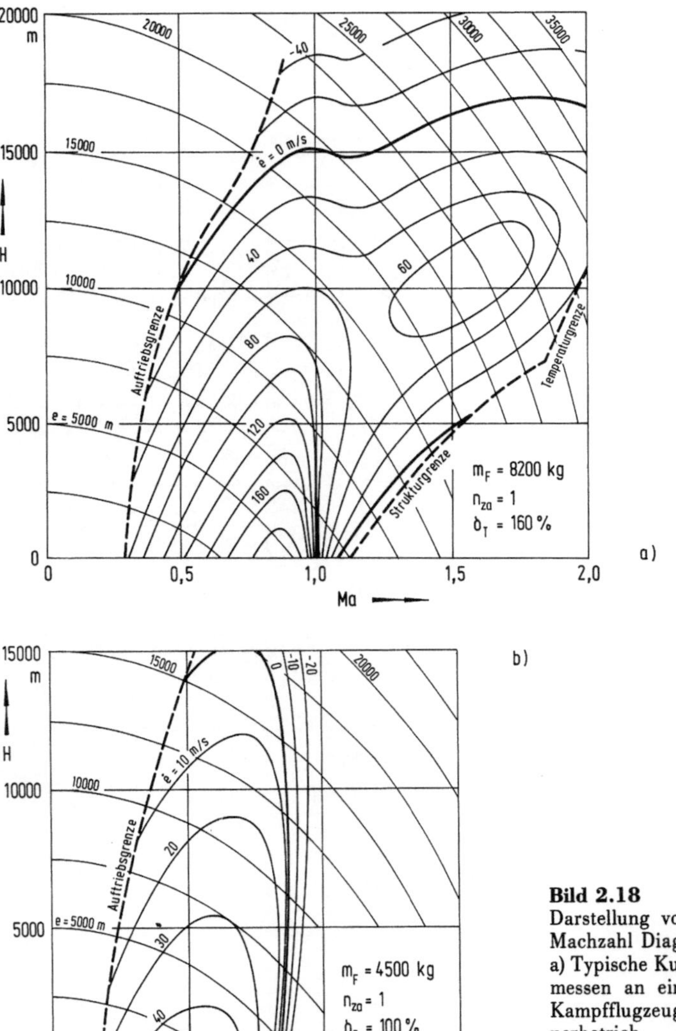

Bild 2.18
Darstellung von $\dot{e}$ im Höhen-Machzahl Diagramm
a) Typische Kurvenverläufe gemessen an einem Überschall-Kampfflugzeug im Nachbrennerbetrieb
b) Typische Kurvenverläufe gemessen an einem Unterschall-Kampfflugzeug

Anmerkungen zum Höhen-Machzahl Diagramm

Wir haben es hier mit zwei verschiedenen Flugzustandsgrößen zu tun, die über Höhe H und Machzahl Ma miteinander verkoppelt sind. Dies sind die spezifische Energie e und ihre Änderungsrate $\dot{e}$.

a) Die spezifische Energie e folgt der Gl. (2.1-2), welche sich unter Berücksichtigung von Gl. (2.1-46) auch in der Form

$$e = H + \frac{\kappa\,R}{2\,g}\,Ma^2\,T_s \tag{2.1-125}$$

anschreiben läßt. Wir setzen Normatmosphäre voraus. Deshalb können wir hier ohne weiteres T_s durch H ausdrücken.

- Von 0 bis 11 km Höhe gilt wegen Gl. (2.1-38) die Beziehung

$$e = H + \frac{\kappa\,R}{2\,g}\,(288{,}15 - 0{,}0065\,H)\,Ma^2. \tag{2.1-126a}$$

- Ab 11 km Höhe wird H bekanntlich als konstant vorausgesetzt und wir können dort wegen Gl. (2.1-40) die Gleichung

$$e = H + \frac{\kappa\,R}{2\,g}\,216{,}65\,Ma^2 \tag{2.1-126b}$$

verwenden.

Die Kurvenschar $e = $ konst. bildet eine Art Raster, der nicht vom Flugzeugtyp abhängt sondern ganz allgemein gilt.

b) Die Änderungsrate der spezifischen Energie $\dot{e}$ folgt der Gl. (2.1-3), die jedoch immer in Verbindung mit Gl. (2.1-13a) gesehen werden muß. Die Größe $\dot{e}$ ist also flugzeugspezifisch. Sie hängt, wie wir bereits wissen, neben dem Flugzeugtyp und seiner augenblicklichen Konfiguration von Höhe, Fahrt, der Flugmasse und dem Lastvielfachen ab (d.h. den Größen, die den Widerstand bestimmen), unabhängig davon aber auch von der Leistungshebelstellung (d.h. dem Drosselgrad des Triebwerks, sprich Schub). Die Kurvenschar $\dot{e} = $ konst. wird im Flugversuch bestimmt.

Die Verläufe von e und $\dot{e}$ werden im Folgenden anhand des Höhen-Machzahl Diagramms, Bild 2.18 diskutiert. Man beachte, daß dieses Diagramm für eine konstante Flugmasse m_F, für ein konstantes Lastvielfaches n_{za} und für eine konstante Leistungshebelstellung δ_T gilt.
Wir müssen bei dieser Darstellung von e und $\dot{e}$ im Höhen-Machzahl-

Diagramm zwei Bereiche unterscheiden. Diese werden durch die Kurve $\dot{e} = 0$ voneinander getrennt:

● Die Kurve $\dot{e} = 0$ verbindet alle die Betriebspunkte, in denen die Vortriebskraft F vom Widerstand W_{ges} des Flugzeugs aufgehoben wird, also keinerlei Schubüberschuß vorhanden ist. Entlang dieser Grenzkurve kann sich bei den entsprechenden Machzahlen somit ein stationärer Horizontalflug einstellen.

● Innerhalb der Einhüllenden $\dot{e} = 0$ ist die Änderungsrate der spezifischen Energie positiv, was nach Gl. (2.1-13a) durch einen Schubüberschuß $F > W_{ges}$ bedingt ist. Dieser kann der Gl. (2.1-3) zufolge entweder in Steigen mit konstanter Geschwindigkeit oder in eine Beschleunigung in konstanter Höhe umgesetzt werden.

● Außerhalb der Einhüllenden $\dot{e} = 0$ ist die Änderungsrate der spezifischen Energie negativ, d.h. hier liegt nach Gl. (2.1-13a) ein Schubdefizit $F < W_{ges}$ vor, was entweder in einen Sinkflug mit konstanter Fluggeschwindigkeit oder in eine Verzögerung in konstanter Höhe umgesetzt werden kann.

Alle drei Flugzustände sind für die Flugversuchstechnik interessant und werden, wie wir gesehen haben, für die Bestimmung der Größe $\dot{e}$ genutzt.

Es gibt keine Darstellungsform, die das Vermögen des Flugzeugs, potentielle Energie in kinetische umzusetzen, anschaulicher wiedergibt, als die im Höhen-Machzahl Diagramm mittels der beiden Größen e und $\dot{e}$. Man beachte jedoch, daß es sich hierbei um "Momentaufnahmen" von instationären Bewegungsabläufen bei der entsprechenden Höhen-Machzahl Kombination handelt. Eine Ausnahme bilden lediglich die stationären Flugzustände entlang der Grenzkurve $\dot{e} = 0$.

Bisher wurde nur der Fall $n_{za} = 1$ bei maximaler Triebwerksleistung ohne bzw. mit Nachbrenner behandelt. In den gezeigten Beispielen entspricht $\delta_T = 100\ \%$ der Maximalleistung des Triebwerks im sogenannten "Trockenbereich", d.h. ohne Nachbrenner. Im Nachbrennerbetrieb kann die Leistungssteigerung bis zu 60 % und mehr betragen. In den nachfolgenden Kapiteln werden wir an Hand der verschiedenen Aufgabenstellungen den gesamten Geltungsbereich dieses Diagramms kennen lernen.

2.2 Vortriebskraft, Flugzeugpolare

Im vorangestellten Abschnitt wurde die Größe $\dot{e}$ eingeführt. Die aus Flugversuchen ermittelten Werte bilden affine Kurvenscharen im Höhen-Machzahl-Diagramm, s. Bild 2.18. In diesem Abschnitt wird ein Verfahren zur Bestimmung der Vortriebskraft F abgeleitet, das auf jenen Zusammenhängen aufbaut.

Die Vortriebskraft F wird vor allem für die Auftriebs-Widerstandspolare des Gesamtsystems (Flugzeugpolare) benötigt, welche die Ausgangsbasis für rechnerische Flugleistungsnachweise darstellt. Ihr experimenteller Nachweis gehört deshalb mit zu den wichtigsten Aufgaben einer Flugversuchsabteilung bei der Leistungsbeurteilung eines Flugzeugentwurfs. Die Definition von F ist in Bild 3.12 veranschaulicht.

2.2.1 Allgemeines

Während der Auftrieb relativ einfach erfaßt werden kann, läßt sich der Widerstand nur indirekt, über eben die in Flugwindrichtung auf das Flugzeug einwirkende Vortriebskraft F bestimmen, die im Sprachgebrauch der Flugmechanik auch mit Schub bezeichnet wird. Diese hängt jedoch neben den durch das Triebwerk erzeugten Reaktionskräften in recht komplizierter Weise noch von den aerodynamischen Kräften an der Zelle ab.

Der Weg über die Änderungsrate $\dot{e}$ der spezifischen Energie ist hierbei eine spezielle Möglichkeit zur Ermittlung von F. Er geht von der Totalenergie des Flugzeugs aus, also von rein flugmechanischen Überlegungen am Gesamtentwurf. Die üblichen (konventionellen) Verfahren trennen die Einflüsse der Zelle von denen des Triebwerks, was für Leistungsanalysen zur Weiterentwicklung des Entwurfs sowie zur Beantwortung von Garantiefragen unerläßlich ist. Darauf wird später, im Kapitel 3 dieses Buches, eingegangen. Beide Verfahren haben ihre besonderen Vor- und Nachteile.

Die Grundidee zu dem hier beschriebenen Verfahren geht, soweit bekannt ist, auf M. Casetti zurück. Sie wurde an der Erprobungsstelle 61 d. Bw weiterentwickelt und zur Anwendungsreife gebracht. Darüber ist auch in [5] berichtet.

2.2.2 Grundbeziehungen

Das Verfahren basiert, wie gesagt auf dem Prinzip von der Erhaltung der Energie. Hier geht es im speziellen um die Umwandlung von thermischer (das heißt Brennstoff-) Energie in mechanische (daß heißt Bewegungs-) Energie.

Änderung der mechanischen Energie durch äußere Kräfte

Die Änderung der mechanischen Energie ist der Arbeit gleichzusetzen, welche die von außen auf das Flugzeug einwirkenden Kräfte in der Zeiteinheit verrichten. Dies läßt sich ganz allgemein durch die Beziehung

$$m_F\, g\left(\frac{\mathrm{d}H}{\mathrm{d}t} + \frac{V}{g}\,\frac{\mathrm{d}V}{\mathrm{d}t}\right) = \frac{(F - W_{ges})\,\mathrm{d}x_k}{\mathrm{d}t} \qquad (2.2\text{-}1)$$

ausdrücken, wenn man einen schiebefreien Flugzustand voraussetzt. (s. Abschnitt 2.1.2). Der Klammerausdruck auf der linken Seite der Gleichung gibt die Änderungsrate der spezifischen Energie $\dot{e}$ wieder, die uns bereits von Gl. (2.1-3) her vertraut ist. Die Differenz aus Vortriebskraft F und Widerstand W_{ges} auf der rechten Seite der Gleichung entspricht der resultierenden Kraft, die längs der Bahnkoordinate x_k die genannte Arbeit verrichtet. Wir können hier noch die Änderung des Weges mit der Zeit gleich der Geschwindigkeit setzen und damit für die weiteren Betrachtungen Gl. (2.2-1) auch in der Form

$$m_F\, g\, \dot{e} = (F - W_{ges})\, V \qquad (2.2\text{-}2)$$

anschreiben. Dieser Zusammenhang ist uns von Gl. (2.1-13a) her geläufig. Mit der Einführung der wahren Fluggeschwindigkeit wird auch hier wieder stillschweigend Windstille vorausgesetzt.

Zusammenhang zwischen mechanischer und thermischer Energie

Die im Triebwerk in der Zeiteinheit zugeführte Brennstoffenergie wird in Leistung umgesetzt. Wir müssen im folgenden zwischen der Vortriebsleistung $F V$ unterscheiden, die das System (Flugzeug) nach außen abgibt und dem Leistungsbedarf P_H, der innerhalb des Systems zur Aufrechterhaltung des Betriebszustands beispielsweise für die Hilfsantriebe benötigt wird (für Bordelektrik, Bordhydraulik, Kabinenbelüftung, beispielsweise aber auch für die Verdichterabblasluft bei der Triebwerksregelung an der Pumpgrenze u.s.w.).
Ein gleichungsmäßiger Zusammenhang zwischen Schub und Brennstoffenergie läßt sich finden, wenn man die Summe der beiden erzielten Leistungsanteile zur aufgebrachten Brennstoffleistung ins Verhältnis setzt, was praktisch auf die Definition eines Wirkungsgradfaktors

$$\eta = \frac{F V + P_H}{\dot{m}_B\, H_u} \qquad (2.2\text{-}3)$$

hinausläuft.

Zusammenhang mit der Vortriebskraft

Wir fassen Gl. (2.2-2) mit Gl. (2.2-3) zusammen, um so zunächst die Beziehung zwischen der mechanischen und der thermischen Energie herzustellen. Diese lautet

$$\eta \, \dot{m}_B \, H_u = m_F \, g \, \dot{e} + W_{ges} \, V + P_H \,.\tag{2.2-4}$$

Das Maß für die thermische Energie ist hierin die Größe $\eta \, \dot{m}_B \, H_u$. Das Maß für die mechanische Energie ist die Größe $\dot{e}$, die nach Gl. (2.2-2) von der gesuchten Vortriebskraft F abhängt.

Für die Ermittlung der Vortriebskraft interessiert also, wie die Umwandlung von der einen in die andere Energieform vonstatten geht, was sich durch Differentiation der Gl. (2.2-4) feststellen läßt.

Es ist zweckmäßig, wenn wird die nachfolgenden Überlegungen immer nur auf solche Betriebspunkte anwenden, wo neben Flugmasse und Widerstand auch die Fluggeschwindigkeit die gleiche ist. Unter dieser Randbedingung kann m_F, W_{ges} und V in Gl. (2.2-4) konstant gesetzt werden und die Differentiation liefert uns einen einfachen Zusammenhang zwischen $\dot{e}$, η und $\dot{m}_B$. Die Größe $\dot{e}$ ist dabei, wie Gl. (2.2-2) zeigt, nur noch variabel mit der Vortriebskraft. Die Größe P_H in Gl. (2.2-4) kann bedenkenlos konstant gesetzt werden, da nach Erfahrung die Leistungsaufnahme der Hilfsantriebe während des Fluges nahezu konstant ist. Unter diesen Voraussetzungen folgt

$$\frac{d\eta}{d\dot{m}_B} \, \dot{m}_B + \eta = \frac{m_F \, g}{H_u} \, \frac{d\dot{e}}{d\dot{m}_B} \,.\tag{2.2-5}$$

Wie Gl. (2.1-3) deutlich macht, repräsentiert die Größe $\dot{e}$ hierin das Beschleunigungs- und Steigvermögen des Flugzeuges bei einer bestimmten Fluggeschwindigkeit.

Im Prinzip betrachten wir mit Gl. (2.2-5) also nichts anderes, als die Änderung dieser Fähigkeit entlang einer Serie von Betriebspunkten gleicher Flugmasse, gleichen Widerstandes und gleicher Fluggschwindigkeit, und zwar in Abhängigkeit vom Brennstoffdurchsatz $\dot{m}_B$.

Die Variable η in Gl. (2.2-5) läßt sich durch Gl. (2.2-3) ersetzen, wodurch zugleich die Variable F eingeführt wird. Damit erhält man aus dem Energieumsatz eine direkte Beziehung

$$F = \frac{1}{V} \left(m_F \, g \, \dot{m}_B \, \frac{d\dot{e}}{d\dot{m}_B} - H_u \, \dot{m}_B^2 \, \frac{d\eta}{d\dot{m}_B} - P_H \right)\tag{2.2-6}$$

für die Vortriebskraft.

Wie man erkennt, sind die Größen m_F, $\dot{m}_B$, $\dot{e}$, V und P_H einer Messung im Fluge ohne weiteres zugänglich.

Man kann somit Gl. (2.2-6) zur Bestimmung des Schubes heranziehen, wenn
es gelingt, die Größe $d\eta/d\dot{m}_B$ zu bestimmen. Damit wird Gl. (2.2-6) zur Ausgangsbasis für die weiteren Überlegungen.

Die Kenntnis von $d\eta/d\dot{m}_B$ ist also der Schlüssel zur Bestimmung der Vortriebskraft im Fluge, und die einfachste Lösung der Gl. (2.2-6) wäre die für
den Fall $d\eta/d\dot{m}_B = 0$.

Einige an dieser Stelle eingeschobene Ableitungen machen deutlich, daß das
Problem der Vortriebskraftbestimmung praktisch gelöst ist, wenn es gelingt,
genau solche Betriebspunkte zu finden, wo $d\eta/d\dot{m}_B$ verschwindet:

Wir greifen dazu auf Gl. (2.2-2) zurück, halten wie oben die Größen m_F, W
und V als Konstante fest und differenzieren, um zunächst die Abhängigkeit
zwischen F und $\dot{e}$ auszudrücken. Hier empfiehlt es sich, das Ergebnis in
Differenzenform

$$\frac{m_F\, g}{V}\, \Delta\dot{e} = \Delta F \tag{2.2-7}$$

anzuschreiben.

Damit läßt sich die Änderung von $\dot{e}$ zwischen zwei beliebigen Betriebspunkten "a" und "b" (nach wie vor gleiche Flugmasse, gleicher Widerstand
und gleiche Fluggeschwindigkeit vorausgesetzt) unmittelbar als Funktion
der Änderung von F zum Ausdruck bringen, und zwar durch die Beziehung

$$\frac{m_F\, g}{V}\, (\dot{e}_a - \dot{e}_b) = F_a - F_b\,. \tag{2.2-8}$$

Dieses Ergebnis lautet in Worten: Sind in einem Betriebspunkt "a" die
zeitliche Änderung der spezifischen Energie $\dot{e}_a$ und die Vortriebskraft F_a
bekannt, so läßt sich die Vortriebskraft auch in jedem beliebigen anderen
fortlaufenden Punkt "b" bestimmen, wenn dort $\dot{e}_b$ bekannt ist.

Wir versehen die Bezugswerte von $\dot{e}_a$ und F_a mit dem Index "R" (für Refe-
renz) und schreiben die Werte an der oberen Grenze ohne Index. Auf diese
Weise erhalten wir, parallel zur Gl. (2.2-6), eine zweite Beziehung für die
Vortriebskraft:

$$F = \frac{m_F\, g}{V}\, (\dot{e} - \dot{e}_R) + F_R\,. \tag{2.2-9}$$

Man erkennt sofort, daß die mittels Gl. (2.2-6) ermittelte Vortriebskraft F
ohne weiteres als die Referenzvortriebskraft F_R aufgefaßt werden kann,
die in Gl. (2.2-9) vorkommt. Gl. (2.2-6) geht für den Sonderfall $d\eta/d\dot{m}_B = 0$
über in die einfache Beziehung

$$F_R = \frac{m_F\, g}{V}\, (\dot{m}_B)_R \left(\frac{d\dot{e}}{d\dot{m}_B}\right)_R - \frac{P_H}{V}\,, \tag{2.2-10}$$

worin $(\dot{m}_B)_R$ den Brennstoffdurchsatz im Referenzpunkt und $(d\dot{e}/d\dot{m}_B)_R$ die Änderung von Steig- und Beschleunigungsvermögen des Flugzeugs im Referenzpunkt bedeutet. Gl. (2.2-10) zeichnet sich dadurch aus, daß sie auf der rechten Seite nur noch direkt im Fluge meßbare Variable enthält. Man kann das Wertepaar $\dot{e}_R$, F_R in Gl. (2.2-9) einsetzen und damit die gesuchte Abhängigkeit $F = \mathrm{f}(\dot{e})$ berechnen. Es gilt

$$F = \frac{m_F\, g}{V} \left[\dot{e} - \dot{e}_R + (\dot{m}_B)_R \left(\frac{d\dot{e}}{d\dot{m}_B}\right)_R\right] - \frac{P_H}{V} \, . \qquad (2.2\text{-}11)$$

Allerdings muß hierbei, wie bereits gesagt, sichergestellt sein, daß Gl. (2.2-9) und Gl. (2.2-10) nur auf solche Betriebspunkte angewandt werden, wo sich weder die Flugmasse, noch der Widerstand, noch die Fluggeschwindigkeit verändern.

Hierzu sei nochmals daran erinnert, daß die Bedingung m_F , W_{ges} , $V = $ const. (als Randbedingung für die Differentiation von Gl. (2.2-2) und Gl. (2.2-4)) grundsätzlich die Voraussetzung für die Gültigkeit von Gl. (2.2-9) und Gl. (2.2-10) ist.

Die weiter unten beschriebenen Flugversuche und die Auswertung der Meßdaten werden sich darauf konzentrieren, den Referenzpunkt zu finden, wo d η /d$\dot{m}_B$ verschwindet, um das Wertepaar $\dot{e}_R$, F_R zu bestimmen.

Anwendung der Vortriebskraft auf die Flugzeugpolare

Wenn der Zusammenhang mit der Vortriebskraft F bekannt ist, kann zum Auftriebsbeiwert C_{Ages} des Flugzeuges auch der Widerstandsbeiwert C_{Wges} bestimmt werden, womit sich die Polare (vergl. dazu Bild 2.4) punktweise nachvollziehen läßt.

Der Gesamtauftrieb A_{ges} wirkt nach Definition rechtwinklig zur Flugwindachse x_a und steht dadurch mit der Trägheitskraft $m_F\, g\, n_{za}$ im Gleichgewicht.

Diese beträgt ganz allgemein $m_F g \cos \gamma_a$, solange sich das Flugzeug auf einer geradlinigen Flugbahn befindet. Bei gekrümmter Flugbahn addiert sich zur Gewichtskomponente $m_F\, g\, \cos \gamma_a \cos \mu_a$ die Fliehkraftkomponente $m_F\, \omega_{ya}\, V$. Die Summe wird durch $m_F\, g\, n_{za}$ ausgedrückt, worin n_{za} das Lastvielfache darstellt. Damit gilt für den Auftriebswert die Beziehung

$$C_{A\,ges} = \frac{2\, m_F\, g\, n_{za}}{p_s\, Ma^2\, \kappa\, S} \, , \qquad (2.2\text{-}12)$$

die wir bereits von Gl. (2.1-56) her kennen. Wie Bild 2.19 zeigt, herrscht in allen drei Achsenrichtungen Kräftegleichgewicht.

Allerdings ist der Auftriebsbeiwert nach dieser Definition nicht bedenkenlos mit dem Auftriebsbeiwert vergleichbar, den eine Windkanalmessung oder die Berechnung der Strömungsverhältnisse an der Flügel-Rumpf-Kombination liefert: Setzt man in Gl. (2.2-12) Flugmeßdaten ein, so ist in C_{Ages} neben den aerodynamischen Einflüssen auch der Einfluß des Schubkraftvektors $\vec{F}_B$

mit enthalten, der eine mehr oder weniger große Komponente in z_a - Richtung aufweist, und zwar abhängig vom jeweiligen Anstellwinkel α und dem Einbauwinkel σ des Triebwerks. Man vergleiche dazu Bild 2.5, das den Zusammenhang zwischen Bruttoschub und Vortriebskraft darstellt. Wir werden darauf in Kapitel 3 zurückkommen.
Der hier mittels Gl. (2.2-12) aus Flugmeßdaten gewonnene Auftriebsbeiwert entspricht jedoch unmittelbar der Größe, die für Flugleistungsrechnungen benötigt wird.

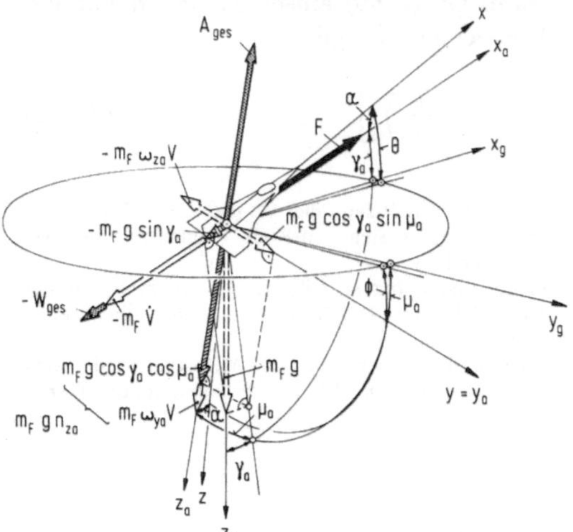

Bild 2.19
Kräfte am Flugzeug im aerodynamischen Achsenkreuz

Der Widerstand ist längs der Flugwindachse x_a definiert. Er steht mit der Vortriebskraft F, der Massenkraftkomponente $m_F \, g \sin\gamma_a$, und der Trägheitskraft $m_F \, \dot{V}$ im Gleichgewicht. Wie immer bei den Überlegungen zur Flugversuchsmethodik wird hierbei ein schiebefreier Flugzustand angenommen, der damit die Voraussetzung für einen auswertbaren Flug ist. Die Kräfte sind in Bild 2.19 dargestellt (vgl. dazu auch Bild 2.1 und Bild 2.3). Es gilt

$$W_{ges} = F - m_F \, g \, \sin\gamma_a - m_F \, \dot{V}. \tag{2.2-13}$$

Führt man für $\sin\gamma_a$ die Größe $\dot{H} / V$ ein, so läßt sich diese Beziehung in

$$W_{ges} = F - \frac{m_F \, g}{V} \left(\dot{H} + \frac{V}{g} \, \dot{V} \right) \tag{2.2-14}$$

umformen. In dem Klammerausdruck erkennen wir die Größe $\dot{e}$ entsprechend der Gl. (2.1-3), was uns auf die Form

$$W_{ges} = F - \frac{m_F \, g}{V} \, \dot{e} \tag{2.2-15}$$

führt, die uns wiederum bereits von Gl. (2.1-13a) her geläufig ist. Daraus folgt für den Widerstandsbeiwert

$$C_{W \, ges} = \frac{2}{p_s \, Ma^2 \, \kappa \, S} \left(F - \frac{m_F \, g}{Ma \, \sqrt{\kappa \, R \, T_s}} \, \dot{e} \right). \tag{2.2-16}$$

Wie Gl. (2.2-12) und Gl. (2.2-16) zeigen, hängen C_{Ages} und C_{Wges} sowohl von der Machzahl als auch vom Umgebungszustand ab, denn auch F und $\dot{e}$ sind von p_s und T_s abhängig.

Es ist jedoch leicht nachzuvollziehen (indem man sich beispielsweise eine Auftragung von $C_{Ages} = f(p_s, Ma)$, $C_{Wges} = f(p_s, Ma)$ mit Querauftragung vorstellt), daß sich der Einfluß von Umgebungsdruck p_s (sprich Flughöhe) und Umgebungstemperatur T_s heraushebt, wenn zwischen p_s und den Größen T_s, F und $\dot{e}$ ein fester Zusammenhang besteht. Dieser wird durch die Korrektur der Meßwerte auf die Bedingungen der Normatmosphäre sichergestellt.
Unter dieser Voraussetzung genügt die Funktion $C_{Ages} = f(C_{Wges}, Ma)$ der Flugzeugpolare. Wir werden weiter unten an Flugversuchsbeispielen erkennen, daß dieser Zusammenhang durch die Praxis voll bestätigt wird. Voraussetzung ist allerdings, daß die Korrektur der einzelnen Meßdaten auf einheitliche Randbedingungen sorgfältig durchgeführt wird.

2.2.3 Versuchsablauf

Der Versuchsablauf wird durch die Zusammenhänge in Gl. (2.2-11) bestimmt. Es sind Meßwertereihen mit unterschiedlichen Werten $\dot{e} = f(\dot{m}_B)$ gesucht, um diese Gleichung zu erfüllen.

Diesen Meßwerten müssen gleiche Flugmassen, Widerstände und Geschwindigkeiten zugrunde liegen, die zur Ableitung der Gl. (2.2-11) unter der Randbedingung m_F, W_{ges} und $V = $ const eingeführt worden ist.
Diese Forderung leitet zu einem Versuchsablauf in Form von geradlinigen ($n_{za} = 1$) Beschleunigungs- und Verzögerungsflügen in konstanter Flughöhe (p_s, $T_s = $ const), wobei das Geschwindigkeitsspektrum des Flugzeugs hintereinander mit verschiedenen Leistungshebelstellungen ($\delta_T = $ const) durchflogen wird. Die Drosselung der Triebwerksleistung ist hierbei zunächst einmal die Voraussetzung, um in konstanter Flughöhe gleiche Geschwindigkeiten mit verschiedenem Schubüberschuß (sprich $\dot{e}$) und bei unterschiedlichen Brennstoffdurchsätzen $\dot{m}_B$ zu erzielen.

Dieser Vorgang wird an Hand von Bild 2.20 verdeutlicht, wo die Grenzkurven $\dot{e} = 0$ des Flugbereichs (am Beispiel des in Bild 2.18a behandelten Kampfflugzeugs) bei verschiedenen Leistungshebelstellungen $\delta_T = $ const zum Vergleich übereinander gezeichnet sind.

Wie man erkennt, schrumpft der ausfliegbare Bereich nierenförmig zusammen, wenn die Leistungshebelstellung zurückgenommen wird.

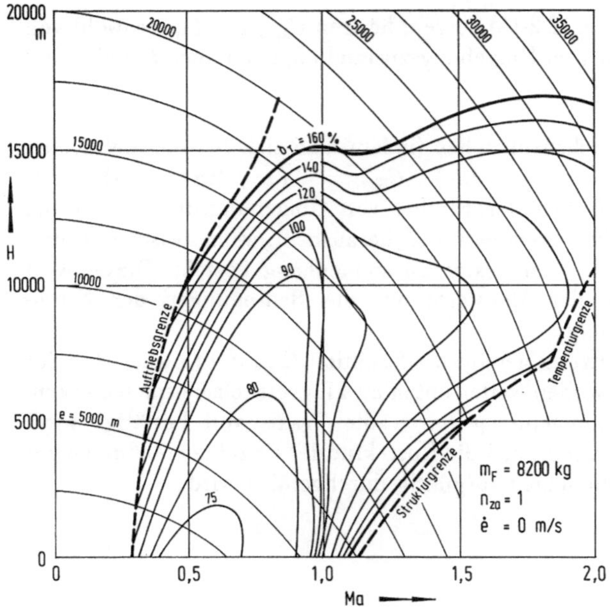

Bild 2.20

Grenzkurven $\dot{e} = 0$ bei verschiedener Leistungshebelstellung δ_T im Höhen-Machzahl-Diagramm

Der Versuchsablauf selbst ist in Bild 2.21 dargestellt, und zwar für eine Versuchshöhe und drei verschiedene Leistungshebelstellungen. Es gilt dazu das in Abschnitt 2.1.3 unter Paragraph a) Gesagte. Die zugehörigen Versuchsparameter sind in Tabelle 2.3 aufgelistet.

Die Attraktion dieses Versuchsablaufs besteht darin, daß bei jeder gewählten Leistungshebelstellung $\delta_T =$ const zugleich mit dem Geschwindigkeits- auch das Widerstandsspektrum des Flugzeugs durchflogen wird.

Der Leser sollte sich an dieser Stelle nicht durch die Tatsache irritieren lassen, daß die Größen m_F, W_{ges} und V dabei (entgegen den angestrebten Randbedingungen m_F, W_{ges}, $V =$ const) kontinuierlichen Änderungen unterliegen. Die gesuchten Randbedingungen werden, wie noch gezeigt wird, erst nachträglich (mittels der Auswertung) verwirklicht, und zwar (im Falle von m_F) durch die Korrektur und (im Falle von V bzw. W_{ges}) durch eine entsprechende Querauftragung der Meßdaten. Was dabei den Widerstand anbetrifft, so kann hier davon ausgegangen werden, daß mit der Bedingung $V =$ const für unsere instationären Horizontalflugpunkte zugleich auch die Bedingung $W_{ges} =$ const erfüllt ist: Es ist leicht einzusehen, daß bei gleicher Flugmasse und Konfiguration im stationären Horizontalflug (p_s, $T_s =$ const vorausgesetzt) der Widerstand ausschließlich von der Fluggeschwindigkeit abhängt. Diese Bedingung ist im vorliegenden Fall, obwohl den betrachteten Meßpunkten gleiche Flughöhe und gleiche Fluggeschwindigkeit zugrunde liegen, nicht unbesehen vorauszusetzen, da hierbei die Größe e variiert, die wiederum nach Gl. (2.1-3) einer Beschleunigung $\dot{V}$ entspricht. Die Erfahrung zeigt jedoch, daß der Einfluß der Beschleunigung auf den Widerstand ohne weiteres vernachlässigbar ist.

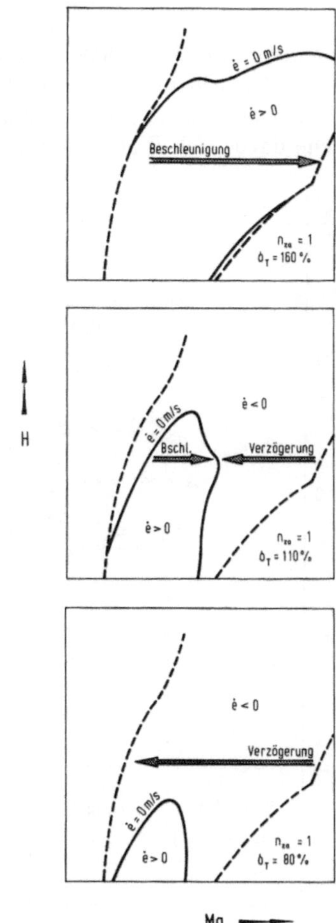

Bild 2.21

Versuchsablauf: Beschleunigungs-Verzögerungs-flüge bei verschiedener Leistungshebelstellung

2.2.4 Versuchsauswertung

Die Versuche liefern uns Verläufe der Meßparameter, wie sie in Bild 2.12 bzw. 2.13 als typische Beispiele gezeigt sind. Daraus wird mittels Gl. (2.1-14) zunächst der Verlauf von $\dot{e}^*$ bestimmt.

Diese $\dot{e}^*$-Verläufe werden mit Hilfe der in Abschnitt 2.1.2 bereitgestellten

Zusammenhänge korrigiert, und zwar in Bezug auf die Energiehöhenänderung, auf Abweichungen von der horizontalen Flugbahn, auf die atmosphärischen Bedingungen der Normatmosphäre, auf die jeweils vorgegebene
Bezugsflugmasse $m_{F\,soll}$ sowie auf eine einheitliche Schwerpunktslage und
die der gewählten Leistungshebelstellung δ_T entsprechende stationäre
Triebwerksdrehzahl.

Der entsprechende Formelapparat ist in Form von Gl. (2.1-122) bereitgestellt. Wir erhalten damit Verläufe $\dot{e} = f\,(V)$, wie sie in Bild 2.22 und
Bild 2.23 an einem typischen Flugversuchsbeispiel gezeigt sind. Man vergleiche dazu auch Bild 2.14 und Bild 2.15.

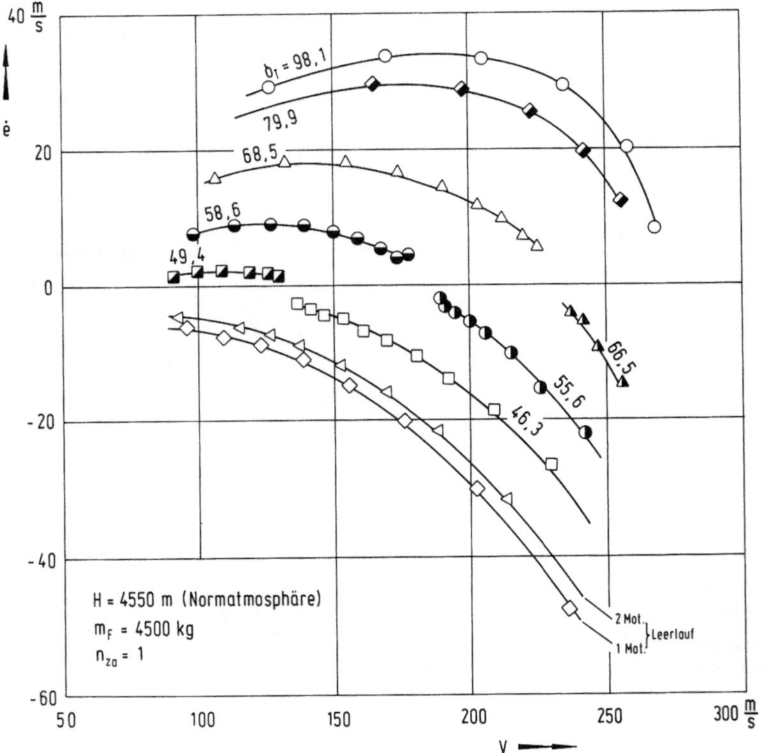

Bild 2.22   Gemessener Verlauf $\dot{e} = f\,(V)$ (zweistrahliges Kampfflugzeug)

Der Übergang von instationären ($\dot{e} \neq 0$) in den stationären Flugzustand ($\dot{e} = 0$, siehe auch Bild
2.21) geht asymptopisch vor sich, weshalb im gezeigten Beispiel die Manöver, um Flugzeit zu
sparen, vorzeitig abgebrochen worden sind. Aus diesem Grund führen hier die Parameter-

kurven $\delta_T = $ const nicht bis an die entsprechenden Grenzgeschwindigkeiten heran (Lücken bei $\dot{e} = 0$). Diese lassen sich jedoch trotzdem (sogar sehr zuverlässig, wie die Erfahrung zeigt) aus Bild 2.22 ablesen, und zwar im Schnittpunkt der Extrapolation der Kurvenzüge mit der Achse $\dot{e} = 0$. Die dazugehörenden Brennstoffdurchsätze finden wir auf den Verlängerungen der korrespondierenden Kurven in Bild 2.23.

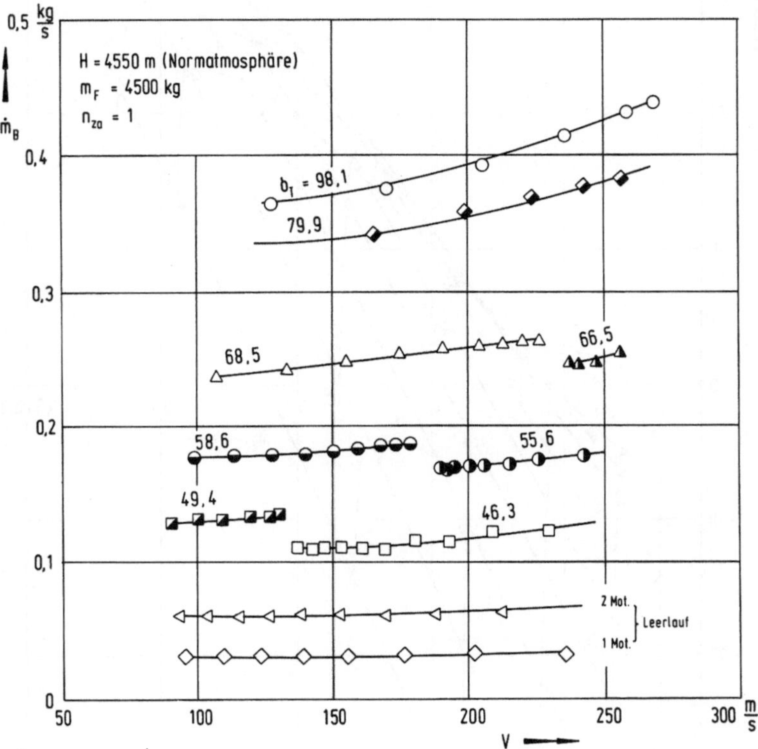

Bild 2.23　Gemessener Verlauf $\dot{m}_B = f(V)$ (zweistrahliges Kampfflugzeug)

Daraus wird durch Querauftragung Bild 2.24 gewonnen, welches die Grundlage für die weiteren Auswertungen darstellt, da längs der so gewonnenen Parameterkurven $V = $ const auch die Bedingungen $W_{ges} = $ const und $m_F = $ const erfüllt sind.

In Diagramm 2.24 werden jetzt die Betriebs- (sprich Referenz-) Punkte aufgesucht, in denen der Quotient $d\eta/d\dot{m}_B$ verschwindet.

Die Symbole korrespondieren mit den Symbolen für die Leistungshebelstellung in Bild 2.22 und Bild 2.23.

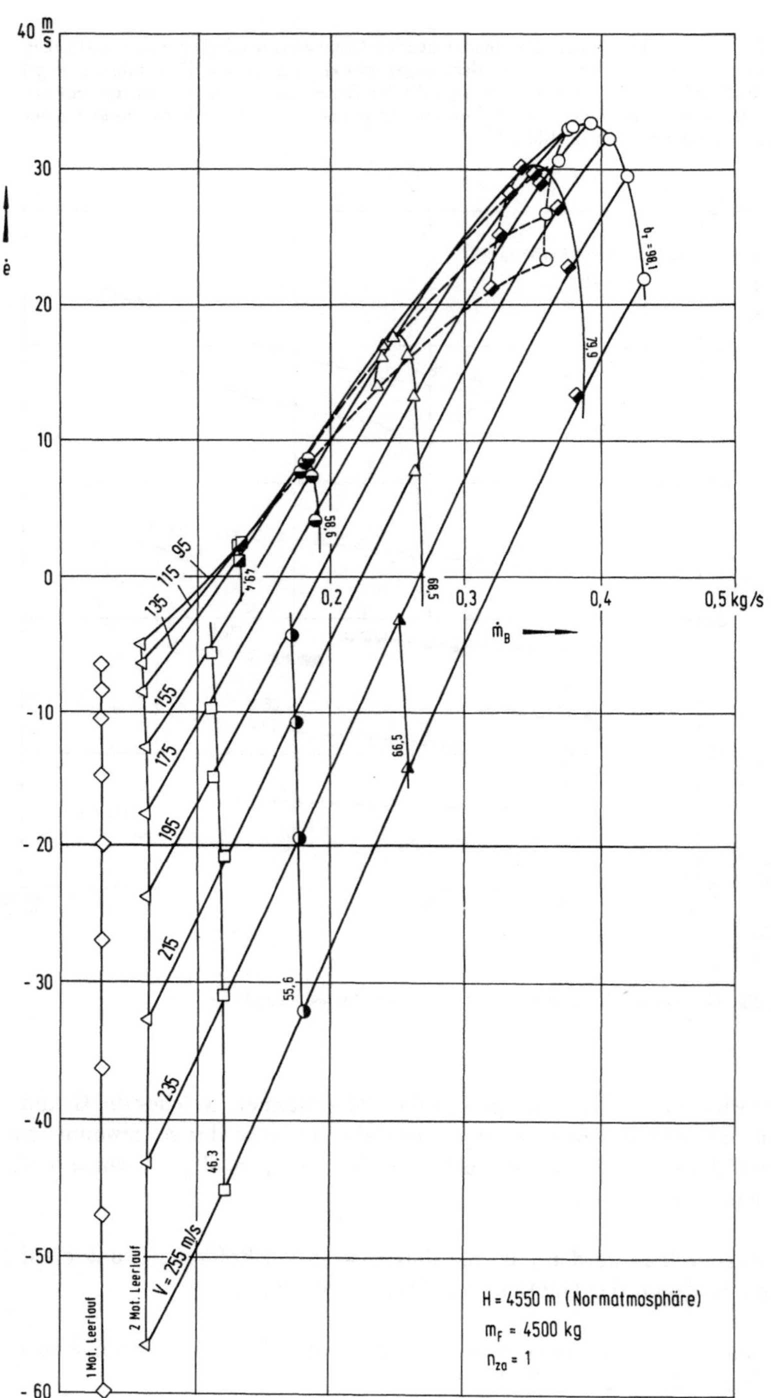
40 m/s
ė
30
20
10
0
-10
-20
-30
-40
-50
-60
0,2
0,3
0,4
0,5 kg/s
ṁ_B
95
115
135
155
175
195
215
235
255
49,4
58,6
68,5
66,5
55,6
46,3
79,9
b_r = 98,1
1 Mot. Leerlauf
2 Mot. Leerlauf
V = 255 m/s
H = 4550 m (Normatmosphäre)
m_F = 4500 kg
n_za = 1

Aufsuchen des Referenzpunkts

Das Aufsuchen des Referenzpunktes macht einige auswertetechnische Kunstgriffe erforderlich. Als Anwendungsbeispiel betrachten wir die willkürlich aus Bild 2.24 herausgegriffene Kurve für $V = 135$ m/s anhand von Bild 2.25:

1. Die Kurve $V = $ const (s. Bild 2.25a) wird mit beliebigen Bezugspunkten belegt, wobei R_l dem Leerlauf- und R_n dem Vollastbetriebspunkt des Triebwerks im Trockenbereich entspricht.

Der Nachbrennerbereich wäre gesondert zu behandeln, da sich hier ein grundsätzlich anderes Betriebsverhalten als im Trockenbereich einstellt, was praktisch einer Änderung des Systems (anderes Flugzeug) entspricht. Der Übergang vom Nachbrenner- in den Trockenbereich entlang einer Linie $V = $ const verläuft nicht mehr kontinuierlich, wenn die Leistungshebelstellung zurückgenommen wird.

2. Unter der Annahme dη /d$\dot{m}_B = 0$ wird zu jedem einzelnen dieser Bezugspunkte eine fiktive Wirkungsgradkurve r mit Hilfe der Gleichung

$$\eta = \frac{m_F\, g}{\dot{m}_B\, H_u} \left[\dot{e} - \dot{e}_R + (\dot{m}_B)_R \left(\frac{d\dot{e}}{d\dot{m}_B} \right)_R \right] \qquad (2.2\text{-}17)$$

bestimmt, die durch Zusammenfassung von Gl. (2.2-10), Gl. (2.2-9) und Gl. (2.2-3) entstanden ist. Man beachte, daß dabei die Größe P_H / V herausfällt.

Es ist trivial, daß die Extremwerte der Kurvenschar r (strichpunktierte Linie) den korrespondierenden Bezugspunkten R zugeordnet sind, wo dη /d$\dot{m}_B$ vorher gleich Null gesetzt worden ist.

Das Prinzip der weiteren Auswertung besteht darin, aus der Kurvenschar r die wirkliche Wirkungsgradkurve herauszufinden.

Diskussion der Wirkungsgradkurven zwischen $(\dot{m}_B)_R$ und $(\dot{m}_B)_{Rl}$:

• Die mit R_n korrespondierende Kurve r_n tendiert gegen negative Wirkungsgrad für $\dot{m}_B \to 0$.

• Läuft R auf R' zu, so verschiebt sich die Kurve r zu höheren Wirkungsgraden (im Bild nach links oben) und strebt dabei entsprechend der Wanderung ihres Maximums (entlang der strichpunktierten Linie) der Grenzkurve r' zu. Dabei erfährt sie, vor allem im Leerlaufbereich bei $(\dot{m}_B)_{Rl}$, eine stetige Richtungsänderung; ihre Tendenz schlägt hier deutlich von den negativen zu positiven Wirkungsgraden um.

• Läuft R über R' hinaus, so fällt r wieder auf die ursprünglichen Verläufe unterhalb der Grenzkurve r' zurück. Da die Kurve $V = $ const mangels weiterer Meßpunkte bei R_l endet, ist die Kurve r_l die letzte auf diese Weise erfaßte Wirkungsgradkurve, sie hat bei $(\dot{m}_B)_{Rl}$ ein Minimum.

Bild 2.24 Funktion $\dot{e} = $ f$(\dot{m}_B$) ermittelt aus den Verläufen $\dot{e} = $ f(V) und $\dot{m}_B = $ f(V) (Beispiel von Bild 2.22 und Bild 2.23)

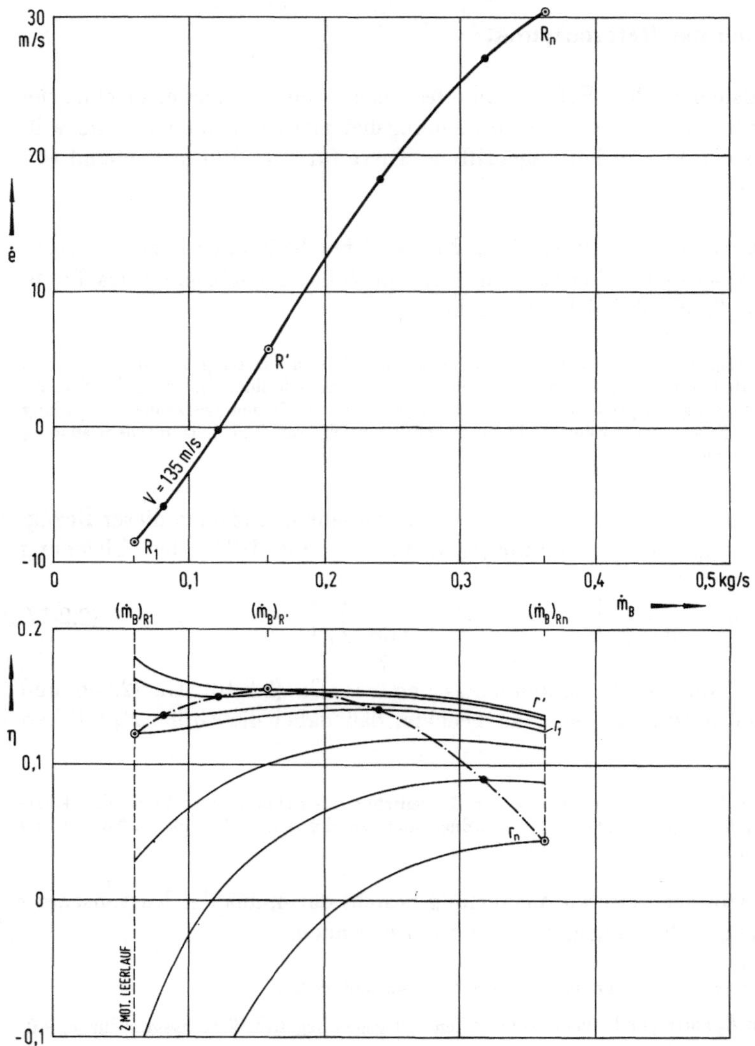

Bild 2.25a

Ermittlung der Wirkungsgradverläufe zwischen Voll-Last und 2 Mot. Leerlaufpunkt

Bild 2.25a macht deutlich, daß einzig der Verlauf im Bereich zwischen $(\dot{m}_B)_{R1}$ und $\dot{m}_B = 0$ darüber entscheidet, welche Wirkungsgradkurve aus der Schar r die gesuchte (physikalisch sinnvolle) ist. Insbesondere kommt es dabei auf das Verhalten der Kurve im Grenzübergang bei $\dot{m}_B = 0$ an, wo die zugeführte Brennstoffleistung verschwindet.

Wie Gl. (2.2-17) zeigt, hat nur eine einzige Wirkungsgradkurve der Schar r in Bild 2.25a einen sinnvollen Wert η_0 bei $\dot{m}_B = 0$. Es ist die Kurve (wir nennen sie im folgenden r^*) zu demjenigen Referenzpunkt (er sei mit R^* bezeichnet), dessen Koordinaten $\dot{e}_{R^*}$ und $(\dot{m}_B)_{R^*}$ exakt die Bedingung

$$\dot{e}_{R0} - \dot{e}_{R*} + (\dot{m}_B)_{R*} \left(\frac{\mathrm{d}\dot{e}}{\mathrm{d}\dot{m}_B}\right)_{R*} = 0 \tag{2.2-18}$$

erfüllen, worin $\dot{e}_{R0}$ die Änderungsrate der spezifischen Energie im Punkt bei $\dot{m}_B = 0$ bedeutet (siehe dazu Bild 2.25b).

Allerdings läßt sich η_0 damit nicht quantifizieren, da Gl. (2.2-17) im Grenzübergang lediglich den unbestimmten Ausdruck 0/0 liefert.

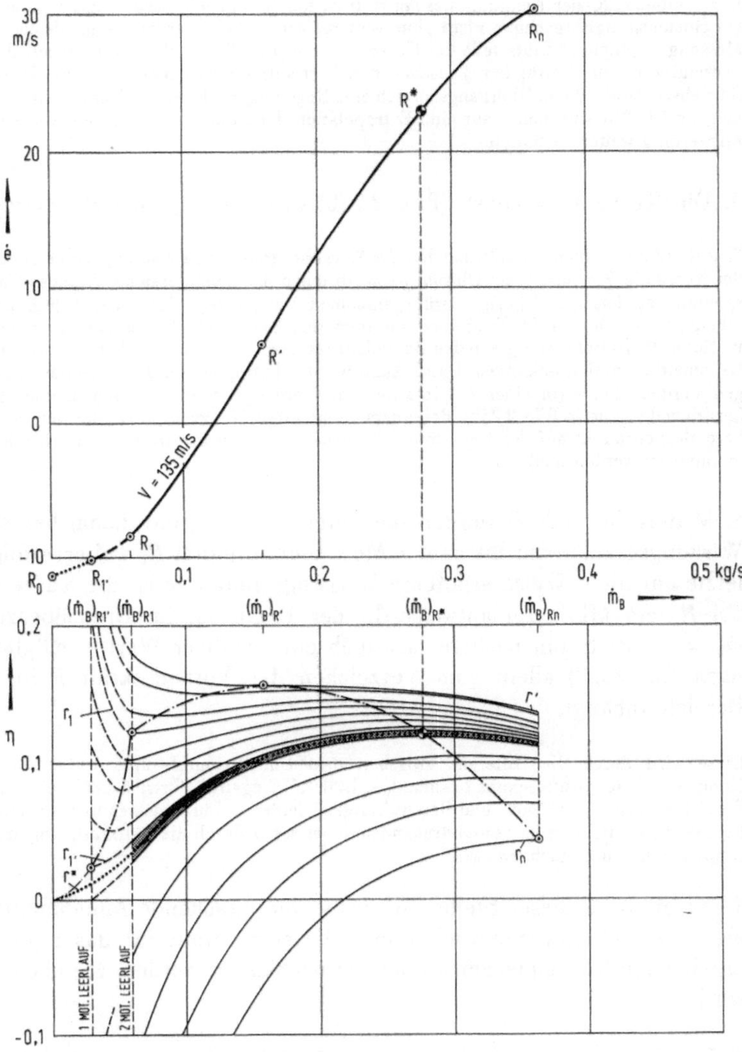

Bild 2.25b

Ermittlung der Wirkungsgradverläufe zwischen Voll-Last, 2 Mot. und 1 Mot. Leerlaufpunkt

Alle anderen Wirkungsgrade streben bei $\dot{m}_B = 0$ jedoch eindeutig nach $+\infty$ oder nach $-\infty$, was die Kurve r^* als allein sinnvolle Wirkungsgradkurve aus der Schar r heraushebt. Wir lesen aus Gl. (2.2-17) noch heraus, daß die gesuchte Kurve r^* neben dem Maximum bei R^* noch einen zweiten Extremwert (Minimum) an der Stelle R_0 aufweisen muß. Dies folgt aus der Tatsache, daß sich der unbestimmte Ausdruck $\eta_0 = 0/0$ auch für den Sonderfall $R = R_0$ ergibt.
Um die Kurve r^* herauszufinden, sind die Wirkungsgradkurven in den Bereich um $\dot{m}_B = 0$ hinein zu verlängern. Dies geschieht rechnerisch mit Hilfe von Gl. (2.2-17). Hierzu müssen die Koordinaten $\dot{e}$, $\dot{m}_B$ der Kennlinie $V = $ const in diesem Bereich bekannt sein.

Der Endpunkt R_0 der Kennlinie bei $\dot{m}_B = 0$ ist nur im antriebslosen Flug zu erreichen, was bei Hochleistungsflugzeugen nicht ohne weiteres verwirklicht werden kann. Als einzige einer Messung zugängliche Stützstelle der Kurve $V = $ const in diesem Bereich steht nur der 1 Mot. Leerlaufpunkt zur Verfügung. Zwischen den Leerlaufpunkten existieren keine definierbaren Betriebszustände, da im Übergangsbereich eine Regelung des Brennstoffverbrauchs nicht mehr möglich ist. Wir sind daher auf eine Extrapolation der Linie $V = $ const angewiesen, um die Auswertung weiter zu führen.

3. Die Kurve $V = $ const. (Bild 2.25b) wird von R_1 nach $R_{1'}$ extrapoliert.

Wie Gl. (2.2-17) erkennen läßt, hängen die Wirkungsgradkurven vom angenommenen Verlauf der Kennlinie $V = $ const. ab: Obwohl beim Abstellen des Triebwerks der Brennstoffdurchsatz spontan von $(\dot{m}_B)_{R1}$ auf $(\dot{m}_B)_{R1'}$ zurückgenommen wird, bricht dabei der Schub keinesfalls schlagartig zusammen. Im Triebwerk sind immerhin beachtliche Energien (kinetische Energie im Rotor, thermische Energie in den Bauteilen) gespeichert, die bekanntlich entsprechend einer Exponentialfunktion abklingen. Damit kann bei der Extrapolation durchaus davon ausgegangen werden, daß $\dot{e}$ (in einer Art intationärem Vorgang) stetig zwischen R_1 und $R_{1'}$ abfällt (gestrichelte Linie in Bild 2.25b). Bei einem einmotorigen Flugzeug ist R_1 der unterste erreichbare Betriebspunkt auf der Kennlinie $V = $ const, von dem aus in den Bereich um $\dot{m}_B = 0$ extrapoliert werden muß.

4. Mittels Gl. (2.2-17) werden die unter Ziffer 2 (Bild 2.25a) berechneten Wirkungsgradkurven bis zum 1 Mot. Leerlaufpunkt $R_{1'}$ weiterverfolgt. Die letzte auf diese Weise erfaßbare Wirkungsgradkurve ist die Kurve $r_{1'}$, die bei $R_{1'}$ ein Minimum aufweist. In der Praxis ist im Grenzübergang zu $\dot{m}_B = 0$ sowohl ein positiver als auch ein negativer Wert η_0 möglich, was nach Gl. (2.2-3) allein vom Vorzeichen der Vortriebskraft F in diesem Bereich abhängt.

Diese wird durch die Differenz zwischen dem Eintrittsimpuls und der entsprechenden Komponente des Bruttoschubs bestimmt, s. Bild 2.6. Negative Vortriebskräfte sind in diesem Bereich aufgrund der Druck- und Geschwindigkeitsfelder an Lufteinlässen und Austrittsflächen bei mehr oder weniger leer durchdrehendem (oder sogar durch die Luftkräfte angetriebenem) Rotor möglich und nachgewiesen.

Wir treffen an dieser Stelle jedoch die vereinfachende Annahme, daß bei $\dot{m}_B = 0$ auch η_0 verschwinden soll. Die sich daraus für das Endergebnis ergebenden Konsequenzen können vernachlässigt werden, wie noch gezeigt wird.

5. Die Verbindenden der Extremwerte (strichpunktierte Linie) wird bis zum Koordinatenursprungspunkt verlängert. Die gesuchte Wirkungsgradkurve r^* liegt dann innerhalb des schraffierten Bereichs und hat konsequenter-

weise ihr Minimum bei $\dot{m}_B = 0$. Der schraffierte Bereich wird nach oben durch die Kurve $r_{1'}$ begrenzt. Die untere Begrenzung liefert diejenige Wirkungsgradkurve, welche die Abszisse bei $(\dot{m}_B)_{R1'}$ schneidet. Beide Kurven sind durch den 1 Mot. Leerlaufpunkt festgelegt, bis zu dem die Linie $V = $ const. durch Meßpunkte erfaßbar ist.

6. Mit den aus Bild (2.25b) abgegriffenen Koordinaten der Wirkungsgradkurve r^* wird der Verlauf der Kennlinie $V = $ const. von $R_{1'}$ nach R_0 und damit der Endwert $\dot{e}_{R0}$ bestimmt:

Aus Gl. (2.2-5) folgt die Integralbeziehung

$$\dot{e} = \frac{H_u}{m_F\, g} \int \left(\eta + \dot{m}_B \frac{\mathrm{d}\eta}{\mathrm{d}\dot{m}_B} \right) \mathrm{d}\dot{m}_B + K. \tag{2.2-19}$$

Sie läßt sich mit Hilfe des Ansatzes

$$\eta = k_0 + k_1\, \dot{m}_B + k_2\, \dot{m}_B^2 + k_3\, \dot{m}_B^3 \tag{2.2-20}$$

ohne weiteres einer geschlossenen numerischen Lösung in der Form

$$\dot{e} = \frac{H_u}{m_F\, g} \left\{ k_0\left[\dot{m}_B - (\dot{m}_B)_{R1}\right] + \right.$$
$$+ k_1\left[m_B^2 - (m_B^2)_{R1}\right] \ldots + $$
$$\left. + k_3\left[\dot{m}_B^4 - (\dot{m}_B^4)_{R1}\right] \right\} + \dot{e}_{R1} \tag{2.2-21}$$

zuführen, wenn man die Integrationskonstante K mit Hilfe der gemessenen Koordinaten $\dot{e}_{R1}$, $(\dot{m}_B)_{R1}$ des 2 Mot. Leerlaufpunktes bestimmt.

Die Praxis lehrt, daß bei Flugzeugen mit genügend weit auseinanderliegenden Schubdüsen (keine gegenseitige Beeinflussung der Abgasstrahlen) $\dot{e}$ mit jedem abgeschalteten Triebwerk ziemlich genau um den gleichen Betrag längs der kurve $V = $ const. abnimmt (gleichungsmäßig ausgedrückt: $\dot{e}_{R1} - \dot{e}_{R1'} = \dot{e}_{R1'} - \dot{e}_{R0}$), was physikalisch sinnvoll ist. Hier zeichnet sich ein Weg ab, R_0 zumindest für diese Kategorie von Flugzeugen auf eine sehr einfache Weise zu bestimmen, das heißt ohne den Umweg über die Wirkungsgradbetrachtung.

7. Das gesuchte Maximum der Wirkungsgradkurve r^* finden wir im Schnittpunkt mit der strichpunktierten Linie, welche die Extremwerte untereinander verbindet. Damit ist zugleich die Lage des Referenzpunktes R^* auf der Linie $V = $ const. bestimmt.
Als zusätzlicher Referenzpunkt bietet sich der Punkt R_0 an, wo die Wirkungsgradkurve r^* ihr Minimum aufweist.

Die Kurve r^* ist gewissermaßen eine Trennlinie, die das Verhalten der fiktiven Wirkungsgradkurven im Grenzübergang zu $\dot{m}_B = 0$ ausweist. Unterhalb von r^* tendiert das Feld nach $-\infty$, oberhalb nach $+\infty$.
Der Knick in der strichpunktierten Linie (welche die Extremwerte miteinander verbindet) macht deutlich, daß beim Abschalten des Triebwerks praktisch eine andere Gesetzmäßigkeit wirksam wird.

R_0 ist der Fußpunkt der Tangente an die Kurve $V = $ const. im Punkt R^*, wie sich an dem Klammerausdruck in Gl. (2.2-17) leicht ablesen läßt.

Bild 2.25b gibt uns als ein interessantes Nebenergebnis Auskunft über den Gesamtwirkungsgrad des Flugzeuges als Funktion von Höhe, Masse und Fluggeschwindigkeit. Dieser beträgt in dem hier gezeigten Beispiel maximal 12 % (!).

Berechnung der Vortriebskraft

Die Gleichung für die Vortriebskraft kann nach Zusammenfassung von Gl. (2.2-9) und Gl. (2.2-10) für den Punkt R^* als Referenzpunkt in der Form

$$F = \frac{m_F\, g}{V} \left[\dot{e} - \dot{e}_{R^*} + (\dot{m}_B)_{R^*} \frac{\mathrm{d}\dot{e}_{R^*}}{\mathrm{d}\,(\dot{m}_B)_{R^*}}\right] - \frac{P_H}{V} \tag{2.2-22}$$

beziehungsweise für den Punkt R_0 als Referenzpunkt noch einfacher in der Form

$$F = \frac{m_F\, g}{V} [\dot{e} - \dot{e}_{R0}] - \frac{P_H}{V} \tag{2.2-23}$$

angeschrieben werden.

Die Wege über die beiden Referenzpunkte R^* und R_0 führen zum selben Ergebnis.

Die Größe P_H/V läßt sich aus den Unterlagen der Gerätehersteller oder auch durch Messung gewinnen.

Gl. (2.2-22) bzw. Gl. (2.2-23) erlaubt die Berechnung der Funktion $F = \mathrm{f}(\dot{m}_B)$ entlang der Linie $V = $ const.

Das auf die oben beschriebene Weise zu den in unserem Beispiel (Bild 2.22 und 2.23) für die Höhe $H = H_p = 4550$ m der Normatmosphäre ermittelte Vortriebskraftkennfeld $F = \mathrm{f}(\dot{m}_B, V)$ zeigt Bild 2.26.

Wir können diese Funktion schließlich nach Belieben noch in die reduzierte Darstellungsform

$$\frac{F}{\delta} = \mathrm{f}\left(\frac{\dot{m}_B}{\delta\sqrt{\theta}}, Ma\right) \tag{2.2-24}$$

umsetzen, die uns bereits vom Bruttoschub F_B her geläufig ist, s. Gl. (2.1-47). Wir wissen, daß δ das Verhältnis des statischen Umgebungsdrucks p_s zum Normdruck $p_n = 1{,}013 \cdot 10^5$ N/m² und daß θ das Verhältnis der statischen Umgebungstemperatur T_s zur Normtemperatur $T_n = 288{,}15$ K (am Normtag in mittlerer Meereshöhe) bedeutet. Gl. (2.2-24) ist eine Grundlage für jede Art von Flugleistungsrechnungen.

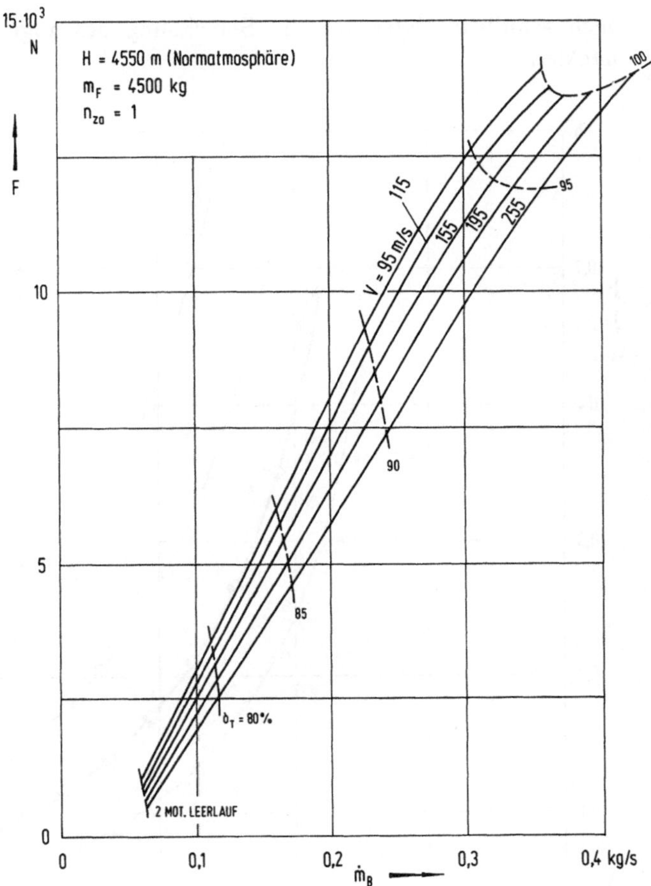

Bild 2.26 Vortriebskraft-Kennfeld für eine Flughöhe

Berechnung der Flugzeugpolare

Die Flugzeugpolare beschreibt, wie oben gesagt, den Zusammenhang zwischen dem Auftriebsbeiwert C_{Ages} und dem Widerstandsbeiwert C_{Wges} des Flugzeugs, und zwar als Funktion der Flugmachzahl Ma. Die Berechnungsformeln für die Beiwerte sind in Gl. (2.1-12) und Gl. (2.1-16) bereitgestellt. Wie man erkennt, hängt ein solcher Polarenpunkt $C_{Ages} = f(\,C_{Wges}\,,\,Ma\,)$ neben der Vortriebskraft und einigen Konstanten ausschließlich von solchen Parametern ab, die man bereits für die Berechnung der Vortriebskraft bereitzustellen hat. Damit liefert uns der in Abschnitt 2.2.3 beschriebene Versuchsablauf zu jedem gefundenen Referenzpunkt in Bild 2.24 sofort

auch sämtliche Daten für die Berechnung des zugehörenden Polaren-
punktes.

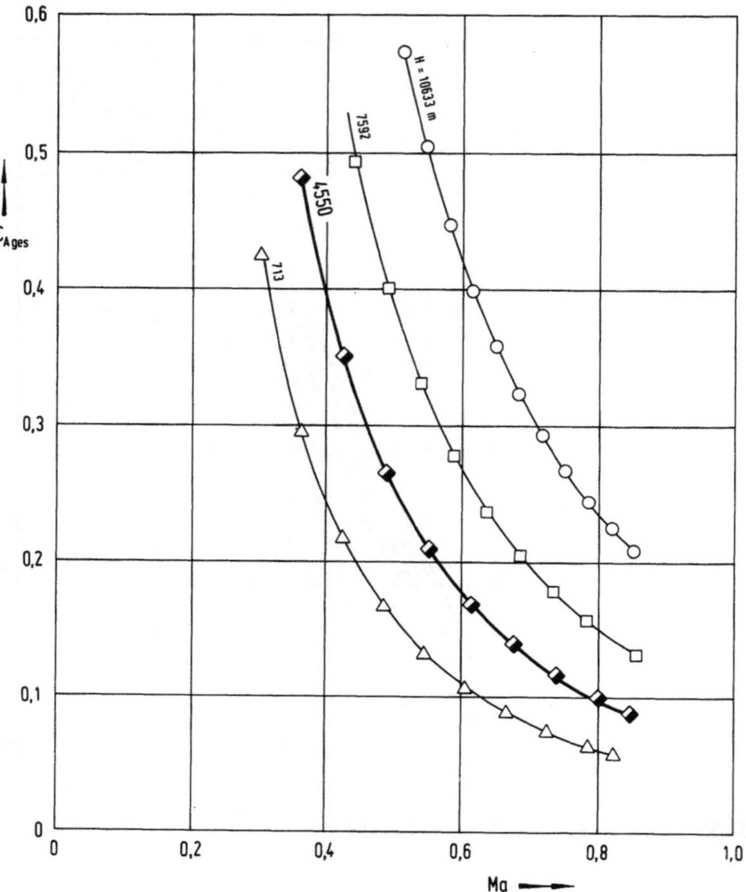

Bild 2.27a gemessener Verlauf $C_{A\,ges} = \mathrm{f}(Ma)$ für verschiedene Flughöhen

Da die Werte von $\dot{e}$ auf die entsprechenden Sollwerte von H, m_F, γ_a und
n_{za} korrigiert werden mußten, um F zu finden, müssen wir auch in
Gl. (2.2-12) und Gl. (2.2-16) diese Sollwerte einsetzen, um $C_{A\,ges}$ und $C_{W\,ges}$ mit
korrespondierenden Werten zu bestimmen. Dieses führt uns auf die
Gleichungen

$$C_{A\,ges} = \frac{2\,m_{F\,soll}\,g\,n_{za\,soll}}{p_{s\,soll}\,Ma^{*2}\,\kappa\,S} \tag{2.2-25}$$

und

$$C_{W\,ges} = \frac{2}{p_{s\,soll}\, Ma^{*2}\kappa\, S} \left(F_{R^*} - \frac{m_{F\,soll}\, g}{Ma^*\, \sqrt{\kappa\, R\, T_{s\,soll}}}\, \dot{e}_{R^*} \right), \qquad (2.2\text{-}26)$$

mit deren Hilfe sich die Flugzeugpolare punktweise bestimmen läßt. Hierin repräsentiert F_R^* die Vortriebskraft und $\dot{e}_R^*$ die dazugehörende Änderungsrate der spezifischen Energie im Referenzpunkt R^* (s. Bild 2.25). Im Prinzip gewinnt man aus der Summe aller Beschleunigungen und Verzögerungen, die bei den verschiedenen Leistungshebelstellungen durchgeführt wurden, Diagramme mit $C_{A\,ges}$ und $C_{W\,ges}$ als Funktion der Machzahl Ma für jede untersuchte Höhe H, s. Bilder 2.27a und 2.27b.

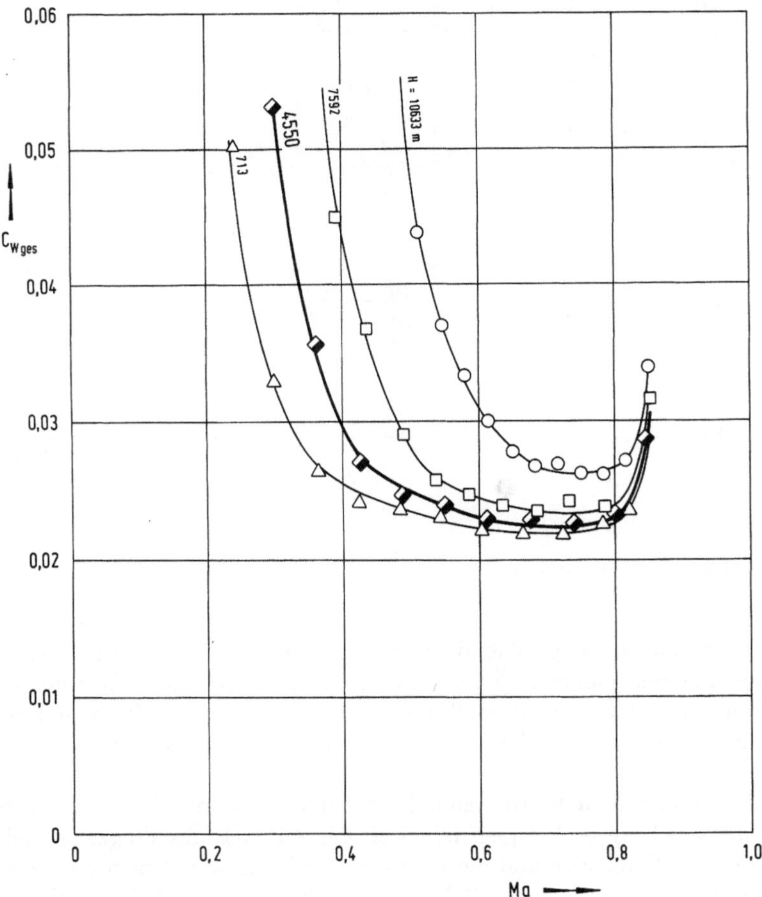

Bild 2.27b gemessener Verlauf $C_{W\,ges} = f(Ma)$ für verschiedene Flughöhen

Durch Querauftragung der Bilder 2.27a und 2.27b gewinnt man die gesuchten Äste der Flugzeugpolaren für die einzelnen Machzahlen in Bild 2.27c.

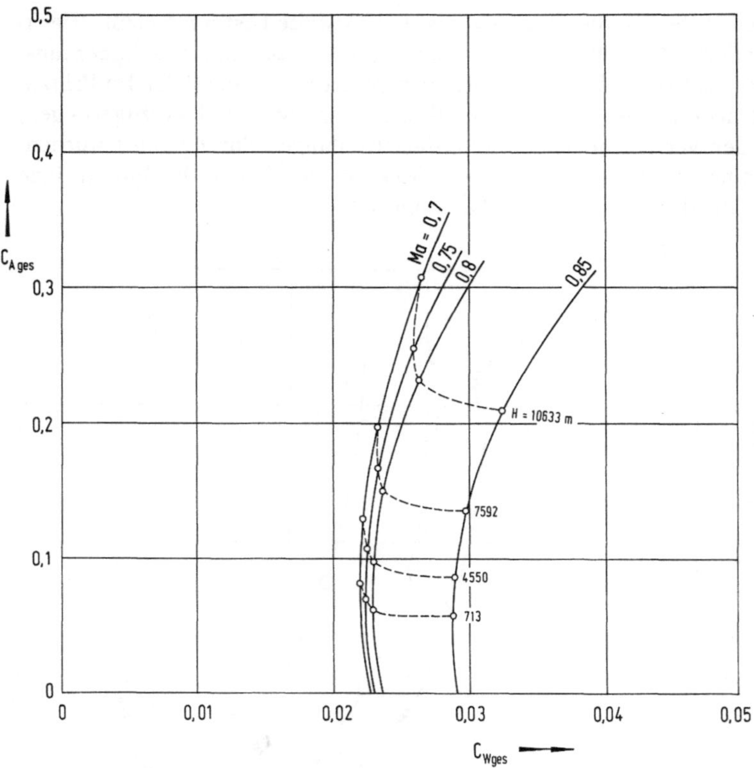

Bild 2.27c　Flugzeugpolaren

Die Erfahrung zeigt, daß Reynoldszahl-Effekte nicht bedeutend sind, d.h. die Polaren ändern sich nicht bei größeren Flughöhen. Falls ein solcher Einfluß zu erwarten ist, muß das hier beschriebene Verfahren getrennt für die unteren und die oberen Höhenbereiche angewendet werden.

Bei geradlinigen horizontalen Beschleunigungs- und Verzögerungsflügen ($n_{za} = 1$), unser Beispiel, läßt sich der Auftrieb des Flugzeugs lediglich über die Flugmasse und die Flughöhe variieren, womit man nur Meßwerte im mittleren Bereich des Polarenastes erhält. Um die höheren C_{Ages}-Werte im oberen Bereich des Polarenastes abzudecken, müssen horizontale beschleunigte und verzögerte Kurvenflüge bei konstantem Lastvielfachen

($n_{za} > 1$) durchgeführt werden. Die oben gezeigten Zusammenhänge sind auch hierfür uneingeschränkt gültig.

Da C_{Ages} und C_{Wges} von der Leistungshebelstellung abhängen, sind Polaren, die mittels dieses Verfahrens bestimmt worden sind, konfigurationsabhängig. Man kann sie aber unmittelbar für Flugleistungsrechnungen verwenden, da die Trimm- und Triebwerkseinflüsse bereits enthalten sind.

2.3 Start- und Landeleistung

Die Start- und Landestrecken werden in diesem Buch aus ein und denselben physikalischen Grundlagen abgeleitet. Deshalb ist es vorteilhaft, sie in einem gemeinsamen Kapitel zu behandeln.

2.3.1 Allgemeines

Unter dem Begriff *Leistung* sind hier die erzielten Start- und Landestrecken als Funktion der Flugmasse verstanden.

Diese Strecken setzen sich aus je zwei Teilabschnitten, der Rollstrecke und der Übergangsflugstrecke zusammen (s. Bild 2.29 und Bild 2.38). Die Rollstrecke liegt zwischen dem "Stand" und dem "Abhebepunkt" bzw. "Aufsetzpunkt". Die Übergangsflugstrecke liegt zwischen dem "Abhebepunkt" bzw. "Aufsetzpunkt" und dem "Hindernispunkt".

Als "Stand" wird die Stelle angenommen, wo (beim Start) die Räder zu rotieren beginnen oder wo (bei der Landung) der Abbremsvorgang entweder mit dem Stillstand der Räder oder mit dem Erreichen einer bestimmten Geschwindigkeit (z.B. der Taxigeschwindigkeit) als abgeschlossen angesehen wird.

Der "Abhebepunkt" bzw. "Aufsetzpunkt" liegt nach Definition dort, wo das Hauptfahrwerk (beim Start) den Bodenkontakt verliert oder (bei der Landung) den Boden berührt.

Der "Hindernispunkt" ist als die Stelle der Flugbahnprojektion am Boden definiert, wo die Flughöhe 11 bzw. 15 m (35 bzw. 50 ft) über Grund beträgt. Bezugspunkt am Flugzeug ist dabei der tiefste Punkt der Flugzeugkontur, mit dem ein entsprechendes Hindernis gerade noch berührungsfrei überflogen werden kann.

Wir bezeichnen im folgenden den "Stand" mit dem Index 0, den "Abhebepunkt" bzw. "Aufsetzpunkt" mit dem Index 1 und den "Hindernispunkt" mit dem Index 2.

Koordinatensysteme

Für die Darstellung der einzelnen Streckenabschnitte ist das

- *geodätische* (erdlotfeste) *Achsenkreuz* (Index: g)

das grundlegende Bezugssystem; seine x_g-Achse weist hier zweckmäßigerweise in Richtung der Start-Landepiste.

Die Geschwindigkeiten und Beschleunigungen werden gewöhnlich vom Boden aus mit Kinetheodoliten, Laser oder Radar, also im

- *Bahnachsenkreuz* (Index: k)

gemessen, dessen x_k-Achse in Richtung der Bahngeschwindigkeit definiert ist. Aber auch Geschwindigkeits- und Beschleunigungsmessungen von Bord des Flugzeugs aus mit Hilfe des Inertial-Navigations-Systems (INS) sind üblich; sie arbeiten im gleichen Bezugssystem.

Die übrigen Bordmeßdaten sind an das

- *körperfeste Achsenkreuz* (kein besonderer Index)

gebunden.

Für die Erfassung der Bewegung des Flugzeugs relativ zur atmosphärischen Luft wird im folgenden noch das

- *aerodynamische* (flugwindfeste) *Achsenkreuz* (Index: a)

benötigt, das jedoch bei Windstille mit dem Bahnachsenkreuz zusammenfällt.

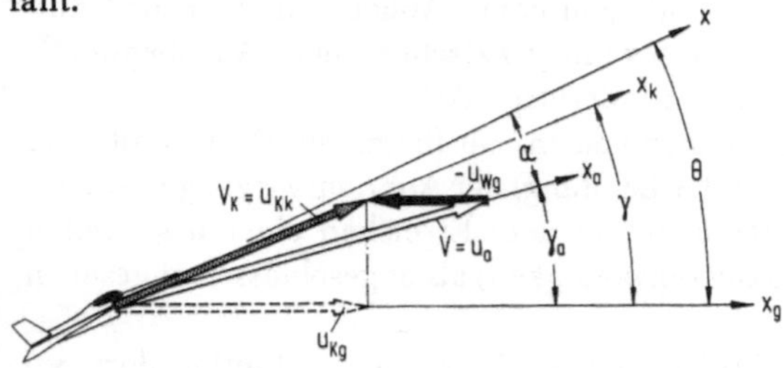

Bild 2.28 Für die Ermittlung der Start- und Landestrecken benötigte Geschwindigkeitskomponenten in ihren Achsensystemen (schiebefreier Flugzustand vorausgesetzt)

Wir werden bei den nachfolgenden Betrachtungen stets einen schiebefreien (symmetrischen) Flugzustand voraussetzen und Seitenwindkomponenten ausschließen, womit grundsätzlich die x, z -(Symmetrie) Ebene des Flugzeugs mit der x_a , z_a -, der x_k , z_k - und der x_g , z_g -Ebene zusammengelegt werden kann. Damit läßt sich in unserem Fall das flugzeugfeste Achsenkreuz allein durch Drehung um den Anstellwinkel α in das aerodynamische und durch Drehung um den Nickwinkel θ in das erdlotfeste System überführen. Für die Transformation in das bahnfeste Achsenkreuz ist zusätzlich die Kenntnis der bodenparallelen Windkomponente u_{W_g} in Bahnrichtung erforderlich, s. Bild 2.28.

Einflußgrößen

Die Streckenvermessung an sich ist nicht schwierig. Es sind mehrere Verfahren bekannt, die sehr genaue Ergebnisse liefern. Das Problem besteht vielmehr in der Umrechnung dieser Strecken auf einheitliche Randbedingungen (um miteinander vergleichbare Ergebnisse zu erzielen), insbesondere in der Zahl der Einflußgrößen, die dabei zu berücksichtigen sind. Die meisten dieser Parameter lassen sich kaum meßtechnisch erfassen und könnten ohnehin nur über sehr komplizierte Korrekturgleichungen berücksichtigt werden. Durch die Vorgabe bestimmter Versuchsbedingungen gelingt es jedoch, die Zahl der zu berücksichtigenden Einflußgrößen auf insgesamt vier zu reduzieren, wobei man bei den Korrekturen mit relativ einfachen Modellansätzen auskommt. Diese Einflußgrößen sind

- der Wind
- das Rollbahngefälle
- die Fluggeschwindigkeit im Abhebe-, Aufsetz- und Hindernispunkt
- die Atmosphäre (Umgebungsdruck und Umgebungstemperatur)

Wir gehen von den Meßwerten aus und führen nacheinander die Korrektur auf Windstille, auf ebene Rollbahn, auf die vorgeschriebenen Geschwindigkeiten sowie auf Normatmosphäre durch. Dabei werden die Meßwerte wieder mit einem Stern gekennzeichnet und die korrigierten Größen durch hochgestellte römische Ziffern unterschieden, s. die Übersicht in Tabelle 2.4.

Tabelle 2.4 Indizierung der Korrekturgrößen zur Ermittlung der Start- und Landestrecken

Index	Bedeutung
*	unkorrigiert, gemessen
III	korrigiert auf Windstille
II	korrigiert auf Windstille und ebene Bahn
I	korrigiert auf Windstille, ebene Bahn und eine vorgegebene Fluggeschwindigkeit im Bezugspunkt
ohne Index	korrigiert auf Windstille, ebene Bahn, eine vorgegebene Fluggeschwindigkeit im Bezugspunkt und Normatmosphäre (Normdruck und Normtemperatur in mittlerer Meereshöhe)

Es ist zweckmäßig, die Strecken, Geschwindigkeiten und Beschleunigungen
jeweils in dem Bezugssystem zu betrachten, das für den gerade behandelten
Korrekturschritt am günstigsten ist. Wir werden uns dabei der Zeichenkonvention der LN 9300 [1] bedienen, um Verwechslungen auszuschließen.

2.3.2 Grundbeziehungen

Die nachfolgenden Betrachtungen gelten für die Bewegung des Flugzeugs
im ruhenden oder gleichmäßig (das heißt mit konstanter Windgeschwindigkeit) parallel zur Erdoberfläche bewegten Luftraum.
Wir gehen auch hier wieder von der Totalenergie

$$E = m_\mathrm{F}\, g\, H + \frac{m_\mathrm{F}}{2}\, V^2 \tag{2.3-1}$$

aus, die uns bereits von Gl. (2.1-1) her vertraut ist.
Beim Starten und Landen interessieren die Strecken, welche das Flugzeug
für die Abschnitte zwischen den Bezugspunkten $0,1$ und 2 benötigt. Den
gleichungsmäßigen Zugang liefert hier die Arbeit, welche die resultierende
$\vec{R}$ der auf das Flugzeug einwirkenden Kräfte längs des Wegelements $d\,\vec{s}$
verrichtet. Da diese mit der Änderung der Totalenergie identisch ist, gilt

$$dE = \vec{R}\, d\vec{s}\,. \tag{2.3-2}$$

Unter der Kraft

$$\vec{R} = m_\mathrm{F} \left(\vec{V}_{\vec{\Omega}=0} + \vec{\Omega} \times \vec{V} + \vec{g} \right) \tag{2.3-3}$$

wird hier die Resultierende der äußeren auf das Flugzeug einwirkenden
Schub-, Auftriebs- und Widerstandskräfte verstanden, die mit den Trägheits-
und Gewichtskräften im Gleichgewicht stehen [6]. Der Klammerausdruck entspricht wieder dem allgemeinen Beschleunigungseindruck, s. Gl. (2.1-6), den
auch der Pilot empfindet.
Da wir, wie oben gesagt, nur symmetrische Flugzustände ($\beta = 0$) zulassen
wollen, können wir in den nachfolgenden Betrachtungen grundsätzlich davon ausgehen, daß der Kraft- bzw. Beschleunigungsvektor in der Symmetrie-
ebene des Flugzeugs liegt. Uns interessiert hier ohnehin nur dessen
Komponente in Bewegungsrichtung x_a, womit auch der Drehbeschleuni-

---

[6] Es erweist sich als zweckmäßig, die Resultierende $\vec{R}$ (abweichend von [1]) ohne den Gewichtsanteil zu definieren und dafür den Einfluß des Fallbeschleunigungsvektors $\vec{g}$ im Beschleunigungsterm (Klammerausdruck in Gl. (2.3-3)) mit zu berücksichtigen, so wie er auch von einem
im Flugzeug installierten Beschleunigungsaufnehmer registriert wird.

gungsanteil wegfällt: Da nur Drehungen um die y-Achse auftreten können (Übergangsbogen), wirkt die einzig mögliche Drehbeschleunigungskomponente immer senkrecht zur Bewegungsrichtung und liefert somit keinen Betrag zu $\dot{u}_a$.

Damit nimmt die Gl. (2.3-2) nach der Koordinatentransformation die Form

$$\mathrm{d}E = m_\mathrm{F} \left(\dot{V} + g \sin \gamma_a \right) dx_a \qquad (2.3\text{-}4)$$

an. Der Klammerausdruck ist, wie wir wissen, mit der gesuchten Beschleunigungskomponente b_{xa} in Richtung der Flugwindachse x_a , s. Gl. (2.1-7), identisch, worin das Flugzeug gegenüber der umgebenden Luftmasse bewegt wird. Die Totalenergie ändert sich um den Betrag $\mathrm{d}E$, wenn unter dem Einfluß von $\dot{V} + g \sin \gamma_a = b_{xa}$ die Masse m_F um das Wegelement dx_a verschoben wird. Multipliziert man Gl. (2.3-4) aus, so entspricht der erste Term auf der rechten Seite der Energieumwandlung infolge Geschwindigkeitsänderung (Beschleunigungsarbeit). Der zweite Term entspricht der Energieumwandlung infolge Höhenänderung (Hubarbeit).
Gl. (2.3-4) bildet die Grundlage für die Korrekturgleichungen, die im folgenden abgeleitet werden sollen.

2.3.2.1 Startstrecke

Bild 2.29 veranschaulicht die Startstrecke. Sie setzt sich auf der Start-Rollstrecke und der Start-Übergangsflugstrecke zusammen.

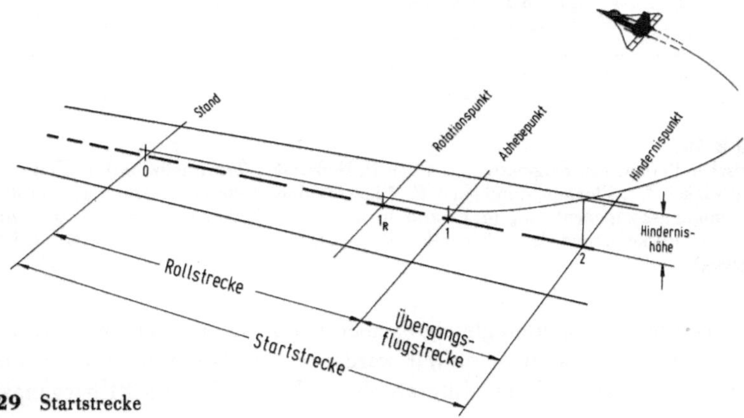

Bild 2.29 Startstrecke

In Bild 2.30 sind die typischen Verläufe derjenigen Meßparameter vorweg zusammengestellt, die wir bei den nachfolgenden Ableitungen der Korrekturgleichungen berücksichtigen müssen, und zwar als Funktion der Strecke x_g und der Zeit t. Die Dreiecke an der Abszisse markieren hier den Stand 0, den Rotationspunkt 1_R, den Abhebepunkt 1 und den Hindernispunkt 2. Der Rotationspunkt gibt die Stelle an, wo durch Ziehen am Knüppel der Anstellwinkel auf den Wert erhöht wird, mit dem das Flugzeug beim Erreichen der notwendigen Geschwindigkeit vom Boden abhebt.

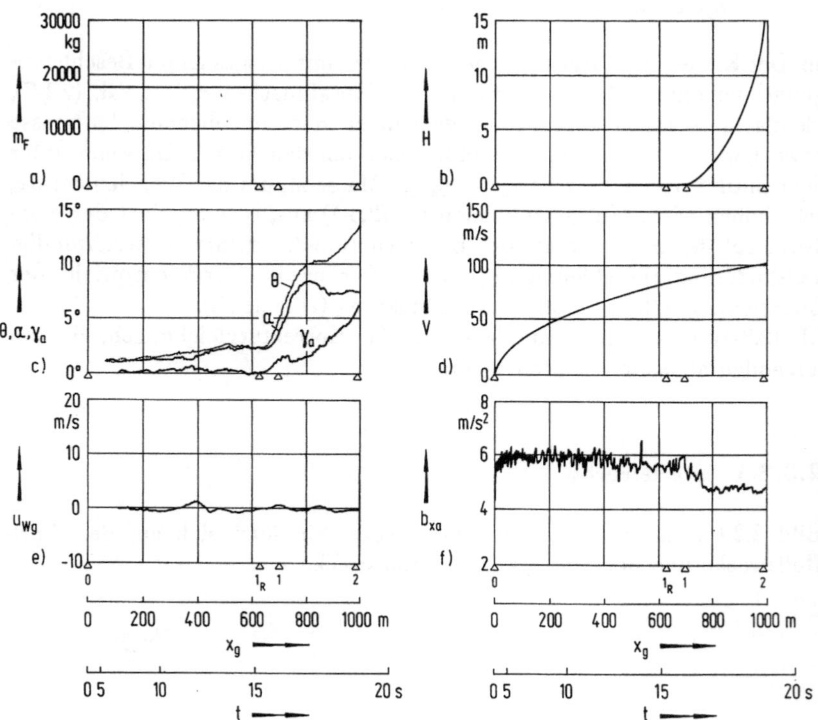

Bild 2.30
Typischer Verlauf von Flugmasse m_F, Höhe H, Nickwinkel θ, Anstellwinkel α, Flugwindneigungswinkel γ_a, Fluggeschwindigkeit V, Wingeschwindigkeitskomponente u_{Wg} und der Beschleunigungskomponente b_{xa} in Flugwindrichtung als Funktion der über Grund zurückgelegten Strecke x_g und der Zeit t während des Startvorgangs (gemessen an einem Kampfflugzeug)

Die oben bereitgestellten gleichungsmäßigen Zusammenhänge betreffen die Startstrecke ganz allgemein. Wir werden sie im Unterabschnitt A auf die Start-Rollstrecke und im Unterabschnitt B auf die Start-Übergangsflugstrecke anwenden.

Dabei werden wir immer wieder auf die in Bild 2.30 gezeigten Parameterverläufe zurückkommen.

A Start-Rollstrecke

Bild 2.31 zeigt die Start-Rollstrecke im bahnfesten bzw. geodätischen Achsenkreuz.

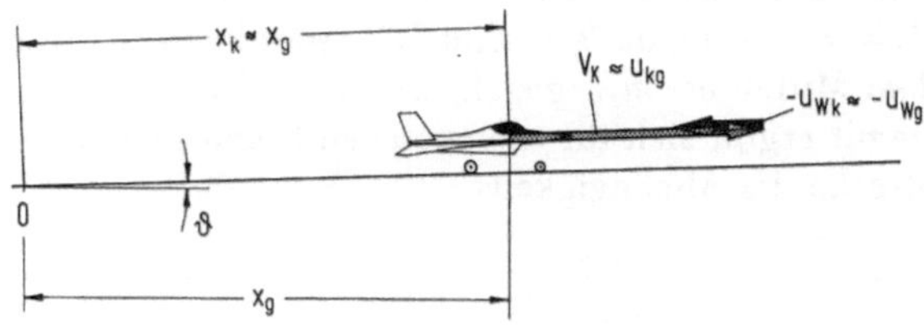

Bild 2.31 Start-Rollstrecke

Es ist zweckmäßig, wenn wir bei unseren Betrachtungen vom aerodynamischen Bezugssystem ausgehen. In diesem Fall kann auf Gl. (2.3-4) zurückgegriffen werden. Daraus läßt sich die vom Flugzeug zwischen Stand 0 und Abhebepunkt 1 zurückgelegte Strecke durch Integration bestimmen. Da beim Rollen $\gamma_a = 0$ ist, gilt

$$x_{a01} = \int_0^1 \frac{\mathrm{d}E}{m_F \dot{V}} .$$
(2.3-5)

Wie aus den Bildern 2.30a und 2.30f abgelesen werden kann, kann die Änderung der Flugmasse aufgrund des verbrauchten Brennstoffs zwischen Punkt 0 und Punkt 1 vernachlässigt werden. Wir dürfen m_F somit bedenkenlos konstant setzen.

Wie die Erfahrung lehrt, kann man ohne weiteres auch für $\dot{V}$ einen konstanten Mittelwert einsetzen, beispielsweise in der Form $\dot{V}_{01} = 1/x_{g01}$ ($\int_0^1 \dot{V}\,\mathrm{d}x_g$); wir werden anschließend noch mit einem Zahlenbeispiel darauf zurückkommen.
Auf diese Weise wird das Integral in Gl. (2.3-5) einer einfachen Lösungsmethode zugänglich.
Das Ergebnis lautet

$$x_{a01} = \frac{E_1 - E_0}{m_{F01}\,\dot{V}_{01}} .$$
(2.3-6)

Wegen $V_0 = 0$ stellt sich die Gesamtenergie im Stand 0 nach Gl. (2.3-1) in der Form

$$E_0 = m_{F0}\,g\,H_0$$
(2.3-7)

dar. Für die Gesamtenergie im Abhebepunkt gilt

$$E_1 = m_{F1}\, g\, H_1 + \frac{m_{F1}}{2}\, V_1^2. \tag{2.3-8}$$

Wir dürfen dabei Höhenunterschiede entlang der Bahn vernachlässigen und $H_0 = H_1$ setzen, da ϑ (s. Bild 2.31) sehr klein ist. Zugleich kann m_{F0} und m_{F1} dem Mittelwert m_{F01} gleichgesetzt werden.

Damit ergibt sich für die zwischen Stand und Abhebepunkt zurückgelegte Strecke die Abhängigkeit

$$x_{a01} = \frac{V_1^2}{2\,\dot{V}_{01}}. \tag{2.3-9}$$

Die Gültigkeit dieser Beziehung wird durch die Versuchspraxis bestätigt.

In Bild 2.30 sind die Versuchsdaten zur Überprüfung von Gl. (2.3-9) bereitgestellt.
Der angegebene Verlauf von u_{Wg} während des Startvorgangs wurde mittels der hier vorweg-genommenen Gl. (2.3-13) aus den Meßwerten der Übergrundgeschwindigkeit u_{Kg} des Flug-zeugs und seiner wahren Fluggeschwindigkeit berechnet. Hierzu wurde $V_K = u_{Kg}$ gesetzt. Wir können somit davon ausgehen, daß in unserem Beispiel während des Rollens b_{xa} mit $\dot{u}_k$ bzw. $\dot{u}_g$ sowie x_a mit x_k sowie x_g übereinstimmt (b_{xa} wurde aus den im körperfesten Achsenkreuz gemessenen Beschleunigungskomponenten $\dot{u}$ und $\dot{w}$ unter Berücksichtigung des Anstell-winkels α ermittelt, s. Gl. (2.1-10). Da während des Rollvorgangs auch γ_a verschwindet, ist zwischen Punkt 0 und Punkt 1 $\dot{u}_a = \dot{V}$, s. Gl. (2.1-7).
Z.B. folgt aus den Bild 2.30f zugrunde liegenden Meßwerten eine mittlere Beschleunigung von $b_{xa01} = \dot{V}_{01} = 5.79$ m/s², die Abhebewgeschwindigkeit beträgt $V_1 = 90$ m/s. Wir setzen diese beiden Werte in Gl. (2.3-9) ein und erhalten für die zurückgelegte Strecke den Wert $x_{g01} = 699.48$ m.
Unabhängig davon können wir für die tatsächlich gemessene Strecke aus Bild 2.30 den Wert $x_{g01} = 700$ m ablesen. Der gemessene Wert stimmt gut mit dem gerechneten Wert überein, wodurch Gl. (2.3-9) bestätigt wird.

Windeinfluß

Im folgenden wird die bei Wind gemessene Start-Rollstrecke x_{k01}^* auf Wind-stille umgerechnet.

Start bei Wind: Wir greifen auf den oben abgeleiteten Zusammenhang zwischen Weg, Geschwindigkeit und Beschleunigung, Gl. (2.3-9), zurück, der natürlich auch im bahnfesten Achsenkreuz gilt, und schreiben

$$x_{k01}^* = \frac{V_{K1}^*}{2\,\dot{V}_{K01}^*}. \tag{2.3-10}$$

Hierin stellt x_{k01}^* die im bahnfesten System zurückgelegte Strecke dar, die den Windeinfluß enthält. Unter V_{K1}^* ist die gemessene Abhebegeschwindig-keit und unter V_{K01}^* die gemessene mittlere Beschleunigung des Flugzeugs relativ zum Grund entlang der Bahn zu verstehen, wie sie beispielsweise ein vom Boden aus nachgeführter Kinetheodolit registriert oder ein neben der Startbahn stehender Beobachter wahrnimmt.

Start bei Windstille: Entsprechend der in Tabelle 2.4 getroffenen Vereinbarung führen wir hierfür den Weg $x_{\text{a01}}^{\text{III}}$, die Geschwindigkeit V_1^{III} und die Beschleunigung $\dot{V}_{01}^{\text{III}}$ ein, womit sich Gl. (2.3-9) in der Form

$$x_{\text{a01}}^{\text{III}} = \frac{V_1^{\text{III2}}}{2\,\dot{V}_{01}^{\text{III}}} \tag{2.3-11}$$

darstellt.

Wir dürfen davon ausgehen, daß das Flugzeug (gleiches Abfluggewicht, gleiche Luftdichte und gleichen Anstellwinkel, d.h. gleichen Auftriebsbeiwert, vorausgesetzt) bei der gleichen wahren Flug- bzw. Anströmgeschwindigkeit (Translationsgeschwindigkeit gegenüber der Luft) vom Boden abhebt, wie unter den Versuchsbedingungen bei Wind, denn die Anströmgeschwindigkeit im Abhebepunkt folgt der allgemeinen Gl. (2.1-22). Der Zusammenhang zwischen Flug-, Bahn- und Windgeschwindigkeit ist (s. [1]) durch die Beziehung

$$\vec{V}_{\text{K}} = \vec{V} + \vec{V}_{\text{W}} \tag{2.3-12}$$

festgelegt. Da wir, wie in Abschnitt 2.3.1 vorausgesetzt, Schieben und Seitenwindkomponenten des Flugzeugs ausschließen wollen, gilt hier

$$V_{\text{K}} = V + u_{\text{Wk}}. \tag{2.3-13}$$

Faßt man Gl. (2.3-13) mit Gl. (2.3-11) zusammen, so läßt sich die bei Windstille zu erwartende Strecke auch in der Form

$$x_{\text{a01}}^{\text{III}} = \frac{(V_{\text{K1}}^* - u_{\text{Wk1}}^*)^2}{2\,\dot{V}_{01}^{\text{III}}} \tag{2.3-14}$$

ausdrücken.

Wir finden die Abhängigkeit zwischen der bei Wind und bei Windstille zurückgelegten Strecke, indem wir Gl. (2.3-14) zu Gl. (2.3-10) ins Verhältnis setzen

$$x_{\text{a01}}^{\text{III}} = x_{\text{k01}}^* \frac{(V_{\text{K1}}^* - u_{\text{Wk1}}^*)^2}{V_{\text{K1}}^{*2}} \cdot \frac{\dot{V}_{\text{K01}}^*}{\dot{V}_{01}^{\text{III}}}. \tag{2.3-15}$$

Das Verhältnis der gemessenen mittleren Beschleunigung bei Wind zur mittleren Beschleunigung bei Windstille können wir mit ausreichender Genauigkeit gleich 1 setzen.

Bild 2.32 zeigt den Verlauf von b_{xa} bei drei verschiedenen Windgeschwindigkeiten (Rückenwind, Windstille, Gegenwind). Die Versuche wurden mit ein und demselben Flugzeug (gleiche Konfiguration, gleiche Flugmasse, annähernd gleiche Umgebungsbedingungen) durchgeführt. Da γ_a während des Rollvorgangs verschwindet, können wir auch hier wieder entsprechend der Gl. (2.1-6) zwischen Punkt 0 und Punkt 1 $b_{xa} = \dot{V}$ setzen.

Man erkennt, daß der Mittelwert der Beschleunigung, auf den es uns hier ankommt, von der Windgeschwindigkeit so gut wie unabhängig ist: Die Verläufe von b_{xa} über x_g sind fast identisch, nur die Streckenabschnitte zwischen 0 und 1_R sind unterschiedlich lang. Dieser relativ geringe Unterschied fällt, wenn wir den Mittelwert von b_{xa} zwischen 0 und 1 bilden, nicht ins Gewicht.

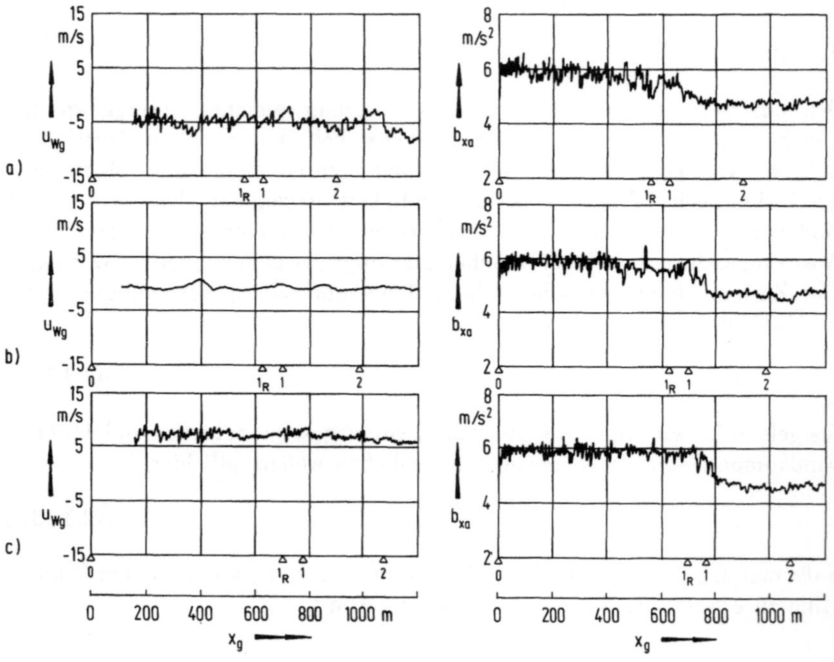

Bild 2.32

Einfluß der Windgeschwindigkeit auf die Beschleunigung b_{xa} unter sonst gleichen Bedingungen beim Start: a) Gegenwind, b) Windstille, c) Rückenwind

Mit $\dot{V}_{K01} / \dot{V}_{01}^{III} = 1$ vereinfacht sich Gl. (2.3-15) und läßt sich in der Form

$$x_{a01}^{III} = f_{01}^{III} \, x_{k01}^{*} \qquad (2.3\text{-}16a)$$

bzw.

$$x_{g01}^{III} = f_{01}^{III} \, x_{g01}^{*} \qquad (2.3\text{-}16b)$$

anschreiben, worin

$$f_{01}^{III} = \frac{(V_{K1}^{*} - u_{Wk1}^{*})^2}{V_{K1}^{*2}} \tag{2.3-17a}$$

bzw.

$$f_{01}^{III} = \frac{(u_{Kg1}^{*} - u_{Wg1}^{*})^2}{u_{Kg1}^{*2}} \tag{2.3-17b}$$

den Korrekturfaktor für den Wind darstellt. Wir können hier $x_{k01}^{*} = x_{g01}^{*}$, $V_{K1} = u_{g01}$ sowie $u_{Wk1} = u_{Wg1}$ setzen, da entlang der Rollstrecke das bahnfeste mit dem geodätischen Achsenkreuz zusammenfällt.

Bei Gegenwind wird f_{01}^{III} größer als 1, wodurch sich durch die Korrektur auf Windstille folgerichtig eine Verlängerung der Rollstrecke ergibt. Bei Rückenwind ist das Ergebnis umgekehrt.

Nachdem die gemessene Strecke auf Windstille korrigiert ist, kann bei den nachfolgenden Korrekturschritten mit der Geschwindigkeit $V = u_{Kg} - u_{Wg}$ weiter gerechnet werden, d.h. der Windeinfluß ist von jetzt ab eliminiert.

Einfluß der Rollbahnneigung

Wir gehen von der Kräftebilanz am Flugzeug aus.

Start auf geneigter Rollbahn: Beim Start auf geneigter Rollbahn gilt

$$F = W_{ges} = m_F\, g \sin \vartheta + m_F\, \dot{V}^{III}, \tag{2.3-18}$$

worin F die Vortriebskraft, W_{ges} den Gesamtwiderstand (einschließlich der Bodenberührungskräfte), ϑ den Neigungswinkel der Rollbahn und $\dot{V}^{III}$, entsprechend der in Tabelle 2.4 getroffenen Vereinbarung, die auf Windstille korrigierte Beschleunigung des Flugzeugs darstellt. Bild 2.33 zeigt in allgemeiner Form die auf das Flugzeug einwirkenden Kräfte.

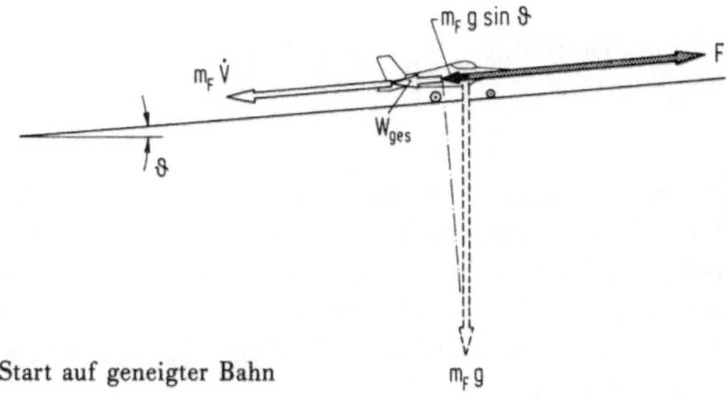

Bild 2.33

Kräfte am Flugzeug beim Start auf geneigter Bahn

Das Flugzeug legt dabei die Strecke

$$x_{\mathrm{a01}}^{\mathrm{III}} = \frac{(V_{\mathrm{K1}}^* - u_{\mathrm{Wg1}}^*)^2}{2\,\dot{V}_{01}^{\mathrm{III}}} \tag{2.3-19}$$

zurück.

Start auf horizontaler Rollbahn: Beim Start auf horizontaler Rollbahn verschwindet die Gewichtskomponente. Da $F - W_{\mathrm{ges}}$ vom Neigungswinkel ϑ unabhängig ist, kann sich nur die Beschleunigung ändern, damit die Forderung nach dem Kräftegleichgewicht erfüllt wird. Diese läßt sich durch die Gleichung

$$F - W_{\mathrm{ges}} = m_{\mathrm{F}}\,(\dot{V}^{\mathrm{III}} + \Delta\dot{V}^{\mathrm{III}}) \tag{2.3-20}$$

zum Ausdruck bringen.

Aus Gl. (2.3-18) und Gl. (2.3-20) folgt

$$\Delta\dot{V}^{\mathrm{III}} = g\,\sin\vartheta\,. \tag{2.3-21}$$

Damit läßt sich die vom Flugzeug zurückgelegte Strecke durch die Beziehung

$$x_{\mathrm{a01}}^{\mathrm{II}} = \frac{(V_{\mathrm{K1}}^* - u_{\mathrm{Wg1}}^*)^2}{2\,(g\,\sin\vartheta + \dot{V}_{01}^{\mathrm{III}})} = \frac{(V_{\mathrm{K1}}^* - u_{\mathrm{Wg1}}^*)^2}{2\,\dot{V}_{01}^{\mathrm{II}}} \tag{2.3-22}$$

ausdrücken. Hierin ist

$$\dot{V}_{01}^{\mathrm{II}} = g\,\sin\vartheta + \dot{V}_{01}^{\mathrm{III}} \tag{2.3-23}$$

die mittlere Beschleunigung des Flugzeugs auf der horizontalen Bahn bei Windstille.

Aus dem Verhältnis von Gl. (2.3-19) und Gl. (2.1-22) folgt

$$x_{\mathrm{a01}}^{\mathrm{II}} = x_{\mathrm{a01}}^{\mathrm{III}} \frac{1}{g\,\sin\vartheta/\dot{V}_{01}^{\mathrm{III}} + 1}\,. \tag{2.3-24}$$

Wie oben gesagt, kann die mittlere Beschleunigung bei Windstille $\dot{V}_{01}^{\mathrm{III}}$ mit guter Näherung gleich der gemessenen Beschleunigung $\dot{V}_{\mathrm{K01}}^*$ gesetzt werden, da der Wind in bezug auf die Beschleunigung des Flugzeugs keine große Rolle spielt, s. Bild 2.32. Drücken wir $\dot{V}_{\mathrm{K01}}^*$ noch mittels Gl. (2.3-10) durch die leichter meßbaren Größen x_{k01}^* und V_{K1}^* aus, so läßt sich die Gl. (2.3-24) auch in der Form

$$x_{\mathrm{a01}}^{\mathrm{II}} = x_{\mathrm{a01}}^{\mathrm{III}} \, \frac{1}{2 \, g \, x_{\mathrm{k01}}^{*} \, \sin \vartheta / V_{\mathrm{K1}}^{*2} + 1} \tag{2.3-25}$$

angeben.

Durch diesen Kunstgriff erreichen wir zweierlei: Zunächst ersparen wir uns die Mittelwertbildung der Beschleunigung über der Strecke, indem wir für V_{K01}^{*} die Größen x_{k01}^{*} und V_{K1}^{*} einsetzen, die einer Messung unmittelbar zugänglich sind. Zum anderen passen wir die Beschleunigung so an, daß das Integral in Gl. (2.3-5), welches die Grundlage für unsere Überlegungen bildet, exakt erfüllt ist.

Wir werden im folgenden grundsätzlich die mittlere Beschleunigung auf diese Weise ausdrücken.

Gl. (2.3-25) läßt sich nun analog zu Gl. (2.3-16) auch in der Form

$$x_{\mathrm{a01}}^{\mathrm{II}} = f_{01}^{\mathrm{II}} \, x_{\mathrm{a01}}^{\mathrm{III}} \tag{2.3-26a}$$

bzw.

$$x_{\mathrm{g01}}^{\mathrm{II}} = f_{01}^{\mathrm{II}} \, x_{\mathrm{g01}}^{\mathrm{III}} \tag{2.3-26b}$$

anschreiben, worin $x_{\mathrm{a01}}^{\mathrm{III}}$ die windkorrigierte Strecke nach Gl. (2.3-16a) und

$$f_{01}^{\mathrm{II}} = \frac{1}{2 \, g \, x_{\mathrm{k01}}^{*} \, \sin \vartheta / V_{\mathrm{K1}}^{*2} + 1} \tag{2.3-27a}$$

bzw.

$$f_{01}^{\mathrm{II}} = \frac{1}{2 \, g \, x_{\mathrm{g01}}^{*} \, \sin \vartheta / u_{\mathrm{Kg1}}^{*2} + 1} \tag{2.3-27b}$$

den Korrekturfaktor für den Einfluß der Rollbahnneigung darstellt. Da entlang der Rollbahn das bahnfeste mit dem geodätischen Achsenkreuz zusammenfällt, haben wir wieder $x_{\mathrm{k01}}^{*} = x_{\mathrm{g01}}^{*}$ und $V_{\mathrm{K1}}^{*} = u_{\mathrm{Kg1}}^{*}$ gesetzt.

Das Vorzeichen von ϑ reguliert hier den Korrekturfaktor. Für einen Start "bergauf" (ϑ positiv) wird f_{01}^{II} kleiner als 1, wodurch die Strecke bei der Umrechnung auf ebenes Gelände, wie zu erwarten, verkürzt wird. Bei einem Start "bergab" (ϑ negativ) kehrt sich das Ergebnis entsprechend um.

Einfluß der Abhebegeschwindigkeit

Bei den nachfolgenden Überlegungen wird davon ausgegangen, daß die Abhebegeschwindigkeit durch eine Vorschrift festgelegt ist, die sich an der Überziehgeschwindigkeit des Flugzeugs orientiert. Es gilt

$$V_{1\,\text{soll}} = a_1\,V_\text{S}.\tag{2.3-28}$$

Unter V_S[7] sei hier die kleinstmögliche Flug- bzw. Anströmgeschwindigkeit verstanden, bei der das Flugzeug noch sicher steuerbar ist. Diese hängt von den speziellen aerodynamischen Eigenschaften $C_\text{A} = \text{f}(\alpha)$ des Flugzeugtyps und seinem Beladungszustand ab und ist eine Funktion der Dichte ϱ_s der Umgebungsluft und der Flugmasse m_F, vgl. Gl. (2.1-22). Nach dieser Definition ist V_S etwas größer als die übliche Überziehgeschwindigkeit anzunehmen, die bekanntlich auf $C_{\text{A max}}$ bezogen ist. Unter a_1 ist ein Zahlenfaktor in der Größenordnung um 1,1 bis 1,4 zu verstehen, der im Einzelfall entsprechend den aerodynamischen Eigenschaften des Flugzeugs festgelegt wird.

Die Erfahrung lehrt, daß durch die Abweichung des "Ist"-Wertes V_1 der Abhebegeschwindigkeit vom vorgeschriebenen "Soll"-Wert $V_{1\,\text{soll}}$ die Strecke weit stärker verfälscht wird als durch die übrigen Einflüsse, wie den Wind oder das Rollbahngefälle. Ein vorzeitiges Abheben kann beispielsweise durch eine frontale Windböe verursacht werden, die dem Piloten über die momentane Fahrtanzeige eine zu hohe Geschwindigkeit vortäuscht.

Die Abhängigkeit zwischen Abhebegeschwindigkeit und Rollstrecke wird durch Gl. (2.3-22) beschrieben. Die Änderung der Strecke mit der Abhebegeschwindigkeit erhalten wir durch Differentation

$$\text{d}x_{\text{a01}}^{\text{II}} = \frac{(V_{\text{K1}}^* - u_{\text{Wgl}}^*)\,\text{d}V_{\text{K1}}^*}{g\sin\vartheta + \dot V_{01}^{\text{III}}}\tag{2.3-29a}$$

unter der Annahme, daß sich an der Windgeschwindigkeit und an der Beschleunigung des Flugzeugs zwischen den Punkten 0 und 1 nichts ändert. Dieser Zusammenhang kann auch in Differenzenform dargestellt werden

$$\Delta x_{\text{a01}}^{\text{II}} = \frac{(V_{\text{K1}}^* - u_{\text{Wgl}}^*)\,\Delta V_{\text{K1}}^*}{g\sin\vartheta + \dot V_{01}^{\text{III}}}.\tag{2.3-29b}$$

Hierin läßt sich die Geschwindigkeitsabweichung in der Form

$$\Delta V_{\text{K1}}^* = (V_{\text{K1}}^* - u_{\text{Wgl}}^*) - a_1\,V_\text{S}\tag{2.3-30}$$

ausdrücken, woraus der Streckenfehler

$$\Delta x_{\text{a01}}^{\text{II}} = \frac{(V_{\text{K1}}^* - u_{\text{Wgl}}^*)}{g\sin\vartheta + \dot V_{01}^{\text{III}}}\left[(V_{\text{K1}}^* - u_{\text{Wgl}}^*) - a_1\,V_\text{S}\right]\tag{2.3-31}$$

folgt. Die auf Windstille, ebene Rollbahn und "Soll"-Abhebegeschwindig-

---

[7] Der Index S ist dem englischen Sprachgebrauch angepaßt und steht für "Stall", was "Überziehen" bedeutet.

keit korrigierte Strecke kann damit durch die Beziehung

$$x_{a01}^{I} = x_{a01}^{II} - \Delta x_{a01}^{II} \tag{2.3-32}$$

ausgedrückt werden. Wir setzen hier Gl. (2.3-31) ein und erhalten nach einigen Umformungen

$$x_{a01}^{I} = x_{a01}^{II} \left\{ 1 - \frac{2}{V_{K1}^{*} - u_{Wg1}^{*}} [(V_{K1}^{*} - u_{Wg1}^{*}) - a_1 \, V_S] \right\}. \tag{2.3-33}$$

Auch hierfür läßt sich eine zu Gl. (2.3-16) analoge Ausdrucksweise finden. Diese lautet

$$x_{a01}^{I} = f_{01}^{I} \, x_{a01}^{II} \tag{2.3-34a}$$

bzw.

$$x_{g01}^{I} = f_{01}^{I} \, x_{g01}^{II}, \tag{2.3-34b}$$

worin x_{a01}^{II} die bereits auf Windstille und ebene Rollbahn korrigierte Strecke entsprechend der Gl. (2.3-26) und

$$f_{01}^{I} = 1 - \frac{2}{V_{K1}^{*} - u_{Wg1}^{*}} [(V_{K1}^{*} - u_{Wg1}^{*}) - a_1 \, V_S] \tag{2.3-35a}$$

bzw.

$$f_{01}^{I} = 1 - \frac{2}{u_{Kg1}^{*} - u_{Wg1}^{*}} [(u_{Kg1}^{*} - u_{Wg1}^{*}) - a_1 \, V_S] \tag{2.3-35b}$$

den Korrekturfaktor für die Abhebegeschwindigkeit darstellt.

Einen besonderen Hinweis verlangt an dieser Stelle die Überziehgeschwindigkeit V_S, die, wie bereits erwähnt, über die Beziehung

$$m_F \, g = (C_{A\,ges})_{max} \frac{\varrho_s}{2} \, V_S^2 \, S \tag{2.3-36a}$$

vom maximalen Gesamtauftriebsbeiwert $(C_{Ages})_{max} = const$ abhängt sowie von der augenblicklichen Flugmasse m_F und der augenblicklichen Luftdichte ϱ_s. Um die Darstellung zu vereinfachen, wird die Überziehgeschwindigkeit gewöhnlich auf die Normdichte $\varrho_n = 1{,}225 \; kg/m^3$ bezogen. In diesem Fall gilt

$$m_F \, g = (C_{A\,ges})_{max} \frac{\varrho_n}{2} \, (V_S)_c^2 \, S, \tag{2.3-36b}$$

worin $(V_S)_c$ die sogenannte "kalibrierte" Fluggeschwindigkeit darstellt. Diese ist nach Definition vom augenblicklichen Umgebungszustand unabhängig, s. Anhang B.3.

Da wir V_S jedoch in Gl. (2.3-31) als "wahre" Fluggeschwindigkeit einsetzen müssen, wird eine Umrechnung erforderlich.
Für niedrige Fluggeschwindigkeiten, wie beim Start, kann der Kompressibilitätseinfluß ohne weiteres vernachlässigt und die Luftdichte ϱ_s als Konstante angenommen werden.

In diesem Fall führen uns Gl. (2.3-36a) und Gl. (2.3-36b) auf die einfache Beziehung

$$V_{\mathrm{s}} = (V_{\mathrm{s}})_{\mathrm{c}}\,\sqrt{\varrho_{\mathrm{n}}/\varrho_{\mathrm{s}}}\;.$$

(2.3-37)

Bild 2.34 zeigt am Beispiel eines Passagierflugzeugs (Airbus A 300) den Verlauf einer solchen "kalibrierten" Überziehgeschwindigkeit (V_{S})$_{\mathrm{c}}$ über der Flugmasse bei den entsprechenden Vorflügel- (Slat) und Hinterkantenklappen- (Flap) Stellungen.

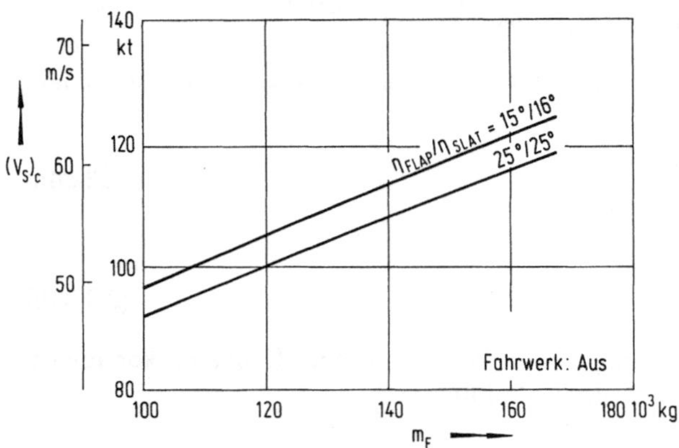

Bild 2.34
Stationäre Überziehgeschwindigkeit als Funktion von Flugmasse und Klappenstellung

Einfluß der atmosphärischen Bedingungen

Die auf Normatmosphäre korrigierte Strecke läßt sich durch die Beziehung

$$x_{\mathrm{a}01} = x_{\mathrm{a}01}^{\mathrm{I}} - \Delta x_{\mathrm{a}01}^{\mathrm{I}} = x_{\mathrm{a}01}^{\mathrm{I}}\left(1 - \frac{\Delta x_{\mathrm{a}01}^{\mathrm{I}})}{x_{\mathrm{a}01}^{\mathrm{I}}}\right)$$

(2.3-38)

darstellen, worin $x_{\mathrm{a}\,01}^{\mathrm{I}}$ die auf Windstille, ebene Rollbahn und die vorgeschriebene Abhebegeschwindigkeit korrigierte Strecke nach Gl. (2.3-34) darstellt. Unter $\Delta x_{\mathrm{a}\,01}^{\mathrm{I}}$ sei die Änderung dieser Strecke aufgrund der Abweichung des augenblicklichen Umgebungsdrucks p_{s} vom Normdruck $p_{\mathrm{n}} = 1{,}01325\ 10^{5}$ N/m² sowie der augenblicklichen Umgebungstemperatur T_{s} von der Normtemperatur $T_{\mathrm{n}} = 288{,}15$ K verstanden.
Die nachfolgenden Überlegungen sind darauf abgestellt, die Variable $\Delta_{|}x_{\mathrm{a}\,01}^{\mathrm{I}}\,/\,x_{\mathrm{a}\,01}^{\mathrm{I}}$ als Funktion der genannten Abweichungen auszudrücken. Den Zugang zu diesem Problem finden wir wieder über den mit Gl. (2.3-9) bereitgestellten Zusammenhang zwischen der zurückgelegten Strecke, der Abhebegeschwindigkeit und der mittleren Beschleunigung. Da sowohl die Abhebegeschwindigkeit als auch die Beschleunigung bereits den ent-

sprechenden Sollwerten angeglichen sind, müssen wir die Strecke jetzt durch die Beziehung

$$x_{a01}^{I} = \frac{V_{1\,\text{soll}}^2}{2\,\dot{V}_{01}^{I}} \qquad (2.3\text{-}39)$$

ausdrücken. Die Abhebegeschwindigkeit $V_{1\,\text{soll}}$ folgt dabei der Gl. (2.3-28). Für die mittlere Beschleunigung $\dot{V}_{01}^{I}$ können wir entsprechend den oben geführten Nachweisen ohne weiteres den Wert von $\dot{V}_{01}^{II}$ und damit die Gl. (2.3-23) einsetzen, womit sich die Beziehung

$$x_{a01}^{I} = \frac{(a_1\,V_S)^2}{2\,(g\,\sin\vartheta + \dot{V}_{01}^{III})} \qquad (2.3\text{-}40)$$

ergibt. Für den Geschwindigkeitsterm läßt sich hier der Ausdruck

$$(a_1\,V_S)^2 = \frac{2\,m_{F01}\,g}{(C_{A\,\text{ges}})_{\text{max}}\,\varrho_s\,S} = \frac{k}{\varrho_s} \qquad (2.3\text{-}41)$$

einführen, vgl. Gl. (2.3-36a).
Der Beschleunigungsterm in Gl. (2.3-40) ist vom Schubüberschuß abhängig und kann durch die Beziehung

$$g\,\sin\vartheta + \dot{V}_{01}^{III} = \frac{F_{01} - W_{\text{ges}\,01}}{m_{F01}} \qquad (2.3\text{-}42)$$

ausgedrückt werden, vgl. Gl. (2.3-18).

Wir fassen Gl. (2.3-40) mit Gl. (2.3-41) und Gl. (2.3-42) zusammen und erhalten daraus mit

$$x_{a01}^{I} = \frac{k\,m_{F01}}{2\,\varrho_s\,(F_{01} - W_{\text{ges}\,01})} \qquad (2.3\text{-}43)$$

eine Beziehung, die den Zusammenhang zwischen der Strecke und den vom Atmosphärenzustand abhängigen Größen ϱ_s, F_{01} und $W_{\text{ges}\,01}$ herstellt. Daraus läßt sich die Differentialgleichung

$$\frac{dx_{a01}^{I}}{x_{a01}^{I}} = -\frac{d\varrho_s}{\varrho_s} - \frac{dF_{01} - dW_{\text{ges}\,01}}{F_{01} - W_{\text{ges}\,01}} \qquad (2.3\text{-}44)$$

ableiten. Wir ersetzen F_{01} - $W_{\text{ges}\,01}$ mittels Gl. (2.3-42) und gehen zur Differenzenschreibweise über, womit sich Gl. (2.3-44) in der Form

$$\frac{\Delta x_{a01}^{I}}{x_{a01}^{I}} = -\frac{\Delta\varrho_s}{\varrho_s} - \frac{\Delta F_{01} - \Delta W_{\text{ges}\,01}}{m_{F01}\,(g\,\sin\vartheta + \dot{V}_{01}^{III})} \qquad (2.3\text{-}45)$$

darstellt.

Führen wir Gl. (2.3-45) in Gl. (2.3-38) ein und ersetzen zugleich $\dot{V}_{01}^{\mathrm{III}}$ wieder durch $V_{\mathrm{K}01}^{*}$, wobei sich $V_{\mathrm{K}01}^{*}$ nach Gl. (2.3-10) durch $V_{\mathrm{K}1}^{*}$ und $x_{\mathrm{k}01}^{*}$ ausdrücken läßt, so folgt nach einigen Umrechnungen

$$x_{\mathrm{a}01} = x_{\mathrm{a}01}^{\mathrm{I}} \left[1 + \frac{\Delta \varrho_{\mathrm{s}}}{\varrho_{\mathrm{s}}} + \frac{\Delta F_{01} - \Delta W_{\mathrm{ges}\,01}}{m_{\mathrm{F}01}\,(g \sin \vartheta + V_{\mathrm{K}1}^{*2}/2\,x_{\mathrm{k}01}^{*})} \right]. \qquad (2.3\text{-}46)$$

Wir bedienen uns der oben eingeführten Schreibweise

$$x_{\mathrm{a}01} = f_{01}\,x_{\mathrm{a}01}^{\mathrm{I}} \qquad\qquad\qquad (2.3\text{-}47\mathrm{a})$$

bzw.

$$x_{\mathrm{g}01} = f_{01}\,x_{\mathrm{g}01}^{\mathrm{I}}, \qquad\qquad\qquad (2.3\text{-}47\mathrm{b})$$

worin $x_{\mathrm{a}\,01}^{\mathrm{I}}$ die wind-, gefälle- und geschwindigkeitskorrigierte Strecke nach Gl. (2.3-30) und

$$f_{01} = 1 + \frac{\Delta \varrho_{\mathrm{s}}}{\varrho_{\mathrm{s}}} + \frac{\Delta F_{01} - \Delta W_{\mathrm{ges}\,01}}{m_{\mathrm{F}01}\,(g \sin \vartheta + V_{\mathrm{k}1}^{*2}/2\,x_{\mathrm{k}01}^{*}} \qquad (2.3\text{-}48\mathrm{a})$$

bzw.

$$f_{01} = 1 + \frac{\Delta \varrho_{\mathrm{s}}}{\varrho_{\mathrm{s}}} + \frac{\Delta F_{01} - \Delta W_{\mathrm{ges}\,01}}{m_{\mathrm{F}01}\,(g \sin \vartheta + u_{\mathrm{Kg}1}^{*2}/2\,x_{\mathrm{g}01}^{*})} \qquad (2.3\text{-}48\mathrm{b})$$

den Korrekturfaktor für den Einfluß der Atmosphäre darstellt. Sein Wert (ob größer oder kleiner als 1) wird durch das Vorzeichen von $\Delta \varrho_{\mathrm{s}}$, ΔF_{01} und $\Delta W_{\mathrm{ges}\,01}$ reguliert.
Wir definieren

$$\Delta \varrho_{\mathrm{s}} = \varrho_{\mathrm{s}}^{*} - \varrho_{\mathrm{s}\,\mathrm{soll}}, \qquad\qquad\qquad (2.3\text{-}49)$$

$$\Delta F_{01} = F_{01}^{*} - F_{01\,\mathrm{soll}} \qquad\qquad\qquad (2.3\text{-}50)$$

und

$$\Delta W_{\mathrm{ges}\,01} = W_{\mathrm{ges}\,01}^{*} - (W_{\mathrm{ges}\,01})_{\mathrm{soll}}. \qquad\qquad (2.3\text{-}51)$$

Hierin bezeichnet $p_{\mathrm{s}\,\mathrm{soll}} = p_{\mathrm{n}} = 1.225$ kg/m³ die Normdichte in mittlerer Meereshöhe, während ϱ_{s}^{*} die während des Versuchs gemessene Dichte angibt. Dementsprechend ist $F_{01\,\mathrm{soll}}$ die Vortriebskraft und $(W_{\mathrm{ges}\,01})_{\mathrm{soll}}$ der Widerstand des Flugzeugs am Normtag in mittlerer Meereshöhe, während die Größen F_{01}^{*} und $W_{\mathrm{ges}\,01}^{*}$ die entsprechenden Werte während des Versuchs repräsentieren. Die Berechnung von $\Delta F_{01}'$ und $\Delta W_{\mathrm{ges}\,01}$ ist im Abschnitt 2.1.2 beschrieben, s. dazu Gl. (2.1-53) und Gl. (2.1-59).

Bei einer zu geringen Luftdichte wird die Rollstrecke zu lang, wodurch sich durch die Korrektur folgerichtig eine Verkleinerung des Faktors f_{01}^{I} und damit eine Verkürzung der Strecke ergibt und umgekehrt. Das selbe gilt für die Vortriebskraft, während sich der Einfluß des Widerstands genau entgegengesetzt auswirkt.

Zusammenfassung: Man kann die oben abgeleiteten Formeln abschließend zusammenfassen und die standardisierte Start-Rollstrecke durch die Beziehung

$$x_{a01} = x_{g01}^{*} \quad f_{01}^{III} \quad f_{01}^{II} \quad f_{01}^{I} \quad f_{01} \tag{2.3-52}$$

darstellen.

Die Querverweise zu den Bestimmungsgleichungen der einzelnen Korrekturfaktoren sind in Tabelle 2.5 zusammengestellt.

Tabelle 2.5 Gleichungen der Korrekturfaktoren

Faktor	f_{01}^{III}	f_{01}^{II}	f_{01}^{I}	f_{01}
Gleichung	2.3-17	2.3-27	2.3-35	2.3-48

B Start-Übergangsflugstrecke

Bild 2.35 zeigt die Start-Übergangsflugstrecke im bahnfesten bzw. geodätischen Bezugssystem.

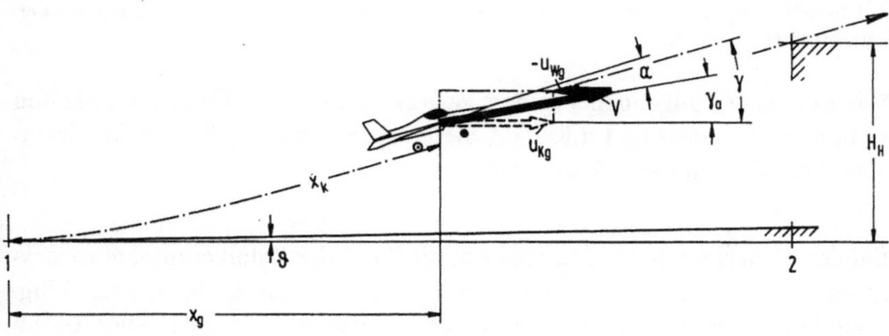

Bild 2.35 Start-Übergangsflugstrecke

Die Start-Übergangsflugstrecke läßt sich nicht so eindeutig darstellen wie die Start-Rollstrecke: Das Flugzeug folgt nach dem Abheben zunächst einer gekrümmten Flugbahn (dem sogenannten Übergangsbogen), an die sich ein geradliniger Steigflug anschließt und wird dabei beschleunigt.

Diese Flugbahn ist zwar als Funktion der verschiedenen Einflußgrößen (Abfluggewicht, Klappenstellung, Schwerpunktlage, Außenlasten) rechnerisch optimierbar, z.B. nach Flugsicherheitsaspekten. Eine so vorgegebene Bahnkurve genau nachzufliegen ist jedoch schwierig, da die Vorgänge zwischen Punkt *1* und Punkt *2* (wie Bild 2.30 zeigt) sehr schnell ablaufen und dem Flugzeugführer für die erforderlichen Steuereingaben nur die üblichen Anzeigen für Fahrt bzw. Anstellwinkel und Höhe, aber keinerlei Instrumente für die zeitliche oder örtliche Änderung dieser Parameter zur Verfügung stehen. Der Pilot ist somit mehr oder weniger auf seine Erfahrung und auf sein Gefühl angewiesen.

Da die Leistungshebelstellung beim Start konstant gehalten wird, kann er die Form der Flugbahn nur über die Fluggeschwindigkeit bzw. über den Anstellwinkel des Flugzeugs kontrollieren, s. Bild 2.30.

Als Orientierungsgrößen, die einer Ablesung vom Instrument zugänglich und zugleich bestmöglich mit der Flugbahn korrelierbar sind, kommen somit in der Praxis nur die Abhebegeschwindigkeit V_1 und bestenfalls die Fluggeschwindigkeit V_2 im Hindernispunkt bzw. die dazugehörenden Anstellwinkel in Frage.

Mit diesen beiden Eckwerten ist allerdings die Flugbahn noch keinesfalls eindeutig festgelegt. Die Form des Übergangsbogens hängt allein von der Reaktion des Piloten ab. Um diese zu regulieren wird deshalb in der Praxis anstatt V_1 auch vorzugsweise die sogenannte'' Rotationsgeschwindigkeit'' V_R vorgegeben, bei der durch Ziehen am Knüppel zunächst der Anstellwinkel kontinuierlich auf einen vorgegebenen Wert α_1 erhöht (d.h. die Flugzeuglängsachse um das Hauptfahrwerk ''rotiert'') wird, womit das Flugzeug zunächst nach Erreichen von V_1 von selbst vom Boden abhebt. Anstatt V_2 wird der entsprechende Anstellwinkel α_2 vorgegeben, auf den die Flugzeuglängsachse anschließend hingeführt wird. Durch diese Vorgaben lassen sich weitgehend definierte Übergangsbögen erzielen, bei denen auch die Hindernishöhe mit der gewünschten Geschwindigkeit durchflogen wird.
Auf diese Weise gelingt es, die Flugbahn einigermaßen sicher zu kontrollieren und reproduzierbare Strecken zu erfliegen.

Wir werden im folgenden von den gemessenen (''Ist''-) Geschwindigkeiten V_1^* und V_2^* ausgehen und diese auf die entsprechenden (''Soll''-) Geschwindigkeiten $V_{1\,soll}$ und $V_{2\,soll}$ korrigieren.

Bei den bisherigen Betrachtungen war die längs der Bahnkoordinate zurückgelegte Strecke x_k mit der Übergrundstrecke x_g identisch, da sich das Flugzeug beim Rollen parallel zum Boden bewegt, s. Bild 2.31. Dies ist im Übergangsflug nicht mehr der Fall, s. Bild 2.35. Deshalb werden Umrechnungen notwendig.

An dieser Stelle seien kurz die dafür erforderlichen gleichungsmäßigen Zusammenhänge eingeschoben. Bild 2.36 macht deutlich, worauf es ankommt.

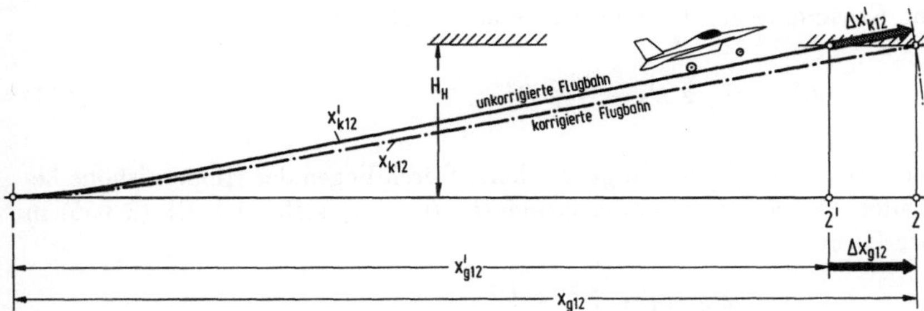

Bild 2.36 Zusammenhang zwischen Flugstrecke und Übergrundstrecke beim Übergangsflug

Weil die Hindernishöhe H_H festliegt, resultiert jede Korrektur der Strecke $x^\mathrm{I}_{k\,12}$ in einer Änderung des Flugbahnwinkels. Die Flugbahn wird flacher, wenn die Strecke um das Inkrement $\Delta x^\mathrm{I}_{k\,12}$ zunimmt und steiler, wenn die Strecke entsprechend verkürzt wird.

Bei normalen Starts ist der Übergangsbogen sehr flach, d.h. der Steigflug verläuft nahezu geradlinig. Man kann somit die Flugbahn in guter Näherung als Gerade annehmen. Damit läßt sich der Zusammenhang zwischen $\Delta x^\mathrm{I}_{k\,12}$ und $\Delta x^\mathrm{I}_{g\,12}$ in der Form

$$\Delta x^\mathrm{I}_{g12} = x_{g12} - \sqrt{\left(\sqrt{H^2_\mathrm{H} + x^2_{g12}} - \Delta x^\mathrm{I}_{k12}\right)^2 - H^2_\mathrm{H}} \qquad (2.3\text{-}53)$$

anschreiben, die aus den einfachen Dreiecksbeziehungen in Bild 2.36 hergeleitet ist. Wir werden auf diese Beziehung im folgenden immer wieder zurückgreifen.

Gesucht ist die zwischen Abhebe- und Hindernispunkt zurückgelegte Strecke. Diese läßt sich analog zur Start- Rollstrecke durch Integration der Gl. (2.3-4) finden. Ganz allgemein gilt

$$x_{a12} = \int_1^2 \frac{\mathrm{d}E}{m_\mathrm{F}\,(\dot{V} + g \sin \gamma_\mathrm{a})} . \qquad (2.3\text{-}54)$$

Für die Flugmasse m_F und den Beschleunigungsterm $\dot{V} + g \sin \gamma_\mathrm{a} = b_{\mathrm{xa}}$ dürfen wir, wie die Erfahrung (s. Bild 2.30) zeigt, wieder konstante Mittelwerte einsetzen. Damit ergibt sich die Beziehung

$$x_{a12} = \frac{E_2 - E_1}{m_{\mathrm{F}12}\,(\dot{V} + g \sin \gamma_\mathrm{a})_{12}} , \qquad (2.3\text{-}55)$$

worin

$$E_1 = m_{\mathrm{F}1}\,g\,H_1 + \frac{m_{\mathrm{F}1}}{2}\,V^2_1 \qquad (2.3\text{-}56)$$

die Gesamtenergie des Flugzeuges beim Abheben und

$$E_2 = m_{F2}\, g\, H_2 + \frac{m_{F2}}{2}\, V_2^2 \tag{2.3-57}$$

die Gesamtenergie des Flugzeugs beim Durchfliegen der Hindernishöhe bedeutet. Mit $m_{F1} = m_{F2} = m_{F12}$ und $H_2 - H_1 = H_H$ stellt sich Gl. (2.3-55) in der Form

$$x_{a12} = \frac{2\, g\, H_H + V_2^2 - V_1^2}{2\,(\dot V + g\, \sin\, \gamma_a)_{12}} \tag{2.3-58}$$

dar. Die Gültigkeit dieser Beziehung läßt sich wieder an Hand von Meßwerten nachweisen.

Windeinfluß

Der Wind bewirkt eine Abdrift des Flugzeugs relativ zum Grund. Diese resultiert bei Rückenwind in einer Verlängerung, bei Gegenwind in einer Verkürzung der Übergangsflugstrecke, s. Bild 2.32, zwischen Abhebe- und Hindernispunkt. Es gilt

$$\frac{dx_g}{dt} = u_{Wg} \tag{2.3-59}$$

oder in Worten: Die Abdrift des Flugzeugs pro Zeiteinheit ist gleich der Windgeschwindigkeit.
Diese verändert sich allerdings gewöhnlich über der Flughöhe. Sofern das Flugzeug nicht mit einem Trägheitsnavigationssystem ausgerüstet ist, mit dessen Hilfe man die Windverhältnisse von Bord aus bestimmen kann, ist man bezüglich der Windverteilung entlang der Flugbahn weitgehend auf externe Windmessungen mit entsprechenden Annahmen angewiesen.

Die Erfahrung zeigt, daß die Annahme einer konstanten mittleren Windgeschwindigkeitskomponente $u_{Wg\,12}$ (z.B. in der Form $(u_{Wg\,1} + u_{Wg\,2})\,/\,2$) voll ausreicht. Deshalb können wir unter Übergang zur Differenzenschreibweise für die Abdrift auch

$$\Delta x_{g12}^* = u_{Wg12}^*\, \Delta t_{12}^* \tag{2.3-60}$$

schreiben, worin Δt_{12}^* die gemessene Zeitspanne vom Abheben bis zum Durchfliegen der Hindernishöhe bedeutet.
Damit läßt sich die windkorrigierte Strecke, entsprechend der in Tabelle 2.4 getroffenen Zeichenkonvention in der Form

$$x_{\mathrm{g}12}^{\mathrm{III}} = x_{\mathrm{g}12}^{*} \left(1 - \frac{\Delta x_{\mathrm{g}12}^{*}}{x_{\mathrm{g}12}^{*}}\right) \tag{2.3-61}$$

ausdrücken.

Wir fassen Gl. (2.3-61) mit Gl. (2.3-60) zusammen und erhalten unter Benutzung der oben eingeführten Schreibweise

$$x_{\mathrm{g}12}^{\mathrm{III}} = f_{12}^{\mathrm{III}} \, x_{\mathrm{g}12}^{*} \,, \tag{2.3-62}$$

worin

$$f_{12}^{\mathrm{III}} = 1 - \frac{u_{\mathrm{Wg}12}^{*} \, \Delta t_{12}^{*}}{x_{\mathrm{g}12}^{*}} \tag{2.3-63}$$

den Korrekturfaktor für den Wind und $x_{\mathrm{g}12}^{*}$ die gemessene Übergrundflugstrecke darstellt.

Bei Gegenwind wird f_{12}^{III} größer als 1, wodurch sich folgerichtig durch die Korrektur auf Windstille eine längere Übergangsflugstrecke ergibt und umgekehrt.

Einfluß der Rollbahnneigung

Da wir, wie Bild 2.36 zeigt, die Hindernishöhe H_{H} vom Abhebepunkt aus zählen, hat die Neigung der Startbahn auf die Übergangsflugstrecke keinen Einfluß. Es gilt

$$x_{\mathrm{g}12}^{\mathrm{II}} = x_{\mathrm{g}12}^{\mathrm{III}} \,. \tag{2.3-64}$$

Einfluß der Abhebegeschwindigkeit und der Geschwindigkeit im Hindernispunkt

Wie bereits oben erwähnt, ist die Abhebegeschwindigkeit durch eine entsprechende Vorschrift festgelegt. Nach Gl. (2.3-28) gilt

$$V_{1\,\mathrm{soll}} = a_1 \, V_{\mathrm{S}} \,. \tag{2.3-65}$$

Ähnlich wird die Geschwindigkeit im Hindernispunkt mit

$$V_{2\,\mathrm{soll}} = a_2 \, V_{\mathrm{S}} \tag{2.3-66}$$

angegeben, worin V_{S} wieder die Überziehgeschwindigkeit und a_2 einen Zahlenfaktor bedeutet. Dieser liegt gewöhnlich in der Größenordnung um 1,3 bis 1,5.

Gesucht ist hier die Änderung der Übergangsflugstrecke als Funktion der Abweichung zwischen den "Ist"- und den "Soll"-Geschwindigkeiten. Unter diesen Geschwindigkeiten verstehen wir dabei wieder "wahre" Fluggeschwindigkeiten, d.h. die Geschwindigkeit des Flugzeugs relativ zur umgebenden Luft.
Für die "Ist"-Geschwindigkeit (gegenüber der Luft) im Abhebepunkt gilt entsprechend der Gl. (2.3-12)

$$V_1 = V_{K1}^* - u_{Wg1}^* = u_{Kg1}^* - u_{Wg1}^* \, . \tag{2.3-67}$$

Wie bereits gesagt, sind beim Rollen die Bahngeschwindigkeit des Flugzeugs und die Übergrundkomponente der Geschwindigkeit identisch.
Die "Ist"-Geschwindigkeit des Flugzeugs (gegenüber der Luft) im Hindernispunkt läßt sich nach Bild 2.35 durch die Beziehung

$$V_2 = \frac{u_{Kg2}^* - u_{Wg2}^*}{\cos \gamma_{a2}^*} \tag{2.3-68}$$

ausdrücken, worin γ_{a2}^* den im Hindernispunkt gemessenen Flugwindneigungswinkel bedeutet.
Die hier gesuchte Abhängigkeit zwischen Strecke, Geschwindigkeit und Beschleunigung wird durch Gl. (2.3-58) beschrieben. Da die Windkorrektur bereits durchgeführt ist und die Bahnkorrektur hier entfällt, gilt

$$x_{a12}^{II} = \frac{2\,g\,H_H + [(u_{Kg2}^* - u_{Wg2}^*)\,/\,\cos\gamma_{a2}^*]^2 - [u_{Kg1}^* - u_{Wg1}^*]^2}{2\,(\dot{V} + g\sin\gamma_a)_{12}^{II}} \, , \tag{2.3-69}$$

worin $(\dot{V} + g\sin\gamma_a)_{12}^{II} = b_{xa\,12}^{II} = b_{xa\,12}^{III}$ die mittlere Gesamtbeschleunigung des Flugzeugs bei Windstille angibt.

Gesucht ist die Änderung dieser Strecke x_{a12}^{II} als Funktion der Geschwindigkeit. Unter der Annahme, daß sich weder an der mittleren Gesamtbeschleunigung noch an der Windgeschwindigkeit, noch am Flugwindneigungswinkel etwas ändert, erhalten wird durch Linearisierung von Gl. (2.3-69), in Differenzenform, die Beziehung

$$\Delta x_{a12}^{II} = \frac{1/\cos\gamma_a^{*2}\,(u_{Kg2}^* - u_{Wg2}^*)\,\Delta u_{Kg2}^* - (u_{Kg1}^* - u_{Wg1}^*)\,\Delta u_{Kg1}^*}{(\dot{V} + g\sin\gamma_a)_{12}^{II}} \, . \tag{2.3-70}$$

Wir können hier

$$\Delta u_{Kg2}^* = (u_{Kg2}^* - u_{Wg2}^*) - a_2\,V_S\cos\gamma_{a2}^* \tag{2.3-71}$$

sowie

$$\Delta u^*_{\mathrm{Kg1}} = (u^*_{\mathrm{Kg1}} - u^*_{\mathrm{Wg1}}) - a_1\, V_{\mathrm{S}} \cos \gamma^*_{\mathrm{a1}} \tag{2.3-72}$$

einsetzen. Der Beschleunigungsterm $(\dot{V} + g \sin \gamma_{\mathrm{a}}) = b^{\mathrm{II}}_{\mathrm{xa}\,12}$ im Nenner der Gl. (2.3-70) läßt sich mit Hilfe von Gl. (2.3-58) ohne weiteres durch die Beziehung

$$(\dot{V} + g \sin \gamma_{\mathrm{a}})^{\mathrm{II}}_{12} \approx (\dot{V} + g \sin \gamma_{\mathrm{a}})^*_{12} = \frac{2\, g\, H_{\mathrm{H}} + V^{*2}_{\mathrm{K2}} - V^{*2}_{\mathrm{K1}}}{2\, x^*_{\mathrm{k12}}} \tag{2.3-73}$$

ausdrücken, da der Wind, wie wir wissen, die mittlere Beschleunigung nicht weiter beeinflußt. Im Prinzip gilt also $u^*_{\mathrm{a}\,12} = u^{\mathrm{III}}_{\mathrm{a}\,12} = u^{\mathrm{II}}_{\mathrm{a}\,12} = u^{\mathrm{I}}_{\mathrm{a}\,12} = u_{\mathrm{a}\,12}$. Mit

$$V^*_{\mathrm{K2}} = \frac{u^*_{\mathrm{Kg2}}}{\cos \gamma^*_2} = \frac{u^*_{\mathrm{Kg2}}}{\cos \{\, \mathrm{arctan}\, [(u^*_{\mathrm{Kg2}} - u^*_{\mathrm{Wg2}})\, \tan \gamma^*_{\mathrm{a2}}/u^*_{\mathrm{Kg2}}]\}} \tag{2.3-74}$$

sowie

$$V^*_{\mathrm{K1}} = u^*_{\mathrm{Kg1}} \tag{2.3-75}$$

und (man beachte den in Bild 2.36 veranschaulichten Zusammenhang)

$$x^*_{\mathrm{k12}} = \sqrt{x^{*2}_{\mathrm{g12}} + H^2_{\mathrm{H}}} \tag{2.3-76}$$

lassen sich die einzelnen Terme in Gl. (2.3-73) schließlich noch durch meßbare Größen ausdrücken. Es gilt

$$(\dot{V} + g \sin \gamma_{\mathrm{a}})^{\mathrm{II}}_{12}$$

$$= \frac{2\, g\, H_{\mathrm{H}} + \left(u_{\mathrm{Kg2}}/\cos \{\mathrm{arc\, tan}\, [(u^*_{\mathrm{Kg2}} - u^*_{\mathrm{Wg2}})\, \tan \gamma^*_{\mathrm{a2}}/u^*_{\mathrm{Kg2}}]\}\right)^2 - u^{*2}_{\mathrm{Kg1}}}{2\, \sqrt{x^{*2}_{\mathrm{g12}} + H^2_{\mathrm{H}}}}\,. \tag{2.3-77}$$

Wir fassen Gl. (2.3-70) mit Gl. (2.3-71), Gl. (2.3-72) und Gl. (2.3-77) zusammen und erhalten so für die Änderung der Strecke schließlich den Ausdruck

$$\Delta x^{\mathrm{II}}_{\mathrm{a12}} = \frac{2\, \sqrt{x^{*2}_{\mathrm{g12}} + H^2_{\mathrm{H}}}}{2\, g\, H_{\mathrm{H}} + \left(u^*_{\mathrm{Kg2}}/\cos \{\mathrm{arc\, tan}\, [(u^*_{\mathrm{Kg2}} - u^*_{\mathrm{Wg2}})\, \tan \gamma^*_{\mathrm{a2}}/u_{\mathrm{Kg2}}]\}\right)^2 - u^{*2}_{\mathrm{Kg1}}}$$

$$\cdot \left\{ \frac{1}{\cos^2 \gamma^*_{\mathrm{a2}}} [(u^*_{\mathrm{Kg2}} - u^*_{\mathrm{Wg2}})^2 - a_2\, V_{\mathrm{S}} \cos \gamma^*_{\mathrm{a2}}\, (u^*_{\mathrm{Kg2}} - u^*_{\mathrm{Wg2}})] \right.$$

$$\left. - [(u^*_{\mathrm{Kg1}} - u^*_{\mathrm{Wg1}})^2 - a_1\, V_{\mathrm{S}}\, (u^*_{\mathrm{Kg1}} - u^*_{\mathrm{Wg1}})] \right\}. \tag{2.3-78}$$

Gl. (2.3-53) liefert uns dazu das zugehörige Streckeninkrement über Grund. Dieses folgt der Beziehung

$$\Delta x_{g12}^{II} = x_{g12}^{II} - \sqrt{\left(\sqrt{H_H^2 + x_{g12}^{II2}} - \Delta x_{a12}^{II}\right)^2 - H_H^2} \ . \tag{2.3-79}$$

Damit können wir die auf Windstille und ''Soll''-Geschwindigkeiten korrigierte Übergrund-Flugstrecke ausrechnen. Es gilt

$$x_{g12}^{I} = x_{g12}^{II} - \Delta x_{g12}^{II} = x_{g12}^{II} \left(1 - \frac{\Delta x_{g12}^{II}}{x_{g12}^{II}}\right) \tag{2.3-80}$$

bzw.

$$x_{g12}^{I} = f_{12}^{I} \, x_{g12}^{II} \, , \tag{2.3-81}$$

worin

$$f_{12}^{I} = \frac{1}{x_{g12}^{II}} \sqrt{\left(\sqrt{H_H^2 + x_{g12}^{II2}} - \Delta x_{a12}^{II}\right)^2 - H_H^2} \tag{2.3-82}$$

den Korrekturfaktor für die Geschwindigkeiten und x_{g12}^{II} die windkorrigierte Strecke nach Gl. (2.3-64) darstellt.

Einfluß der atmosphärischen Bedingungen

Die auf Normatmosphäre korrigierte Strecke läßt sich durch die Beziehung

$$x_{g12} = x_{g12}^{I} - \Delta x_{g12}^{I} = x_{g12}^{I} \left(1 - \frac{\Delta x_{g12}^{I}}{x_{g12}^{I}}\right) \tag{2.3-83}$$

ausdrücken, worin x_{g12}^{I} die auf Windstille und die vorgeschriebenen Geschwindigkeiten korrigierte Übergrundstrecke nach Gl. (2.3-81) und Δx_{g12}^{I} das Korrekturglied darstellt.

Ausgangspunkt für unsere Überlegungen ist somit die Strecke x_{g12}^{I} bzw. die damit korrespondierende Luftstrecke x_{a12}^{I}. Diese läßt sich nach Gl. (2.3-58) durch die Beziehung

$$x_{a12}^{I} = \frac{2\,g\,H_H + V_{2\,soll}^2 - V_{1\,soll}^2}{2\,(\dot{V} + g \sin \gamma_a)_{12}^{I}} \tag{2.3-84}$$

ausdrücken. Da die Geschwindigkeitskorrektur bereits oben durchgeführt worden ist, müßten wir an dieser Stelle die entsprechenden ''Soll''-Geschwindigkeiten einführen. Diese folgen bekanntlich der Gl. (2.3-65) und

Gl. (2.3-66), womit sich die Beziehung

$$x_{a12}^{I} = \frac{2\,g\,H_{H} + (a_2\,V_S)^2 - (a_1\,V_S)^2}{2\,(\dot{V} + g\,\sin\gamma_a)_{12}^{I}} \tag{2.3-85}$$

ergibt.

Dort lassen sich jetzt analog zu Gl. (2.3-41) die Ausdrücke

$$(a_1\,V_S)^2 = \frac{k_1}{\varrho_s} \tag{2.3-86}$$

und

$$(a_2\,V_S)^2 = \frac{k_2}{\varrho_s} \tag{2.3-87}$$

einführen.

Der Beschleunigungsterm in Gl. (2.3-85) kann analog zu Gl. (2.3-42) durch
die Beziehung

$$(\dot{V} + g\,\sin\gamma_a)_{12} = \frac{F_{12} - W_{\text{ges }12}}{m_{F\,01}} \tag{2.3-88}$$

ausgedrückt werden.

Faßt man Gl. (2.3-85) mit Gl. (2.3-86), Gl. (2.3-87) und Gl. (2.3-88) zusammen,
so kommt man auf die Beziehung

$$x_{a12}^{I} = \frac{2\,g\,H_{H}\,m_{F12}\,\varrho_s + (k_2 - k_1)\,m_{F12}}{2\,\varrho_s\,(F_{12} - W_{\text{ges }01})} \,. \tag{2.3-89}$$

Diese ist der Angelpunkt unserer weiteren Überlegungen: Es interessiert
uns, wie die Strecke x_{a12}^{II} vom Atmosphärenzustand abhängt.

Die vom Atmosphärenzustand abhängigen Variablen sind ϱ_s, F_{12} und
$W_{\text{ges }12}$. Die gesuchte Abhängigkeit liefert uns somit die Linearisierung von
x_{a12}^{I} und diesen drei Größen, wodurch man nach Einführung der Differenzenschreibweise die Gleichung

$$\Delta x_{a12}^{I} =$$

$$-\frac{(a_2\,V_S)^2 - (a_1\,V_S)^2}{2\,(\dot{V} + g\,\sin\gamma_a)_{12}^{I}}\,\frac{\Delta\varrho_s}{\varrho_s} - \frac{2\,g\,H_{H} + (a_2\,V_S)^2 - (a_1\,V_S)^2}{2\,m_{F12}\,(\dot{V} + g\,\sin\gamma_a)_{12}^{I2}}\,(\Delta F_{12} - \Delta W_{\text{ges }12})$$

$$\tag{2.3-90}$$

erhält.

Wegen $(\dot{V} + g \sin \gamma_a)^{\mathrm{I}}_{12} = (\dot{V} + g \sin \gamma_a)^{\mathrm{II}}_{12}$ können wir auch hier für das Beschleunigungsglied die Gl. (2.3-77) einsetzen.

Die Abweichung der Dichte ist entsprechend der Gl. (2.3-49) in der Form

$$\Delta\varrho = \varrho_s^* - \varrho_{s\,\mathrm{soll}} = \varrho_s^* - \varrho_n \qquad (2.3\text{-}91)$$

definiert, während für die Abweichung von Vortriebskraft und Widerstand hier die Beziehung

$$\Delta F_{12} = F_{12}^* - F_{12\,\mathrm{soll}} \qquad (2.3\text{-}92)$$

bzw.

$$\Delta W_{\mathrm{ges.}\,12} = W_{\mathrm{ges}\,12}^* - (W_{\mathrm{ges}\,12})_{\mathrm{soll}} \qquad (2.3\text{-}93)$$

gilt.
Der Rechengang zur Ermittlung von ΔF und ΔW_{ges} ist in Abschnitt 2.1.2 beschrieben, s. dazu Gl. (2.1-53) und Gl. (2.1-59).

Mit Hilfe von Gl. (2.3-90) läßt sich letztendlich, nachdem $\Delta x^{\mathrm{I}}_{a\,12}$ abgeleitet ist, die Änderung der Übergrundflugstrecke berechnen. Diese folgt dem gleichen Zusammenhang wie die Gl. (2.3-53) und lautet

$$\Delta x^{\mathrm{I}}_{g12} = x^{\mathrm{I}}_{g12} - \sqrt{\left(\sqrt{H_{\mathrm{H}}^2 + x^{\mathrm{I2}}_{g12}} - \Delta x^{\mathrm{I}}_{a12}\right)^2 - H_{\mathrm{H}}^2}\,. \qquad (2.3\text{-}94)$$

Wir setzen diese in Gl. (2.3-83) ein und erhalten

$$x_{g12} = \sqrt{\left(\sqrt{H_{\mathrm{H}}^2 + x^{\mathrm{I2}}_{g12}} - \Delta x^{\mathrm{I}}_{a12}\right)^2 - H_{\mathrm{H}}^2}\,. \qquad (2.3\text{-}95)$$

Wir bedienen uns wieder der oben eingeführten Schreibweise

$$x_{g12} = f_{12}\, x^{\mathrm{I}}_{g12}\,, \qquad (2.3\text{-}96)$$

worin $x^{\mathrm{I}}_{g\,12}$ die wind- und geschwindigkeitskorrigierte Strecke nach Gl. (2.3-81) und

$$f_{12} = \frac{1}{x^{\mathrm{I}}_{g12}} \sqrt{\left(\sqrt{H_{\mathrm{H}}^2 + x^{\mathrm{I2}}_{g12}} - \Delta x^{\mathrm{I}}_{a12}\right)^2 - H_{\mathrm{H}}^2} \qquad (2.3\text{-}97)$$

den Korrekturfaktor für den Atmosphäreneinfluß bedeutet.

Zusammenfassung: Faßt man die einzelnen Korrekturgleichungen zusammen, so folgt

$$x_{\mathrm{g}12} = x_{\mathrm{g}12}^{*} \; f_{12}^{\mathrm{III}} \; f_{12}^{\mathrm{I}} \; f_{12} \, . \tag{2.3-98}$$

Die Querverweise zu den Bestimmungsgleichungen der Korrekturfaktoren sind in Tabelle 2.6 zusammengestellt.

Tabelle 2.6 Gleichungen der Korrekturfaktoren

Faktor	f_{12}^{III}	f_{12}^{I}	f_{12}
Gleichung	2.3-63	2.3-82	2.3-97

Die damit gewonnene Endformel lautet

$$x_{\mathrm{g}12} = \sqrt{\left(\sqrt{H_{\mathrm{H}}^{2} + (x_{12}^{*} - \Delta x_{\mathrm{g}12}^{*})^{2}} - \Delta x_{\mathrm{a}12}^{\mathrm{II}} - \Delta x_{\mathrm{a}12}^{\mathrm{I}} \right)^{2} - H_{\mathrm{H}}^{2}} \; . \tag{2.3-99}$$

Dieser Zusammenhang wird durch Bild 2.37 veranschaulicht.

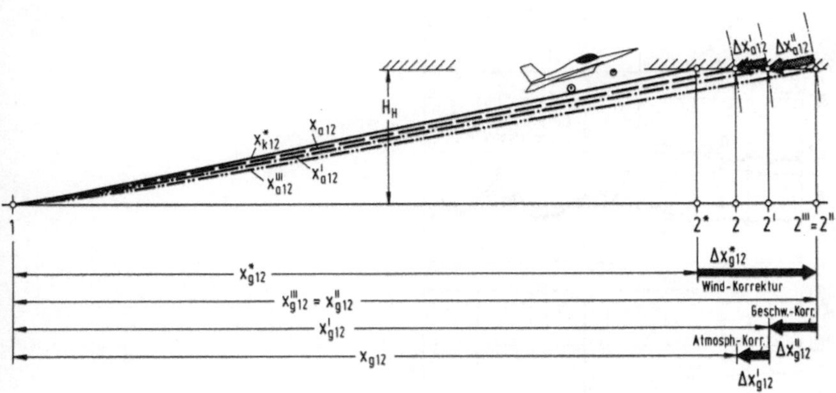

Bild 2.37 Einfluß der einzelnen Korrekturglieder auf die Start-Übergangsflugstrecke

Der besseren Darstellungsmöglichkeit halber ist die Windkorrektur hier entgegengesetzt der durch das Vorzeichen in Gl. (2.3-99) angegebenen Richtung eingetragen, welche grundsätzlich der Definition nach DIN 1319 folgt; s. dazu Fußnote 4, S. 21.

2.3.2.2 Landestrecke

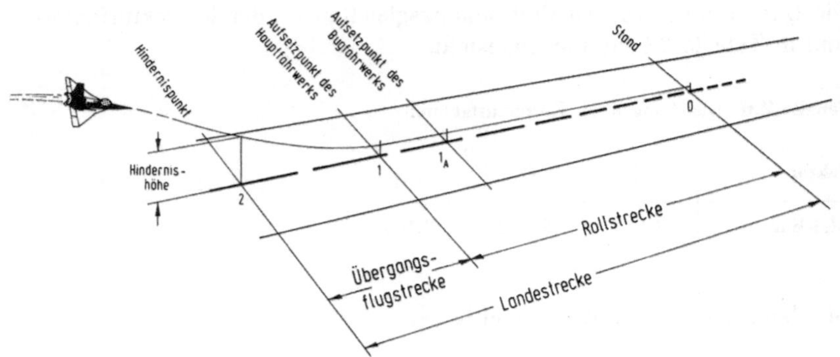

Bild 2.38 Landestrecke

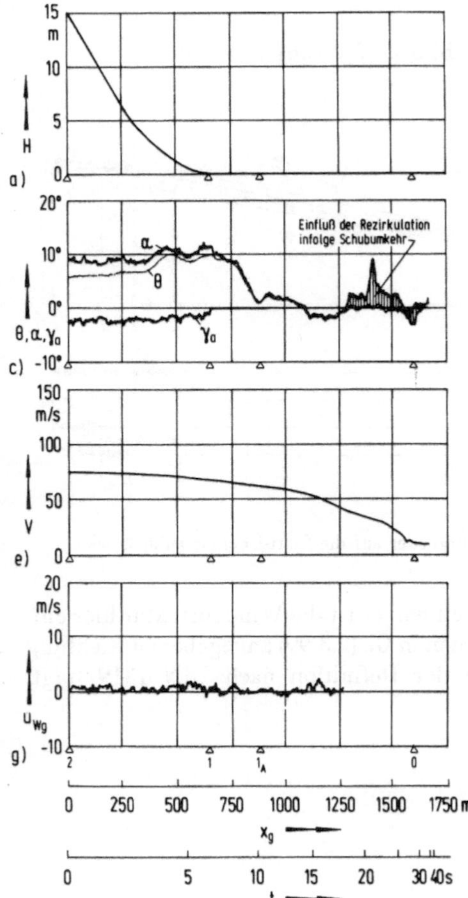

Bild 2.39

Typischer Verlauf von Höhe H, Leistungshebelstellung δ_T, Nickwinkel θ, Anstellwinkel α, Flugwindneigungswinkel γ_a, Bremsdruck p_{Bremszyl}, Fluggeschwindigkeit V, Beschleunigungskomponente b_{xa} in Flugwindrichtung,

(Fortsetzung auf S. 115)

Bild 2.38 veranschaulicht die Landestrecke, die sich aus der Lande-Übergangsflugstrecke und der Lande-Rollstrecke zusammensetzt.

In Bild 2.39 werden an einem Beispiel die typischen Verläufe der für die Korrektur der Landestrecken benötigten Parameter gezeigt, und zwar wieder als Funktion der Strecke x_g und der Zeit t, vgl. Bild 2.30 für die Startstrecke. Die Dreiecke an der Abszisse markieren den Hindernispunkt 2, den Aufsetzpunkt 1 des Hauptfahrwerks und den Stand 0. Im Punkt 1_A wird das Bugrad aufgesetzt. Es gelten die im Abschnitt 2.3.1 vorangestellten Zusammenhänge sowie die Gln. (2.3-1) bis (2.3-4) am Anfang dieses Abschnitts. Im folgenden Unterabschnitt A wird die Lande-Übergangsflugstrecke, im Unterabschnitt B wird die Lande-Rollstrecke behandelt.

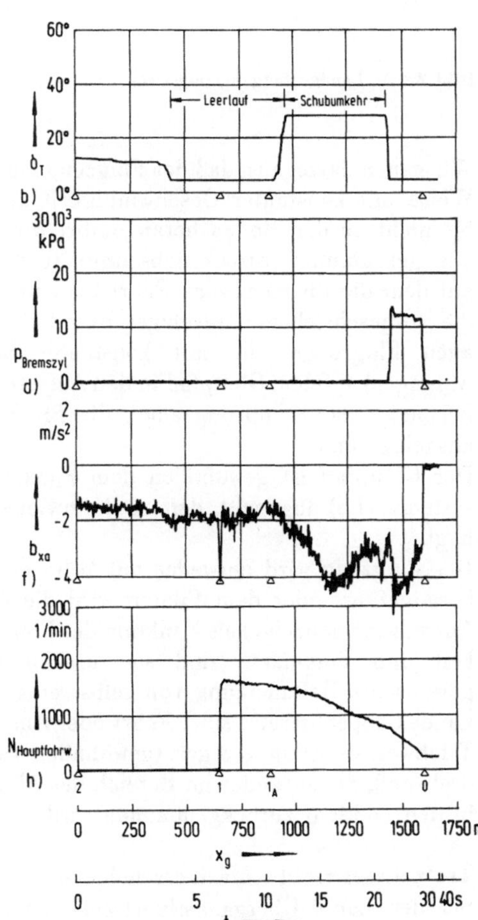

(Fortsetzung von S. 114)

Windgeschwindigkeitskomponente u_{Wg} und Raddrehzahl des Hauptfahrwerks $N_{Hauptfahrwerk}$ bei der Landung als Funktion der über Grund zurückgelegten Strecke x_g und der Zeit t (gemessen an einem Kampfflugzeug)

A Lande-Übergangsflugstrecke

Bild 2.40 zeigt die Lande-Übergangsflugstrecke im bahnfesten bzw.
geodätischen Bezugssystem.

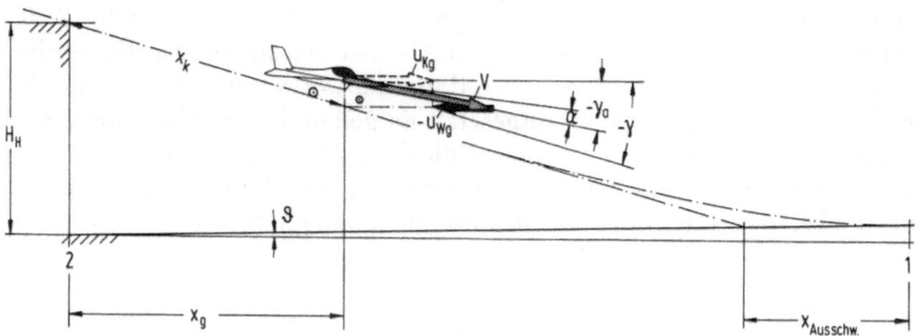

Bild 2.40 Lande-Übergangsflugstrecke

Wir gehen davon aus, daß das Flugzeug auf die heute allgemein praktizierte
Weise mit konstanter Geschwindigkeit auf einem geradlinigen Gleitpfad
bis dicht an den Boden herangeführt wird. Gewöhnlich schließt sich hier
ein gekrümmter Streckenabschnitt (der sogenannte Abfangbogen) an,
auf dem die überschüssige Fahrt bis zum Aufsetzpunkt kontinuierlich auf
die vorgeschriebene Aufsetzgeschwindigkeit abgebaut wird. Es gibt aber
auch Flugzeuge, die mit konstanter Sinkgeschwindigkeit (d.h. ohne
Abfangen) auf dem Gleitpfad in den Aufsetzpunkt "hineingeflogen" werden,
beispielsweise Kampfflugzeuge, die für Landungen auf Flugzeugträgern
ausgelegt sind.
Der Gleitpfad ist gewöhnlich dem Funkleitstrahl des Instrumentenlande-
systems (ILS) angepaßt, der im Bahnwinkelbereich zwischen 1,5° und 3,5°
liegt.
Das Flugzeug wird entweder mit Hilfe des Funkleitstrahls an den Boden
herangeführt oder dem Piloten wird die Anfluggeschwindigkeit (bzw. die
Anstellwinkelanzeige) als Funktion der Flugmasse vorgegeben. Geschwindigkeit und Flugmasse sind so aufeinander abgestimmt, daß sich die
gewünschte Bahnneigung von selbst einstellt, wenn die dazu gehörenden
Landeklappen gesetzt sind. Fahrt oder Anstellwinkel werden dabei über die
Triebwerksleistung geregelt (gewöhnlich zwischen 80 bis 85 % der Nenn-
drehzahl), die entweder im Bereich des Abfangbogens oder beim Aufsetzen
in den Leerlauf zurückgenommen wird.

Trotz dieser recht einfach erscheinenden Anflugvorschrift kommt es gerade
bei der Lande-Übergangsflugstrecke häufig zu starken Streuungen der

Meßergebnisse. Das Flugzeug reagiert im Anflugzustand sehr empfindlich auf Störungen (z.B. Turbulenzen oder Böen), die vom Piloten durch Rudereingaben in Verbindung mit entsprechender Modulation der Triebwerksleistung ausgesteuert werden müssen. Dabei werden allzu leicht instationäre Bewegungsabläufe aufgebaut, die zu beachtlichen Bahnabweichungen führen. Diese können selbst durch sehr aufwendige Korrekturen der Meßwerte nicht mehr ausgeglichen werden, weil hierfür die notwendigen Modellgesetze fehlen.

Es ist somit unerläßlich, daß jede Landung in Verbindung mit den nachfolgend beschriebenen Standardkorrekturen einzeln überprüft wird. Wichtige Kriterien sind dabei die zeitlichen Verläufe von Bahnneigungs- und Anstellwinkel sowie die Leistungshebelstellung, die einzeln den Vorgaben entsprechen müssen. Lediglich die Einflüsse der Windgeschwindigkeit und der atmosphärischen Bedingungen lassen sich genügend sicher herauskorrigieren. Geschwindigkeitskorrekturen sind hier nicht erforderlich, wenn es sich nach den beiden erstgenannten Korrekturen herausstellt, daß die Bahnneigung mit dem vorgegebenen Wert übereinstimmt. In diesem Fall besteht zwischen der Flugbahn und der zugehörigen Übergrundstrecke ein ganz einfacher trigonometrischer Zusammenhang, wie wir noch sehen werden. Eine zu hohe oder zu niedrige Aufsetzgeschwindigkeit wird hierbei später, bei der Korrektur der Lande-Rollstrecke, berücksichtigt.

Windeinfluß

Bezüglich des Windeinflusses gilt das, was bereits im Abschnitt 2.3.2.1 durch Gl. (2.3-59) zum Ausdruck gebracht worden ist. Beim Übergangsflug von *2* nach *1* erhalten wir die Beziehung

$$\Delta x^*_{\text{g}21} = u^*_{\text{Wg}21}\, \Delta t^*_{21} \tag{2.3-100}$$

für die Abdrift und für die windkorrigierte Strecke gilt

$$x^{\text{III}}_{\text{g}21} = x^*_{\text{g}21} \left(1 - \frac{\Delta x^*_{\text{g}21}}{x^*_{\text{g}21}} \right). \tag{2.3-101}$$

Wir schreiben

$$x^{\text{III}}_{\text{g}21} = f^{\text{III}}_{21}\, x^*_{\text{g}21}, \tag{2.3-102}$$

worin $x^*_{\text{g}21}$ die gemessene Übergrundstrecke und

$$f^{\text{III}}_{21} = 1 - \frac{u^*_{\text{Wg}21}\, \Delta t^*_{21}}{x^*_{\text{g}21}} \tag{2.3-103}$$

den Korrekturfaktor für den Windeinfluß darstellt.

Einfluß der Rollbahnneigung

Da die Hindernishöhe H_H auf den Aufsetzpunkt bezogen wird, s. Bild 2.40, entfällt die Korrektur der Rollbahnneigung und es gilt

$$x_{g21}^{II} = x_{g21}^{III}.$$ (2.3-104)

Einfluß der Geschwindigkeit im Hindernis- und Aufsetzpunkt

Wie oben gesagt, hat die Fluggeschwindigkeit keinen Einfluß auf die Länge der Übergangsflugstrecke, wenn der Bahnneigungswinkel γ während des Anflugs konstant gehalten wird. In diesem Fall gilt die einfache trigonometrische Beziehung

$$x_{g21}^{I} = \frac{H_H}{\tan \gamma} + x_{\text{Ausschw.}},$$ (2.3-105)

worin $x_{\text{Ausschw.}}$ die Strecke darstellt, die das Flugzeug nach dem Abfangen zum Ausschweben benötigt, s. Bild 2.40. Messungen zeigen, daß auch die Ausschwebestrecke von der Fluggeschwindigkeit weitgehend unabhängig ist, wenn der Abfangvorgang vorschriftsmäßig eingeleitet und durchgeführt wird. Abweichungen von der "Soll"-Geschwindigkeit kommen somit erst bei der Rollstrecke zum Tragen und werden dort bei der Korrektur der Aufsetz-geschwindigkeit mit berücksichtigt.

Wir gehen davon aus, daß nur solche Landungen bewertet werden, bei denen sich nach der Wind- und Atmosphärenkorrektur der vorgeschriebene Bahn-neigungswinkel γ einstellt. Vor allem ist wichtig, daß der Abfangvorgang vorschriftsmäßig durchgeführt worden ist. Dieses wird anhand der zeitlichen Verläufe von α und δ_T, s. Bild 2.39, überprüft. Der Abfangbogen bzw. die Ausschwebestrecke $x_{\text{Ausschw.}}$ sind hier überhaupt die einzigen Unsicherheits-faktoren, die der experimentellen Ermittlung der Lande-Übergangsflug-strecke ihren Sinn geben.

Unter diesen Voraussetzungen erübrigt sich an dieser Stelle die Geschwin-digkeitskorrektur und wir können

$$x_{g21}^{I} = x_{g21}^{II} = x_{g21}^{III}$$ (2.3-106)

setzen.

Einfluß der atmosphärischen Bedingungen

Für den Fall, daß die Triebwerksleistung konstant gehalten bzw. nach einheitlichem Schema geregelt wird, kann auch hier der Energiesatz angewendet werden. Analog zu Gl. (2.3-85) gilt für die entlang der Flugbahn zurückgelegte Strecke

$$x_{a21}^{I} = -\frac{2 g H_{H} + (a_2 V_{S})^2 - (a_1 V_{S})^2}{2 (\dot{V} + g \sin \gamma_{a})_{21}^{I}}. \tag{2.3-107}$$

Man beachte das Minuszeichen auf der rechten Seite der Gleichung, das sich hier aus dem Richtungswechsel des Übergangsfluges ergibt. Da jedoch der Flugwindneigungswinkel γ_a und die Translationsbeschleunigung $\dot{V}$ negative Werte annehmen, wird die Strecke $x_{a\,21}^{I}$ letztlich doch, so wie gefordert, positiv. Wir führen die Ableitungen analog zu Abschnitt 2.3.2.1 B weiter und erhalten nach einigen Zwischenrechnungen das Korrekturglied

$$\Delta x_{a21}^{I}$$

$$= \frac{(a_2 V_{S})^2 - (a_1 V_{S})^2}{2 (\dot{V} + g \sin \gamma_{a})_{21}^{I}} \frac{\Delta \varrho_{s}}{\varrho_{s}}$$

$$- \frac{2 g H_{H} + (a_2 V_{S})^2 - (a_1 V_{S})^2}{2 m_{F21} (\dot{V} + g \sin \gamma_{a})_{21}^{I2}} (\Delta F_{21} - \Delta W_{\text{ges } 21}) \tag{2.3-108}$$

für die vom Flugzeug zurückgelegte Strecke gegenüber der atmosphärischen Luft. Für die mittlere Beschleunigung ergibt sich analog zu Gl. (2.3-77) die Beziehung

$$(\dot{V} + g \sin \gamma_{a})_{21}^{II}$$

$$= - \frac{2 g H_{H} + \left(u_{Kg2}^{*}/\cos \{ \operatorname{arc} \tan [(u_{Kg2}^{*} - u_{Wg2}^{*}) \tan \gamma_{a2}^{*}/u_{Kg2}^{*}]\}\right)^2 - u_{Kg1}^{*2}}{2 \sqrt{x_{g21}^{*2} + H_{H}^{2}}}. \tag{2.3-109}$$

Diese kann man in Gl. (2.3-108) einsetzen. Man beachte auch in Gl. (2.3-108) und Gl. (2.3-109) wieder den Vorzeichenwechsel. Die Dichteänderung ist entsprechend der Gl. (2.3-49) in der Form

$$\Delta \varrho_{s} = \varrho_{s}^{*} - \varrho_{s\,\text{soll}} = \varrho_{s}^{*} - \varrho_{n} \tag{2.3-110}$$

definiert. Für die Abweichung des Schubes gilt

$$\Delta F_{21} = F_{21}^{*} - F_{21\,\text{soll}} \tag{2.3-111}$$

und für die Abweichung des Widerstands gilt

$$\Delta W_{\mathrm{ges}\,21} = W^*_{\mathrm{ges}\,21} - (W_{\mathrm{ges}\,21})_{\mathrm{soll}}. \tag{2.3-112}$$

Für die Ermittlung dieser Größen wird wieder auf Gl. (2.1-53) und Gl. (2.1-59) verwiesen. Die Korrekturgröße ΔF_{21} für den Schub kann jedoch meist in guter Näherung zu Null gesetzt werden, da im unteren Teillast- bzw. dem Leerlaufbereich der Restschub so klein ist, daß der Unterschied zwischen seinem Wert am Versuchstag und dem Wert am Normaltag nicht mehr ins Gewicht fällt.

Für die Übergrundstrecke gilt

$$x_{\mathrm{g}21} = f_{21}\, x^{\mathrm{I}}_{\mathrm{g}21}. \tag{2.3-113}$$

Für den Korrekturfaktor erhält man, wieder unter Annahme einer weitgehend geradlinien Flugbahn, analog zu Gl. (2.3-97) die Beziehung

$$f_{21} = \frac{1}{x^{\mathrm{I}}_{\mathrm{g}21}} \sqrt{\left(\sqrt{H^2_{\mathrm{H}} + x^{\mathrm{I}2}_{\mathrm{g}21}} - \Delta x^{\mathrm{I}}_{\mathrm{a}21}\right)^2 - H^2_{\mathrm{H}}}. \tag{2.3-114}$$

Zusammenfassung: Wir fassen die einzelnen Korrekturfaktoren zusammen und erhalten

$$x_{\mathrm{g}21} = x^*_{\mathrm{g}21}\ f^{\mathrm{III}}_{21}\ f_{21}. \tag{2.3-115}$$

Die korrigierte Lande-Übergangsflugstrecke folgt somit insgesamt der Beziehung.

$$x_{21} = \sqrt{\left(\sqrt{H^2_{\mathrm{H}} + (x^*_{\mathrm{g}21} - \Delta x^*_{\mathrm{g}21})^2} - \Delta x^{\mathrm{I}}_{\mathrm{a}21}\right)^2 - H^2_{\mathrm{H}}}. \tag{2.3-116}$$

Bild 2.41 veranschaulicht diesen Zusammenhang.

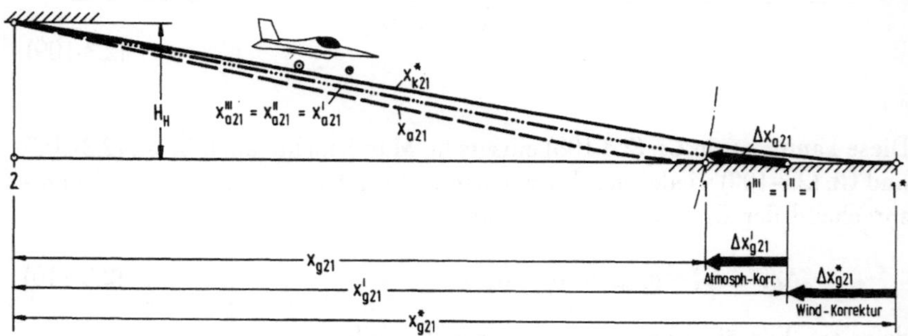

Bild 2.41 Einfluß der einzelnen Korrekturglieder auf die Lande-Übergangsflugstrecke

Die Querverweise zu den Bestimmungsgleichungen der Korrekturfaktoren sind in Tabelle 2.7 zusammengestellt.

Tabelle 2.7 Gleichungen der Korrekturfaktoren

Faktor	f_{21}^{III}	f_{21}
Gleichung	2.3-103	2.3-114

B Lande-Rollstrecke

Bild 2.42 zeigt die Lande-Rollstrecke im bahnfesten bzw. geodätischen Bezugssystem

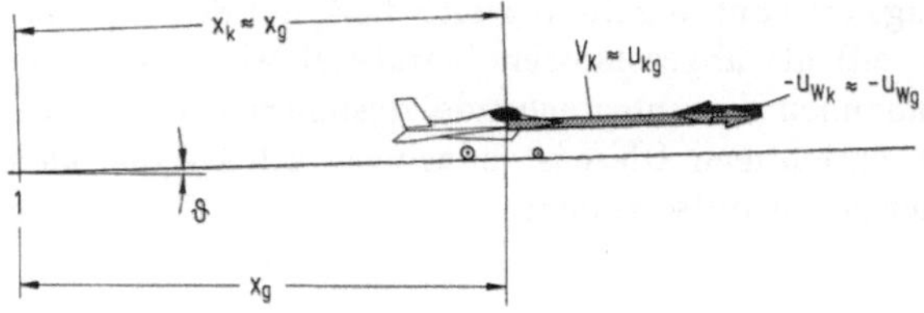

Bild 2.42 Lande-Rollstrecke

Die Betrachtung folgt den selben Überlegungen wie bei der Start-Rollstrecke, vgl. Bild 2.31. Aus dem Integral über die Änderung der Gesamtenergie leitet sich analog zu Gl. (2.3-9) die Beziehung

$$x_{a10} = -\frac{V_1^2}{2\dot{V}_{10}} \tag{2.3-117}$$

ab. Hierin stellt V_1 die Aufsetzgeschwindigkeit und $\dot{V}_{10}$ die mittlere Verzögerung (negative Beschleunigung) des Flugzeugs zwischen Aufsetzpunkt und Stand dar. Die Gültigkeit dieser Beziehung wird wieder durch die Versuchspraxis bestätigt, was sich an Hand des in Bild 2.39 aufgetragenen Beispiels (auf die gleiche Weise wie bei der Start-Rollstrecke beschrieben) nachvollziehen läßt.

Windeinfluß

Die bei der Start-Rollstrecke abgeleiteten Zusammenhänge gelten im Prinzip auch für die Lande-Rollstrecke, nur die Indizierung vertauscht sich. Wir

können uns deshalb mit dem Anschreiben des Endergebnisses begnügen.
Dieses lautet

$$x_{g10}^{III} = f_{10}^{III}\, x_{g10}^{*}.\tag{2.3-118}$$

Hierin stellt x_{g10}^{*} die unkorrigierte (gemessene) Landerollstrecke und

$$f_{10}^{III} = \frac{(u_{Kg1}^{*} - u_{Wg1}^{*})^2}{u_{Kg1}^{*2}}\tag{2.3-119}$$

den Korrekturfaktor für den Wind dar. Unter u_{Kg1}^{*} ist die im geodätischen
Bezugssystem gemessene Aufsetzgeschwindigkeit des Flugzeugs zu verstehen, u_{Wg1}^{*} bedeutet die im Aufsetzpunkt gemessene Windgeschwindigkeit.
Gl. (2.3-119) gilt nur für den Fall daß das Flugzeug im Bezugspunkt 0 zum
Stillstand kommt ($V_0 = 0$). Für den Fall, daß der Landevorgang, wie eingangs erwähnt, bereits vorzeitig (z.B. mit dem Erreichen der Taxigeschwindigkeit) als abgeschlossen betrachtet wird ($V_0 > 0$), müßte man streng
genommen die entsprechende Restenergie im Ansatz zu Gl. (2.3-117) mit
berücksichtigen. Diese ist jedoch vernachlässigbar klein im Vergleich zu der
Energie im Aufsetzpunkt.

Einfluß der Rollbahnneigung

Auch hier führen die Ableitungen auf die gleichen Zusammenhänge wie bei
der Start-Rollstrecke.
Es gilt

$$x_{g10}^{II} = f_{10}^{II}\, x_{g10}^{III}.\tag{2.3-120}$$

Hier stellt x_{g10}^{III} die windkorrigierte Strecke nach Gl. (2.3-118) und

$$f_{10}^{II} = \frac{1}{-\,2\,g\,x_{g01}\,\sin\vartheta/u_{Kg1}^{*2} + 1}\tag{2.3-121}$$

den Korrekturfaktor für den Einfluß der Rollbahnneigung dar. Man beachte
im Vergleich zu Gl. (2.3-27) den Vorzeichenwechsel. Dieser hängt damit
zusammen, daß sich bei einer Verzögerung das Vorzeichen im Beschleunigungsterm umkehrt.

Bei einer Landung "bergauf" (ϑ positiv) wird die Strecke, genau umgekehrt wie beim Start,
verkürzt. Dem trägt hier der Korrekturfaktor Rechnung, indem er folgerichtig größer als 1 wird.
Das heißt, wir erhalten eine längere Strecke, wenn auf ebene Rollbahn umgerechnet wird. Bei
einer Landung "bergab" (ϑ negativ) liefert die Korrektur eine kürzere Strecke, wie zu
erwarten ist.

Einfluß der Aufsetzgeschwindigkeit

Die Ableitungen folgen den gleichen Überlegungen wie bei der Abhebegeschwindigkeit. Wir können deshalb im einzelnen darauf verzichten und schreiben sofort

$$x^{\mathrm{I}}_{\mathrm{g}10} = f^{\mathrm{I}}_{10}\, x^{\mathrm{II}}_{\mathrm{g}10}.\tag{2.3-122}$$

Der Korrekturfaktor für die Abhebegeschwindigkeit lautet

$$f^{\mathrm{I}}_{10} = 1 - \frac{2}{u^{*}_{\mathrm{Kg1}} - u^{*}_{\mathrm{Wg1}}}\,[(u^{*}_{\mathrm{Kg1}} - u^{*}_{\mathrm{Wg1}}) - a_1\, V_{\mathrm{S}}].\tag{2.3-123}$$

Die Größe $x^{\mathrm{II}}_{\mathrm{g}10}$ in Gl. (2.3-122) stellt die auf Windstille und horizontale Rollbahn korrigierte Strecke dar, die der Gl. (2.3-120) folgt.

Einfluß der atmosphärischen Bedingungen

Wir gehen auch bei diesen Ableitungen genau so vor wie bei der Start-Rollstrecke. Es gilt

$$x_{\mathrm{g}10} = f_{10}\, x^{\mathrm{I}}_{\mathrm{g}10},\tag{2.3-124}$$

worin $x^{\mathrm{I}}_{\mathrm{g}10}$ der Gl. (2.3-122) folgt. Für den Korrekturfaktor erhalten wir

$$f_{10} = 1 + \frac{\Delta \varrho_{\mathrm{s}}}{\varrho_{\mathrm{s}}} + \frac{\Delta F_{10} - \Delta W_{\mathrm{ges}\,10}}{m_{\mathrm{F}10}\,(g\,\sin\vartheta - u^{*2}_{\mathrm{Kg1}}/2\,x^{*}_{\mathrm{g}10})}.\tag{2.3-125}$$

Man beachte wieder den Vorzeichenwechsel im Vergleich zur Start-Rollstrecke, vgl. (2.3-48).

Es gilt wieder

$$\Delta \varrho_{\mathrm{s}} = \varrho^{*}_{\mathrm{S}} - \varrho_{\mathrm{s\,soll}} = \varrho^{*} - \varrho_{\mathrm{n}},\tag{2.3-126}$$

während zugleich das Inkrement

$$\Delta F_{10} = F^{*}_{10} - F_{10\,\mathrm{soll}}\tag{2.3-127}$$

den Unterschied zwischen dem mittleren Schub am Versuchstag und dem mittleren Schub am Normtag wiedergibt. Dieses kann jedoch ohne weiteres vernachlässigt werden, da beim Rollen ohnehin nur der Leerlaufschub anliegt. Mit Hilfe dieses Gliedes läßt sich aber fallweise auch der Umkehrschub berücksichtigen, wofür ΔF_{10} allerdings mit negativem Vorzeichen einzuführen ist. Das Widerstandsinkrement ist mit

$$\Delta W_{\text{ges }10} = W^*_{\text{ges }10} - (W_{\text{ges }10})_{\text{soll}} \tag{2.3-128}$$

definiert und wird gewöhnlich ebenfalls vernachlässigbar klein, wenn die Geschwindigkeit, was beim Ausrollen der Fall ist, gegen Null abnimmt.

An dieser Stelle sei daran erinnert, daß $W_{\text{ges }10}$ nach Definition außer dem aerodynamischen Widerstand der Zelle auch den Einfluß der Bodenberührungskräfte enthält (vgl. Gl. (2.3-18)). Diese sind beim Landen vor allem von den Radbremsen und deren Wirksamkeit abhängig; ein Maß hierfür ist der hydraulische Druck (s. Bild 2.39d)), der an den Bremszylindern anliegt. Der aerodynamische Widerstandsanteil wird auch noch durch die ausfahrbaren Spoiler und (falls vorhanden) vom Bremsschirm mitbestimmt.

Beim Widerstand $W_{\text{ges }10}$ kommt es deshalb vor allem auf den Zeitpunkt und die Dauer des Einsatzes all dieser Bremseinrichtungen an, die allerdings kaum irgendwelchen Korrekturen zugänglich sind.

Es ist somit unerläßlich, daß auch der Landerollvorgang möglichst exakt nach dem vorgeschriebenen Verfahren durchgeführt wird, um reproduzierbare und miteinander vergleichbare Werte zu gewinnen.

Der in Bild 2.39 beschriebenen Landung eines Kampfflugzeuges liegt zum Beispiel folgende Vorschrift zugrunde:
1. Anflug mit reduzierter Triebwerksleistung entsprechend einer Anstellwinkelanzeige von 10°
2. Aufsetzen mit 12° Anstellwinkelanzeige (die Aufsetzgeschwindigkeit ist dabei etwas geringer als die Anfluggeschwindigkeit)
3. Triebwerksleistung auf Leerlauf und sofortiges Absenken des Bugrades beim Aufsetzen
4. Einsatz des Schubumkehrers beim Aufsetzen des Bugrads, danach Triebwerksleistung auf 100 % Trockenschub
5. Umkehrschub auf Leerlauf bei 60 kt (30 m/s)
6. Einsatz der Radbremsen zwischen 60 kt und 20 kt (10 m/s)

Zusammenfassung: Faßt man die oben abgeleiteten Formeln zusammen, so erhält man

$$x_{\text{g}10} = x^*_{\text{g}10} \; f^{\text{III}}_{10} \; f^{\text{II}}_{10} \; f^{\text{I}}_{10} \; f_{10}. \tag{2.3-129}$$

Die Querverweise zu den einzelnen Gleichungen seien wieder tabellarisch zusammengestellt.

Tabelle 2.8   Gleichungen der Korrekturfaktoren

Faktor	f^{III}_{10}	f^{II}_{10}	f^{I}_{10}	f_{10}
Gleichung	2.3-119	2.3-121	2.3-123	2.3-125

2.3.3 Versuchsablauf

Die Frage nach den Start- und Landestrecken als Funktion der Flugmasse
leitet zu Versuchen, bei denen möglichst das gesamte Gewichtsspektrum des
Flugzeugs abgedeckt wird.
Aus den in Tabelle 2.5 bis 2.8 genannten Gleichungen der Korrekturfaktoren
lassen sich alle für die Korrekturen der Strecken erforderlichen Meßparameter herauslesen. Diese sind in Tabelle 2.9 aufgelistet.
Die wichtigsten Größen für die Korrekturen sind hierbei, wie man sieht, die
Bahngeschwindigkeiten des Flugzeugs im Stand *0*, im Abhebe- bzw. Aufsetzpunkt *1* und im Hindernispunkt *2* sowie die zwischen diesen drei Bezugspunkten zurückgelegten Wege, und zwar im geodätischen Bezugssystem.

Vermessung der Strecken und Geschwindigkeiten

Vier Verfahren sind von Bedeutung

a) Vermessung mit Kinetheodoliten

Der Kinetheodolit ist die klassische Einrichtung zur Vermessung der Start-
und Landestrecken. Er verbindet die Eigenschaften eines Präzisions-
theodolits mit denen einer Hochleistungsfilmkamera. Beide Instrumente
sind hier zur automatischen Registrierung der Bewegungsvorgänge zu
einer Einheit zusammengefaßt. Zur Vermessung der Flugbahn benötigt
man mindestens 2 (bei besonders schnellen Flugzielen besser 3) solche
Kinetheodolitenstationen, s. Bild 2.43, die miteinander in Verbindung
stehen müssen.

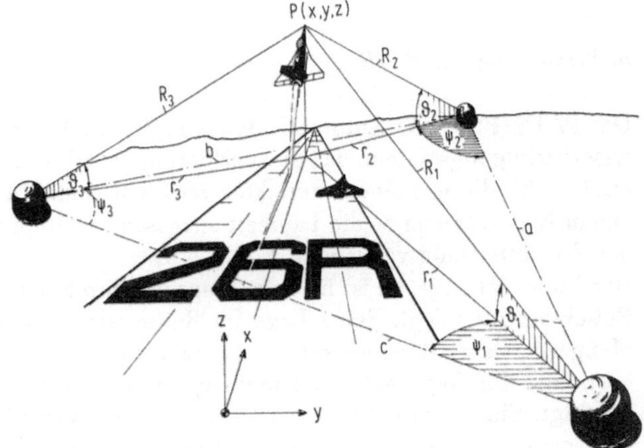

Bild 2.43 Vermessung mit Kinetheodoliten

Die Lage eines beliebigen Punktes $P(x, y, z)$ des Flugzeugs im Raum ist bestimmt durch die Raumkoordinaten im geodätischen Achsenkreuz, die von den Standorten der Kinetheodoliten (Bezugspunkten) aus zeitgleich ermittelt werden. Bei bekanntem Abstand a, b und c dieser Bezugspunkte werden dazu die Koordinaten des Meßpunktes durch seine auf die Basis r_1, r_2 und r_3 bezogenen Seitenwinkel ψ_1, ψ_2 und ψ_3 sowie die Höhenwinkel ϑ_1, ϑ_2 und ϑ_3 bestimmt. Zur Zielerfassung dienen Richtfernrohre, mit denen das Flugzeug im Raum geortet und durch Nachführen der Beobachtungseinrichtungen über einen entsprechenden Antrieb im Fadenkreuz festgehalten wird. Das bewegte Ziel wird dabei zusammen mit den Zeit- und Winkelinformationen laufend auf den einzelnen Filmstreifen registriert.

Der Auswertevorgang liefert zunächst den Standort des Flugzeugs relativ zu den Kinetheodolitenstationen. In weiteren Rechenschritten wird daraus die über Grund zurückgelegte Strecke sowie die Bahngeschwindigkeiten mit ihren drei Komponenten ermittelt.

Die auf diese Weise ermittelten Meßdaten für x_g und u_{Kg} sind zwar sehr genau und die einzelnen Filmbilder lassen Besonderheiten der Zielbewegung (z.B. die Rotation) erkennen und sind zugleich Dokumente für spätere Kontrollen sowie für Vergleichsmessungen. Diese Art der Messung erfordert aber andererseits einen beachtlichen versuchs- und auswertetechnischen Aufwand. Zusätzlich hat die Messung zwei Nachteile:

● Man benötigt guten Sichtkontakt zum Flugzeug (das Verfahren versagt bei Dunst, Nebelwetterlagen oder Regen)

● Die Auswertung der Filme ist sehr zeitraubend, da für die Korrektur der sogenannten Ablagen (Abweichung des Zieles vom Fadenkreuz) jedes Bild einzeln betrachtet und ausgewertet werden muß.

b) Vermessung mit PATS

Das PATS (**P**recision **A**utomatic **T**racking **S**ystem) ist ein mobiles gepulstes Laserverfolgungssystem, das die Verfolgung und Vermessung von Objekten ermöglicht, die mit einem Reflektor versehen sind. PATS arbeitet ähnlich einem Radar, indem es die Laufzeit ausgesandter Impulse zur Bestimmung der Zielentfernung verwendet.

Der Punkt $P(x, y, z)$ ist hier am Flugzeug durch den Anbringungsort des Reflektors festgelegt. Seine Lage im Raum wird aus der Entfernung zum Meßgerät, dem Höhenwinkel ϑ und dem Seitenwinkel ψ des Laserstrahls bestimmt. Im Gegensatz zu Kinetheodoliten wird nur ein einziges Gerät benötigt. Ein wesentlicher Vorteil ist, daß das PATS nicht von der Aufstellungsgeometrie abhängt, sich selbsttätig nachführt und die gemessenen Daten rechnerkompatibel auf Magnetband aufnimmt, bzw. direkt dem

Rechenzentrum für die Auswertung zuführt. Mit optischen Reflektoren
lassen sich Reichweiten erreichen, die etwa der doppelten Sichtweite entsprechen.

c) Vermessung mit INS

Das INS (Inertial Navigation System) mißt kontinuierlich die Beschleunigung des Flugzeugs und berechnet daraus durch einmalige Integration die
Komponenten der Bahngeschwindigkeit und durch zweimalige Integration
die Komponenten der zurückgelegten Strecke im geodätischen Bezugssystem.
Bei Flugzeugen, die mit einem INS ausgerüstet sind, lassen sich die Signale
der Meßgrößen x_g und u_{Kg} ohne weiteres abgreifen und problemlos, ohne
besonderen Geräte- und Auswerteaufwand, für die Auswertung bereitstellen.
Das INS ist somit die eleganteste und einfachste Art, um die Bahn und die
Geschwindigkeit des Flugzeugs zu vermessen.

d) Vermessung mit Beschleunigungsaufnehmern

Die Vorteile eines autonomen inertialen Meßverfahrens liegen auf der Hand.
Nicht jedes Flugzeug verfügt jedoch über ein Inertial Navigation System,
das die Parameter x_g und u_{Kg} unmittelbar als Meßgrößen anbietet.
Man kann den Erprobungsträger stattdessen mit entsprechenden Beschleu-
nigungsmessern ausrüsten, muß in diesem Fall jedoch die Integrationen einschließlich der nötigen Korrekturen nachträglich vornehmen. Dieses bedarf
allerdings besonderer meß- und auswertetechnischer Erfahrung und einer
sehr sorgfältigen Vorgehensweise. Die damit verbundenen sehr speziellen
Probleme sind jedoch nicht Gegenstand dieses Buches.

Die für die Auswertung letztlich benötigten Versuchsparameter sind in
Tabelle 2.9 aufgelistet.

Pilotentechnik

Die Fehlerabschätzung zeigt, daß die Strecken relativ unempfindlich gegen
kleinere Windeinflüsse und geringe Bahnneigung sind. Auch der Einfluß der
atmosphärischen Bedingungen ist prozentual nicht sehr groß. Die erzielten
Strecken sind jedoch sehr stark von der Pilotentechnik abhängig, die nur auf
dem Weg über die erzielten Geschwindigkeiten durch Korrekturen zu erfassen sind. Somit hängt das Gelingen der Versuche entscheidend davon ab,

daß die Start- und Landevorschrift (Schubmodulation, Lagehaltung, Einsatz von Bremsen und Bremshilfen wie Spoiler und Schubumkehrer) möglichst exakt bei den Versuchen eingehalten wird.

Tabelle 2.9 Versuchsparameter zur Ermittlung der Start- und Landestrecken

Bodenmessung	$u_{Wg\,0}$	m/s	horizontale Windgeschwindigkeitskomponente in Bahnrichtung im — Punkt 0
	$u_{Wg\,1}$	m/s	Punkt 1
	$u_{Wg\,2}$	m/s	Punkt 2
	ϑ	o	Neigungswinkel der Rollbahn
	$m_{F\,0}$	kg	Abflugmasse **)
Bordmessung	m_B	kg	verbrauchte Brennstoffmasse *)
	$\dot{m}_B$	kg/s	Brennstoffdurchsatz *)
	N_T	1/min	Triebwerksdrehzahl
	p_{si}	N/m²	gemessener statischer Umgebungsdruck
	q_{ci}	N/m²	gemessener Auftreffpunkt
	T_{ti}	K	gemessene Totaltemperatur
	α	o	Anstellwinkel
	θ	o	Längsneigungswinkel
	δ_T	%	Leistungshebelstellung
Bord- oder Bodenmessung	$u_{Kg\,0}$	m/s	horizontale Übergrundgeschwindigkeitskomponente in Bahnrichtung im — Punkt 0
	$u_{Kg\,1}$	m/s	Punkt 1
	$u_{Kg\,2}$	m/s	Punkt 2
	$x_{g\,01}$	m	horizontale Übergrundstrecke in Bahnrichtung zwischen — Punkt 0 und Punkt 1
	$x_{g\,10}$	m	Punkt 1 und Punkt 0
	$x_{g\,12}$	m	Punkt 1 und Punkt 2
	$x_{g\,21}$	m	Punkt 2 und Punkt 1
	t_0	s	Zeit im — Punkt 0
	t_1	s	Punkt 1
	t_2	s	Punkt 2

*)   gemessen ab Anlassen der Triebwerke

**) gemessen vor dem Anlassen der Triebwerke

2.3.4 Versuchsauswertung

Die Korrekturen müssen in der oben eingeführten Reihenfolge (Wind, Rollbahnneigung, Geschwindigkeit, atmosphärische Bedingungen) durchgeführt
werden. Hierzu sind die Formeln in den Abschnitten 2.3.2.1 und 2.3.2.2
bereitgestellt. Es wird vorausgesetzt, daß die Meßparameter (s. Tabelle 2.9)
fortlaufend, als Funktion der Zeit, registriert worden sind und daß die entsprechenden Meßwerte vorliegen.

Überprüfung der Soll-Geschwindigkeiten

Eines besonderen Hinweises bedarf an dieser Stelle noch die Geschwindigkeitskorrektur, die, wie wir wissen, von den vorgegebenen Soll-Geschwindigkeiten abhängt. Diese sind als Vielfaches der Überziehgeschwindigkeit V_S
definiert, wozu die Koeffizienten a_1 und a_2 eingeführt worden sind.
Das Problem besteht darin, für a_1 und a_2 die richtigen Zahlenwerte zu finden. Man kann sich dazu zwar meist auf Erfahrungswerte, Rechnungen oder
Windkanalmessungen abstützen, ist letztlich aber doch immer wieder auf
Annahmen angewiesen. Dies gilt vor allem für die Prototypenerprobung, wo
noch keine praktischen Ergebnisse vorliegen.

Es leuchtet ein, daß eine falsch gewählte Soll-Geschwindigkeit, die den wahren Strömungsverhältnissen am Flugzeug nicht angepaßt ist, leicht zu praxisfremden Korrekturergebnissen
führt: So ist es beispielsweise im Prinzip möglich, die gemessenen Strecken auf eine zu niedrige
Abhebegeschwindigkeit zu korrigieren, bei der das Flugzeug vom Auftrieb her noch gar nicht
flugfähig ist. Auch das andere Extrem einer zu hohen Abhebegeschwindigkeit ist denkbar, bei
der die Steuerkräfte nicht mehr ausreichen, um das Flugzeug am Boden zu halten. In beiden
Fällen wären die ermittelten Strecken unrealistisch.

Es gibt eine einfache Möglichkeit, die Soll-Geschwindigkeiten auf ihre
Richtigkeit zu überprüfen. Grundlage ist wieder das Totalenergieprinzip.
Die Zusammenhänge seien an einem praktischen Beispiel erläutert:
In Bild 2.44 ist die Totalenergie E über die Strecke x_g aufgetragen. Die
kreisförmigen Meßpunkte beziehen sich auf den Abhebepunkt, die quadrati-
schen auf den Hindernispunkt.

Die Strecken werden mit Hilfe der oben bereitgestellten Formeln auf Windstille, horizontale Rollbahn und die atmosphärischen Bedingungen am
Normtag in mittlerer Meereshöhe korrigiert. Die zugehörigen Energie-
koordinaten sind mit der im Versuch erzielten tatsächlichen Geschwindigkeit V_1 bzw. V_2 zu ermitteln. Die Geschwindigkeitsskalen sind bei dieser
Darstellung allerdings um den Betrag der potentiellen Energie $m_F\, g\, H_H$
gegeneinander verschoben. Diese Auftragung der Energie macht zusätzlich
die Reduzierung auf eine einheitliche Bezugsflugmasse erforderlich, um vergleichbare Daten zu gewinnen. Die dafür notwendigen Formeln lassen sich

aus dem bekannten Zusammenhang zwischen Strecke, Geschwindigkeit und
Beschleunigung herleiten.

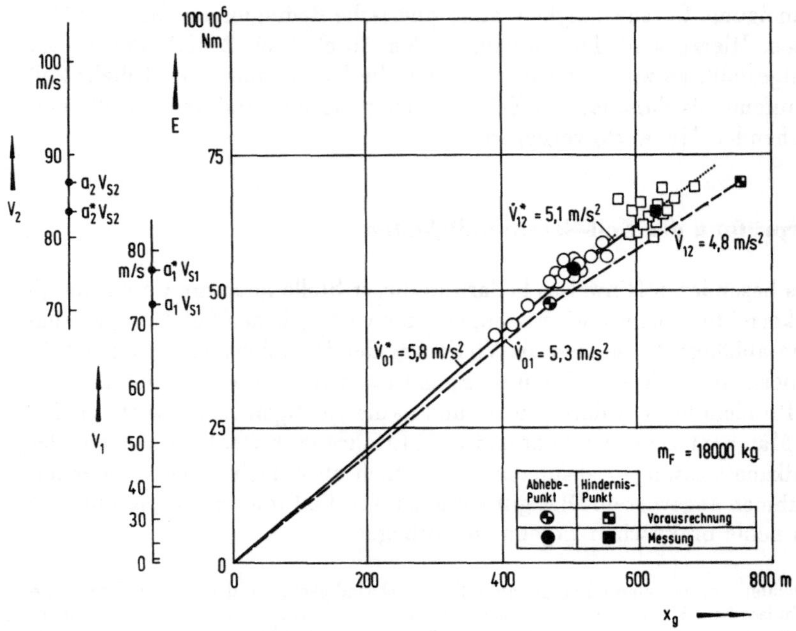

Bild 2.44 Überprüfung der Soll-Geschwindigkeiten im Abhebe- und Hindernispunkt

Für die Start-Rollstrecke gilt nach Gl. (2.3-9)

$$x_{a01} = x_{g01} = \frac{V_1^2}{2\,\dot{V}_{01}}.$$

(2.3-130)

Wir suchen den Bezug zur Flugmasse, den wir über die Auftriebsgleichung

$$m_{F01}\,g = (C_{A\,ges})_1\,\frac{\varrho_s}{2}\,V_1^2\,S$$

(2.3-131)

und über die Vortriebsgleichung

$$F_{01} - W_{ges\,01} = m_{F01}\,\dot{V}_{01}$$

(2.3-132)

herstellen, womit man die Beziehung

$$x_{g01} = \frac{2\,m_{F01}^2\,g}{2\,(C_{A\,ges})_1\,\varrho_s\,S\,(F_{01} - W_{ges\,01})}$$

(2.3-133)

erhält. In dem multiplikativen Faktor von $m_{F\,01}^2$ ist lediglich der Anteil des induzierten Widerstands (also nur ein Teilbetrag von W_{ges}) von der Flugmasse $m_{F\,01}$ abhängig, der hier vernachlässigt werden darf. Damit läßt sich durch Differentiation von Gl. (2.3-133) nach $m_{F\,01}$ und Wiedereinführen von Gl. (2.3-131) und Gl. (2.3-132) der Zusammenhang

$$\frac{dx_{g01}}{dm_{F01}} = 2 \, \frac{V_1^2}{2 \, V_{01}} \, \frac{1}{m_{F01}} \qquad\qquad (2.3\text{-}134)$$

herleiten. Die Unbekannten (C_{Ages})$_1$, ϱ_s, S, F_{01} sowie die Größe $W_{ges\,01}$, die hier auch die Radreibung mit enthält, fallen dabei heraus. Daraus ergibt sich die gesuchte Korrekturformel

$$\frac{\Delta x_{g01}}{\Delta m_{F01}} = 2 \, \frac{x_{g01}}{m_{F01}}, \qquad\qquad (2.3\text{-}135)$$

wenn man Gl. (2.3-130) einsetzt und auf die Differenzenschreibweise zurückgreift.

Für die Korrektur der Start-Übergangsflugstrecke gehen wir von Gl. (2.3-58) aus. Man erhält hier nach analogen Zwischenrechnungen die Beziehung

$$\frac{dx_{a12}}{dm_{F12}} = 2 \, \frac{g \, H_H + (V_2^2 - V_1^2)}{2 \, (V + g \sin \gamma_a)_{12}} \, \frac{1}{m_{F01}}, \qquad\qquad (2.3\text{-}136)$$

worin sich der multiplikative Faktor von $1/m_{F\,01}$ allerdings nicht mehr unbesehen durch die Strecke $x_{a\,12}$ ersetzen läßt, da im Term der potentiellen Energie der Zahlenfaktor 2 fehlt, s. Gl. (2.3-58). Dieser läßt sich jedoch in erster Näherung vernachlässigen, da die potentielle Energie gewöhnlich eine Größenordnung kleiner als die kinetische Energie ist. Auch den Unterschied zwischen dem Luftstreckenelement $dx_{a\,12}$ und dem Element der Übergrundstrecke (vgl. Bild 2.36) kann man in erster Näherung vernachlässigen, wodurch man für die Übergangsflugstrecke eine zu Gl. (2.3-135) analoge einfache Korrekturformel erhält. Diese lautet

$$\frac{\Delta x_{g12}}{\Delta m_{F12}} = 2 \, \frac{x_{g12}}{m_{F12}}. \qquad\qquad (2.3\text{-}137)$$

Analoges gilt für die Landestrecken.

Bild 2.44 beschreibt im Prinzip nichts anderes als Gl. (2.3-9) bzw. Gl. (2.3-58), die sich für den Fall konstanter Beschleunigung als Gerade darstellen. Dementsprechend sind die Meßpunkte aufgereiht. Sie haben ihren Schwerpunkt dort, wo die Geschwindigkeit von den *natürlichen* Auftriebsverhältnissen her die jeweilige Soll-Geschwindigkeit erreicht. Dieser wird in unserem Beispiel durch die gefüllten Punkte markiert, wozu man die

gesuchten Soll-Geschwindigkeiten $a_1^* V_S$ bzw. $a_2^* V_S$ an der Ordinate abliest.
Man kennt V_S und kann damit die Größen a_1^* und a_2^* bestimmen.

Auf die gleiche Weise läßt sich die optimale Aufsetzgeschwindigkeit ermitteln, s. Bild 2.45. Die Überprüfung der Anfluggeschwindigkeit im Hindernispunkt ist nicht erforderlich, da beim Anflug mit konstantem Gleitwinkel die
Strecke von der Fluggeschwindigkeit unabhängig ist. Letztere wird, wie wir
vom Abschnitt 2.3.2.2 her wissen, bei der Korrektur der Lande-Rollstrecke
mit berücksichtigt.

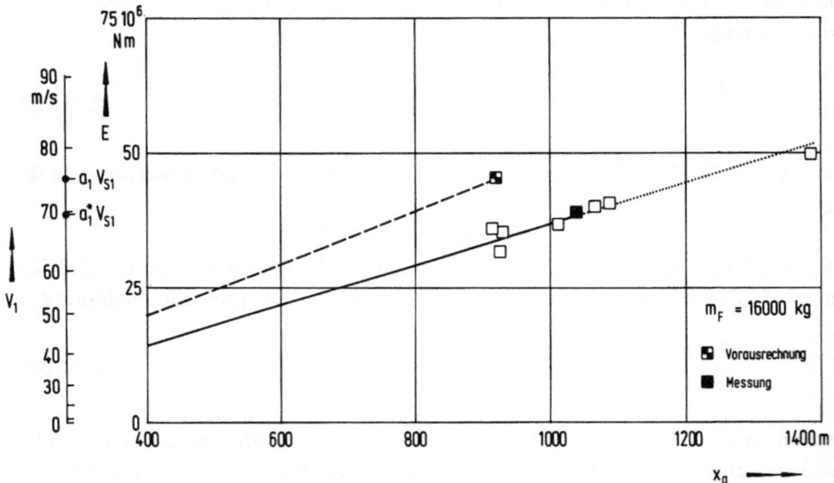

Bild 2.45 Überprüfung der Soll-Geschwindigkeiten im Aufsetzpunkt

Diese Darstellung eignet sich auch, um erste Flughandbuchangaben zu überprüfen, die zumeist in Ermangelung von Flugversuchen auf analytischen
Betrachtungen basieren.

Zusatzkorrektur bei nicht konstanter Beschleunigung

Die grundsätzliche Voraussetzung bei unseren bisherigen Betrachtungen
war eine im Mittel über den zurückgelegten Streckenabschnitten konstante
Längsbeschleunigung. Diese ist entsprechend der Gl. (2.3-132) ganz allgemein vom Schubüberschuß abhängig.
Moderne Flugzeuge mit Strahlantrieb sind gewöhnlich so schubstark ausgelegt, daß diese Voraussetzung über den gesamten Startvorgang hinreichend genau erfüllt ist, vgl. Bild 2.30 f). Der Landevorgang ist in dieser

Hinsicht ohnehin unproblematisch, wenn auf die übliche Weise (d.h. mit konstanter Geschwindigkeit) angeflogen und nach dem Aufsetzen konstant abgebremst wird.
Es gibt aber Fälle, wo diese Bedingungen nicht erfüllt sind, zum Beispiel bei schubschwachen Triebwerken oder bei Einmotorenstarts. Man beobachtet hier, daß die Beschleunigung über der Strecke abnimmt.

Grundsätzlich trifft dieses Phänomen auf alle Flugzeuge zu, wenn sich über eine hinreichend lange Strecke das Gleichgewicht zwischen den Vortriebs und Widerstandskräften einstellen kann. Üblicherweise ist der Startvorgang jedoch abgeschlossen, lange bevor sich dieses Ereignis bemerkbar macht.

Trägt man in einem solchen Fall die Energie E über die Strecke x_g auf, so fallen die Meßpunkte mit zunehmender Entfernung von der Geraden der Anfangsbeschleunigung ab, s. Bild 2.46 a). Diese Beschleunigungsänderung führt bei der üblichen Geschwindigkeitskorrektur zu Fehlern, da praktisch der Ist-Geschwindigkeit eine andere Beschleunigung als der Soll-Geschwindigkeit zugrunde gelegt werden muß, was weder die Gl. (2.3-9) noch die Gl. (2.3-58) hergibt.
Soweit bekannt geworden ist, wurde auf diese Fehlerquelle erstmalig von G. Schuch [6] hingewiesen, der hierfür das nachfolgend beschriebene Korrekturverfahren vorschlägt:

1. Mittels einer Serie von Starts in einem möglichst weiten Spektrum von Abhebegeschwindigkeiten wird der Verlauf der Abhebegeschwindigkeit über der Strecke bestimmt, s. Bild 2.46 a).

2. In einem Hilfsdiagramm trägt man die Abweichung Δx_{g01} der Strecke (von der Anfangs-Beschleunigungsgeraden) unter der zugehörigen Abhebegeschwindigkeit an, s. Bild 2.46 b).

3. Im Rahmen der Geschwindigkeitskorrektur wird daraus anhand dieses Hilfsdiagramms zu $V_{1\,\text{ist}}$ die Abweichung $(\Delta x_{g01})_{V1\,\text{ist}}$ und zu $V_{1\,\text{soll}}$ die Abweichung $(\Delta x_{g01})_{V1\,\text{soll}}$ ermittelt.

Die Abweichung der Strecke infolge der veränderlichen Beschleunigung ist dann

$$\Delta x_{g01} = (\Delta x_{g01})_{V1\,\text{ist}} - (\Delta x_{g01})_{V1\,\text{soll}} . \qquad (2.3\text{-}138)$$

Die Korrektur läßt sich ohne weiteres im Bedarfsfall nachträglich, im Anschluß an die Korrektur der atmosphärischen Bedingungen, durchführen. Es gilt

$$x_{g01} = x_{g01}^+ - \Delta x_{g01}, \qquad (2.3\text{-}139)$$

worin x_{g01}^+ jetzt die wind-, gefälle-, geschwindigkeits- und atmosphärenkorrigierte Strecke nach Gl. (2.3-47b) darstellt.

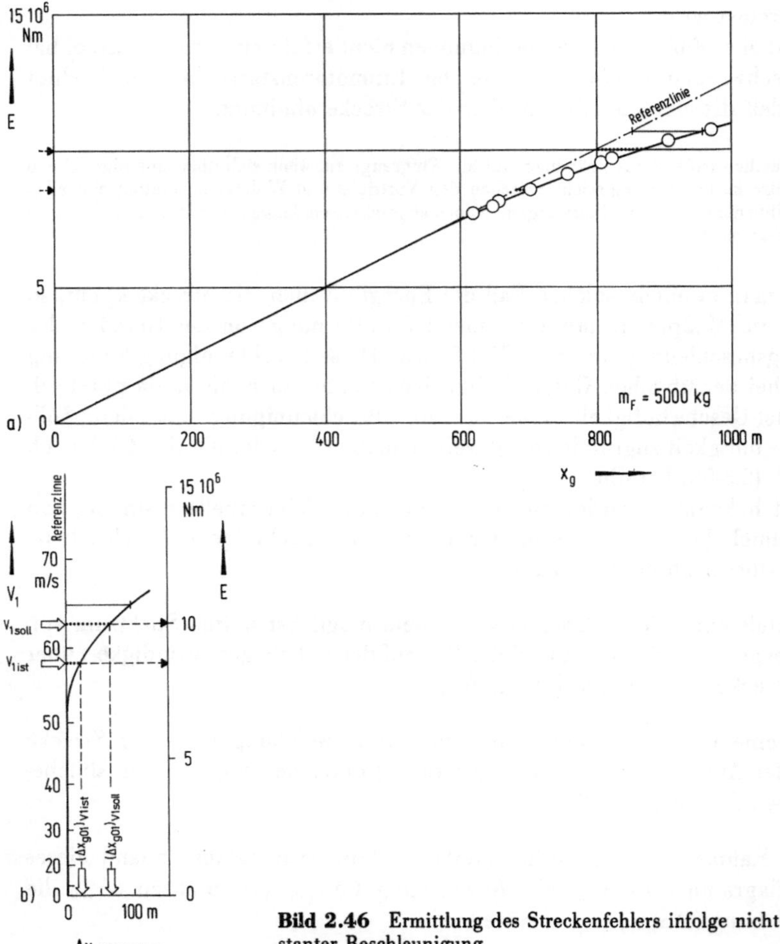

Bild 2.46 Ermittlung des Streckenfehlers infolge nicht konstanter Beschleunigung

Es ist zweckmäßig, wenn wir uns auch hier wieder der oben eingeführten Schreibweise

$$x_{g01} = f_{01}^+ \, x_{g01}^+ \qquad (2.3\text{-}140)$$

bedienen und einen Korrekturfaktor einführen, der damit die Form

$$f_{01}^+ = 1 - \frac{\Delta x_{g01}}{x_{g01}^+} \qquad (2.3\text{-}141)$$

annimmt.

Bei der Berücksichtigung der Beschleunigung im Falle der Start- Übergangsflugstrecke und der Lande- Rollstrecke ist die Vorgehensweise analog.

Zusammenfassung: Die Ergebnisse einer kompletten Auswertung von Start-Landeleistungen sind in Bild 2.47 und Bild 2.48 am Beispiel eines Kampfflugzeuges gezeigt.

In Bild 2.47 sind zur Verdeutlichung des Erfolges der oben beschriebenen Korrekturrechnungen die gemessenen (unkorrigierten) Strecken den korrigierten Strecken gegenübergestellt. Bild 2.48 zeigt die Landestrecken als Funktion des Rad-Bremseinsatzes, der durch den Hydraulikdruck am Bremszylinder repräsentiert wird. Die unterschiedlichen Kurven demonstrieren sehr deutlich, wie weitgehend die Strecken doch im Einzelnen von der Pilotentechnik abhängen.

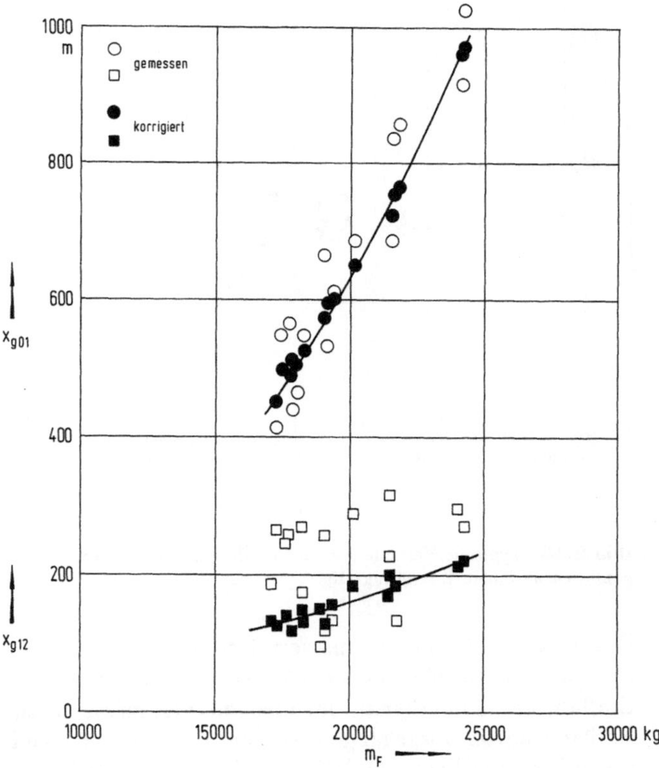

Bild 2.47 Typische Verläufe von Start-Rollstrecke und Start-Übergangsflugstrecke vor und nach der Korrektur, gemessen an einem Kampfflugzeug

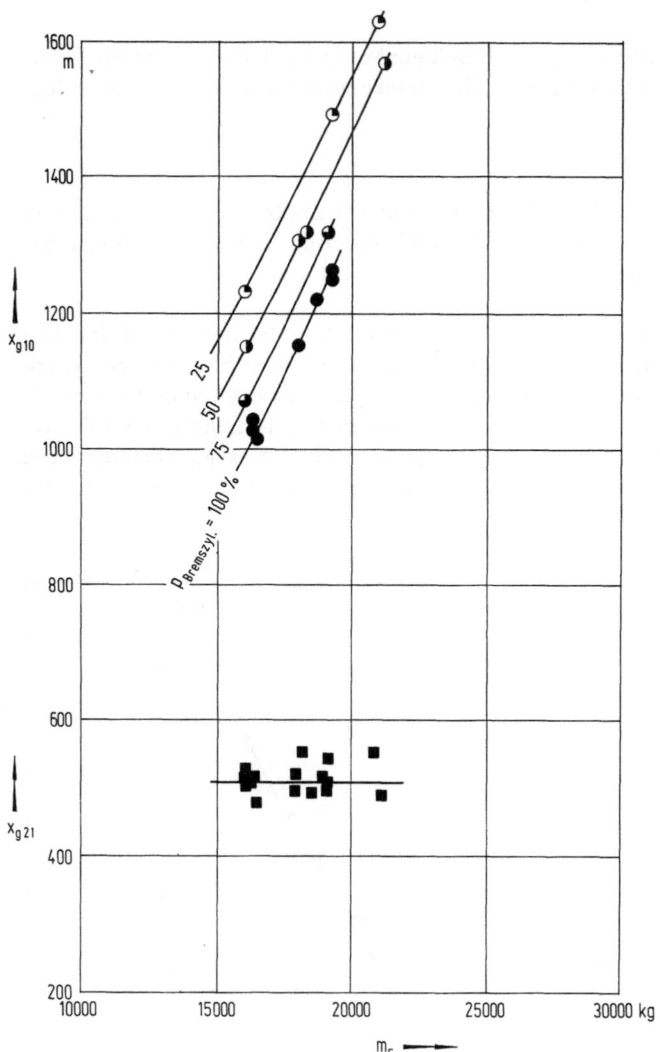

Bild 2.48 Typische Verläufe von Lande-Übergangsflugstrecke und Lande-Rollstrecke, gemessen an einem Kampfflugzeug

Das gewählte Beispiel ist insofern informativ, als die einzelnen Meßpunkte zu ganz unterschiedlichen Außenlastkonfigurationen gehören, deren Einfluß, wie man erkennt, nur über die Flugmasse m_F zum Tragen kommt. Es kann davon ausgegangen werden, daß die verschiedenen aerodynamischen Einflüsse bei den relativ niedrigen Geschwindigkeiten noch so gering sind, daß sie in der Reststreuung der Meßpunkte untergehen.
Man kann das gesamte Massespektrum eines Flugzeugs somit ohne weiteres

durch Variation der möglichen Beladungszustände über jeweils eine einzige
Kurve pro Teilstrecke abdecken. Dies gilt natürlich ganz speziell für Kampfflugzeuge, die zum Tragen von Außenlasten eingerichtet sind.

2.4 Steigflugleistung

Die Steigflugleistung hängt, ähnlich wie die Start- und Landeleistung, sehr
entscheidend vom Verfahren ab. Es gibt im Prinzip beliebig viele Gesichtspunkte, unter denen sich Steigflüge durchführen lassen. Wir behandeln im
folgenden die drei wichtigsten Verfahren.

2.4.1 Allgemeines

Bei Kampfflugzeugen, wo es aus taktischen Gründen auf ein dem Gegner
überlegenes Energiepotential ankommt, ist vor allem das

● Steigen mit maximaler Steiggeschwindigkeit

von Bedeutung. Bei Transport- und Passagierflugzeugen steht die Wirt-
schaftlichkeit im Vordergrund. Hierbei kommt es auf

● Steigen mit minimalem Brennstoffverbrauch

oder

● Steigen mit maximaler Reichweite

an.

Die verschiedenen Verfahren unterscheiden sich letztlich nur hinsichtlich
der Zuordnung von Höhe und Fahrt, die man unter dem Begriff Steiggesetz zusammenfaßt. Ein solches Steiggesetz soll das Leistungsvermögen
der Zellen-Triebwerkskombination (der individuellen Aufgabenstellung entsprechend) möglichst optimal ausschöpfen. Das Gesetz soll sich aber auch
vom Piloten, der während des Steigflugs noch mit anderen Aufgaben
belastet ist, gut handhaben lassen; mit anderen Worten: es soll gut einprägbar und leicht nachvollziehbar sein.

In Flugversuchen lassen sich immer nur die optimalen Zusammenhänge
zwischen Höhe und Fahrt ermitteln. Die Anpassung an die verschiedenen

qualitativen Faktoren (wie Handhabbarkeit des Flugzeugs, Beherrschbarkeit der Fluglagen usw.) führt meist zu Kompromissen und Einschränkungen, wodurch das "optimale Steiggesetz" gewöhnlich von dem "empfohlenen Steiggesetz" abweicht. Man ist bestrebt, diese Abweichungen möglichst klein zu halten. Die Festlegung des empfohlenen Steiggesetzes gehört mit zu den Aufgaben einer Flugversuchsabteilung.

Damit zerfällt die in diesem Abschnitt zu behandelnde Erprobungsaufgabe in drei Teile:

A Ermittlung des optimalen Steiggesetzes
B Definition des empfohlenen Steiggesetzes
C Ermittlung der Steigflugleistung

Die Steiggesetze legen also den Zusammenhang zwischen Höhe und Fahrt fest und dieser ist wiederum maßgebend für die vom Flugzeug zu erwartenden Leistungen im Steigflug. Unter dem Begriff Steigflugleistung werden dabei mehrere Merkmale zusammengefaßt. Diese sind

- die Steiggeschwindigkeit
- die Steigzeit
- der Brennstoffverbrauch

und

- die über Grund zurückgelegte Strecke,

und zwar jeweils als Funktion der Flughöhe. Mit Hilfe dieser vier Merkmale läßt sich das Leistungsvermögen des Flugzeugs beim Steigen hinreichend genau beschreiben.

2.4.2 Grundbeziehungen

A   Ermittlung des optimalen Steiggesetzes

Optimale Steiggesetze, gleich welcher Art, lassen sich grundsätzlich am besten in einem Höhen-Machzahl Diagramm darstellen, das die entsprechenden Einflußgrößen als Parameter enthält:

A.1   Steigen mit maximaler Steiggeschwindigkeit

Grundlage für diese Steigvorschrift ist der Zusammenhang zwischen $\dot{e}$, H und Ma, den das Totalenergiekennfeld (vgl. auch Bild 2.18) anschaulich zusammenfaßt. Die Konturen $\dot{e}$ = const repräsentieren in dieser Darstellung bekanntlich unmittelbar den Verlauf der maximal erzielbaren Steiggeschwindigkeit, die sich für die Ermittlung des Gesetzes auswerten läßt.

Es gibt zwei verschiedene Zielrichtungen beim Steigen mit maximaler Steiggeschwindigkeit:

A.1.a *schnellstmöglicher Höhengewinn*

Die Vorschrift für das Steigen mit maximaler Steiggeschwindigkeit zum schnellstmöglichen Gewinn an Flughöhe wird in der amerikanischen Literatur gewöhnlich mit "best climb schedule" bezeichnet.
Das optimale Steiggesetz hierfür wird im Totalenergiekennfeld durch den Kurvenzug dargestellt, der die Maxima der Konturen $\dot{e}$ = const miteinander verbindet.
Bild 2.49 demonstriert diesen Verlauf am Beispiel des bereits von Bild 2.18 a) her bekannten Überschallkampfflugzeugs, s. Kurve (a).

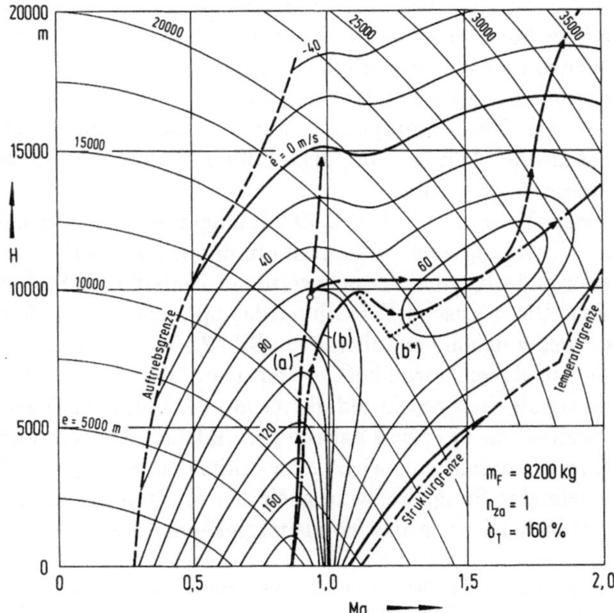

Bild 2.49 Steigen mit maximaler Steiggeschwindigkeit (gleiches Beispiel wie in Bild 2.18a)) (a) schnellstmöglicher Höhengewinn (b) schnellstmöglicher Gewinn an Totalenergie

Der Übergang von Unterschall- in den Überschallbereich ist, wie man erkennt, in jedem Fall mit einer vorübergehenden Einbuße an Steiggeschwindigkeit verbunden und nicht eindeutig definiert. Da hier allein das Ziel, möglichst rasch Höhe zu gewinnen, im Vordergrund steht, empfiehlt es sich, den Maxima der $\dot{e}$-Konturen zunächst subsonisch bis zu der Höhe zu folgen, auf der das absolute $\dot{e}$-Maximum des transonischen Bereichs liegt. Der Flugpfad wird anschließend auf konstanter Höhe zunächst in dieses Zentrum und von dort aus über die entsprechenden Kurvenmaxima nach oben weitergeführt.

A.1.b schnellstmöglicher Gewinn an Totalenergie

Das entsprechende Gesetz ist in der amerikanischen Literatur unter dem Namen "maximum energy climb" bekannt. Es beschreibt den Steigpfad, auf dem in möglichst kurzer Zeit ein möglichst hohes Energieniveau erreicht wird. Bei diesem Gesetz kommt es also nicht allein auf den schnellstmöglichen Höhengewinn an (wie bei dem "best climb schedule" unter Pkt. A.1.a) sondern auf den schnellstmöglichen Gewinn der optimalen Kombination von Höhe und Fahrt (Totalenergie): Im Luftkampf ist es nützlicher auf einer bestimmten Höhe mit einem möglichst großen Energievorteil in Form eines zusätzlichen Fahrtüberschusses gegenüber dem Gegner anzukommen, anstatt einfach nur Höhe zu gewinnen. Das Gesetz wird dementsprechend im Totalenergiekennfeld durch den Kurvenzug repräsentiert, der die Berührungspunkte der Konturen konstanter maximaler Steiggeschwindigkeit $\dot{e}$ mit den Linien konstanter spezifischer Energie e miteinander verbindet.

Dieser Verlauf ist in Bild 2.49 mit eingetragen, s. Kurve (b). Auch hier bringt der Übergang vom Unterschall- in den Überschallbereich, wie man erkennt, zwangsläufig eine zwischenzeitliche Einbuße an Steiggeschwindigkeit mit sich. Die grafische Ermittlung des optimalen Steigpfades in diesem Übergangsbereich allein anhand von Bild 2.49 ist mit Unsicherheiten verbunden. Es ist daher vorteilhaft, wenn man hier in einem Hilfsdiagramm die maximale Steiggeschwindigkeit $\dot{e}$ mit der Flughöhe H als Parameter über der spezifischen Energie e aufträgt, s. Bild 2.50: Die Verbindende der einzelnen Kurvenmaxima entspricht dem optimalen Steiggesetz für das Steigen mit maximaler Steiggeschwindigkeit bei größtmöglicher Enerigezunahme und läßt sich leicht in das Totalenergiekennfeld zurückübertragen.

In der Literatur findet man häufig die Empfehlung, den Übergangsbereich mit konstanter Energie zu durchfliegen, d.h. entlang derjenigen Linie e = const, welche die beiden korrespondierenden Konturen gleichen $\dot{e}$-Wertes im Unter- und Überschallbereich tangiert. s. den punktierten Kurvenast (b^*) in Bild 2.49. Dieser Flugpfad ist eine nützliche Alternative. Er entspricht jedoch nicht dem optimalen Gesetz und ist auch mit einer relativ hohen vorübergehenden Einbuße an Flughöhe verbunden, wie Bild 2.49 zeigt.

Über die Querauftragung der Meßwerte von $\dot{e}$ über e mit H als Parameter, Bild 2.50, läßt sich das *optimale Steiggesetz* auch dann ermitteln, wenn kein

entsprechendes Totalenergiekennfeld vorliegt. Hierfür gibt es zwei Möglichkeiten, die im Prinzip bereits in Abschnitt 2.1.3 beschrieben worden sind:
den horizontalen Beschleunigungsflug, s. Gl. (2.1-123) und Bild 2.10, sowie
den stationären (Sägezahn-) Steigflug, s. Gl. (2.1-124) und Bild 2.11, womit
man die Verläufe $\dot{e} = f(e, H = \text{const})$ direkt gewinnt. Beide Methoden führen zum selben Ergebnis, wie Bild 2.50 zeigt.

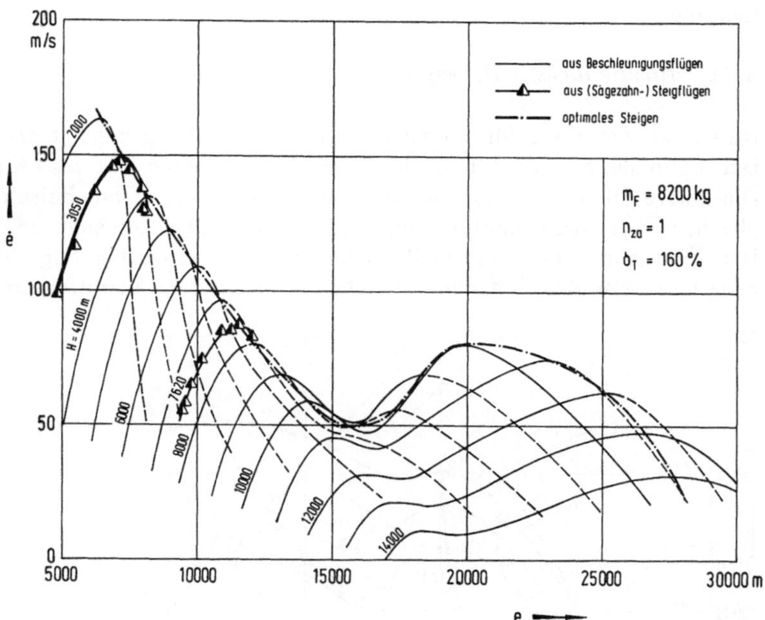

Bild 2.50 Grafische Ermittlung des Gesetzes: Steigen mit maximaler Steiggeschwindigkeit
bei schnellstmöglichen Gewinn an Totalenergie

A.2 Steigen mit minimalem Brennstoffverbrauch

Dieser Steigpfad wird in der amerikanischen Literatur mit "minimum
fuel-to-climb fligth path" bezeichnet. Er orientiert sich im Höhen-Machzahl-
Diagramm an den Linien konstanter Steiggeschwindigkeit pro Brennstoffdurchsatz (Linien wirtschaftlichen Steigvermögens), welche durch die
Gleichung

$$w_w = \frac{\dot{e}}{\dot{m}_B^*} \qquad (2.4\text{-}1)$$

definiert sind.

Diese Kurvenscharen fallen praktisch bei der Ermittlung des Totalenergie-
kennfeldes mit ab, da der Brennstoffdurchsatz ohnehin registriert werden
muß, beispielsweise für die Ermittlung der Flugmasse. Entsprechend unserer Zeichenkonvention bedeutend $\dot{m}_B^*$ hier den gemessenen (unkorrigierten)
Brennstoffdurchsatz. Die maximale Steiggeschwindigkeit $\dot{e}$ ist entsprechend
Abschnitt 2.1.2 korrigiert und folgt der Gl. (2.1-122).

Auch beim Steigen mit minimalem Brennstoff gibt es zwei verschiedene Zielrichtungen:

A.2.a   *wirtschaftlichster Höhengewinn*

Dieser ist vor allem für Passagier- und Transportflugzeuge interessant.
Der optimale Steigpfad folgt hier den Extremwerten der w_W - Kurven.
Die Kurve (a) in Bild 2.51 demonstriert diesen Verlauf am Beispiel des
gleichen Überschallkampfflugzeugs, das auch dem Bild 2.49 zugrunde liegt.
Der Übergang vom Unterschall- in den Überschallsteigflug folgt hierbei
näherungsweise der Höhenlinie, welche die beiden w_W - Konturen tangiert.

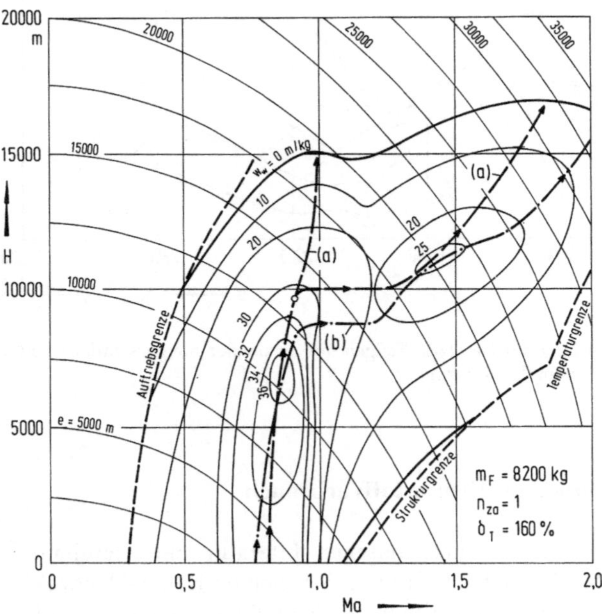

Bild 2.51 Steigen mit minimalem Brennstoffverbrauch
(a) wirtschaftlichster Höhengewinn   (b) wirtschaftlichster Gewinn an Totalenergie

A.2.b   *wirtschaftlichster Gewinn an Totalenergie*

Bei Kampfflugzeugen kommt es weit weniger auf den Höhengewinn allein an. Hier steht eher die Forderung im Vordergrund, ein möglichst hohes Energiepotential (in Form von Höhe und Fahrt) mit einem Minimum an Brennstoffenergie aufzubauen, um möglichst viel Brennstoffvorrat für den Luftkampf aufzusparen. Der optimale Steigpfad führt hier über die Berührungspunkte der w_W-Konturen mit den Linien $e = $ const, s. Kurve (b) in Bild 2.51.

A.3 Steigen mit maximaler Reichweite

Ein Maß für die Reichweite ist die spezifische Reichweite. Diese ist als die pro verbrauchter Brennstoffmasse vom Flugzeug zurücklegbare Strecke definiert und läßt sich ganz allgemein durch den Quotienten

$$r = \frac{V}{\dot{m}_B} = \frac{Ma \sqrt{\kappa R T_s}}{\dot{m}_B} \qquad (2.4\text{-}2)$$

ausdrücken. Hierin bedeutet V die wahre Fluggeschwindigkeit $\dot{m}_B$ den Brennstoffdurchsatz, Ma die wahre Flugmachzahl und T_s die statische Umgebungstemperatur, während κ den Isentropenexponenten und R die spezifische Gaskonstante bezeichnet. Die spezifische Reichweite läßt sich für jede Flughöhe und Machzahl ausrechnen, wenn der Brennstoffdurchsatz bekannt ist, und in das Höhen-Machzahl Diagramm eintragen. Man erhält Konturen in der Art von Bild 2.52.
Auch diese Konturen fallen als Nebenergebnis der Flugversuche mit ab, wenn das Totalenergiekennfeld nach Bild 2.18 bestimmt wird, und gelten wieder für die entsprechende konstante Leistungshebelstellung δ_T.

Da dem Höhen-Machzahl Diagramm in unserer Darstellung die Normatmosphäre zugrunde liegt, müssen wir lediglich den Brennstoffdurchsatz entsprechend korrigieren, wenn wir auf Flugversuchsdaten zurückgreifen. Den Zusammenhang liefert uns die Beziehung für den reduzierten Luftdurchsatz, vgl. Gl. (2.1-49). In unserem Fall gilt der Ansatz

$$\frac{\dot{m}_B}{p_{s\,soll}/p_n \sqrt{T_{s\,soll}/T_n}} = \frac{\dot{m}_B^*}{p_s^*/p_n \sqrt{T_s^*/T_n}}, \qquad (2.4\text{-}3)$$

worin $\dot{m}_B$ den auf die Normatmosphäre korrigierten Brennstoffdurchsatz darstellt, den wir in Gl. (2.4-2) einsetzen müssen. Die Machzahl Ma in der Gl. (2.4-2) ist dabei mit der gemessenen Machzahl Ma^* identisch. Die statische Umgebungstemperatur T_s in Gl. (2.4-2) entspricht der Temperatur $T_{s\,soll}$, die dem Luftdruck $p_{s\,soll}$ in der Bezugsflughöhe zugeordnet ist.
Wir fassen Gl. (2.4-3) mit Gl. (2.4-2) unter Berücksichtigung des oben Gesagten zusammen und erhalten nach einigen Zwischenrechnungen die Beziehung

$$r = \sqrt{\kappa\,R}\;\frac{Ma^*\,\sqrt{T_s^*}}{\dot{m}_B^*\,p_{s\,\text{soll}}/p_s^*} \tag{2.4-4}$$

Der gesuchte reichweitenoptimale Steigpfad folgt den Extremwerten der Konturen $r = $ const im Höhen-Machzahl Diagramm, was in Bild 2.52 veranschaulicht ist.

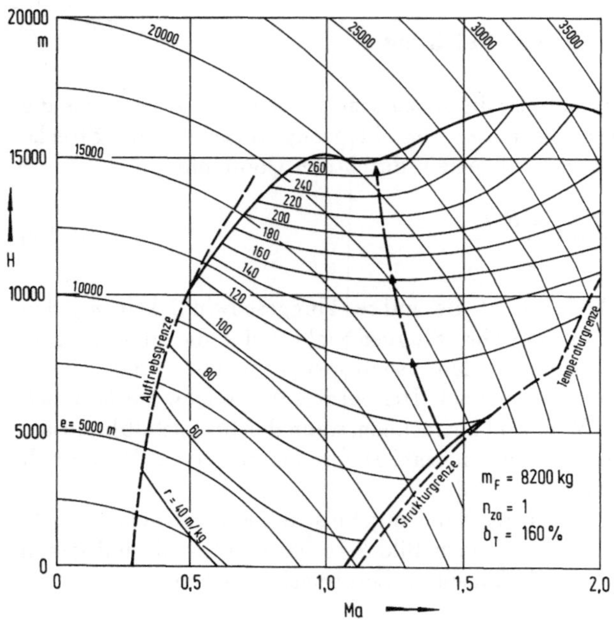

Bild 2.52   Steigen mit maximaler Reichweite

Bild 2.52 zeigt den reichweitenoptimalen Steigpfad am Beispiel eines Kampfflugzeugs, und zwar bei vollem Nachbrennerschub.
Wie man erkennt, ist reichweitenoptimales Steigen hier nur im supersonischen Bereich möglich. Der Steigpfad wird im unteren Höhenbereich durch die Flugbereichsgrenze abgeschnitten und beginnt praktisch erst in $H = 5000$ m Höhe bei etwa $Ma = 1{,}4$.

B   Ermittlung des empfohlenen Steiggesetzes

In Bild 2.53 wird anhand des Beispiels von Bild 2.50 (vgl. auch Kurve (b) in Bild 2.49) demonstriert, wie sich aus einem optimalen Steiggesetz ein empfohlenes Steiggesetz entwickeln läßt. Das optimale Gesetz ist durch die strichpunktierte Linie dargestellt. Man erkennt sofort, daß der Zusammenhang zwischen Höhe und Fahrt kompliziert ist und sich nur schwer einprägen läßt.

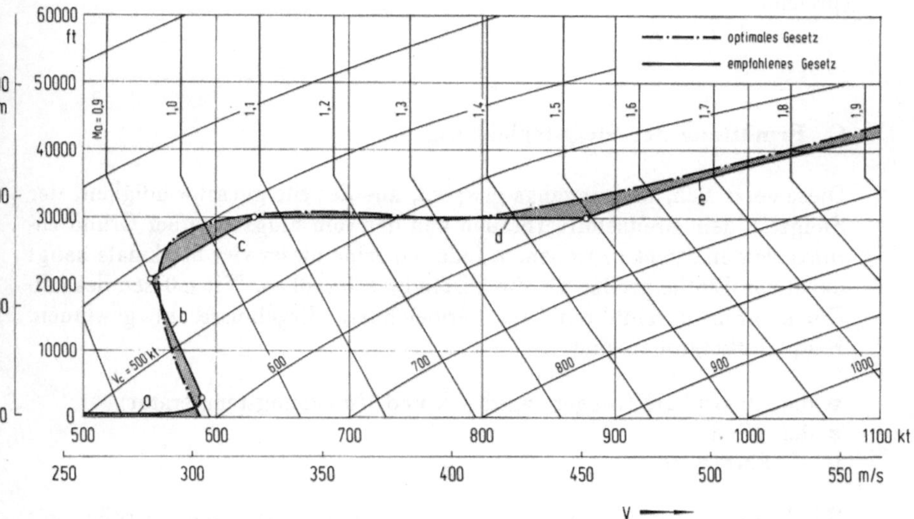

Bild 2.53 Festlegung des empfohlenen Steiggesetzes

Es bietet sich folgende Vereinfachung (durchgehende Linie) an:

1) Beschleunigung in Bodennähe bis $Ma = 0.9$
2) Steigen mit konstanter Machzahl $Ma = 0.9$ auf die Druckhöhe von $H = 20000$ ft
3) Steigen mit konstanter kalibrierter Fluggeschwindigkeit $V_c = 420$ kt auf die Druckhöhe von $H = 30000$ ft
4) Horizontale Beschleunigung bis $V_c = 600$ kt
5) Steigen mit konstanter kalibrierter Fluggeschwindigkeit $V_c = 600$ kt bis zur Gipfelhöhe

Man erkennt, daß das empfohlene Steiggesetz in unserem Beispiel nur geringfügig vom optimalen Steiggesetz abweicht. Es läßt sich aber leicht einprägen und kann vom Piloten gut nachvollzogen werden.
Die Darstellung von H, V, V_c und Ma in einem einzigen Diagramm ist, wie man sieht, sehr gut geeignet, brauchbare Anpaßmöglichkeiten der beiden Gesetze aufzuzeigen. Allerdings gelten die gefundenen Zusammenhänge in aller Strenge nur dann, wenn die Temperaturverteilung in der Atmosphäre dem Normzustand entspricht. Solche Gesetze können somit immer nur als Richtwerte gelten.

Bei modernen Passagierflugzeugen sind die Steiggesetze im Bordrechner einprogrammiert und werden über das Flugsteuerungssystem automatisch abgewickelt. Damit lassen sich auch die komplizierten Zusammenhänge zwischen Höhe und Fahrt verwirklichen, die dem optimalen Steiggesetz entsprechen.

C Ermittlung der Steigflugleistung

Diese setzt sich, wie eingangs erwähnt, aus der Steiggeschwindigkeit, der Steigzeit, dem Brennstoffverbrauch und der vom Flugzeug über Grund zurückgelegten Strecke zusammen. Jedes einzelne dieser vier Merkmale hängt dabei von Einflußgrößen ab, die beständig schwanken. Wir müssen deshalb Korrekturen durchführen, um vergleichbare Ergebnisse zu gewinnen. Haupteinflußgrößen sind

- die Atmosphäre (Umgebungsdruck und Umgebungstemperatur)
- der Wind
- die Flugmasse

Wir kennzeichnen wieder zur Unterscheidung die gemessenen Größen mit einem Stern und unterscheiden die korrigierten Größen durch hochgesetzte römische Ziffern. Die nachfolgende Tabelle erleichtert die Übersicht

Tabelle 2.10 Indizierung der Korrekturgrößen zur Ermittlung der Steigflugleistung

Index	Bedeutung
*	unkorrigiert, gemessen
II	korrigiert auf Normatmosphäre (Normtemperatur in der entsprechenden Druckhöhe)
I	korrigiert auf Normatmosphäre und Windstille
ohne Index	korrigiert auf Normatmosphäre, Windstille und Bezugsflugmasse

C.1 Steiggeschwindigkeit

Sie ist als die Änderung der Druckhöhe pro Zeiteinheit definiert, womit ganz allgemein die Beziehung

$$w = \frac{\mathrm{d}H}{\mathrm{d}t} = \dot{H} \tag{2.4-5}$$

gilt.

C.1.a Korrektur der atmosphärischen Bedingungen

Wir gehen hierzu von den Gln. (2.1-13a) und (2.1-13b) aus, die den Zusammenhang zwischen der Steiggeschwindigkeit und ihren Einflußgrößen herstellen. Es folgt

$$w = \dot{H} = \left(\frac{F - W_{\mathrm{ges}}}{m_{\mathrm{F}}} - \dot{V} \right) \frac{V}{g} . \tag{2.4-6}$$

Der Atmosphärenzustand ist bekanntlich durch Umgebungsdruck und Umgebungstemperatur festgelegt. Die davon abhängigen Größen in Gl. (2.4-6) sind die Fluggeschwindigkeit V, der Widerstand W_{ges} und die Vortriebskraft F. Da in der Normatmosphäre jedem Umgebungsdruck eine ganz bestimmte Umgebungstemperatur zugeordnet ist, ist es nicht notwendig, den Druck bei der Korrektur gesondert zu berücksichtigen. Es genügt, wenn wir den gemessenen Druck p_{s}^{*} als gegeben hinnehmen und nur den Einfluß des Temperaturenunterschiedes $T_{\mathrm{s}}^{*} - T_{\mathrm{s\,soll}}$ erfassen, wobei T_{s}^{*} die gemessene Temperatur und $T_{\mathrm{s\,soll}} = \mathrm{f}(p_{\mathrm{s\,soll}}) \equiv \mathrm{f}(p_{\mathrm{s}}^{*})$ die zugehörende Normtemperatur darstellt. Die gleichungsmäßigen Zusammenhänge dafür wurden bereits in Abschnitt 2.1.2 bereitgestellt: bis 11 km Höhe gilt Gl. (2.1-41a), oberhalb 11 km Gl. (2.1-41b).

Für diese Korrektur bringen wir Gl. (2.4-6) zunächst in die allgemeine Form

$$w = \frac{1}{m_{\mathrm{F}}\, g} (F\, V - W_{\mathrm{ges}}\, V - m_{\mathrm{F}}\, \dot{V}\, V) , \tag{2.4-7}$$

worin das Produkt aus F und V die verfügbare Vortriebsleistung, das aus W_{ges} und V den Leistungsbedarf zur Überwindung des aerodynamischen Widerstands und die Größe $m_{\mathrm{F}}\, V\, \dot{V}$ den Leistungsbedarf zur Überwindung der Massenträgheit darstellt. Alle auf der rechten Seite der Gl. (2.4-7) vorkommenden Variablen sind im Fluge meßbar. Wir werden sie im folgenden der Reihe nach behandeln.

● Wir bezeichnen die auf Normtemperatur $T_{\mathrm{s\,soll}}$ korrigierte Vortriebsleistung mit $F^{\mathrm{II}}\, V^{\mathrm{II}}$ und setzen sie zu der beim Umgebungszustand T_{s}^{*} gemessenen Vortriebsleistung $F^{*}\, V^{*}$ ins Verhältnis. Ersetzen wir dabei in dem einen Fall die Fluggeschwindigkeiten V^{II} und V^{*} durch das entsprechende Produkt aus Machzahl und Schallgeschwindigkeit, so folgt

$$F^{\mathrm{II}}\,V^{\mathrm{II}} = F^*\,V^* \frac{F^{\mathrm{II}}}{F^*} \sqrt{\frac{T_{s\,\mathrm{soll}}}{T_s^*}}\,. \qquad (2.4\text{-}8)$$

- In analoger Weise läßt sich bei der Widerstandsleistung der Ausdruck

$$W^{\mathrm{II}}_{\mathrm{ges}}\,V^{\mathrm{II}} = W^*_{\mathrm{ges}}\,V^* \frac{W^{\mathrm{II}}_{\mathrm{ges}}}{W^*_{\mathrm{ges}}} \sqrt{\frac{T_{s\,\mathrm{soll}}}{T_s^*}} \qquad (2.4\text{-}9)$$

bilden. Hierin ist

$$W^*_{\mathrm{ges}} = C_{\mathrm{W\,ges}}\,p_s^*\,Ma^{*2}\,\frac{\kappa\,S}{2} \qquad (2.4\text{-}10)$$

der Widerstand unter Versuchsbedingungen und

$$W^{\mathrm{II}}_{\mathrm{ges}} = C_{\mathrm{W\,ges}}\,p_s^*\,Ma^{*2}\,\frac{\kappa\,S}{2} \qquad (2.4\text{-}11)$$

der Widerstand unter Normbedingungen. Die beiden Widerstände sind absolut identisch, da wir von einer konstanten Machzahl bei der gleichen Umgebungstemperatur ausgehen können, wobei bekanntlich die Temperatur keine Rolle spielt. Mit

$$W^{\mathrm{II}}_{\mathrm{ges}} = W^*_{\mathrm{ges}} \qquad (2.4\text{-}12)$$

läßt sich somit die Gl. (2.4-9) zu

$$W^{\mathrm{II}}_{\mathrm{ges}}\,V^{\mathrm{II}} = W^*_{\mathrm{ges}}\,V^* \sqrt{\frac{T_{s\,\mathrm{soll}}}{T_s^*}} \qquad (2.4\text{-}13)$$

vereinfachen.

- Für den Leistungsbedarf zur Überwindung der Massenkraft kann man den Ausdruck

$$m_{\mathrm{F}}\,\dot{V}^{\mathrm{II}}\,V^{\mathrm{II}} = m_{\mathrm{F}}\,\dot{V}^*\,V^* \frac{\dot{V}^{\mathrm{II}}}{\dot{V}^*} \sqrt{\frac{T_{s\,\mathrm{soll}}}{T_s^*}} \qquad (2.4\text{-}14)$$

anschreiben.
Es ist für die weiteren Betrachtungen nützlich, wenn wir für den korrigierten Schub fallweise die Beziehung

$$F^{\mathrm{II}} = F^* - \Delta F \qquad (2.4\text{-}15)$$

und für die korrigierte Beschleunigung die Beziehung

$$\dot{V}^{\mathrm{II}} = \dot{V}^* - \Delta\dot{V} \qquad (2.4\text{-}16)$$

einführen.

Bilden wir jetzt aus Gl. (2.4-8), Gl. (2.4-13) und Gl. (2.4-14) entsprechend Gl. (2.4-7) die Gleichung für die Steiggeschwindigkeit und machen uns dabei Gl. (2.4-15) und Gl. (2.4-16) zunutze, so folgt nach einigen Zwischenrechnungen

$$w^{\mathrm{II}} = \frac{1}{m_{\mathrm{F}}\, g}\left(F^*\, V^* - W_{\mathrm{ges}}^*\, V^* - m_{\mathrm{F}}\, \dot{V}^*\, V^*\right)\sqrt{\frac{T_{\mathrm{s\,soll}}}{T_{\mathrm{s}}^*}}$$

$$- \frac{V^*}{m_{\mathrm{F}}\, g}\left(\Delta F - m_{\mathrm{F}}\, \Delta\dot{V}\right)\sqrt{\frac{T_{\mathrm{s\,soll}}}{T_{\mathrm{s}}^*}}. \qquad (2.4\text{-}17)$$

Es ist sofort einzusehen, daß der Ausdruck $\left(F^*\, V^* - W_{\mathrm{ges}}^*\, V^* - m_{\mathrm{F}}\, \dot{V}^*\, V^*\right)/m_{\mathrm{F}}\, g$ auf der rechten Seite der Gleichung (2.4-17) der Steiggeschwindigkeit unter Versuchsbedingungen entspricht (vgl. Gl. (2.4-7)), also der gemessenen Steiggeschwindigkeit w^*. Der Klammerausdruck im zweiten Term auf der rechten Seite von Gl. (2.4-17) läßt sich durch das Widerstandsinkrement

$$\Delta F - m_{\mathrm{F}}\, \Delta\dot{V} = \Delta W_{\mathrm{ges}} = W_{\mathrm{ges}}^* - W_{\mathrm{ges}}^{\mathrm{II}} = 0 \qquad (2.4\text{-}18)$$

ersetzen (s. dazu Gl. (2.1-12)). Dieses Widerstandsinkrement verschwindet jedoch, wie wir von Gl. (2.4-12) her wissen.

Damit vereinfacht sich Gl. (2.4-17) zu

$$w^{\mathrm{II}} = w^*\sqrt{\frac{T_{\mathrm{s\,soll}}}{T_{\mathrm{s}}^*}}. \qquad (2.4\text{-}19)$$

Es ist zweckmäßig, wenn wir Gl. (2.4-19) in der Form

$$w^{\mathrm{II}} = f^{\mathrm{II}}\, w^* \qquad (2.4\text{-}20)$$

anschreiben, worin

$$f^{\mathrm{II}} = \sqrt{\frac{T_{\mathrm{s\,soll}}}{T_{\mathrm{s}}^*}} \qquad (2.4\text{-}21)$$

den Korrekturfaktor für den Temperatureinfluß und w^* die gemessene Steiggeschwindigkeit darstellt. Letztere wird entsprechend Gl. (2.4-5) aus der Höhenänderung $\mathrm{d}H^*$ pro Zeiteinheit $\mathrm{d}t^*$ bestimmt, wobei die barometrische Höhenstufe durch

$$\mathrm{d}H^* = -\frac{\mathrm{d}p_{\mathrm{s}}^*}{\varrho_{\mathrm{s}}^*\, g} = -\,\mathrm{d}p_{\mathrm{s}}^*\,\frac{T_{\mathrm{s}}^*}{p_{\mathrm{s}}^*}\,\frac{R}{g} \qquad (2.4\text{-}22)$$

gegeben ist. Hierin sind p_{s}^* und T_{s}^* die Meßwerte von Umgebungsdruck und Umgebungstemperatur, R die Gaskonstante für (trockene) Luft und g die Norm-Fallbeschleunigung. Damit gilt

$$w^* = \frac{\mathrm{d}H^*}{\mathrm{d}t^*} = -\frac{\mathrm{d}p_s^*}{\mathrm{d}t^*} \frac{T_s^*}{p_s^*} \frac{R}{g}. \qquad (2.4\text{-}23)$$

Die in Gl. (2.4-22) zum Ausdruck gebrachte Höhenänderung hängt, wie man sieht, auch von der Umgebungstemperatur ab: Wenn die Dichte im betrachteten Meßpunkt genau der (dem gemessenen Druck p_s^* zugeordneten) Dichte $\varrho_{s\,soll}$ in der Normatmosphäre entspricht, gilt somit

$$\mathrm{d}H_{soll} = -\frac{\mathrm{d}p_s^*}{\varrho_{s\,soll}\,g} = -\mathrm{d}p_s^* \frac{T_{s\,soll}}{p_s^*} \frac{R}{g}. \qquad (2.4\text{-}24)$$

Aus Gl. (2.4-24) und Gl. (2.4-22) folgt, daß sich bei gleicher Druckänderung $\mathrm{d}p_s^*$ das Verhältnis der barometrischen Höhenstufen proportional zum Verhältnis der entsprechenden Umgebungstemperaturen verhält, nämlich

$$\frac{\mathrm{d}H^*}{\mathrm{d}H_{soll}} = \frac{\varrho_{s\,soll}}{\varrho_s^*} = \frac{T_s^*}{T_{s\,soll}}. \qquad (2.4\text{-}25)$$

Dieser Zusammenhang wird in Bild 2.54 veranschaulicht, wo der Verlauf der barometrischen Höhe für drei verschiedene Temperaturverläufe über dem Atmosphärendruck aufgetragen ist. Wie man sieht, wächst die Steigung der Kennlinie mit ansteigender Umgebungstemperatur. Dies ist die Ursache, daß trotz gleichbleibender Druckänderung die barometrische Höhenstufe verschiedene Werte annimmt, wenn sich der Umgebungsdruck verändert.

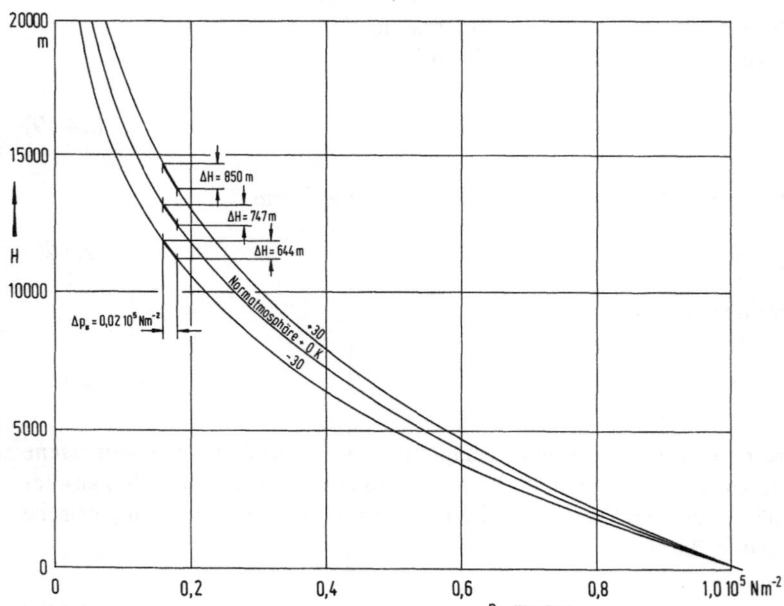

Bild 2.54　Einfluß der Temperatur auf den Druckverlauf in der Normatmosphäre

Dem Bild 2.54 liegt die vertikale Temperaturverteilung der Normatmosphäre zugrunde, die bekanntlich bis 11 km Höhe mit $\mathrm{d}H\,/\,\mathrm{d}T_\mathrm{s} = -\,0.0065$ K/m angenommen und zwischen 11 und 20 km Höhe zu Null gesetzt wird.

In der Praxis muß man jedoch davon ausgehen, daß sich der Temperaturabfall in der Atmosphäre vom Temperaturgefälle in der Normatmosphäre sehr wohl unterscheidet. Solche Abweichungen lassen sich zwar mittels der im Anhang B bereitgestellten Gl. (B-2) für beliebige Temperaturgradienten $\mathrm{d}T_\mathrm{s}/\,\mathrm{d}H_\mathrm{p}$ theoretisch erfassen aber kaum mehr sinnvoll in die Korrekturen einführen, da die nötigen Informationen über den tatsächlichen Temperaturverlauf in der Atmosphäre fehlen. Letztlich kann der Fehler aber vernachlässigt werden, wenn man mit kleinen Druckinkrementen arbeitet.

Fassen wir Gl. (2.4-23) und Gl. (2.4-19) zusammen, so läßt sich die temperaturkorrigierte Steiggeschwindigkeit auch in der Form

$$w^{\mathrm{II}} = -\,\frac{\mathrm{d}p_\mathrm{s}^*}{\mathrm{d}t^*}\,\frac{T_{\mathrm{s\,soll}}}{p_\mathrm{s}^*}\,\frac{R}{g}\,\sqrt{\frac{T_\mathrm{s}^*}{T_{\mathrm{s\,soll}}}} \tag{2.4-26}$$

darstellen.

Der in Gl. (2.4-26) bereitgestellte Zusammenhang ist praktisch nur dann von Bedeutung, wenn w^{II} mittels der Größe $\mathrm{d}H_{\mathrm{soll}}$ bestimmt wird, die man aus Tabellen für die Normatmosphäre ($H = \mathrm{f}\,(p_\mathrm{s})$) abliest. Bei computergestützten Auswertungen wird man sich des Zusammenhangs von Gl. (2.4-19) (unter Rückgriff auf Gl. (2.4-22) und Gl. (2.4-23)) bedienen.

C.1.b Windkorrektur

Wir gehen davon aus, daß der Wind parallel zum Boden bläst. Durch eine über der Höhe konstante horizontale Windgeschwindigkeitskomponente u_{Wg} wird dann nur die Übergrundstrecke verändert. Sie hat auf die Steiggeschwindigkeit keinen Einfluß, da sich das Flugzeug, genau wie bei Windstille, in einer in sich ruhenden Luftmasse bewegt. Windkomponenten, die sich über der Höhe verändern, werden dagegen vom Piloten als Anstieg oder Abfall der Fluggeschwindigkeit registriert und zwangsläufig durch Anheben bzw. Absenken der Flugzeugnase kompensiert, womit sich automatisch eine andere Steiggeschwindigkeit einstellt.

Voraussetzung für eine entsprechende Windkorrektur ist somit die genaue Kenntnis des Quotienten $\mathrm{d}u_{\mathrm{Wg}}/\mathrm{d}H$. Bei der Berücksichtigung dieser Größe müssen wir davon ausgehen, daß im betrachteten Meßpunkt jeweils nur eine ganz bestimmte Änderungsrate der spezifischen Energie (sprich Schubüberschuß) zur Verfügung steht, so daß eine durch den Windgradienten bedingte Zusatzbeschleunigung des Flugzeugs allein auf Kosten der Steiggeschwindigkeit geht. Wir gehen davon aus, daß die Temperaturkorrektur bereits durchgeführt ist. Dann gilt, vgl. Gl. (2.1-3), für den Steigflug bei Windstille

$$\dot{e}^{\mathrm{I}} = \dot{H}^{\mathrm{I}} + \frac{V^{\mathrm{I}}}{g}\,\dot{V}^{\mathrm{I}} \tag{2.4-27}$$

und für den Steigflug bei Wind

$$\dot{e}^{\mathrm{II}} = \dot{H}^{\mathrm{II}} + \frac{V^{\mathrm{II}}}{g}\left(\dot{V}^{\mathrm{II}} + \frac{\mathrm{d}(u_{\mathrm{Wg}}\cos\gamma_\mathrm{a})}{\mathrm{d}t^*}\right), \tag{2.4-28}$$

worin die Größe $\dot{H}^{II} = \mathrm{d}H^{II}/\mathrm{d}t^*$ nach der vereinbarten Zeichenkonvention (s. Tabelle 2.10) die temperaturkorrigierte und $\dot{H}^{I} = \mathrm{d}H^{I}/\mathrm{d}t^*$ die temperatur- und windkorrigierte Steiggeschwindigkeit angibt. Weiter bezeichnet $V^{II} = V^{I} = Ma^* \sqrt{\kappa R} \sqrt{T_{s\,\mathrm{soll}}}$ die der Normtemperatur $T_{s\,\mathrm{soll}}$ entsprechende Fluggeschwindigkeit, während u_{Wg} die horizontale Windkomponente und γ_a den Flugwindneigungswinkel darstellt. Wegen $\dot{e}^{I} = \dot{e}^{II}$ gilt

$$\dot{H}^{I} = \dot{H}^{II} + \frac{V_g^{II}\, \mathrm{d}u_{Wg}}{\mathrm{d}t^*}\cos\gamma_a\,, \qquad\qquad (2.4\text{-}29)$$

wenn man zugleich γ_a im Arbeitspunkt als Konstante annimmt. Daraus ergibt sich durch Umformung die Gleichung

$$\frac{\mathrm{d}H^{I}}{\mathrm{d}t^*} = \frac{\mathrm{d}H^{II}}{\mathrm{d}t^*}\left(1 + \frac{Ma^* \sqrt{\kappa R}\sqrt{T_{s\,\mathrm{soll}}}}{g}\frac{\mathrm{d}u_{Wg}}{\mathrm{d}H^{II}}\cos\gamma_a\right), \qquad (2.4\text{-}30)$$

die sich wegen $\dot{H}^{II} = \mathrm{d}H^{II}/\mathrm{d}t^* = w^{II}$ bzw. $\dot{H}^{I} = \mathrm{d}H^{I}/\mathrm{d}t^* = w^{I}$ auch in der Form

$$w^{I} = f^{I}\, w^{II} \qquad\qquad (2.4\text{-}31)$$

anschreiben läßt. Hierin stellt

$$f^{I} = 1 + \frac{Ma^* \sqrt{\kappa R}\sqrt{T_{s\,\mathrm{soll}}}}{g}\frac{\mathrm{d}u_{Wg}}{w^{II}\,\mathrm{d}t^*}\cos\gamma_a \qquad (2.4\text{-}32)$$

den Korrekturfaktor für den Wind dar; für den Flugwindneigungswinkel kann man den Zusammenhang

$$\gamma_a = \arcsin\left(\frac{w^{II}}{Ma^* \sqrt{\kappa R}\sqrt{T_{s\,\mathrm{soll}}}}\right) \qquad (2.4\text{-}33)$$

einsetzen, während die Größe w^{II} die temperaturkorrigierte Steiggeschwindigkeit nach Gl. (2.4-20) darstellt.

Gl. (2.4-32) bestätigt, daß die Korrektur von der Kenntnis des Windgradienten über der Höhe abhängt, der kaum genau zu bestimmen ist. Deshalb wird man nur bedingt auf eine solche Korrektur der Meßdaten zurückgreifen können. Man kann dem Windeinfluß jedoch notfalls auch dadurch begegnen, daß man die Versuche bei Windstille oder zumindest quer zur vorherrschenden Windrichtung durchführt.

C.1.c Korrektur der Flugmasse

Wir gehen wieder von den Gln. (2.1-13a) und (2.1-13b) aus, die sich gleichsetzen und nach der Steiggeschwindigkeit auflösen lassen. Es gilt

$$w = \dot{H} = \frac{F - W_{ges}}{m_F\, g}\, V - \frac{V}{g}\, \dot{V}. \tag{2.4-34}$$

Die Abhängigkeit von der Flugmasse läßt sich wieder durch partielle Differentiation feststellen. Hierbei ist besonders die Abhängigkeit des Widerstands W von der Flugmasse m_F zu berücksichtigen, da mit zunehmender Flugmasse der induzierte Widerstand ansteigt.

Damit folgt ganz allgemein

$$\mathrm{d}w = -\frac{F - W_{ges}}{m_F\, g}\, V\, \frac{\mathrm{d}m_F}{m_F} - \frac{V}{m_F\, g}\, \mathrm{d}W_{ges}. \tag{2.4-35}$$

Hierin können wir das Glied $(F - W_{ges})\, V / m_F g$ durch Gl. (2.4-34) ersetzen, womit Gl. (2.4-35 die Form

$$\mathrm{d}w = -\left(w + \frac{V}{g}\, \dot{V}\right) \frac{\mathrm{d}m_F}{m_F} - \frac{V}{m_F\, g}\, \mathrm{d}W_{ges} \tag{2.4-36}$$

annimmt. Ist w^1 die Steiggeschwindigkeit, die bei Normtemperatur und Windstille anliegt, so kann man, der Zeichenkonvention in Tabelle 2.10 entsprechend, auch

$$\Delta w = -\left(w^1 + \frac{Ma^*\, \sqrt{\kappa R}\, \sqrt{T_{s\,soll}}}{g}\, V^1\right) \frac{\Delta m_F}{m_F^*} - \frac{Ma^*\, \sqrt{\kappa\, R}\, \sqrt{T_{s\,soll}}}{m_F^*\, g}\, \Delta W_{ges} \tag{2.4-37}$$

schreiben, wenn man zur Differenzenschreibweise übergeht. Für das Inkrement der Flugmasse läßt sich die Beziehung

$$\Delta m_F = m_F^* - m_{F\,soll} \tag{2.4-38}$$

einsetzen, worin m_F^* die augenblickliche gemessene Versuchsmasse und $m_{F\,soll}$ die Bezugsmasse darstellt.
Das Widerstandinkrement ΔW_{ges} in Gl. (2.4-37) läßt sich (vgl. Gl. (2.1-79)) durch die Beziehung

$$\Delta W_{ges} = \Delta C_{W\,ges}\, \frac{\kappa}{2}\, p_{s\,soll}\, Ma^{*2}\, S \tag{2.4-39}$$

ausdrücken, worin $\Delta C_{W\,ges}$ die Differenz zwischen dem Widerstandsbeiwert für $C_{A\,ges}$ bei m_F^* und $(C_{A\,ges})_{soll}$ bei $m_{F\,soll}$ darstellt. Diese läßt sich für

$$C_{A\,ges}^* = \frac{2\, m_F^*\, g\, \cos \gamma_a}{p_s^*\, Ma^{*2}\, \kappa\, S} \tag{2.4-40}$$

und

$$(C_{A\,ges})_{soll} = \frac{2\,m_{F\,soll}\,g\,\cos\gamma_a}{p_s^*\,Ma^{*2}\,\kappa\,S} \qquad (2.4\text{-}41)$$

unmittelbar in einem entsprechenden Kennfeld an der Polare für Ma^* ablesen, s. Bild 2.4. Die Variable γ_a wird mittels der Gl. (2.4-33) bestimmt. Man kann $\Delta C_{W\,ges}$ auch unmittelbar über die bekannte Beziehung, s. z.B. [7],

$$W_i = \frac{2\,A_{ges}^2}{\pi\,\varrho_s\,V^2\,b^2} = \frac{2\,(m_F\,g\,\cos\gamma_a)^2}{\pi\,\varrho_s\,V^2\,b^2} \qquad (2.4\text{-}42)$$

bestimmen, worin b die Flügelspannweite darstellt. In diesem Fall gilt

$$\Delta W_{ges} = (W_i)_{m_F^*} - (W_i)_{m_F\,soll}$$

$$= \frac{2\,[(m_F^*\,g\,\cos\gamma_a^*)^2 - (m_{F\,soll}\,g\,\cos\gamma_{a\,soll})^2]}{p_s^*\,Ma^{*2}\,\kappa\,\pi\,b^2}. \qquad (2.4\text{-}43)$$

Für den Flugwindneigungswinkel γ_a^* und $\gamma_{a\,soll}$ darf man hier ohne weiteres die mit Gl. (2.4-33) berechnete Größe als Mittelwert einführen.
Die Beschleunigung $\dot{V}^I$ in Gl. (2.4-37) erhalten wir aus der Geschwindigkeitsänderung im betrachteten Meßpunkt. Diese läßt sich beispielsweise recht einfach durch die Beziehung

$$\dot{V}^I = \frac{V_{t+\Delta t/2}^I - V_{t-\Delta t/2}^I}{\Delta t} = \frac{\sqrt{\kappa\,R}\,(Ma_{t+\Delta t/2}^* - Ma_{t-\Delta t/2}^*)\,\sqrt{T_{s\,soll}}}{\Delta t}$$

$$\qquad (2.4\text{-}44)$$

darstellen, worin t^* die Zeit im betrachteten Meßpunkt und Δt ein endliches Zeitinkrement darstellt.
Faßt man Gl. (2.4-44), Gl. (2.4-38) und Gl. (2.4-43), unter Berücksichtigung von Gl. (2.4-33) mit Gl. (2.4-37) zusammen, so folgt für die Änderung der Steiggeschwindigkeit auf Grund der Masseänderung

$$\Delta w = -\left[w^I + \frac{\kappa\,R}{g}\,\frac{Ma^*}{\Delta t}\,(Ma_{t+\Delta t/2}^* - Ma_{t-\Delta t/2}^*)\,T_{s\,soll}\right]\left(1 - \frac{m_{F\,soll}}{m_F^*}\right)$$

$$- \frac{2\,g\,\sqrt{\kappa\,R}}{\kappa\,\pi\,b^2}\,\frac{\cos^2\,(\arcsin\,(w^{II}/Ma^*\,\sqrt{\kappa\,R}\,\sqrt{T_{s\,soll}}))}{p_s^*\,Ma^*}\,\frac{m_F^{*2} - m_{F\,soll}^2}{m_F^{*2}}\,\sqrt{T_{s\,soll}}.$$

$$\qquad (2.4\text{-}45)$$

Die temperatur-, wind- und flugmassekorrigierte Steiggeschwindigkeit wird in der Form

$$w = w^{\mathrm{I}} - \Delta w = w^{\mathrm{I}} \left(1 - \frac{\Delta w}{w^{\mathrm{I}}} \right) \qquad (2.4\text{-}46)$$

angegeben, welche sich auch durch die Beziehung

$$w = f\, w^{\mathrm{I}} \qquad (2.4\text{-}47)$$

darstellen läßt. Hierin bedeutet

$$f = 1 - \frac{\Delta w}{w^{\mathrm{I}}} \qquad (2.4\text{-}48)$$

den Korrekturfaktor für die Flugmasse. Für Δw wird Gl. (2.4-45) und für w^{I} wird die temperatur- und windkorrigierte Steiggeschwindigkeit nach Gl. (2.4-31) eingesetzt.

Zusammenfassung: Faßt man die abgeleiteten Gleichungen zusammen, so erhält man

$$w = w^{*} f^{\mathrm{II}} f^{\mathrm{I}} f. \qquad (2.4\text{-}49)$$

Die nachfolgende Tabelle faßt die Gleichungen der Korrekturfaktoren zusammen.

Tabelle 2.11 Gleichungen der Korrekturfaktoren

Faktor	f^{II}	f^{I}	f
Gleichung	2.4-21	2.4-32	2.4-48

Aus der Meßreihe $w^{*} = \mathrm{f}\,(p_{\mathrm{s}}^{*})$ erhalten wir mittels der Korrektur die Funktion $w = \mathrm{f}\,(p_{\mathrm{s}}^{*})$, die sich wegen $p_{\mathrm{s}}^{*} = \mathrm{f}\,(H)$ auch in der Form $w = \mathrm{f}\,(H)$ darstellen läßt.

C.2 Steigzeit

Diese läßt sich durch die Beziehung

$$t = \sum_{H_{\mathrm{A}}}^{H_{\mathrm{E}}} \frac{\Delta H}{w(H)} \qquad (2.4\text{-}50)$$

darstellen, worin ΔH ein beliebiges Höheninkrement und t die Zeit darstellt, die das Flugzeug zum Steigen von der Höhe H_{A} bis auf die Höhe H_{E} benötigt.

C.3 Brennstoffverbrauch

Der verbrauchte Brennstoff hängt, wie Bild 2.6 b) zeigt, von der Machzahl
und vom Bruttoschub des Antriebssystems ab, der durch die Kräftebilanz
des Flugzeugs beim Steigen bestimmt wird. Gl. (2.4-34) gibt uns den Zusammenhang zwischen der Steiggeschwindigkeit w und der Vortriebskraft F an.
Um darin F durch den Bruttoschub F_B ausdrücken, greifen wir auf
Gl. (2.1-44) und Gl. (2.1-45) zurück. Es gilt

$$F_B \cos (\alpha + \sigma) - \dot{m}_L \, V = F = \frac{m_F \, g}{V} \left(w + \frac{V}{g} \, \dot{V} \right) + W_{ges}. \quad (2.4\text{-}51)$$

Wenn die temperatur-, wind- und flugmassekorrigierte Steiggeschwindigkeit
aus den vorangegangenen Korrekturen bekannt ist und die Bezugsflugmasse
sowie die Machzahl festliegen, läßt sich der Bedarf an Vortriebskraft sofort
ausrechnen. Es gilt

$$F = \frac{m_{F \, soll} \, g}{Ma^* \sqrt{\kappa \, R} \, \sqrt{T_{s \, soll}}} \left(w + \frac{Ma^* \, \kappa \, R}{g} \, \frac{Ma^*_{t + \Delta t/2} - Ma^*_{t - \Delta t/2}}{\Delta t} \, T_{s \, soll} \right)$$
$$+ \frac{C_{W \, ges} \, p_s^* \, Ma^{*2} \, \kappa \, S}{2} . \quad (2.4\text{-}52)$$

Für $\dot{V}$ wurde die Größe $\dot{V}^I$ nach Gl. (2.4-44) eingesetzt. Der Widerstandsbeiwert $C_{W ges}$ läßt sich hier ohne weiteres für Ma^* an der Flugzeugpolare
(s. Bild 2.4) ablesen, da der Auftriebsbeiwert ($C_{A ges}$)$_{soll}$ von Gl. (2.4-41) her
bekannt ist.
Die Erfahrung lehrt, daß sich am Endergebnis kaum etwas ändert, wenn
man bei der Berechnung von F_B den Einlaufimpuls $\dot{m}_L V$ in erster Näherung
vernachlässigt und zugleich $\alpha = \alpha^*$ annimmt. Dann gilt nach Gl. (2.4-51)

$$F_B = \frac{F}{\cos (\alpha^* + \sigma)} \quad (2.4\text{-}53)$$

und man kann sich, unter Rückgriff auf den bereits von Gl. (2.1-47) her
bekannten Zusammenhang

$$\frac{\dot{m}_B}{\delta \sqrt{\Theta}} = f \left(\frac{F_B}{\delta}, Ma \right) = f \, (F_{B \, red}, Ma) \quad (2.4\text{-}54)$$

mittels F_B zunächst den reduzierten Bruttoschub

$$F_{B \, red} = F_B \, \frac{p_n}{p_s^*} \quad (2.4\text{-}55)$$

ausrechnen und hiermit zu Ma^* den reduzierten Brennstoffdurchsatz $\dot{m}_{B \, red}$

entweder aus Tabellen oder an Diagrammen, ablesen. Wie man dabei vorgeht, zeigt Bild 2.6b). Für den Brennstoffdurchsatz gilt dann

$$\dot{m}_B = \dot{m}_{B\,red}\,\frac{p_s^*}{p_n}\,\sqrt{\frac{T_{s\,soll}}{T_n}}\,, \qquad (2.4\text{-}56)$$

worin p_s^* den im Versuchspunkt anliegenden Umgebungsdruck, $T_{s\,soll}$ die zugehörige Normtemperatur (Normatmosphäre), $p_n = 1.01325\ 10^5$ N/m² den Normdruck in mittlerer Meereshöhe und $T_n = 288.15$ K die dazugehörende Temperatur darstellt.

Man kann auch den Einlaufimpuls $\dot{m}_L V$ iterativ einarbeiten, indem man zu $\dot{m}_{B\,red}$ mittels entsprechender Tabellen oder Diagramme, s. Bild 2.6 a), zunächst den reduzierten Luftstoffdurchsatz $\dot{m}_{L\,red}$ bestimmt. Daraus wird nach einigen Zwischenrechnungen

$$\dot{m}_L V = \dot{m}_{L\,red}\,\frac{p_s^*}{p_n}\,Ma^*\ a_n \qquad (2.4\text{-}57)$$

ermittelt, worin $a_n = \sqrt{\kappa R T_n} = 340.294$ s⁻¹ die Normschallgeschwindigkeit (in mittlerer Meereshöhe) bedeutet. Der reduzierte Brennstoffdurchsatz wird so lange iteriert, bis die Differenz aus Bruttoschubkomponente $F_B \cos(\alpha^* + \sigma)$ und Einlaufimpuls $\dot{m}_L V$ weitgehend mit der mittels Gl. (2.4-52) berechneten Vortriebskraft F übereinstimmt.

Iterationsprozesse dieser Art lassen sich leicht in die rechnergestützte Auswertung der Versuchsdaten mit einbringen.

C.4 Übergrundstrecke

Die während des Steigens über Grund zurückgelegte Strecke folgt aus der Fluggeschwindigkeit, dem Höhengewinn und der Steiggeschwindigkeit. Es gilt der einfache geometrische Zusammenhang

$$x_g = \sum_{H_A}^{H_E} \cot\left[\arcsin\left(\frac{w}{Ma^* \sqrt{\kappa R}\,\sqrt{T_{s\,soll}}}\right)\right] \Delta H\,, \qquad (2.4\text{-}58)$$

worin $w = w(H)$ die korrigierte Steiggeschwindigkeit nach Gl. (2.4-49) und ΔH ein beliebiges Höheninkrement darstellt; x_g ist die Strecke, die das Flugzeug während des Steigens von einer Ausgangshöhe H_A bis zur Höhe H_E über Grund zurücklegt.

2.4.3 Versuchsablauf

Wir müssen streng zwischen den nachfolgenden beiden Arten von Flugversuchen unterscheiden:

- zuerst wird das optimale Steiggesetz bestimmt, was im Prinzip auf die Ermittlung des Totalenergiekennfelds, s. Bild 2.18, hinausläuft. Dieses geschieht mit Hilfe von Beschleunigungs- bzw. stationären Steigflügen und wurde bereits in Abschnitt 2.1.3 behandelt. Die Versuchsparameter findet man in Tabelle 2.3. Aus dem optimalen Steiggesetz wird das empfohlene Steiggesetz abgeleitet.

- Nach dem empfohlenen Gesetz wird eine Serie von Steigflügen durchgeführt. Die Versuchsparameter sind in Tabelle 2.12 zusammengestellt. Sie werden als Funktion der Zeit t registriert.
Diese erlauben die Messung der Steiggeschwindigkeit $w^* = \mathrm{f}(p_s^*) = \mathrm{f}(H)$, aus der sich die Steigleistung ableiten läßt.

Tabelle 2.12   Versuchsparameter zur Ermittlung der Steigflugleistung

Bodenmessung	u_{Wg}	m/s	horizontale Windkomponente	
	m_{F0}	kg	Abflugmasse **)	$\Big\}\, m_{\mathrm{F}}$
Bordmessung	m_{B}	kg	verbrauchte Brennstoffmasse *)	
	$\dot{m}_{\mathrm{B}}$	kg/s	Brennstoffdurchsatz	
	p_{si}	N/m	gemessener statischer Umgebungsdruck	
	q_{ci}	N/m	gemessener Auftreffdruck	$\Big\}\, V_{\mathrm{c}} \Big\}\, Ma_{\mathrm{i}}$
	T_{ti}	K	gemessene Totaltemperatur	
	δ_{T}	%	Leistungshebelstellung	

*)   gemessen ab Anlassen der Triebwerke
**)   gemessen vor dem Anlassen der Triebwerke

2.4.4 Versuchsauswertung

Das optimale Steiggesetz wird ausgewertet wie in Abschnitt 2.1.4 beschrieben. Das Ergebnis sind die bereits bekannten Kennfelder in der Art von Bild 2.49 bis 2.53.

Die Auswertung der Steigleistung dagegen basiert auf dem Formelapperat, der im Abschnitt 2.4.2 bereitgestellt ist. Die Bilder 2.55 bis 2.59 sind Beispiele aus dem Flugversuch.

Bild 2.55 zeigt im Höhen-Machzahl- bzw. im Höhen-Geschwindigkeits-Diagramm das empfohlene Steiggesetz (stark ausgezogene Linie). Die Kurven a bis d beschreiben den tatsächlich erzielten Steigflug. Nur Kurve a wurde hier exakt nach Vorschrift erflogen. Die Kurven b bis c geben mehr zufällige Steigflüge wieder, für die der Pilot nicht speziell auf das empfohlene Steiggesetz eingewiesen worden ist.

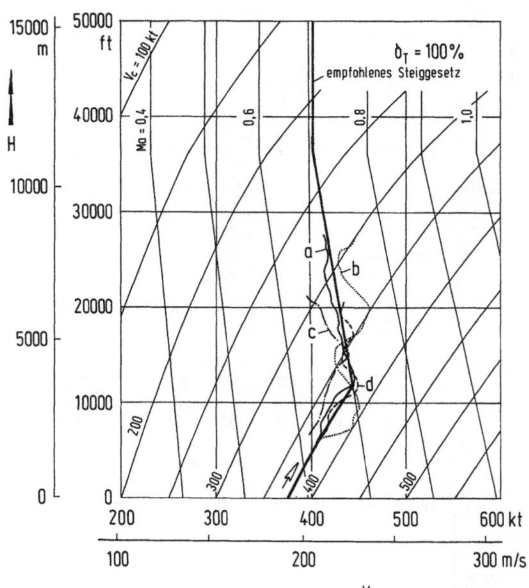

Bild 2.55
Versuchsflüge zur Ermittlung der Steigflugleistungen im Höhen-Machzahl-Diagramm

Die nachfolgenden Ergebnisse in Bild 2.56 bis Bild 2.59 lassen erkennen, wie gut das Korrekturverfahren die teilweise doch recht starken Abweichungen bei der Versuchsdurchführung ausgleicht. Dies trifft besonders auf die Steigzeit und die über Grund zurückgelegte Strecke zu.

Es handelt sich hier um die Steigleistungen eines Überschallkampfflugzeugs bei maximaler Triebwerksleistung ohne Nachbrenner, was einer Leistungs-hebelstellung von 100 % entspricht. Die vier ausgewerteten Steigflüge begannen in $H_A = 5000$ ft Höhe und wurden bis $H_E = 20000$ ft bzw. 28000 ft geführt. Die Masse $m_F = 17000$ kg ist hier gleich der Bezugsflug-masse $m_{F\,soll}$ bei der untersuchten Konfiguration.

In Bild 2.56 ist die Steiggeschwindigkeit über der augenblicklichen Flughöhe aufgetragen. Die Schwankungen hängen damit zusammen, daß die Steiggeschwindigkeit über die dynamische Änderung des statischen Drucks bestimmt werden muß (s. Gl. (2.4-23)). Dieser reagiert bekanntlich äußerst sensibel auf die Änderung der Nicklage (des Anstellwinkels), über die das Flugzeug der vorgeschriebenen Fluggeschwindigkeit nachgeführt wird. Bild 2.57 zeigt die Zeit, die das Flugzeug zum Erreichen einer bestimmten Flughöhe benötigt.

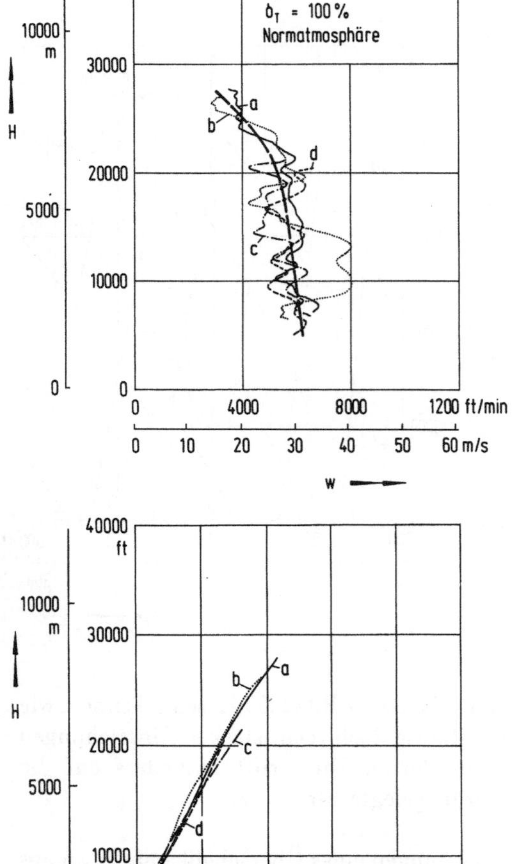

Bild 2.56
Steiggeschwindigkeit als Funktion der Flughöhe

Bild 2.57
Steigzeit als Funktion der Flughöhe

Der in Bild 2.58 dargestellte Brennstoffverbrauch wird über die Machzahl bestimmt (s. Gl. (2.4-52)), die wie die Steiggeschwindigkeit aus Druckmessungen abgeleitet wird und somit recht sensibel auf die Nicklageänderungen beim Steigen reagiert. Dieses erklärt die Schwankungen im Verlauf.

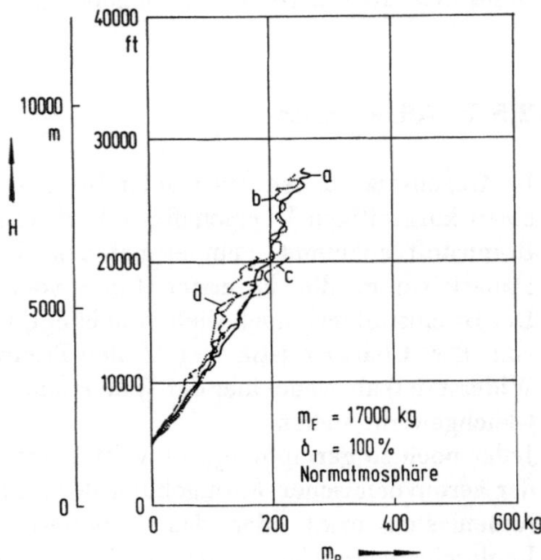

Bild 2.58
Brennstoffverbrauch als
Funktion der Flughöhe

In Bild 2.59 ist schließlich die über Grund zurückgelegte Strecke als Funktion der augenblicklichen Flughöhe dargestellt.

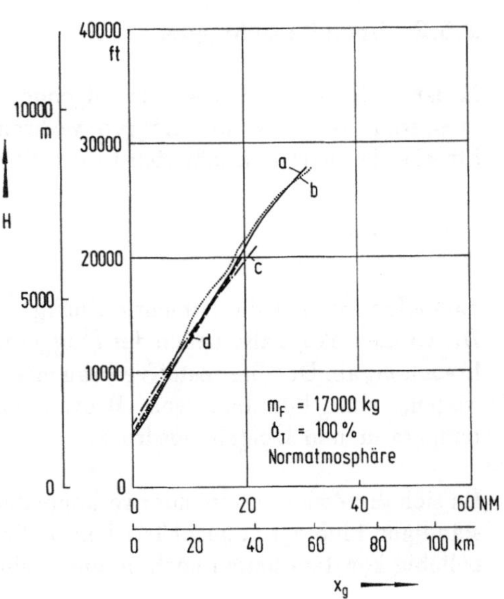

Bild 2.59
Übergrundstrecke als
Funktion der Flughöhe

2.5 Horizontalflugleistung

Unter dem Begriff Horizontalflugleistungen verstehen wir das Entwurfs-
merkmal der Umsetzung von Brennstoffenergie in Wegstrecken (Reichweiten), und zwar auf horizontaler Flugbahn im stationären Geradeausflug
(Reiseflug) als Funktion von Umgebungszustand und Machzahl.

2.5.1 Allgemeines

Im Gegensatz zu den Start- oder Steigflugleistungen, wobei es mehr auf
einen kurzzeitigen Überschuß an Vortriebskraft als auf den verbrauchten
Brennstoff ankommt, geht es bei den Horizontalflugleistungen um eine
Dauerleistung, die in erster Linie vom Brennstoffverbrauch abhängt.
Der Brennstoffverbrauch wiederum hängt, wie gesagt, vom Flugzustand und
von der Charakteristik der Zellen-Triebwerkskombination (Schub und
Widerstand) ab, wobei hier der Widerstand und die Vortriebskraft immer im
Gleichgewicht stehen.
Jeder noch so geringfügige Eingriff in die Zelle (z.B. durch Modifizierung
der aerodynamischen Formgebung der Flugzeugkontur, Anbringung neuer
Außenlasten usw.) oder das Triebwerk (z.B. durch Veränderung der
Reglereinstellung) wirkt sich somit unmittelbar auf die Reichweiten aus.
Damit gehört die Überprüfung der Horizontalflugleistungen mit zu den
häufigsten und wichtigsten Aufgaben des Flugversuchs.

2.5.2 Grundbeziehungen

Es ist vorteilhaft, wenn wir im folgenden mit der spezifischen Reichweite
operieren. Diese ist als die pro verbrauchten Brennstoff zurückgelegte
Strecke definiert und läßt sich in der Form

$$ r = \frac{V}{\dot{m}_B} \tag{2.5-1} $$

darstellen. Sie hat die Dimension m/kg.
Die Größe r hängt also neben der Fluggeschwindigkeit V vom Brennstoffverbrauch $\dot{m}_B$ ab. Der Brennstoffverbrauch aber ist, wie wir von Bild 2.6 b) her
wissen, eine Funktion von Bruttoschub, Flugmachzahl, Umgebungstemperatur und Umgebungsdruck.

Da sich diese vier miteinander verkoppelten Versuchsparameter wegen dem
ständigen Fluß der atmosphärischen Bedingungen weder frei einstellen und
beliebig konstant halten noch in einer beliebigen Zuordnung reproduzieren

lassen, wird auch hier eine Umrechnung der Versuchsergebnisse auf einheitliche Randbedingungen erforderlich, um miteinander vergleichbare Ergebnisse zu erhalten. Dazu gehen wir von Ähnlichkeitsüberlegungen aus.

Gesucht sind die Modellgesetze (Übertragungsregeln) für das Zusammen-
wirken derjenigen physikalischen Größen, die bei beliebigen Flug- und
Betriebszuständen für die spezifische Reichweite r des Flugzeugs verantwortlich sind.
Wir können hierzu davon ausgehen, daß im Reiseflug stets die Vortriebskraft F mit dem Widerstand W des Flugzeugs im Gleichgewicht steht. Der
Einstieg in die sehr verwickelten Zusammenhänge wird über die Vortriebskraft gewählt.

Ähnlichkeitsgesetz für die Vortriebskraft

Das Ähnlichkeitsgesetz für die Vortriebskraft wurde bereits oben, s. Gl.
(2.2-24) eingeführt. Die hier nachgeholte Ableitung zeigt einige Zusammenhänge auf, die für unsere weiterführenden Betrachtungen wichtig sind.
Die Vortriebskraft läßt sich dazu hinreichend genau durch die vereinfachte
Impulsgleichung

$$F = \dot{m}_\mathrm{G}\, u_9 + (p_{s9} - p_s)\, S_9 - \dot{m}_\mathrm{L}\, u_0 \tag{2.5-2}$$

zum Ausdruck bringen, worin $\dot{m}_\mathrm{L}$ den Luftdurchsatz und $\dot{m}_\mathrm{G} = \dot{m}_\mathrm{L} + \dot{m}_\mathrm{B}$
den Gasdurchsatz angibt; $\dot{m}_\mathrm{B}$ ist die in der Zeiteinheit zugeführte Brenn-
stoffmenge. Die Kontrollebenen sind in Bild 3.2 dargestellt. Unter u_9 ist die
mittlere Strömungsgeschwindigkeit und unter p_{s9} ist der statische Druck
im Austrittsquerschnitt S_9 der Schubdüse verstanden; p_s ist der statische
Umgebungsdruck, auf den das austretende Gas expandiert; u_0 ist die Anströmgeschwindigkeit. Die Summe der ersten beiden Glieder auf der rechten
Seite von Gl. (2.5-2) entspricht dem Bruttoschub F_B (Austrittsimpuls plus
statischer Restschub), das dritte Glied auf der rechten Seite von Gl. (2.5-2)
ist der sogenannte Standardeinlaufwiderstand $W_{\mathrm{E\,std}}$, s. dazu auch Bild 3.12.

Die vollständige Impulsgleichung für die Vortriebskraft F ist die Gl. (3.2-26) mit den
Gln. (3.2-25) und (3.2-4) sowie den Gln. (3.2-24) und (3.2-2), worauf wir im Kapitel 3 ausführlich
zurückkommen werden. Für die vorliegenden Betrachtungen können wir ohne weiteres die
Größen $W_{\ddot{u}}$, W_i und $\alpha + \sigma$ außer acht lassen.

Um auch die thermodynamischen Einflüsse mit zu erfassen, muß auf die
Energiebilanz

$$\dot{m}_\mathrm{L} \left(h_0 - \frac{u_0^2}{2} \right) + \dot{m}_\mathrm{B}\, H_\mathrm{u} = \dot{m}_\mathrm{G} \left(h_9 - \frac{u_9^2}{2} \right) \tag{2.5-3}$$

zurückgegriffen werden, worin h_1 und h_9 entsprechend den in Bild 3.2 angegebenen Bezugsebenen die spezifische Enthalpie des eintretenden Luft- bzw. des austretenden Gasstromes und H_u den unteren Heizwert des zugeführten Brennstoffs angibt. Gl. (2.5-3) enthält auf der linken Seite die dem System zugeführte Energie in Form von Enthalpie und kinetischer Energie der am Diffusor eintretenden Luftmasse sowie die mit dem Brennstoff zugeführte Wärmeenergie. Auf der rechten Seite der Gleichung steht derjenige Energieanteil, der vom abströmenden Gas in Form von Enthalpie und kinetischer Energie über die Schubdüse abgeführt wird. Unter Vernachlässigung des Brennstoffanteils kann

$$\dot{m}_G = \dot{m}_L + \dot{m}_B \approx \dot{m}_L \tag{2.5-4}$$

gesetzt werden. Die Enthalpiedifferenz läßt sich ausdrücken durch

$$h_9 - h_0 = \frac{\kappa}{\kappa + 1} \left(\frac{p_{s9}}{\varrho_{s9}} - \frac{p_{s0}}{\varrho_{s0}} \right). \tag{2.5-5}$$

Setzt man die Gl. (2.5-3) in Gl. (2.5-2) unter Berücksichtigung von Gl. (2.5-4) und Gl. (2.5-5) ein und interessiert sich im Augenblick nicht für die Lösung dar so entstandenen Gleichung sondern nur für den funktionalen Zusammenhang, so kann man die Abhängigkeit der Vortriebskraft von den verschiedenen Einflußgrößen in der Form

$$F = f\,(u_9,\, p_{s9},\, \varrho_{s9},\, u_0,\, p_{s0},\, \varrho_{s0},\, p_s,\, \dot{m}_B,\, H_u,\, \kappa,\, S_9) \tag{2.5-6}$$

anschreiben.

Hierin sind der untere Heizwert H_u und der Isentropenexponent κ als Konstante anzusehen. Wenn wir unsere Betrachtungen bewußt auf Triebwerke mit starrer Schubdüse beschränken, ist auch die Schubdüsenaustrittsfläche S_9 eine Konstante. Da es für die weiteren Überlegungen zweckmäßig ist, wenn die mit dem Brennstoff zugeführte Energie vorerst noch durch eine einzige Rechengröße dargestellt wird, sei

$$\dot{Q}_B = \dot{m}_B\, H_u \tag{2.5-7}$$

als neue Variable eingeführt. Diese hat die Dimension Nm/s und entspricht einem Brennstoffenergiedurchsatz. Schließlich führt uns noch die Kenntnis der thermodynamischen Zusammenhänge am Triebwerk zu der Einsicht, daß u_0, p_{s0}, p_0 von den atmosphärischen Größen p_s und ϱ_s sowie von der wahren Fluggeschwindigkeit V abhängen und daß sich letztlich auch die Größen u_9, p_{s9}, ϱ_9 durch eine Funktion von p_s, ϱ_s und V darstellen lassen, wobei noch die Abhängigkeit von $\dot{Q}_B$ berücksichtigt werden muß. Damit läßt sich die Schubfunktion Gl. (2.5-6) auf die fundamentale Form

$$F = f\,(V,\, p_s,\, \varrho_s,\, \dot{Q}_B) \tag{2.5-8}$$

zurückführen, welche die Grundlage für alle weiteren Ableitungen ist.
Eine funktionelle Abhängigkeit von Gl. (2.5-8) kann nunmehr systematisch mit
Hilfe einer Dimensionsanalyse durch Anwendung des Buckingham'schen π -
Theorems (s. z.B. [8]) auf dimensionslose Kenngrößen übertragen werden.
Man findet, daß insgesamt zwei solcher Kenngrößen existieren, welche das
Zusammenspiel der einzelnen Einflußgrößen beschreiben.

Gl. (2.5-8) ist eine Funktion von n = 5 dimensionsbehafteten Meßgrößen, die nach Tabelle 2.13
mit m = 3 Grundeinheiten behaftet und nicht mehr untereinander als Funktion der übrigen
Größen darstellbar sind.

Tabelle 2.13 Dimension der Meßparameter in Gl. (2.5-8)

Meßparameter	Dimension
F	$kg\ m\ s^{-2}$
V	$m\ s^{-1}$
p_s	$kg\ m^{-1}\ s^{-2}$
ϱ_s	$kg\ m^{-3}$
$\dot{Q}_B$	$kg\ m^2\ s^{-3}$

Die Dimensionsanalyse liefert die Argumente der Funktion, von der verlangt wird, daß sie aus
Potenzprodukten der n = 5 beteiligten Meßgrößen besteht.
Es seien v, w, x, y, z die noch unbekannten Exponenten der Meßgrößen. Damit hat die
gesuchte dimensionslose Kenngröße π die ganz allgemeine Form

$$\pi = F^v\ V^w\ p_s^x\ \varrho_s^y\ \dot{Q}_B^z. \tag{2.5-9}$$

Setzen wir für die 5 Meßgrößen die entsprechenden Einheiten nach Tabelle 2.13 ein, so folgt

$$[\pi] = kg^v\ m^v\ s^{-2v}\ m^w\ s^{-w}\ kg^x\ m^{-x}\ s^{-2x}\ kg^y\ m^{-3y}\ kg^z\ m^{2z}\ s^{-3z}. \tag{2.5-10}$$

Damit die Kenngröße π dimensionslos wird, muß sie in jeder einzelnen der 3 Grundeinheiten
dimensionslos werden. Man erhält damit 3 Bestimmungsgleichungen für die n = 5 Exponenten.

Diese sind für die

Masse in kg:
$$v\ \ \ \ + x + \ y + \ z = 0, \tag{2.5-11a}$$

Länge in m:
$$v + w - \ x - 3\,y + 2\,z = 0, \tag{2.5-11b}$$

Zeit in s:
$$-2\,v - w - 2\,x\ \ \ \ - 3\,z = 0. \tag{2.5-11c}$$

Da das Gleichungssystem überbestimmt ist, kann man 5 - 3 = 2 Exponenten willkürlich festlegen: Es seien die Unbekannten x bis z durch v und w ausgedrückt, womit aus Gl. (2.5-11) der
Zusammenhang

$$x = \frac{1}{2}\,(v - w) \tag{2.5-12a}$$

$$y = -\frac{1}{2}(v - w),$$
(2.5-12b)

$$z = -v$$
(2.5-12c)

abgeleitet wird.

Wir setzen Gl. (2.5-12) in Gl. (2.5-9) ein und erhalten

$$\pi = F^v \, V^w \, p^{\frac{1}{2}(v-w)} \, \varrho^{-\frac{1}{2}(v-w)} \, \dot{Q}_B^{-v}.$$
(2.5-13)

Über die willkürlich festgelegten Exponenten v und w sei so verfügt, daß einmal $v = 1$ und $w = 0$, zum anderen $v = 0$ und $w = 1$ gesetzt wird, womit man die beiden dimensionslosen Kenngrößen

$$\pi_1 = \frac{F}{\dot{Q}_B} \sqrt{\frac{p_s}{\varrho_s}}$$
(2.5-14)

und

$$\pi_2 = V \sqrt{\frac{\varrho_s}{p_s}}$$
(2.5-15)

erhält.

Die erste der beiden gefundenen Kenngrößen stellt das Produkt aus der Vortriebskraft bezogen auf das Normdruckverhältnis, und den auf die Normbedingungen reduzierten Brennstoffenergiedurchsatz dar, wie sich durch Erweitern der Gleichung leicht nachweisen läßt. Es gilt

$$\pi_1 = \frac{F}{\delta} \, \frac{\delta \sqrt{\theta}}{\dot{Q}_B} \, K_1,$$
(2.5-16)

worin $\delta = p_s / p_n$ das Normdruckverhältnis und $\theta = T_s / T_n$ das Normtemperaturverhältnis darstellt.

In der zweiten der beiden Kenngrößen ist die Machzahl zu erkennen, wenn der Wurzelausdruck entsprechend umgeformt wird, nämlich

$$\pi_2 = Ma \, K_2.$$
(2.5-17)

Die Größen K_1 und K_2 enthalten nur Konstante.

Die Relation

$$\frac{F}{\delta} = f\left(Ma, \frac{\dot{Q}_B}{\delta \sqrt{\theta}}\right)$$
(2.5-18a)

ist dann die Lösung des Problems. Wegen Gl. (2.5-7) können wir, einen bestimmten konstanten Heizwert H_u vorausgesetzt, das Ähnlichkeitsgesetz für die Vortriebskraft auch in der Form

$$\frac{F}{\delta} = f\left(Ma, \frac{\dot{m}_B}{\delta \sqrt{\theta}}\right) \qquad\qquad (2.5\text{-}18b)$$

anschreiben, die uns bereits von Gl. (2.2-24) her bekannt ist.

Diese Ableitung deckt zwei wichtige Eigenschaften auf, die Gl. (2.5-18b) nicht ohne weiteres erkennen läßt: 1. Der reduzierte Bruttoschub hängt streng genommen vom Brennstoffenergiedurchsatz $\dot{m}_B\, H_u$ (nicht allein vom Brennstoffdurchsatz $\dot{m}_B$) ab. 2. Das Ähnlichkeitsgesetz gilt nur für Triebwerke mit starrer Schubdüse, da bei den Ableitungen die Annahme $S_9 = $ const getroffen worden ist. Beide Erkenntnisse sind für die nachfolgenden Überlegungen wichtig. Es erweist sich als zweckmäßig, wenn wir vorerst nur von dem Zusammenhang nach Gl. (2.5-18a) Gebrauch machen. Gl. (2.5-18) enthält, wie man sieht, bereits die beiden Größen Brennstoffverbrauch und Fluggeschwindigkeit (bzw. Machzahl) von denen, nach Gl. (2.5-1) die spezifische Reichweite abhängt. In Gl. (2.5-18) ist aber auch noch die Vortriebskraft F enthalten, die einer Messung im Fluge nur sehr schwer zugänglich ist. Um diese durch leichter meßbare Größen auszudrücken, sei auf den Widerstand zurückgegriffen.

Zwischen Vortriebskraft und Widerstand läßt sich der Zusammenhang über eine einfache Kräftebilanz am Flugzeug herstellen, das sich beim Reiseflug bekanntlich im unbeschleunigten Flugzustand auf horizontalen Bahnen bewegt.

Ähnlichkeitsgesetz für den Widerstand

Die Überlegungen gehen von der bekannten Widerstandsgleichung, (s. auch Gl. (2.1-55)) aus, über die man den Zusammenhang für den Widerstandsbeiwert in der Form

$$C_{W\,ges} = \frac{W_{ges}}{\delta}\, \frac{1}{Ma^2}\, K_3 \qquad\qquad (2.5\text{-}19)$$

gewinnt. Dieser läßt sich über den bekannten Polaransatz

$$C_{W\,ges} = k_0 + k_1\, C_{A\,ges} + k_2\, C_{A\,ges}^2, \qquad\qquad (2.5\text{-}20)$$

worin der Auftriebswert (s. auch Gl. (2.1-56)) durch die Beziehung

$$C_{A\,ges} = \frac{m_F}{\delta}\, \frac{1}{Ma^2}\, K_3 \qquad\qquad (2.5\text{-}21)$$

dargestellt werden kann, als Funktion der Flugmasse m_F, der Flugmachzahl Ma und des Normdruckverhältnisses δ ausdrücken. Analog zu Gl. (2.5-18) gilt somit

$$\frac{W_{ges}}{\delta} = \left(Ma, \frac{m_F}{\delta} \right) . \tag{2.5-22}$$

Ähnlichkeitsgesetz für spezifische Reichweite

Die spezifische Reichweite wurde mit Gl. (2.5-1) definiert als der Quotient aus Fluggeschwindigkeit und Brennstoffdurchsatz, der durch entsprechende Umformung auch in die Form

$$r\,\delta = Ma\,\frac{\delta\,\sqrt{\theta}}{\dot{Q}_B}\,H_u\,a_n \tag{2.5-23}$$

gebracht werden kann. Diese enthält die von Gl. (2.5-18) her bekannten Variablen Ma und $\dot{Q}_B / \delta\sqrt{\theta}$. Die Größe $a_n = \sqrt{\kappa\,R\,T_n}$ gibt die Normschallgeschwindigkeit (in mittlerer Meereshöhe) an und ist mit $a_n = 340{,}294$ m/s eine Konstante. Das Produkt $r\,\delta$ sei im folgenden als die reduzierte spezifische Reichweite bezeichnet (reduziert, weil auf δ bezogen). Die Formulierung mit δ hat den Vorteil, daß das Reichweitenverhalten ohne eine zusätzliche Ähnlichkeitsbetrachtung, das heißt alleine mit Hilfe der bereits oben über den Schub eingebrachten Einflußgrößen Ma und $\dot{Q}_B / \delta\sqrt{\theta}$ bzw. $\dot{m}_B / \delta\sqrt{\theta}$, zum Ausdruck gebracht werden kann.

Im beschleunigten (stationären) Horizontalflug sind die Vortriebskraft F und der Widerstand W einander gleichzusetzen. Es gilt

$$\frac{F}{\delta} = f\left(Ma, \frac{\dot{Q}_B}{\delta\sqrt{\theta}} \right) = f\left(Ma, \frac{m_F}{\delta} \right) = \frac{W_{ges}}{\delta} . \tag{2.5-24}$$

Da auch $r\,\delta$ von der beiden Variablen Ma und $\dot{Q}_B / \delta\sqrt{\theta}$ abhängt, können wir Gl. (2.5-24) mit Gl. 2.5-23) in der Form

$$r\,\delta = f\left(Ma, \frac{\dot{Q}_B}{\delta\sqrt{\theta}} \right) = f\left(Ma, \frac{m_F}{\delta} \right) \tag{2.5-25}$$

zusammenfassen.

Gl. (2.5-25) zeigt, daß insgesamt drei Variable in die Horizontalflugleistungen hineinspielen: Die Machzahl Ma , der reduzierte Brennstoffenergiedurchsatz $\dot{Q}_B / \delta\sqrt{\theta}$ und die reduzierte Flugmasse $\dot{m}_F / \delta$.

Graphische Darstellung

Aus Gl. (2.5-25) wird deutlich, daß sich die reduzierte spezifische Reichweite
auf zwei verschiedene Weisen darstellen läßt:

- als Funktion der Machzahl Ma mit $\dot{Q}_B \, / \, \delta \sqrt{\theta}$ als Parameter, s.
Bild 2.60 a). Wie Gl. (2.5-23) zeigt, sind die Parameterkurven Geraden durch
den Koordinatenursprungspunkt mit $\delta\sqrt{\theta} \, / \, \dot{Q}_B$ als Steigung.

Die Größe H_u ist hierbei lediglich ein Maßstabfaktor. Ein mit einer bestimmten Brennstoff-
sorte erflogenes Kennfeld läßt sich leicht auf beliebige Brennstoffsorten umrechnen, indem der
Maßstab der Ordinatenachse (d.h. $r\,\delta$) im Verhältnis der Heizwerte geändert wird.
Setzt man den Heizwert als konstanten Parameter für ein solches Kennfeld voraus, so kann man
die Größe H_u in Gl. (2.5-23) weglassen und die Beziehung für die reduzierte spezifische Reichweite auch in der Form

$$r\,\delta \; = \; Ma \, \frac{\delta\sqrt{\theta}}{\dot{m}_B} \, a_n \tag{2.5-26}$$

anschreiben, worin jetzt $\delta\sqrt{\theta} \, / \, \dot{m}_B$ Die Steigung der Kennlinien für den Brennstoffdurchsatz
angibt. In dieser Form wird das Reichweitenkennfeld gewöhnlich dargestellt.

Dieses strahlenförmige Liniennetz gilt für jedes beliebige Flugzeug. Es sagt
aber für sich allein noch nichts über die Horizontalflugleistungen aus, da
noch keine flugzeugspezifischen Daten darin enthalten sind.

- als Funktion der Machzahl Ma mit $m_F \, / \, \delta$ als Parameter, s. Bild 2.60 b).
Der Verlauf dieser Parameterkurven ist flugzeugspezifisch, er wird durch
die Flugversuche bestimmt.

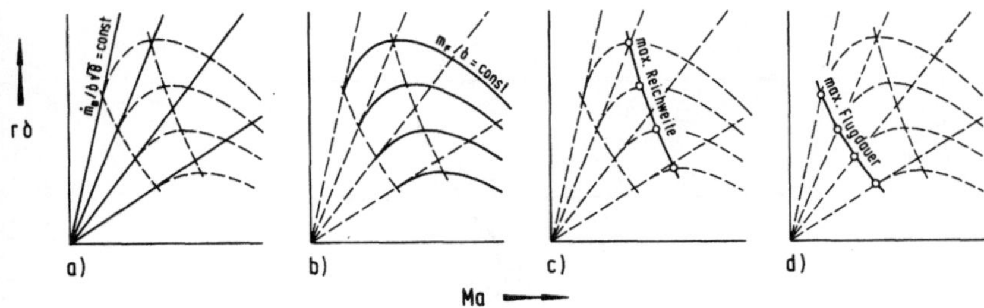

Bild 260 Aufbau des Reichweitenkennfeldes

Dieses Kennfeld ist durch zwei weiteren spezielle Kurvenzüge zu vervoll-
ständigen:

- durch die ''Maximale Reichweite'', s. Bild 2.60 c), welche die Maximal-
werte der $m_F \, / \, \delta$ -Kurven, miteinander verbindet

und

• durch die "Maximale Flugdauer", s. Bild 2.60 d), welche durch die Punkte auf den Kurven m_F / δ verläuft, in denen die Geraden $\dot{m}_B / \delta \sqrt{\theta}$ tangieren.

2.5.3 Versuchsablauf

Der Versuchsablauf wird dadurch bestimmt, daß nicht der Masseparameter m_F / δ während der einzelnen Versuchsmanöver konstant gehalten wird sondern die Machzahl Ma.

Auf diese Weise werden Kennfelder in der Art von Bild 2.62 und Bild 2.63 erarbeitet, welche die Variable Ma als Parameter enthalten. Die angestrebte Endform nach Bild 2.60 wird durch Umrechnen oder Umzeichnen erhalten.

Die Begründung für das in Bild 2.61 dargestellte Flugprofil wird sich bei der Diskussion der Versuchsauswertung in Verbindung mit Bild 2.62 und Bild 2.63 von selbst ergeben. Für uns ist zunächst wichtig, daß die einzelnen Meßpunkte in einem stabilisierten Flugzustand erzielt werden (keine Änderung von Höhe, Fahrt und Brennstoffdurchsatz).

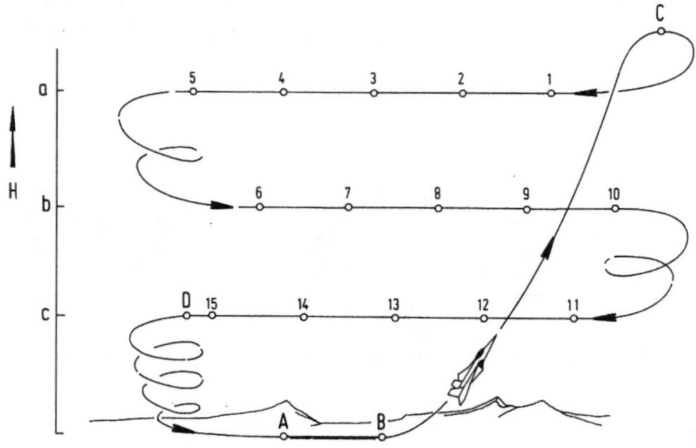

Bild 2.61 Flugprofil

Das Flugzeug startet bei A, steigt von B nach C mit möglichst geringem Brennstoffverbrauch (z.B. nach dem Gesetz für das "Steigen mit minimalem Brennstoffverbrauch" entsprechend dem Beispiel in Bild 2.51) und wird in einem kurzen Sinkflug von C aus auf den ersten zu stabilisierenden Meßpunkt in der Höhe a hin beschleunigt.
Weil sich das Flugzeug von der Pilotentechnik her leichter durch Verzögern

als durch Beschleunigen auf eine bestimmte Geschwindigkeit hin stabilisieren läßt empfiehlt es sich, in jeder gewählten Höhe das Geschwindigkeitsspektrum von den hohen zu den niedrigen Machzahlen hin zu durchfliegen. Der Sinkflug von einer Höhe zur anderen kann zum Beschleunigen auf die Ausgangs-Machzahl genutzt werden. In Punkt D muß mindestens der Brennstoff für die Rückflugreserve vorhanden sein.

Die Versuchsparameter sind in Tabelle 2.14 zusammengefaßt.

Tabelle 2.14 Versuchsparameter zur Ermittlung der reduzierten spezifischen Reichweite

Bodenmessung	m_{F0}	kg	Abflugmasse **)	$\Big\}\ m_F$
Bordmessung	m_B	kg	verbrauchte Brennstoffmasse *)	
	$\dot{m}_B$	kg/s	Brennstoffdurchsatz	
	p_{si}	N/m²	gemessener statischer Umgebungsdruck	$\Big\}\ V_c\ \Big\}\ Ma_i$
	q_{ci}	N/m²	gemessener Auftreffdruck	
	T_{ti}	K	gemessene Totaltemperatur	

*) gemessen ab Anlassen der Triebwerke

**) gemessen vor dem Anlassen der Triebwerke

2.5.4 Versuchsauswertung

Wie die Erfahrung lehrt, haben die Parameterkurven $Ma = $ const in Bild 2.62 einen sehr flachen parabelähnlichen Verlauf, was sich auch durch theoretische Überlegungen (Polare) bestätigen läßt. Es genügen daher sehr wenige Meßpunkte (mindestens drei je Machzahl), um den Kurvenverlauf eindeutig festzulegen.

Der weit gesteckte Bereich von m_F / δ läßt sich im Prinzip nur über eine Änderung der Flughöhe (Beeinflussung von $\delta = p_s / p_n$) abdecken. Da ein häufiger Wechsel der Flughöhe jedoch vermieden werden soll, ist es zweckmäßig, wenn das Kennfeld nicht entlang den Linien konstanter Machzahl durchfahren wird, sondern entlang von Linien konstanter Flughöhe, was nachträglich die Wahl des Flugprofils nach Bild 2.61 erklärt. Zur Veranschaulichung sind in Bild 2.62 die mit Bild 2.61 korrespondierenden Meßpunkte eingetragen.

Die Fahrlinien a, b und c entsprechen den jeweiligen Flughöhen, und die in Bild 2.62 angedeutete Tendenz der Meßpunkte, sich mit abnehmender

Machzahl zu kleineren m_F / δ -Werten hin zu verschieben, ist durch die Abnahme der Flugmasse m_F infolge des Brennstoffverbrauchs während des Versuchsfluges begründet.

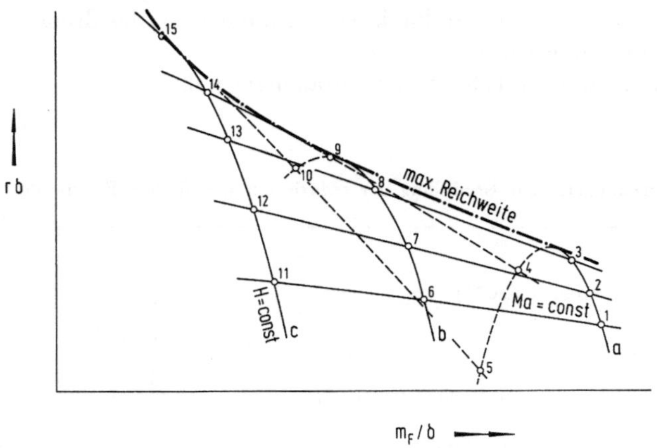

Bild 2.62   Auftragung der Meßpunkte zur Ermittlung der Parameterkurven m_F / δ = const und der "maximalen Reichweite"

Die reduzierte spezifische Reichweite in den einzelnen Meßpunkten wird mit Hilfe von Gl. (2.5-26) ausgerechnet.
Die auf diese Weise gefundenen Zusammenhänge lassen sich in zweifacher Hinsicht auswerten:

● Durch Querauftragung von Ma und m_F / δ entsteht aus Bild 2.62 das Bild 2.60 b)

● Die Parameterkurven Ma = const haben Enveloppencharakter, und die Sattelkurve der durch die einzelnen Kurven gebildeten Raumfläche (wo sich die einzelnen Ma - Linien in der Bildebene hinterschneiden) entspricht der "Maximalen Reichweite", deren Koordinaten man direkt vom Bild 2.62 in das Bild 2.60 c) übertragen kann.

Auf den Vorteil dieser Vorgehensweise sei an dieser Stelle nochmals ausdrücklich hingewiesen. Die Sattelkurve läßt sich aus dem Verlauf der Ma - Linien sehr genau konstruieren und die "Kurve maximaler Reichweite" ist somit praktisch ein Nebenergebnis, das ohne Aufwand mit abfällt. Auf ähnlich Weise kann auch die "Reichweite bei maximaler Flugdauer" (s. Bild 2.60 d)) gewonnen werden, indem man zunächst die Koordinaten $\dot{m}_B / \delta \sqrt{\theta}$ entlang von Linien konstanter Machzahl über dem Parameter m_F / δ aufträgt. Man kann dazu die selben Meßdaten wie in Bild 2.62 verwenden, was durch die mit korrespondierenden Nummern versehenen Meßpunkte in Bild 2.63 veranschaulicht wird.

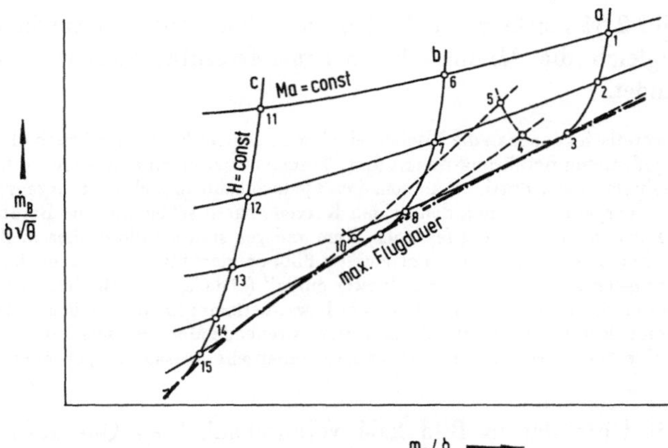

Bild 2.63 Auftragung der Meßpunkte zur Ermittlung der "Reichweite bei maximaler Flugdauer"

Wie die Erfahrung zeigt, haben auch hier die Linien Ma = const einen sehr flachen, parabelförmigen Verlauf mit Enveloppencharakter. Die Sattelkurve in Bild 2.63 entspricht der "Reichweite bei maximaler Flugdauer".

Um die Ablesegenauigkeit bezüglich der Machzahlen zu vergrößern, erweist es sich als zweckmäßig, die Sattelkurve aus Bild 2.63 nicht direkt in die gewünschte Endform von Bild 2.60 d) zu übertragen, sondern den Weg über ein Hilfsdiagramm zu wählen. Durch Querauftragung von Ma und m_F / δ entsteht aus Bild 2.63 das Bild 2.64.

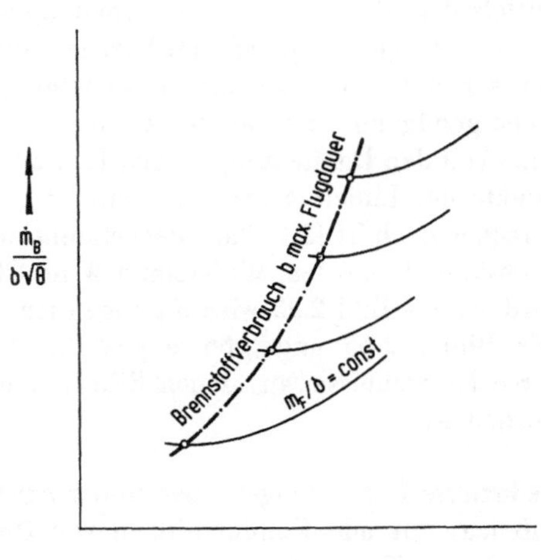

Bild 2.64 Hilfsdiagramm zur Ermittlung der "Reichweite bei maximaler Flugdauer"

Bild 2.64 macht deutlich, daß die "Reichweite bei maximaler Flugdauer" zugleich die Minima der Brennstoffverbrauchskurven miteinander verbindet.

Theoretisch kann man die "Reichweite bei maximaler Flugdauer" auch über die in Bild 2.60 d) angedeuteten Berührungspunkte (der Flugmassekurven mit den Brennstoffdurchsatztangenten) ermitteln. In der Praxis erhält man damit jedoch keine brauchbaren Ergebnisse. Zum einen sind die Übergänge zwischen den beiden Kurvenscharen schleifend; die Berührungspunkte lassen sich also nicht eindeutig festlegen. Zum anderen sind gerade in diesem Bereich die Verläufe der Flugmassekurven sehr ungenau; der Pilot operiert hier in der Nähe der Leistungskurve des geringsten Widerstands, engl. "power curve" (s. dazu auch Abschnitt 2.6.2 und Bild 2.70 b), wo sich das Flugzeug nur sehr schwer bzw. überhaupt nicht stabilisieren läßt. Man erhält also gerade dort, wo es darauf ankommt, stark streuende Meßergebnisse und würde sehr viele Meßpunkte benötigen, um eine brauchbare statistische Aussage zu gewinnen.

Mit Hilfe der in Bild 2.64 veranschaulichten Querauftragung wird die "Reichweite bei maximaler Flugdauer" aus Meßdaten gewonnen, die in einem stabilisierten Flugzustand erflogen und damit reproduzierbar sind. Die Übertragung der Sattelkurve von Bild 2.64 in Bild 2.63 enthält bereits eine Art Mittelwertbildung über den gesamten Flugbereich, die für etwaige Unsicherheiten bezüglich des wahren Verlaufs der gesuchten Kurve kaum Spielraum läßt.

Die hier skizzierte Art der Versuchsauswertung erlaubt es, mit relativ wenig Meßdaten auszukommen. Sie läßt sich sehr einfach handhaben, sowohl bei Maschinen- als auch bei Handrechnung.

Man kann die Ermittlung der reduzierten spezifischen Reichweiten $r\,\delta$ deshalb auch leicht mit der Ermittlung der Änderungsrate der spezifischen Energie $\dot{e}$ verbinden, die in Abschnitt 2.2 beschrieben ist. Der sich am Ende eines horizontalen Beschleunigungs- bzw. Verzögerungsflugs einstellende stabilisierte Flugzustand liefert alle notwendigen Meßwerte, aus denen sich mittels der Gl. (2.5-26) ein Reichweitenpunkt in Bild 2.60 bestimmen läßt. Da die Beschleunigungen und Verzögerungen in verschiedenen Höhen und bei verschiedenen Leistungshebelstellungen durchgeführt werden, fallen meist genügend Daten an, um ein ganzes Kennfeld zu ermitteln. Man geht dazu von den Darstellungen nach Bild 2.22 und Bild 2.23 aus. Die Schnittpunkte der Linien δ_T = const mit der Abszisse $\dot{e}$ = 0 in Bild 2.22 entsprechen nach Gl. (2.1-13a) einem stabilisierten Flugzustand, in dem die Vortriebskraft F mit dem Widerstand W im Gleichgewicht steht. Aus Bild 2.22 wird V, aus Bild 2.23 wird $\dot{m}_B$ abgelesen.
Die Bilder 2.65 und 2.66 zeigen die Auftragung entsprechender Flugversuchsergebnisse, aus denen Bild 2.67 durch Querauftragung entwickelt worden ist.

Reduzierte Darstellungsformen in der Art von Bild 2.67 haben den Vorteil, daß man für alle Kombinationen von Umgebungsdruck p_s, Umgebungstemperatur T_s und Flugmasse m_F mit einem einzigen Kennfeld auskommt.

Sie lassen sich auf spezielle Umgebungsbedingungen und Beladungszustände umrechnen. Hierfür haben sich Darstellungsformen in der Art von
Bild 2.68 eingebürgert. Bild 2.68 b) in unserem Beispiel wurde aus Bild 2.67
abgeleitet.

Die Ableitung der Ähnlichkeitsbeziehungen über den Energiesatz, s. Gl.
(2.5-3), ergibt ganz eindeutig den reduzierten Brennstoffdurchsatz
$\dot{m}_B / \delta \sqrt{\theta}$ als originäre Einflußgröße (der Pilot ändert zwar mit der Leistungshebelstellung δ_T über die Drehzahl die Triebwerksleistung; die den
Schub bestimmende Regelgröße ist jedoch der Brennstoffdurchsatz, und die
Drehzahl stellt sich entsprechend ein). Damit ist das Verfahren, weil es vom
Brennstoffdurchsatz ausgeht, prinzipiell auch auf Mehrwellentriebwerke
anwendbar.

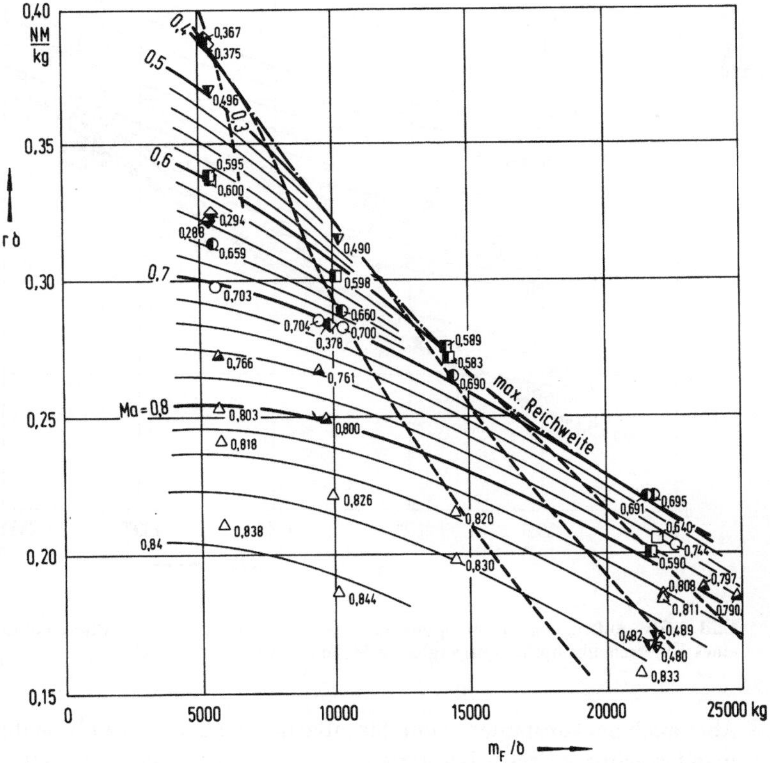

Bild 2.65 Auftragung von Meßpunkten in der Darstellungsform von Bild 2.62 am Beispiel
eines Unterschallkampfflugzeuges

Diese Methode findet lediglich dort ihre Grenze, wo der Regler (beispielsweise durch Änderung der Geometrie der Maschine) einen neuen Gleich-

gewichtszustand herstellt. Dieses trifft natürlich auch auf Einwellentrieb-
werke zu, wird aber erst bei Mehrwellentriebwerken relevant, die systembedingt über ein kompliziertes Regelsystem verfügen.
Die zweite Einschränkung auf Triebwerke mit starrer Schubdüse bleibt
grundsätzlich erhalten. Dies ist in dem Schritt von Gl. (2.5-6) zu Gl. (2.5-8)
begründet, wobei die Schubdüsenfläche als Konstante eingeführt worden ist.

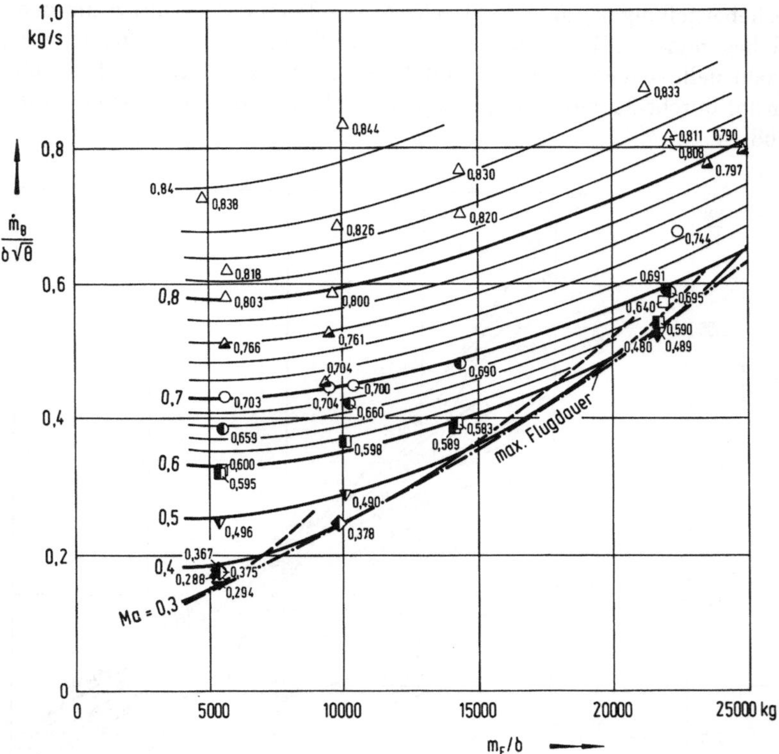

Bild 2.66 Auftragung von Meßpunkten in der Darstellungsform von Bild 2.63 am Beispiel
eines Unterschallkampfflugzeugs (gleiche Meßdaten wie in Bild 2.62)

Aber auch bei konstanter Schubdüsenfläche sind Grenzen zu beachten, wenn
man brauchbare Ergebnisse erzielen will. So ist z.B. nicht unbedingt die geometrische Schubdüsenfläche S_9 der ausschlaggebende Parameter, sondern
die wirksame Fläche im eingeschnürten Düsenstrahl. Bei Triebwerken die
mit nahezu kritischem Düsendruckverhältnis ausgelegt sind, kann sich daher
die wirksame Strahlfläche über den Betriebsbereich (vor allem zu kleinen
Geschwindigkeiten in niedriger Höhe hin) sehr stark verändern, so daß trotz
starrer Schubdüse keine brauchbaren Ergebnisse mehr zu erzielen sind.

In einem solchen Fall könnte zwar Gl. (2.5-18 b) durch entsprechende Ähnlichkeitsparameter (die das Düsendruckverhältnis berücksichtigen) erweitert werden, damit ginge jedoch die Einfachheit des Verfahrens verloren. Andererseits liefert das Verfahren, wie die Erfahrung zeigt, sogar bei Triebwerken mit verstellbarer Schubdüse gute Ergebnisse, wenn das Düsendruckverhältnis hoch genug ist und die Änderung der Verstellfläche gegenüber dem wirksamen Austrittsquerschnitt im interessierenden Machzahl-Höhen-Bereich klein bleibt.

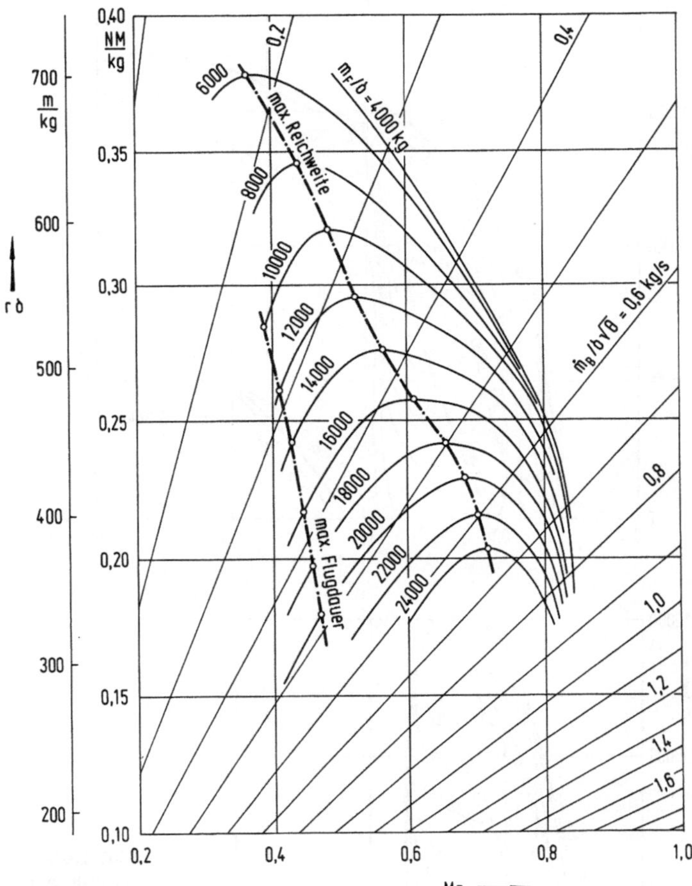

Bild 2.67 Reichweitenkennfeld eines Unterschallkampfflugzeugs, ermittelt durch Querauftragen von Bild 2.65 und Bild 2.66

Erwähnt werden sollen noch die Wirkungsgrade der einzelnen Triebwerkskomponenten, die bei den vorangegangenen Überlegungen stillschweigend als konstant angesehen worden sind. Vor allem der Ausbrenngrad darf sich im interessierenden Bereich nicht verändern, wenn man brauchbare Ergebnisse erhalten will.

Vor Anwendung des Verfahrens sind also sehr sorgfältige theoretische Vorüberlegungen bezüglich der Auslegung des Triebwerks und seines Regelungssystems erforderlich.

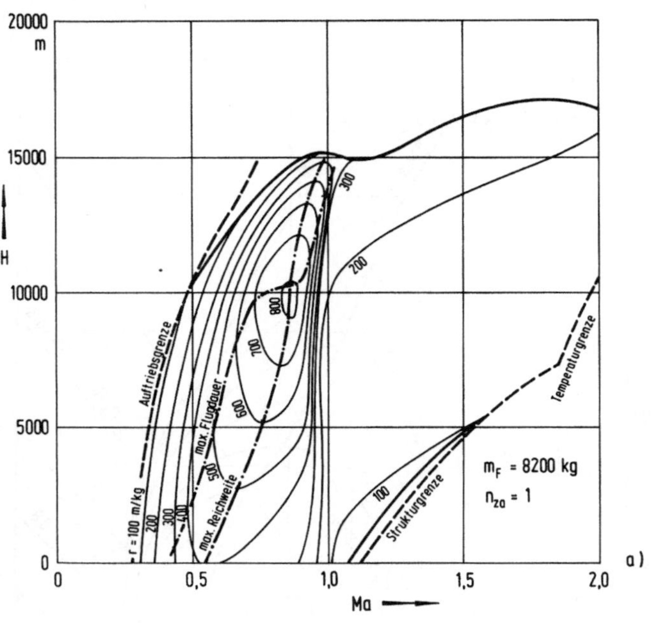

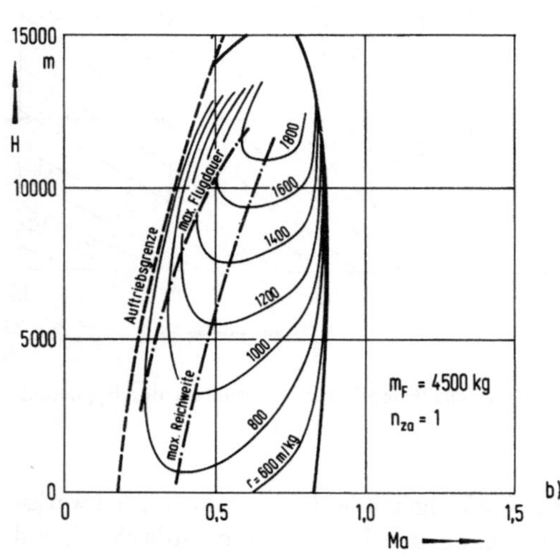

Bild 2.68
Darstellung der Horizontalflugleistungen (Reichweiten) im
Höhen-Machzahl-Diagramm
a) Typische Kurvenverläufe gemessen an einem Überschall-
Kampfflugzeug
b) Typische Kurvenverläufe gemessen an einem Unterschall-
Kampfflugzeug

Die Zuverlässigkeit des Verfahrens läßt sich aber auch durch eine einfache Versuchsreihe überprüfen: Man führt Versuche bei verschiedenen Geschwindigkeiten mit unterschiedlichen Gewichten in entsprechenden Höhen durch, und zwar so, daß Ma und m_F / δ konstante Zahlenwerte behalten (z.B. kleine Geschwindigkeiten und Flugmassen in großer Höhe und umgekehrt). Bleibt dabei auch der Zahlenwert von $\dot{m}_B / \delta \sqrt{\theta}$ konstant, so sind die Ähnlichkeitsbedingungen erfüllt. Dies kommt dadurch sehr anschaulich zum Ausdruck, daß die aus Ma, m_F / δ und $\dot{m}_B / \delta \sqrt{\theta}$ ermittelten reduzierten spezifischen Reichweiten $r \delta$ (unabhängig vom gewählten Höhen- und Machzahl-Bereich) auf ein und derselben Parameterkurve m_F / δ zusammenfallen. Der Unterschied des oben beschriebenen Verfahrens zu der von der amerikanischen Literatur her bekannten W / δ -Methode (W (weight) $\hat{=}$ $m_F g$ (Gewicht)) ist in [9] herausgestellt.

2.6 Kurvenflugleistung

Die nachfolgenden Betrachtungen konzentrieren sich auf den stationären Kurvenflug (engl.: "sustained turn") bei konstanter Flughöhe und Machzahl Dieser ist nicht nur bei Kampfflugzeugen von Interesse, wo es auf Wendigkeit mit möglichst engen Kurvenradien bei möglichst hohen Machzahlen ankommt, sondern auch bei Transport- und Passagierflugzeugen, wo bei den hohen Reisemachzahlen in großen Höhen teilweise sehr große Kurvenradien zustande kommen, welche die Missionsleistung beeinflussen.

2.6.1 Allgemeines

Das Maß für die Kurvenflugleistung sind die Lastvielfachen, Kurvenradien und Wendegeschwindigkeiten (die zeitlichen Änderungen des Bahnazimuts), die sich mit dem Flugzeug verwirklichen lassen, und zwar als Funktion von Höhe und Machzahl. Diese drei Kenngrößen sind direkt miteinander verknüpft und hängen von drei Faktoren ab:

- von der aerodynamischen Begrenzung der Zelle, bedingt durch $C_{A\,max}$

- von der Strukturgrenze und der Belastungsgrenze der Besatzung, festgelegt durch $n_{z\,max} = f(H, Ma)$

- von der Leistungsgrenze des Antriebssystems, bedingt durch $\delta_{T\,max}$

Die aerodynamische Begrenzung bezieht sich auf den Bereich der Flugmachzahlen an der Überziehgrenze des Flugzeugs, die neben dem Staudruck

zwar auch vom Lastvielfachen abhängt aber ausschließlich mit Problemen
der Stabilität und Steuerbarkeit verbunden ist. Da diese Probleme in das
Gebiet der Flugeigenschaften gehören, ist die Ermittlung der aerodynamischen **Begrenzung** nicht Gegenstand dieses Buches. Die aerodynamische
Begrenzung der Zelle werden wir deshalb im folgenden als bekannt voraussetzen.

Auch die Strukturgrenze wollen wir im folgenden als bekannt voraussetzen.
Sie hängt von der Flughöhe und der Machzahl ab und limitiert gegebenen-
falls das ausfliegbare Lastvielfache während des Flugversuchs.

Die nachfolgenden Überlegungen konzentrieren sich somit ausschließlich
auf die Leistungsgrenze des Antriebssystemes. Hierbei interessiert uns das
Lastvielfache, das als Funktion von Höhe und Machzahl im stationären
Kurvenflug gerade noch stationär ausgeflogen werden kann.

2.6.2 Grundbeziehungen

Das für den stationären Kurvenflug erforderliche Lastvielfache

Zur Aufrechterhaltung eines stationären Kurvenfluges ist eine Querlage
erforderlich, die (wie Bild 2.19 zeigt) vom Kräftegleichgewicht am Flugzeug
abhängt. Im stationären horizontalen und schiebefreien Kurvenflug vereinfachen sich die Zusammenhänge und das Kräftegleichgewicht folgt der
Darstellung in Bild 2.69. In der Vertikalebene gilt

$$A_{\text{ges}} \cos \mu_a = m_F \, g \tag{2.6-1}$$

und in der Horizontalebene ist

$$A_{\text{ges}} \sin \mu_a = m_F \, \frac{V^2}{R}, \tag{2.6-2}$$

worin A_{ges} den Gesamtauftrieb senkrecht zur Flugwindrichtung, m_F die Flugmasse, g die Fallbeschleunigung, V die wahre Fluggeschwindigkeit, R den
Kurvenradius und μ_a den Flugwindhängewinkel darstellt. Dieser wäre bei
verschwindendem Anstellwinkel α gleich dem Hängewinkel (Rollwinkel) ϕ ,
wie aus Bild 2.19 hervorgeht.

Das Verhältnis von Auftrieb zu Gewicht ist als das Lastvielfache definiert,
das sich der Gl. (2.6-2) zufolge in der Form

$$n_{za} = \frac{A_{\text{ges}}}{m_F \, g} = \frac{1}{\cos \mu_a} \tag{2.6-3}$$

darstellen läßt.

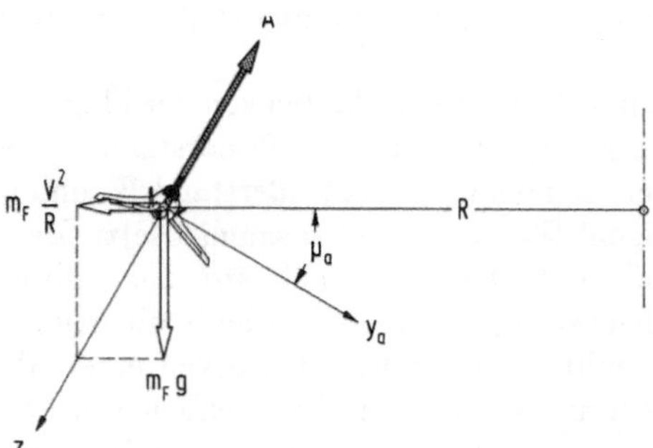

Bild 2.69
Kräfte im stationären
horizontalen Kurvenflug

Das Lastvielfache ist demnach vom Flugzeugtyp unabhängig und orientiert
sich beim stationären Kurvenflug (Ma = const, H = const) allein am Hängewinkel. Es läßt sich unter Zuhilfenahme der trigonometrischen Beziehung
$\sin^2 \mu_a + \cos^2 \mu_a = 1$ mittels Gl. (2.6-1) und Gl. (2.6-2) durch die Beziehung

$$n_{za} = \sqrt{1 + \frac{V^4}{g^2\, R^2}} \tag{2.6-4}$$

ausdrücken, die sich (wie eingangs erwähnt) bei Bedarf auch nach dem
Kurvenradius

$$R = \frac{V^2}{g\,\sqrt{n_{za}^2 - 1}} \tag{2.6-5}$$

oder nach der Wendegeschwindigkeit

$$\dot{\chi}_a = \frac{V}{R} = \frac{g\,\sqrt{n_{za}^2 - 1}}{V} = \frac{2\,\pi}{\Delta t} \tag{2.6-6}$$

auflösen läßt. Hierin bedeutet χ_a den Flugwindazimut, während Δt die
Zeit zum Umfliegen des Vollkreises darstellt.
Die Fluggeschwindigkeit V kann mittels Gl. (2.1-46) durch die Machzahl Ma
ersetzt werden.

Das von den Flugleistungen her erzielbare Lastvielfache

Wie weit sich diese Größen n_{za} bzw. R oder $\dot{\chi}_a$ flugmechanisch verwirklichen lassen, hängt ganz allein vom Leistungsvermögen der Zellen- Trieb-
werkskombination ab, d.h. von Vortriebskraft und Widerstand (dem sogenannten Schubüberschuß) als Funktion von Höhe und Machzahl. Der Zusammenhang zwischen n_{za}, F, W_{ges}, H und Ma wird in Bild 2.70 veranschaulicht. Dieser Zusammenhang gilt stets nur für eine bestimmte

Flugmasse m_F und hängt von der aerodynamischen Konfiguration ab.

Bild 2.70 a) beschreibt den von der Flugmechanik her bekannten Zusammenhang, nach dem sich der Widerstand W_{ges} bei konstanten Lastvielfachen aus dem sogenannten Nullwiderstand W_0 und dem induzierten (auftriebsabhängigen) Widerstand W_i zusammensetzt. Der Nullwiderstand nimmt bekanntlich mit der Machzahl Ma zu, während der induzierte Widerstand gleichzeitig abnimmt, weshalb die Kurve für den Gesamtwiderstand im Schnittpunkt der beiden Kurven einen Minimalwert aufweist. Dieser wandert mit wachsendem Lastvielfachem zu höheren Widerständen und Machzahlen, weil vor allem der induzierte Widerstand mit ansteigender Flächenbelastung zunimmt.

In Bild 2.70 b) ist neben den Widerstandskurven W_{ges} aus Bild 2.70 a) die Vortriebskraft F für verschiedene konstante Leistungshebelstellungen δ_T angetragen. Für die Widerstandskurve hat sich in der Literatur der Begriff "power curve" eingebürgert.

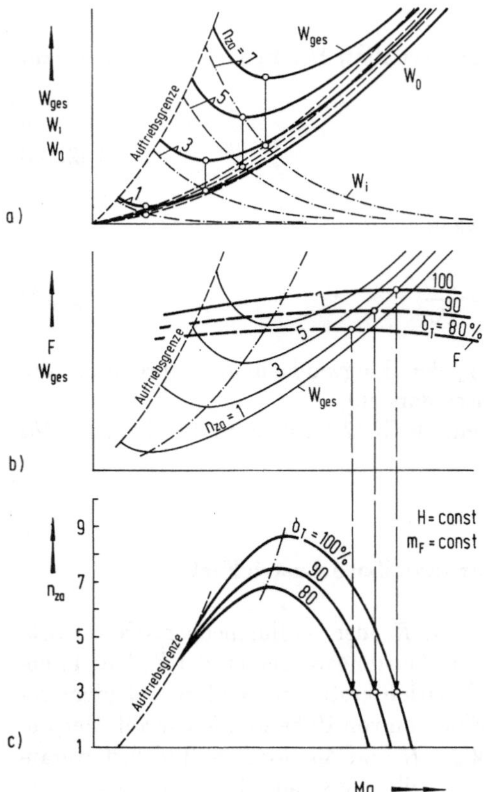

Bild 2.70 Zusammenhang zwischen Vortriebskraft F, Gesamtwiderstand W_{ges}, Machzahl Ma und Lastvielfachem n_{za}

Das Flugzeug operiert bei konstantem Lastvielfachen n_{za} entlang einer bestimmten Widerstandskurve und trifft mit abnehmender Machzahl auf die Auftriebsgrenze (meist noch bevor der Gleichgewichtszustand zwischen Vortriebskraft und Widerstand bei einer bestimmten Leistungshebelstellung δ_T erreicht ist). Folgt es dagegen der Widerstandskurve in Richtung zunehmender Machzahl, so trifft es bei gegebener Leistungshebelstellung auf die Bedingung des stationären Flugzustandes, wo die Vortriebskraft zu einer weiteren Erhöhung der Fluggeschwindigkeit nicht mehr ausreicht.

Die Schnittpunkte der einzelnen Widerstandskurven mit der Auftriebsgrenze entsprechen also der aerodynamischen Begrenzung der Kurvenflugleistung. Die Schnittpunkte mit der Vortriebskraftkurve entsprechen der triebwerks- (oder schubbegrenzten) Kurvenflugleistung.
Die so ermittelten Eckpunkte sind in Bild 2.70 c) in ein Diagramm $n_{za} = f(Ma)$ übertragen, in dem sich das jeweilige (von der Triebwerksleistung abhängige) Grenz-Lastvielfache als ein geschlossener Kurvenzug über der Machzahl darstellt.

Die Kurvensegmente rechts von der strichpunktierten Linie in Bild 2.70 b), welche die Minima von W_{ges} miteinander verbindet, entsprechen dabei der sogenannten Vorderseite, die Segmente links davon entsprechen der sogenannten Rückseite der "power curve", was analog dazu auch für den Verlauf der Kennlinie in Bild 2.70 c) rechts und links vom Optimum gilt. Die Flugführung auf der Rückseite der "power curve" ist immer mit Problemen verbunden, worauf später noch einzugehen sein wird.

Die Ermittlung der in Bild 2.70 c) beschriebenen Grenzlastvielfachen als Funktion von Machzahl und Flughöhe ist das Ziel unserer Flugversuche.

Daraus lassen sich sowohl die Kurvenradien R als auch die Wendegeschwindigkeiten $\dot{\chi}_a$ berechnen, und zwar mit Hilfe von Gl. (2.6-5) bzw. Gl. (2.6-6).

An dieser Stelle wären die Korrekturen der Meßgrößen zu behandeln. Dazu müssen wir kurz dem Abschnitt 2.6.3 vorgreifen und den Versuchsablauf festlegen. Es bieten sich zwei Möglichkeiten an, die Grenzlastvielfachen $n_{za} = f(m_F, \delta_T, H, Ma)$ zu verwirklichen.

a) Bestimmung des stationären Grenzlastvielfachen aus stationären Kurvenflügen

Hierzu werden 360° - Kurven mit konstanter Machzahl in konstanter Höhe geflogen, wobei sich das Lastvielfache, nach Gl. (2.6-6) mit Gl. (2.1-46), entsprechend der Beziehung

$$n_{za}^* = \sqrt{\left(\frac{2\,\pi\,Ma^*}{\Delta t^*\,g}\right)^2 \kappa\,R\,T_s^* + 1} \qquad (2.6\text{-}7)$$

einstellt. Der Stern apostrophiert die Meßparameter. Die Erfahrung lehrt, daß bei diesem Versuchsablauf im wesentlichen nur zwei Einflüsse zu korrigieren sind

• die Atmosphäre (Umgebungsdruck und Umgebungstemperatur)
• die Flugmasse

Die nachfolgende Tabelle erleichtert bei der Identifizierung der einzelnen Größen die Übersicht.

Tabelle 2.14 Indizierung der Korrekturgrößen zur Ermittlung der Kurvenflugleistung im stationären Kurvenflug

Index	Bedeutung
*	unkorrigiert, gemessen
I	korrigiert auf Normatmosphäre (Normtemperatur in der entsprechenden Druckhöhe)
ohne Index	korrigiert auf Normatmosphäre und Bezugsflugmasse

Korrektur der atmosphärischen Bedingungen

Wir finden hier den Einstieg über die im Prinzip bereits von Gl. (2.1-56) her bekannte Beziehung

$$m_F\, g\, n_{za} = A_{ges} = C_{A\,ges}\, p_s\, Ma^2\, \frac{\kappa\, S}{2}\,. \tag{2.6-8}$$

Sie sagt aus, daß das gesuchte Grenzlastvielfache n_{za} bei vorgegebener Flugmasse m_F vom Auftrieb A_{ges} des Flugzeugs abhängt. Dieser wird bei gegebenem Umgebungsdruck p_s und gegebener Machzahl Ma ganz allein durch den Auftriebsbeiwert $C_{A\,ges}$ bestimmt.
Von Bild 2.4 her wissen wir jedoch, daß $C_{A\,ges}$ bei gegebener Machzahl eine Funktion des Widerstandsbeiwerts $C_{W\,ges}$ ist. Dieser läßt sich aus dem Widerstand W_{ges} ausrechnen, der beim stationären Kurvenflug mit der Vortriebskraft F identisch ist, die hier mit W_{ges} im Gleichgewicht steht.
Die Vortriebskraft F aber ist einer Korrektur auf einen geänderten Atmosphärenzustand ohne weiteres zugänglich.
Es gilt, s. auch Gl. (2.1-44) und Gl. (2.1-45) und Bild 2.5,

$$F = F_B \cos(\alpha + \sigma) - \dot{m}_L\, V\,, \tag{2.6-9}$$

worin sowohl der Bruttoschub F_B als auch der Luftdurchsatz $\dot{m}_\mathrm{L}$, neben Machzahl und Brennstoffdurchsatz, vom Atmosphärenzustand abhängig sind. Diese Abhängigkeit wird durch die uns bereits von den Gln. (2.1-47) und (2.1-48) her bekannten Funktionen

$$\frac{F_\mathrm{B}}{\delta} = \mathrm{f}\left(Ma, \frac{\dot{m}_\mathrm{B}}{\delta\sqrt{\theta}}\right) = \mathrm{f}\,(Ma, \dot{m}_\mathrm{B\,red}) = F_\mathrm{B\,red} \qquad (2.6\text{-}10)$$

und

$$\frac{\dot{m}_\mathrm{L}\sqrt{\theta}}{\delta} = \mathrm{f}\left(Ma, \frac{\dot{m}_\mathrm{B}}{\delta\sqrt{\theta}}\right) = \mathrm{f}\,(Ma, \dot{m}_\mathrm{B\,red}) = \dot{m}_\mathrm{L\,red} \qquad (2.6\text{-}11)$$

ausgedrückt.

Wir gehen davon aus, daß der Brennstoffdurchsatz $\dot{m}_\mathrm{B}$ gemessen worden ist und daß die Zusammenhänge zwischen Bruttoschub, Luftdurchsatz und Lastvielfachem vorliegen; z.B. in Form von Kennfeldern ähnlich Bild 2.6. Wir bilden

$$\dot{m}^*_\mathrm{B\,red} = \frac{\dot{m}^*_\mathrm{B}}{p^*_\mathrm{s}/p_\mathrm{n}\,\sqrt{T^*_\mathrm{s}/T_\mathrm{n}}} \qquad (2.6\text{-}12)$$

und

$$(\dot{m}_\mathrm{B\,red})_\mathrm{soll} = \frac{\dot{m}^*_\mathrm{B}}{p_\mathrm{s\,soll}/p_\mathrm{n}\,\sqrt{T_\mathrm{s\,soll}/T_\mathrm{n}}}\,, \qquad (2.6\text{-}13)$$

worin $\dot{m}^*_\mathrm{B\,red}$ den reduzierten Brennstoffdurchsatz unter Versuchsbedingungen und $(\dot{m}_\mathrm{B\,red})_\mathrm{soll}$ den reduzierten Brennstoffdurchsatz unter Soll-Bedingungen darstellt. Hierzu können wir aus Bild 2.6 a) die reduzierten Luftdurchsätze $\dot{m}^*_\mathrm{L\,red}$ und $(\dot{m}_\mathrm{L\,red})_\mathrm{soll}$ und aus Bild 2.6 b) die reduzierten Bruttoschübe $F^*_\mathrm{B\,red}$ und $(F_\mathrm{B\,red})_\mathrm{soll}$ ablesen, und zwar als Funktion der gemessenen Machzahl Ma^*. Auf diese Weise werden zunächst die Größen

$$F^*_\mathrm{B} = F^*_\mathrm{B\,red}\,\frac{p^*_\mathrm{s}}{p_\mathrm{n}}\,, \qquad (2.6\text{-}14)$$

$$F_\mathrm{B\,soll} = (F_\mathrm{B\,soll})_\mathrm{red}\,\frac{p_\mathrm{s\,soll}}{p_\mathrm{n}}\,, \qquad (2.6\text{-}15)$$

$$\dot{m}^*_\mathrm{L} = \dot{m}^*_\mathrm{L\,red}\,\frac{p^*_\mathrm{s}}{p_\mathrm{n}}\sqrt{\frac{T_\mathrm{n}}{T^*_\mathrm{s}}} \qquad (2.6\text{-}16)$$

und

$$\dot{m}_\mathrm{L\,soll} = (\dot{m}_\mathrm{L\,red})_\mathrm{soll}\,\frac{p_\mathrm{s\,soll}}{p_\mathrm{n}}\sqrt{\frac{T_\mathrm{n}}{T_\mathrm{s\,soll}}} \qquad (2.6\text{-}17)$$

berechnet, womit sich mittels Gl. (2.6-9) die Vortriebskraft F^* unter Versuchsbedingungen und die Vortriebskraft im atmosphärischen Sollzustand F_{soll} bestimmen läßt. Ferner gilt $F^* = W^*_{\text{ges}}$ und $F_{\text{soll}} = (W_{\text{ges}})_{\text{soll}}$.

Wir sind hier nicht an den Absolutwerten der Widerstände interessiert, sondern am Unterschied, der sich aus der Abweichung vom atmosphärischen Sollzustand ergibt. Dieser ist, in Beiwertform ausgedrückt,

$$\Delta C_{W\,\text{ges}} = C^*_{W\,\text{ges}} - (C_{W\,\text{ges}})_{\text{soll}} = \left(\frac{W^*_{\text{ges}}}{p^*_s} - \frac{(W_{\text{ges}})_{\text{soll}}}{p_{s\,\text{soll}}} \right) \frac{2}{Ma^{*2}\,\kappa\,S} \, . \qquad (2.6\text{-}18)$$

Bild 2.71 demonstriert, wie man mittels der Flugzeugpolare, ausgehend vom Auftriebsbeiwert unter Versuchsbedingungen,

$$C^*_{A\,\text{ges}} = \frac{2\,m^*_F\,g\,n^*_{za}}{p^*_s\,Ma^{*2}\,\kappa\,S} \qquad (2.6\text{-}19)$$

über Versuchsmachzahl Ma^* und Widerstandsinkrement $\Delta C_{W\,\text{ges}}$ den Auftriebsbeiwert $(C_{A\,\text{ges}})_{\text{soll}}$ bestimmt. Dieser Wert würde sich dann einstellen, wenn die atmosphärischen Sollbedingungen erfüllt wären. Damit läßt sich der Auftrieb im Sollzustand berechnen. Da die Flugmasse vorgegeben ist, kann die Anpassung des Auftriebsbeiwerts an den Atmosphärenzustand nur über das Grenzlastvielfache erfolgen.

Es gilt

$$n^I_{za} = (C_{A\,\text{ges}})_{\text{soll}}\,\frac{p_{s\,\text{soll}}\,Ma^{*2}}{m^*_F\,g}\,\frac{\kappa\,S}{2} \, . \qquad (2.6\text{-}20)$$

Durch Einführung von Gl. (2.6-19) läßt sich letztendlich n^I_{za} als Funktion von n^*_{za} darstellen:

$$n^I_{za} = n^*_{za}\,\frac{(C_{A\,\text{ges}})_{\text{soll}}}{C^*_{A\,\text{ges}}}\,\frac{p_{s\,\text{soll}}}{p^*_s} \, . \qquad (2.6\text{-}21)$$

Diese Beziehung kann man auch in der Form

$$n^I_{za} = f^I\,n^*_{za} \qquad (2.6\text{-}22)$$

anschreiben, worin

$$f^I = \frac{(C_{A\,\text{ges}})_{\text{soll}}}{C^*_{A\,\text{ges}}}\,\frac{p_{s\,\text{soll}}}{p^*_s} \qquad (2.6\text{-}23)$$

den Korrekturfaktor für den Einfluß der Atmosphäre und n^*_{za} das Lastvielfache unter den Versuchsbedingungen darstellt. Die Größe $C^*_{A\,\text{ges}}$ wird mittels Gl. (2.6-19) berechnet. Die Größe $(C_{A\,\text{ges}})_{\text{soll}}$ lesen wir zu Ma^*

und $\Delta C_{W\,ges}$ (s. Gl. (2.6-18)) aus Bild 2.71 ab; p_s^* ist der gemessene Umgebungsdruck und $p_{s\,soll}$ ist derjenige Druck, der unserer Soll-Flughöhe entspricht.

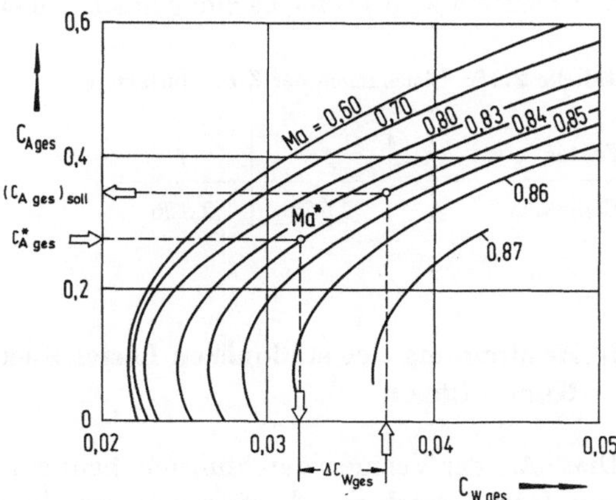

Bild 2.71
Ermittlung von $C_{A\,soll}$ mittels der Flugzeugpolare

Korrektur der Flugmasse

Die obigen Betrachtungen haben bereits ergeben, daß das Produkt aus Flugmasse und Lastvielfachem (d.h. der Auftrieb) bei gegebener Machzahl und gegebenem Umgebungsdruck (sprich Flughöhe) durch den verfügbaren Triebwerksschub festgelegt ist.
Eine Änderung der Flugmasse läßt sich somit nur durch eine entsprechende Änderung des Grenzlastvielfachen ausgleichen. Letztendlich gilt somit

$$m_F^* \, n_{za}^I = m_{F\,soll} \, n_{za} \,, \qquad (2.6\text{-}24)$$

worin m_F^* die gemessene und $m_{F\,soll}$ die Bezugsflugmasse darstellt. Es ist n_{za}^I das Grenzlastvielfache nach der Korrektur auf Normtemperatur in der Bezugsflughöhe entsprechend der Gl. (2.6-22), n_{za} ist das Grenzlastvielfache nach der zusätzlichen Korrektur auf die Bezugsflugmasse.

Gl. (2.6-24) läßt sich in der Form

$$n_{za} = f \, n_{za}^I \qquad (2.6\text{-}25)$$

anschreiben, worin

$$f = \frac{m_F^*}{m_{F\,soll}} \qquad (2.6\text{-}26)$$

den Korrekturfaktor für die Flugmasse darstellt.

Zusammenfassung: Faßt man die obigen Formeln zusammen, so folgt

$$n_{za} = n_{za}^* \, f^{\mathrm{I}} f. \tag{2.6-27}$$

Die Formeln sind in der nachfolgenden Tabelle zusammengestellt.

Tabelle 2.15   Gleichungen der Korrekturfaktoren

Faktor	f^{I}	f
Gleichung	2.6-23	2.6-26

b) Bestimmung des stationären Lastvielfachen aus instationären Kurvenflügen

Diese Art der Versuchsdurchführung baut auf dem "Totalenergiekonzept" auf: Durch geschickte Umformung der Energiegleichung läßt sich eine Beziehung gewinnen, in der sich die Änderungsrate der spezifischen Energie $\dot{e}$ als Funktion des Lastvielfachen n_{za} darstellt. Die im instationären Kurvenflug gemessenen Verläufe von $\dot{e}$ über n_{za} lassen sich auf $\dot{e} = 0$ extrapolieren und liefern so die erforderlichen Daten zur Berechnung des gesuchten Lastvielfachen im stationären Kurvenflug. Ausgangsbasis für die entsprechenden Überlegungen ist der Zusammenhang nach Gl. (2.1-13a), den wir hierzu in die Form

$$\frac{\dot{e}}{V} \, m_{\mathrm{F}} \, g = F - W_{\mathrm{ges}} \tag{2.6.-28}$$

bringen.

Hierin können wir zunächst den Widerstand durch die bekannte Beziehung

$$W_{\mathrm{ges}} = C_{\mathrm{W\,ges}} \, p_{\mathrm{s}} \, Ma^* \, \frac{\kappa \, S}{2} \tag{2.6-29}$$

ausdrücken. Für die nachfolgenden Betrachtungen genügt es, wenn wir den Widerstandsbeiwert $C_{\mathrm{W\,ges}}$ in Gl. (2.6-29) durch den einfachen Polarenansatz

$$C_{\mathrm{W\,ges}} = k_1 + k_2 \, C_{\mathrm{A\,ges}}^2 \tag{2.6-30}$$

ersetzen. Für den Auftriebsbeiwert gilt hier

$$C_{\mathrm{A\,ges}} = \frac{n_{za} \, m_{\mathrm{F}} \, g}{p_{\mathrm{s}} \, Ma^2} \, \frac{2}{\kappa \, S}. \tag{2.6-31}$$

Die Zusammensetzung von Gl. (2.6-29), Gl. (2.6-30) und Gl. (2.6-31) ergibt
unter Berücksichtigung von $\delta = p_s / p_n$

$$W_{ges} = \left[K_1^{I} \, Ma^2 + \frac{K_2^{I}}{Ma^2} \left(n_{za} \frac{m_F \, g}{\delta} \right)^2 \right] \delta , \qquad (2.6\text{-}32)$$

worin in K_1^{I} und K_2^{I} die konstanten Größen zusammengefaßt sind.
Setzen wir Gl. (2.6-32) in Gl. (2.6-28) ein, so folgt

$$\frac{\dot{e}}{V} \frac{m_F \, g}{\delta} = \frac{F}{\delta} - K_1^{I} \, Ma^2 - \frac{K_2^{I}}{Ma^2} \left(n_{za} \frac{m_F \, g}{\delta} \right)^2 . \qquad (2.6\text{-}33)$$

Wir wissen, daß die Vortriebskraft F bei einer bestimmten Leistungshebelstellung (sprich Brennstoffdurchsatz) eine Funktion von Machzahl und Flughöhe ist. Diesen Zusammenhang drückt bereits Bild 2.6 aus.
Halten wir die Leistungshebelstellung und die Flughöhe bei unserem
instationären Kurvenflügen konstant, so können wir ohne weiteres die beiden ersten Glieder auf der rechten Seite von Gl. (2.6-33) als eine Größe der
Form

$$\frac{F}{\delta} - K_1^{I} \, Ma^2 = K_1 = \mathrm{f} \, (Ma) \qquad (2.6\text{-}34)$$

auffassen, die nur noch von der Machzahl abhängt. Als ähnliche Konstante
läßt sich der multiplikative Faktor vor der Klammer darstellen, nämlich

$$\frac{K_2^{I}}{Ma^2} = K_2 = \mathrm{f} \, (Ma) . \qquad (2.6\text{-}35)$$

Damit präsentiert sich die Gl. (2.6-33) in der allgemeinen Form

$$\frac{\dot{e}}{Ma \sqrt{\kappa \, R \, T_s}} \frac{m_F \, g}{\delta} = K_1 - K_2 \left(\frac{n_{za} \, m_F \, g}{\delta} \right)^2 \qquad (2.6\text{-}36)$$

einer Geradengleichung, in der K_1 am Schnittpunkt mit der Ordinate auf-
tritt und K_2 die Steigung bedeutet, wie in Bild 2.72 veranschaulicht.

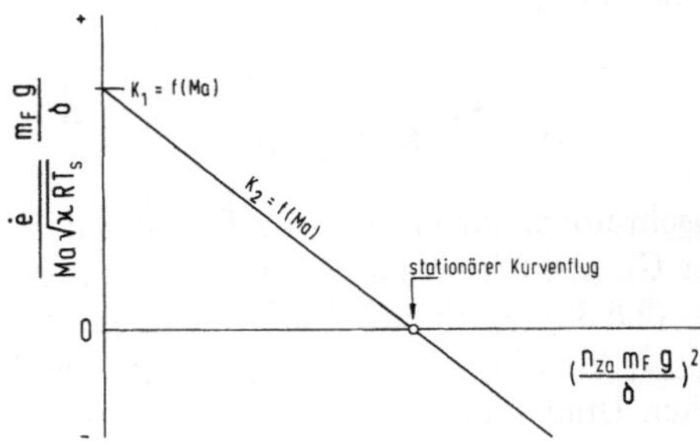

Bild 2.72 Darstellung der Gl. (2.6-36)

Die Fluggeschwindigkeit V ist dabei mittels Gl. (2.1-46) durch die Machzahl Ma ersetzt worden.

Der Schnittpunkt der Geraden mit der Abszisse entspricht dem gesuchten stationären ($\dot{e} = 0$) Kurvenflug bei der Machzahl Ma. Aus dem an dieser Stelle abgelesenen Wert von $(n_{za}\, m_F / \delta)^2$ kann das Grenzlastvielfache berechnet werden. Die Anwendung dieses Zusammenhanges zur Auswertung von Flugversuchsergebnissen wird in Abschnitt 2.6.3 b) behandelt.

Korrektur der Messdaten

Die Messung liefert uns die Daten für $\dot{e}^*$, wobei der Zusammenhang nach Gl. (2.1-14) gilt, nämlich

$$\dot{e}^* = \frac{V^*}{g}\,(b_x^* \cos \alpha^* - b_z^* \sin \alpha^*). \tag{2.6-37}$$

Das dazugehörende Lastvielfache kann mittels der Beziehung

$$n_{za}^* = \frac{\cos \gamma_a^*}{\cos \mu_a^*} \tag{2.6-38}$$

bestimmt werden, die uns bereits von Gl. (2.1-24) her bekannt ist. Bei kleinen Anstellwinkeln kann man ohne weiteres $\gamma_a^* = \theta^*$ und $\mu_a^* = \phi^*$ setzen, s. dazu Bild 2.19.
Es leuchtet ein, daß den Wertepaaren $\dot{e}\, m_F g / Ma\sqrt{\kappa\, R\, T_s}\, \delta = f((n_{za}\, m_F g / \delta)^2)$, aus denen die in Bild 2.72 dargestellte Gerade konstruiert wird, gleiche Randbedingungen zugrunde liegen müssen, damit man miteinander vergleichbare Ergebnisse erzielt. Deshalb wird die Größe $\dot{e}^*$ mit Hilfe der in Abschnitt 2.1 bereitgestellten Verfahren korrigiert. Zur Korrektur von n_{za}^* können wir uns der in Abschnitt 2.6.2 unter a) abgeleiteten Formeln bedienen.

Zusammenfassung: Unter diesen Voraussetzungen läßt sich die Gl. (2.6-36) in der Form

$$\frac{\dot{e}}{Ma^* \sqrt{\kappa\, R\, T_{s\,soll}}}\, \frac{m_{F\,soll}\, g}{p_{s\,soll}/p_n} = K_1 - K_2 \left(\frac{n_{za}\, m_{F\,soll}\, g}{p_{s\,soll}/p_n}\right)^2 \tag{2.6-39}$$

anschreiben, worin jetzt die Größe $\dot{e}$ der Gl. (2.1-122) und die Größen n_{za} der Gl. (2.6-27) entspricht; $\dot{e}^*$ wird mittels Gl. (2.6-37) und n_{za}^* wird mittels Gl. (2.6-38) bestimmt. Für die Machzahl ist Ma, für die Flugmasse ist $m_{F\,soll}$, für die statische Umgebungstemperatur ist $T_{s\,soll}$ und für den statischen Umgebungsdruck ist $p_{s\,soll}$ einzusetzen.

2.6.3 Versuchsablauf

Wir unterscheiden wieder zwischen den beiden Versuchsverfahren

a) Bestimmung des stationären Grenzlastvielfachen aus stationären Kurvenflügen

Bild 2.73 a) veranschaulicht das Flugprofil, dem in Bild 2.73 b) das Manövergrenzen-Kennfeld mit den korrespondierenden Meßpunkten gegenübergestellt ist. Jedem Meßpunkt ist eine stationäre 360° - Kreisbahn zugeordnet.

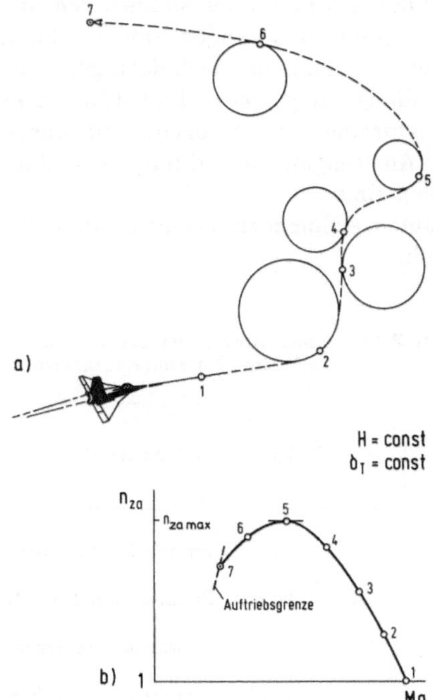

Bild 2.73
Flugprofil zur Bestimmung
des stationären Grenzlastvielfachen aus stationären
Kurvenflugmanövern

Der Meßpunkt *1* entspricht dem stationären horizontalen Geradeausflug. Durch schrittweises Vergrößern des Hängewinkels μ_a , welcher (entsprechend der Gl. (2.6-3)) das Lastvielfache n_{za} kontrolliert und über das Lastvielfache n_{za} (entsprechend dem Bild 2.70) die Machzahl Ma bestimmt, wird die Manöverlast bis zu ihrem Höchstwert gesteigert, den in unserem Beispiel der Meßpunkt *5* repräsentiert. Von hier ab muß μ_a verkleinert werden, um die nächst kleinere stationäre Machzahl zu erzielen.

An dieser Stelle sei nochmals darauf hingewiesen, daß die auf diese Weise gewonnene Kurve $n_{za} = \mathrm{f}(Ma)$ natürlich immer nur für eine ganz bestimmte Flughöhe H und eine ganz bestimmte Leistungshebelstellung δ_T gilt.

Zwischen den Meßpunkten *1* und *5* bewegt sich das Flugzeug auf der Vorderseite der "power curve", vgl. Bild 2.70. Hier macht das Aufrechterhalten eines stationären Flugzustandes keine Schwierigkeiten, da der relativ flache Anstieg des Widerstands über der Machzahl, eine feinfühlige Einjustierung des Lastvielfachen über kleine Korrekturen von Hängewinkel und Triebwerksleistung zuläßt, und zwar richtungssinnig (d.h. die Machzahl nimmt zu, wenn die Querlage ab- und die Triebwerksleistung zunimmt). Anders zwischen den Meßpunkten *5* und ... *7* auf der Rückseite der "power curve", wo der Widerstand relativ stark ansteigt, während die Machzahl abnimmt. In diesem Bereich läßt sich das Flugzeug ohne sensitive Orientierungshilfen für den Piloten sehr schwer stabilisieren, da die kleinste Störung nur durch relativ große Änderungen von Triebwerksleistung und Hängewinkel zu kompensieren ist, und noch dazu gegensinnig (d.h. die Machzahl nimmt zu, wenn die Querlage zu- und die Triebwerksleistung abnimmt). Diese großen Korrektureingaben provozieren ein unruhiges Flugverhalten, bei dem nur unter Anstrengungen und mit viel Zeitaufwand brauchbare Meßpunkte zu erzielen sind.

Die aufzuzeichnenden Versuchsparameter sind in Tabelle 2.16 zusammengestellt.

Tabelle 2.16 Versuchsparameter zur Ermittlung des stationären Grenzlastvielfachen aus stationären Kurvenflugmanövern

Bodenmessung	m_{F0}	kg	Abflugmasse **)	$\left.\vphantom{\begin{array}{c}a\\a\end{array}}\right\} m_F$
Bordmessung	m_B	kg	verbrauchte Brennstoffmasse *)	
	$\dot{m}_B$	kg/s	Brennstoffdurchsatz *)	
	p_{si}	N/m²	gemessener statischer Umgebungsdruck	$\left.\vphantom{\begin{array}{c}a\\a\\a\end{array}}\right\} V_c \left.\vphantom{\begin{array}{c}a\\a\\a\\a\end{array}}\right\} Ma_i$
	q_{ci}	N/m²	gemessener Auftreffdruck	
	T_{ti}	K	gemessene Totaltemperatur	
	δ_T	%	Leistungshebelstellung	
	Δt	s	Zeit zum Umfliegen eines Vollkreises	

*) gemessen ab Anlassen der Triebwerke

**) gemessen vor dem Anlassen der Triebwerke

b) Bestimmung des stationären Grenzlastvielfachen aus instationären Kurvenflügen

Das Flugprofil ist in Bild 2.74 a) beschrieben. Bild 2.74 b) veranschaulicht die Auftragung der zu den einzelnen Bezugspunkten (bei gleicher Machzahl) gewonnenen Werte von n_{za}^*, m_F, V, δ_T und $\dot{e}$. Die damit korrespondierenden stationären Grenzlastvielfachen als Funktion der Machzahl sind in Bild 2.74 c) dargestellt.

Eine solche Kurve gilt natürlich auch wieder nur für eine ganz bestimmte Flughöhe H und Leistungshebelstellung δ_T .

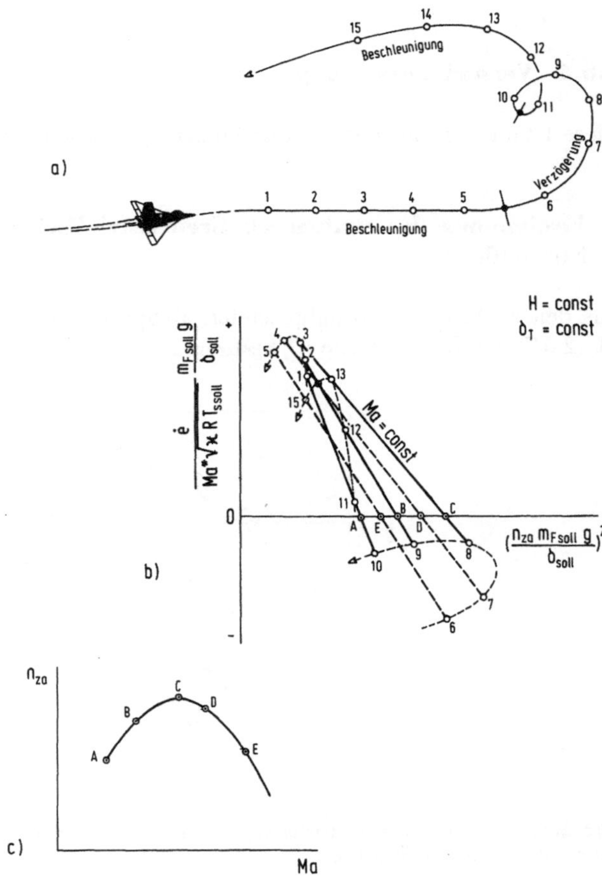

Bild 2.74 Flugprofil zur Bestimmung des stationären Grenzlastvielfachen aus instationären Kurvenflugmanövern

Zwischen den hier angedeuteten Bezugspunkten *1* und *5* wird das Flugzeug horizontal durch den gesamten interessierenden Machzahlbereich hindurch beschleunigt, wobei $\dot{e}$ zunächst zu, dann wieder abnimmt (entsprechend dem Verlauf der Linien $\dot{e}$ = const in Bild 2.18). Die horizontale Beschleunigung wird zwischen den Punkten *6* und *10* in einen verzögerten horizontalen Kurvenflug ($\dot{e} < 0$) übergeführt, bei dem zunächst ein möglichst hohes Lastvielfaches aufgebaut wird; dieses muß (immer knapp vor der entsprechenden "Buffet"-Grenze[8]) gelockert werden, so wie die Machzahl abnimmt. Daran schließt sich zwischen den Punkten *11* und *15* ein beschleunigter Kurvenflug ($\dot{e} > 0$) an. Dieses Manöver wird in mehreren Flughöhen durchgeführt. Da dieses Verfahren im Prinzip auf nichts anderes hinausläuft als auf die Ermittlung von $\dot{e}$, gelten die in Tabelle 2.3 aufgelisteten Versuchsparameter.

2.6.4 Versuchsauswertung

Diese hängt wie die Versuchsdurchführung vom gewählten Verfahren ab.

a) Bestimmung des stationären Grenzlastvielfachen aus stationären Kurvenflügen

Aus den in Tabelle 2.16 aufgelisteten Meßparametern wird mit Hilfe der Gl. (2.6-7) das Lastvielfache n_{za}^{*} bestimmt.

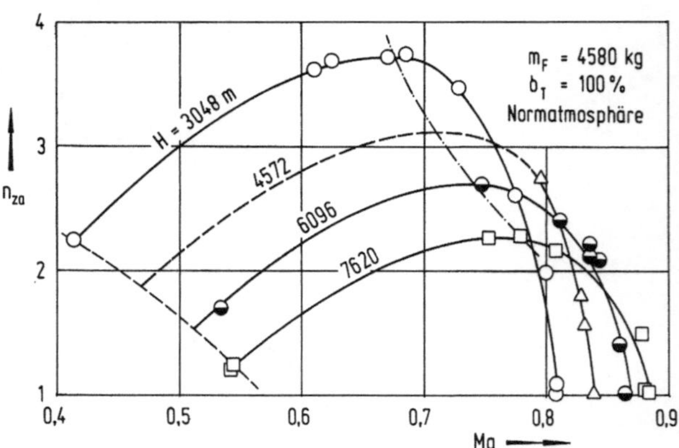

Bild 2.75 Stationäre Grenzlastvielfache aus stationären Kurvenflugmanövern am Beispiel eines Unterschall-Kampfflugzeuges

---

[8] "Buffet" ist die aus dem englischen Sprachgebrauch übernommene und in der Flugversuchstechnik eingeführte Bezeichnung für die Vibrationen, mit denen sich die Auftriebsgrenze ankündigt.

Das Lastvielfache n_{za}^* wird auf den atmosphärischen Normzustand und eine Bezugsflugmasse korrigiert. Hierbei kommt die Gl. (2.6-27) zur Anwendung. Bild 2.75 zeigt an Hand eines Flugversuchsbeispiels Grenzlastvielfache als Funktion von Machzahl und Flughöhe, die auf diese Weise ausgewertet worden sind. Man beachte, daß auf den vorderen Kurvenästen, die der Rückseite der ''power curve'' entsprechen, kaum Meßpunkte vorliegen. Dies hängt mit den oben angedeuteten Flugführungsproblemen in diesem Bereich der Flugenveloppe zusammen.

b) Bestimmung des stationären Grenzlastvielfachen aus instationären Kurvenflügen

Die Auswertung basiert auf den in Tabelle 2.3 aufgelisteten Versuchsparametern und führt letztlich auf eine Darstellung entsprechend Bild 2.76.

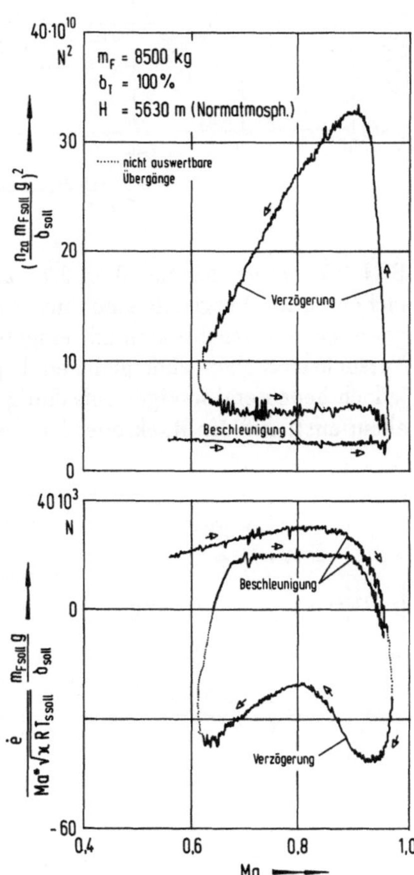

Bild 2.76
Verläufe von
$\dot{e}\, m_{F\,soll}\, g /\, \delta\, Ma^* \sqrt{\kappa R T_{s\,soll}}$
und $(n_{za}^*\, m_{F\,soll}\, g /\, \delta\,)^2$ als Funktion
der Machzahl, gemessen an einem
Überschall-Kampfflugzeug

Wir bestimmen zunächst $\dot{e}^*$ mittels Gl. (2.6-37) und n_{za}^* mittels Gl. (2.6-38). Durch Korrektur gewinnen wir $\dot{e}$ und n_{za}, indem wir uns der Gln. (2.1-122) bzw. (2.6-27) bedienen. Damit werden die beiden Parameter $\dot{e}\, m_{F\,soll}\, g\, /\, Ma\, \sqrt{\kappa\, R\, T_{s\,soll}}\, \delta_{soll}$ und $(\,n_{za}\, m_{F\,soll}\, g\, /\, \delta_{soll}\,)^2$ gebildet, worin $\delta_{soll} = p_{s\,soll}\,/\,p_n$ das Druckverhältnis darstellt. Bild 2.76 zeigt die typischen Verläufe dieser beiden Parameter als Funktion der Machzahl Ma^*, wie sie die Auswertung von Flugversuchsdaten liefert. Durch Querauftragung wird Bild 2.77 gewonnen.

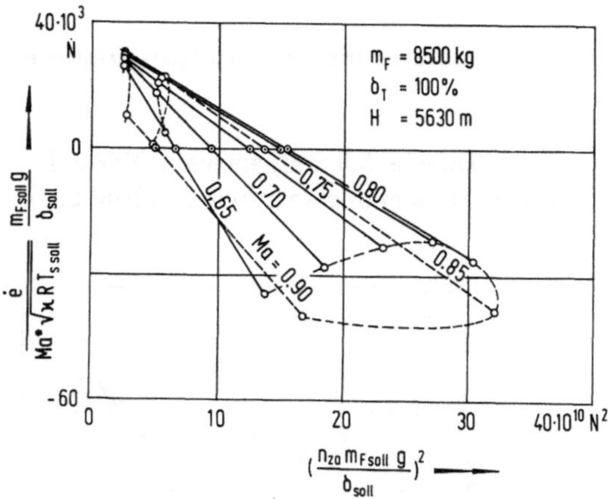

Bild 2.77
Ermittlung des stationären Lastvielfachen aus instationären Kurvenflugversuchsdaten

Bild 2.78 zeigt die aus Bild 2.77 abgelesenen stationären Grenzlastvielfachen. Zum Vergleich sind hier einige mittels stationärer Kurvenflüge gewonnene Versuchsdaten mit eingetragen. Wie man erkennt, führen beide Versuchsmethoden zum gleichen Ergebnis. Die instationäre Methode ist jedoch bedeutend weniger aufwendig und leichter zu fliegen. Sie liefert vor allem auch auf der Rückseite der "power curve" zuverlässige Werte.

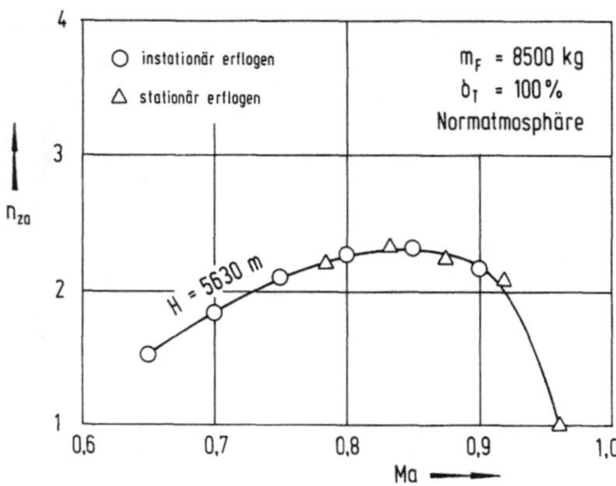

Bild 2.78
Auftragung der an der Abszisse von Bild 2.77 abgelesenen stationären Lastvielfachen als Funktion der Machzahl

Durch Querauftragung dieser Kurven aus verschiedenen Flughöhen werden die Linien konstanter stationärer Lastvielfachen im Höhen-Machzahl-Diagramm gefunden. Bild 2.79 a) gehört zu dem Überschall-Kampfflugzeug von Bild 2.76. Bild 2.79 b) wurde durch Querauftragung von Bild 2.75 gewonnen und zeigt die typischen Kurvenverläufe für ein Unterschall-Kampfflugzeug.

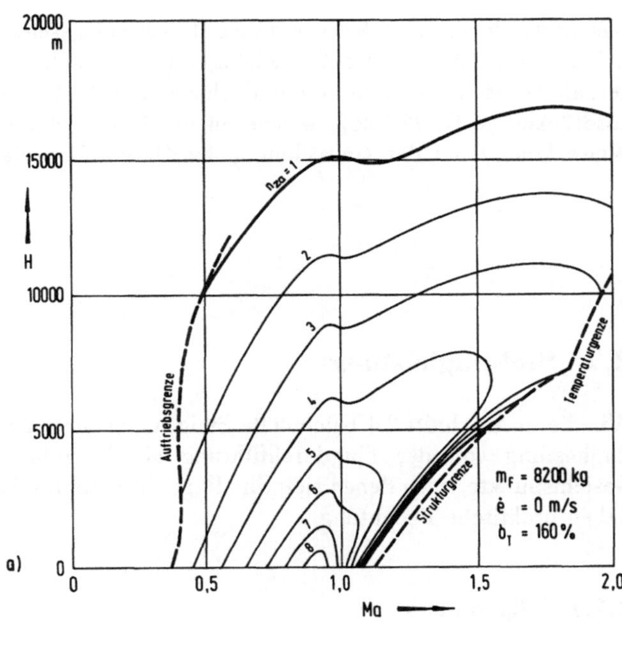

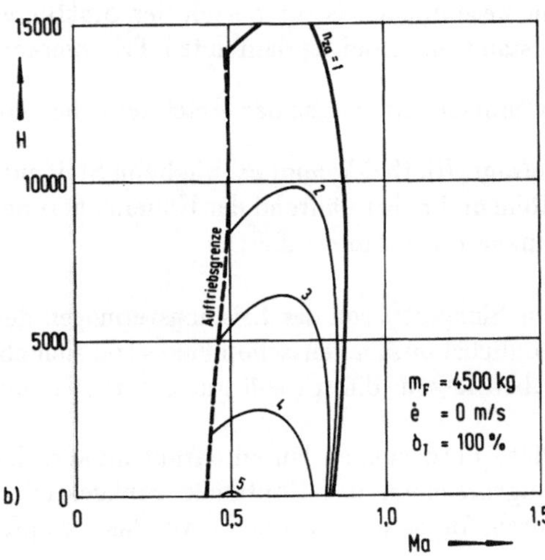

Bild 2.79
Darstellung des stationären Lastvielfachen im Höhen-Machzahl-
Diagramm
a) Typische Kurvenverläufe gemessen an einem Überschall-
Kampfflugzeug
b) Typische Kurvenverläufe gemessen an einem Unterschall-
Kampfflugzeug

Die Gesetzmäßigkeiten des stationären Kurvenflugs sind in Abschnitt 2.6.2 ausführlich behandelt worden. Mit Hilfe von Gl. (2.6-5) kann man aus der Darstellung in Bild 2.79 nunmehr ohne weiteres Linien mit konstantem Kurvenradius und mittels Gl. (2.6-6) Linien konstanter Wendegeschwindigkeit im Höhen-Machzahl Diagramm berechnen. In der Literatur findet man häufig auch die Darstellung mit Linien konstanter Zeiten für eine 180° - bzw. 360° - Kurve. Diese bestimmt man ebenfalls mittels Gl. (2.6-6).

Das Lastvielfache, der Kurvenradius, die Wendegeschwindigkeit und die Zeit zum Durchfliegen der Kurve hängen von der wahren Fluggeschwindigkeit ab. Diese läßt sich durch die Machzahl und die Umgebungstemperatur ausdrücken (s. Gl. (2.1-46)), welche an die Höhe gebunden ist. Auf diese Weise kommt bei der Umrechnung der Diagramme die Höhe ins Spiel.

2.7 Sinkflugleistung

Wie die in Abschnitt 2.4 behandelte Steigflugleistung hängt auch die Sinkflugleistung von der Flugdurchführung ab. Es gibt viele interessante Gesichtspunkte, nach denen sich Sinkflüge durchführen lassen. Nur wenige haben praktische Bedeutung.

2.7.1 Allgemeines

Im wesentlichen ist hier nach der Sinkflugleistung im antriebslosen Flugzustand (bzw. bei leerlaufenden Triebwerken), speziell nach dem

● Sinken mit maximaler Reichweite bei minimalem Brennstoffverbrauch

gefragt. Hierbei kommt es (wie beim Steigen) wieder auf die Zuordnung von Höhe und Fahrt während der Höhenänderung an, die man unter dem Begriff Sinkgesetz zusammenfaßt.

Das Sinkgesetz soll das Leistungsvermögen der Zellen-Triebwerkskombination möglichst optimal ausschöpfen; es soll sich aber auch vom Piloten gut handhaben lassen, d.h. es soll gut einprägbar und leicht nachvollziehbar sein.

Diese Forderungen laufen darauf hinaus, daß zunächst in entsprechenden Flugversuchen das "optimale Sinkgesetz" bestimmt wird. Daraus wird durch Anpassung an die Praxis das "empfohlene Sinkgesetz" abgeleitet.

Das empfohlene Sinkgesetz legt den Zusammenhang zwischen Höhe und Fahrt während der Sinkphase fest. Er ist maßgebend für die vom Flugzeug im Sinkflug zu erwartenden Leistungen.

Die Aufgabe zerfällt somit in drei Teile

A Ermittlung des optimalen Sinkgesetzes
B Definition des empfohlenen Sinkgesetzes
C Ermittlung der Sinkflugleistung.

Unter dem Begriff Sinkflugleistung werden dabei (wie beim Steigen) wieder mehrere Variable zusammengefaßt. Diese sind

- die Sinkgeschwindigkeit
- die Zeit zum Sinken
- der Brennstoffverbrauch

und

- die über Grund zurückgelegte Strecke.

Uns interessiert im folgenden die Abhängigkeit dieser vier Variablen von der Flughöhe.

2.7.2 Grundbeziehungen

A Ermittlung des optimalen Sinkgesetzes

Die während des Sinkfluges zurückgelegte horizontale Wegstrecke folgt ganz allgemein aus den geometrischen Beziehungen zwischen den Geschwindigkeitskomponenten nach Bild 2.80.

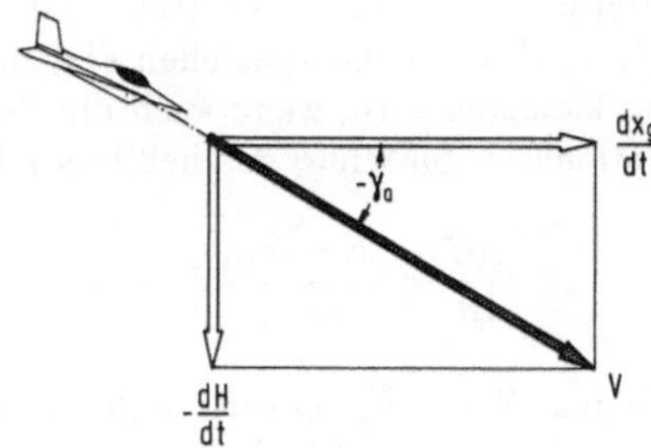

Bild 2.80
Geschwindigkeitskomponenten
beim Sinkflug

Es gilt

$$dx_g = \sqrt{V^2 - \left(\frac{dH}{dt}\right)^2}\; dt,$$

$$(2.7\text{-}1)$$

worin V die wahre Fluggeschwindigkeit, x_g die Horizontalstrecke und H die geometrische Höhe darstellt. Diese ist hier, da wir die Fallbeschleunigung als Konstante auffassen, mit der geopotentiellen Höhe identisch.

Uns interessiert letztlich nur die horizontale Entfernung, in die ein bestimmtes Höhenintervall umgesetzt werden kann oder wie weit das Flugzeug kommt, wenn Höhe aufgegeben wird.

Zu diesem Zweck formen wir Gl. (2.7-1) in

$$\frac{\mathrm{d}x_\mathrm{g}}{\mathrm{d}H} = \sqrt{\left(\frac{V}{\mathrm{d}H/\mathrm{d}t}\right)^2 - 1} \qquad (2.7\text{-}2)$$

um.

Man erkennt jetzt sofort, daß die Reichweite am größten wird, wenn $\mathrm{d}H/\mathrm{d}t$ einem Minimum zustrebt.

Als nächstes interessiert uns, von welchen Variablen die Größe $\mathrm{d}H/\mathrm{d}t$ abhängt:

● Von den Gln. (2.1-13a) und (2.1-13b) her wissen wir, daß die Höhenänderung pro Zeiteinheit flugzeugspezifisch ist, also neben der Flugmasse m_F vor allem von der aerodynamischen Konfiguration, daß heißt vom Widerstand W_ges sowie von der Triebwerksleistung bzw. von der Vortriebskraft F, abhängig ist. Weitere Einflußgrößen sind die Fluggeschwindigkeit V und die Beschleunigung $\dot{V}$ des Flugzeugs. Ganz allgemein gilt

$$\frac{\mathrm{d}H}{\mathrm{d}t} = V\left(\frac{F - W_\mathrm{ges}}{m_\mathrm{F}\,g} - \frac{\dot{V}}{g}\right). \qquad (2.7\text{-}3)$$

Da wir die bei minimalem Brennstoffverbrauch zurückgelegte Strecke suchen, sind hier letztlich nur Flugzustände mit leerlaufenden Triebwerken interessant, wobei die Vortriebskraft F sehr viel kleiner als der Widerstand W_ges wird. Für diese speziellen Flugzustände sagt Gl. (2.7-3) aus, daß $\mathrm{d}H/\mathrm{d}t$ am kleinsten wird, wenn auch die Beschleunigung $\dot{V}$ verschwindet, also im stationären Sinkflug; das heißt es gilt

$$\frac{\mathrm{d}H}{\mathrm{d}t} = \frac{F - W_\mathrm{ges}}{m_\mathrm{F}\,g}\,V = w. \qquad (2.7\text{-}4)$$

Wegen $F < W_\mathrm{ges}$ erweist sich die Größe $\mathrm{d}H/\mathrm{d}t$, die wir mit Sinkrate bezeichnen, grundsätzlich als negativ, was nicht anders zu erwarten ist.

Setzt man die Beziehung (2.7-4) in Gl. (2.7-2) ein, so wird deutlich, daß die pro Höheneinheit gewonnene horizontale Distanz genau dann ihren Maximalwert erreicht, wenn auch der Widerstand W_ges am kleinsten wird.

Wir wissen, daß die Widerstandskurve des Flugzeugs ein Minimum hat, das von der Flughöhe und der Flugmachzahl abhängt. Ihr Verlauf ist dabei ähnlich dem der Kurve für $n_{za} = 1$ in Bild 2.70 b).

● Nach Gl. (2.1-3) läßt sich die Höhenänderung pro Zeiteinheit aber auch als Funktion der Änderungsrate der spezifischen Energie $\dot{e}$ darstellen, nämlich in der Form

$$\frac{\mathrm{d}H}{\mathrm{d}t} = \dot{e} - \frac{V}{g}\,\dot{V}. \qquad (2.7\text{-}5)$$

Für den hier betrachteten Fall des stationären Sinkflugs, für den $\dot{V}$ verschwindet, ist die Sinkrate mit der Größe $\dot{e}$ identisch und als Bestimmungsgleichung gilt

$$\frac{\mathrm{d}H}{\mathrm{d}t} = \dot{e}. \qquad (2.7\text{-}6)$$

Bekanntlich gibt es in jeder Flughöhe eine ganz bestimmte Machzahl Ma, bei der $\dot{e}$ zu einem Minimum wird. Dieses läßt sich an den Extremwerten der Linien $\dot{e} = $ const im Höhen-Machzahl Diagramm ablesen, s. Bild 2.81, die bei dieser Machzahl über der Höhe ein Maximum besitzen.

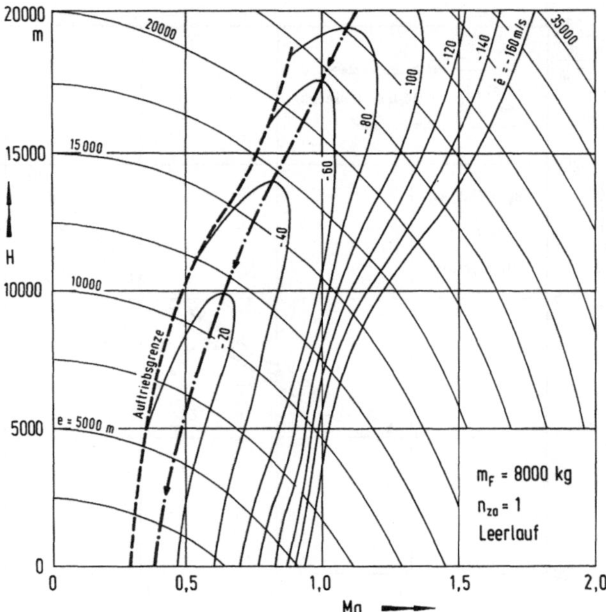

Bild 2.81 Darstellung des Gesetzes für Sinken mit maximaler Reichweite für minimalen Brennstoffverbrauch im Höhen-Machzahl-Diagramm, am Beispiel eines Überschall-Kampfflugzeuges

Da die Enveloppe für $\dot{e} = 0$ bei dieser Darstellung völlig in sich zusammenschrumpft, wenn die Triebwerksleistung auf Leerlauf zurückgenommmen wird, bewegt sich das Flugzeug beim stationären Sinkflug mit leerlaufenden Triebwerken immer im Bereich $\dot{e} < 0$ und $\mathrm{d}H/\mathrm{d}t$ erweist sich auch bei dieser Betrachtungsweise folgerichtig als negativ.

Man findet das Gesetz am einfachsten dadurch, daß man im Höhen-Machzahl Diagramm die Extremwerte der Linien $\dot{e} = \mathrm{const}$ untereinander verbindet, s. die strichpunktierte Linie in Bild 2.81.

Zusammenfassung: Das optimale Gesetz für Sinken mit maximaler Reichweite bei minimalem Brennstoffverbrauch hängt von der Flugmachzahl als Funktion der jeweiligen Flughöhe ab, bei der die Variable $(\mathrm{d}H/\mathrm{d}t)/V$ am kleinsten wird. Diese Flugmachzahl ist mit derjenigen Machzahl identisch, bei der die Widerstandskurve des Flugzeugs ein Minimum hat und die entsprechende Kurve $\dot{e} = \mathrm{const}$ im Höhen-Machzahl Diagramm einen Extemwert aufweist.

Ein anderer Weg führt über Gl. (2.7-2), indem man für verschiedene Höhen aus den bei den einzelnen Flugmachzahlen ermittelten Werten $\dot{e} = \mathrm{d}H/\mathrm{d}t$ die Größe $\mathrm{d}x_g/\mathrm{d}t$ ausrechnet und über der Machzahl aufträgt. Die Verbindende der Extremwerte entspricht wieder dem optimalen Sinkgesetz, s. die strichpunktierte Linie in Bild 2.82.

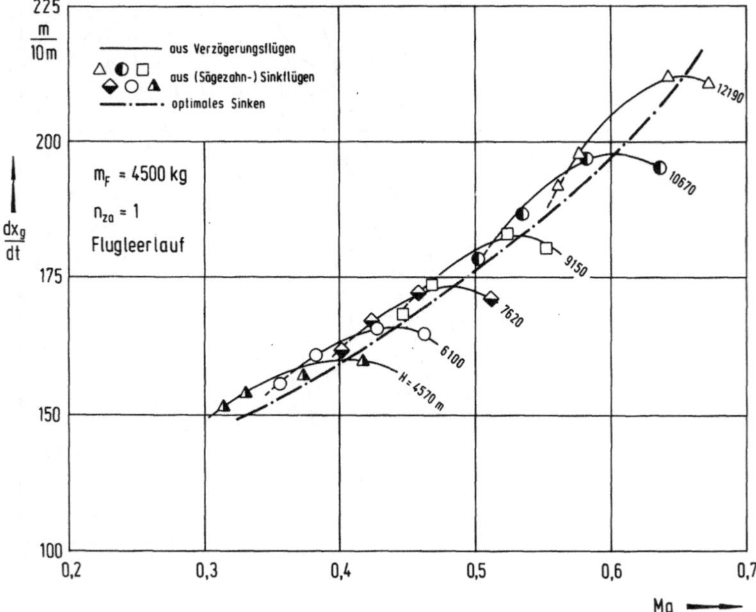

Bild 2.82 Ermittlung der optimalen Reichweite nach Gl. (2.7-2), Unterschall-Kampfflugzeug

Diese Darstellung hat den Vorteil, daß sie neben dem optimalen Sinkgesetz $Ma = f(H)$ zugleich Auskunft über die erzielbare Reichweite gibt.
Man hat auf diesem Weg zwei Möglichkeiten, $\dot{e}$ zu bestimmen. Diese wurden im Prinzip bereits in Abschnitt 2.1.3 beschrieben: der horizontale Verzögerungsflug, s. Gl. (2.1-123) und Bild 2.10, sowie der stationäre (Sägezahn-) Sinkflug, s. Gl. (2.1-124) und Bild 2.11, womit man die Verläufe $\dot{e} = f(Ma, H = \text{const})$ direkt gewinnt.

B Ermittlung des empfohlenen Sinkgesetzes

Bild 2.83 zeigt, wie aus dem optimalen Sinkgesetz (Bild 2.81) ein empfohlenes Sinkgesetz entwickelt wird.

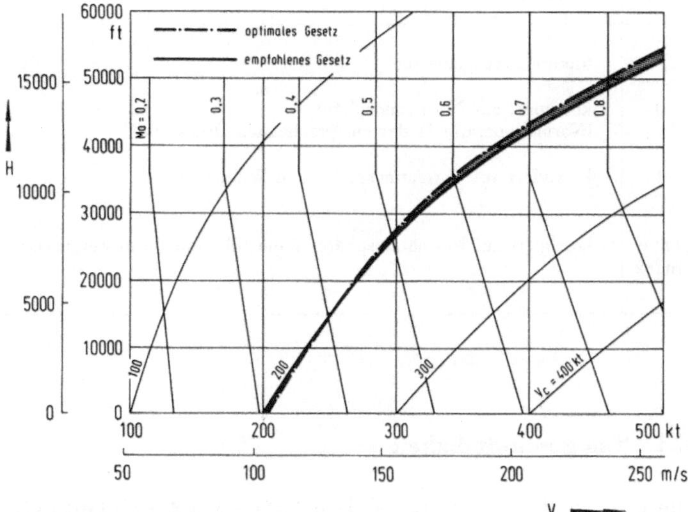

Bild 2.83 Entwicklung des empfohlenen Sinkgesetzes aus dem optimalen Sinkgesetz (gleiches Beispiel wie in Bild 2.82)

In dem hier gezeigten Beispiel bietet es sich an, den Sinkflug mit einer konstanten Geschwindigkeit von $V_c = 200$ kt durchzuführen. Die Abweichung vom optimalen Gesetz ist im vorliegenden Fall gering.

C Ermittlung der Sinkflugleistung

Die Sinkflugleistung setzt sich, wie oben gesagt, aus vier voneinander abhängigen Variablen zusammen: der Sinkgeschwindigkeit, der Zeit zum Sinken, dem Brennstoffverbrauch, der über Grund zurückgelegten Strecke.

Wir sind auch hier wieder gezwungen, Korrekturen durchzuführen, um vergleichbare Ergebnisse zu gewinnen. Die zu berücksichtigenden Einflußgrößen sind die gleichen wie beim Steigen

- die Atmosphäre (Umgebungsdruck und Umgebungstemperatur)
- der Wind
- die Flugmasse

Wir kennzeichnen wieder zur Unterscheidung die gemessenen Größen mit einem Stern und unterscheiden die korrigierten Größen durch hochgesetzte römische Ziffern.

Tabelle 2.17   Indizierung der Korrekturgrößen zur Ermittlung der Sinkflugleistung

Index	Bedeutung
*	unkorrigiert, gemessen
II	korrigiert auf Normatmosphäre (Normtemperatur in der entsprechenden Druckhöhe)
I	korrigiert auf Normatmosphäre und Windstille
ohne Index	korrigiert auf Normatmosphäre, Windstille und Bezugsflugmasse

C.1   Sinkgeschwindigkeit

Diese ist als die Änderung der Druckhöhe pro Zeiteinheit definiert. Es gilt

$$w = \frac{\mathrm{d}H}{\mathrm{d}t} \ . \tag{2.7-7}$$

Da H nach oben positiv gezählt wird, wird die Sinkgeschwindigkeit automatisch negativ, wenn man für die Höhenänderung Zahlenwerte einsetzt.

C.1.a   *Korrektur der atmosphärischen Bedingungen*

Wir gehen von Gl. (2.7-4) aus, die den Zusammenhang zwischen der Sinkgeschwindigkeit und ihren Einflußgrößen herstellt, und zwar in der Form

$$w = \frac{F - W_{\text{ges}}}{m_{\text{F}}\, g}\, V. \tag{2.7-8}$$

Im Prinzip können wir hier genau so vorgehen wie bei der Korrektur der Steiggeschwindigkeit: Wir nehmen den gemessenen Druck p_{s}^* als gegeben hin und führen nur die Temperaturkorrektur auf Normbedingungen durch, wobei T_{s}^* die gemessene Temperatur und $T_{\text{s soll}} = \mathrm{f}(p_{\text{s soll}}) \equiv \mathrm{f}(p_{\text{s}}^*)$ die jeweilige Normtemperatur darstellt.

Für diese Korrektur bringen wir Gl. (2.7-8) zunächst in die Form

$$w = \frac{1}{m_{\text{F}}\, g}\, (F\, V - W_{\text{ges}}\, V\,). \tag{2.7-9}$$

Hierin stellt $W\, V$ den Leistungsbedarf zur Überwindung des aerodynamischen Widerstands und $F\, V$ die Vortriebsleistung dar. Da der Restschub im Triebwerksleerlauf klein genug ist, können wir in den meisten Fällen sogar $F\, V$ näherungsweise gegenüber $W_{\text{ges}}\, V$ vernachlässigen. Im Prinzip gehen wir im weiteren ganz analog vor wie bei der Steigflugleistung.

• Wir bezeichnen die bei der Umgebungstemperatur T_{s}^* anliegende Rest-Vortriebsleistung mit $F^*\, V^*$ und den auf Normtemperatur korrigierten Wert mit $F^{\text{II}}\, V^{\text{II}}$. Ersetzen wir die Fluggeschwindigkeiten dabei durch das jeweilige Produkt aus Machzahl und Schallgeschwindigkeit und bilden das Verhältnis so folgt, vgl. Gl. (2.4-8),

$$F^{\text{II}}\, V^{\text{II}} = F^*\, V^* \, \frac{F^{\text{II}}}{F^*} \, \sqrt{\frac{T_{\text{s soll}}}{T_{\text{s}}^*}}\,. \tag{2.7-10}$$

• In analoger Weise läßt sich die Widerstandsleistung darstellen. Bezeichnet man die bei der Umgebungstemperatur T_{s}^* gemessene Widerstandsleistung mit $W_{\text{ges}}^*\, V^*$ und die auf die Normtemepratur $T_{\text{s soll}}$ korrigierte Widerstandsleistung mit $W_{\text{ges}}^{\text{II}}\, V^{\text{II}}$, so läßt sich der Ausdruck

$$W_{\text{ges}}^{\text{II}}\, V^{\text{II}} = W_{\text{ges}}^*\, V^* \, \frac{W_{\text{ges}}^{\text{II}}}{W_{\text{ges}}^*} \, \sqrt{\frac{T_{\text{s soll}}}{T_{\text{s}}^*}} \tag{2.7-11}$$

bilden.

Geht man davon aus, daß Machzahl und Umgebungsdruck unverändert bleiben, so bleiben wegen

$$W_{\text{ges}}^* = C_{\text{W ges}}\, p_{\text{s}}^*\, Ma^{*2}\, \frac{\kappa\, S}{2} \tag{2.7-12}$$

und

$$W_{\text{ges}}^{\text{II}} = C_{\text{W ges}}\, p_{\text{s}}^{*}\, Ma^{*2}\, \frac{\kappa\, S}{2} \tag{2.7-13}$$

auch die Widerstände unverändert und es gilt

$$W_{\text{ges}}^{\text{II}} = W_{\text{ges}}^{*}\,, \tag{2.7-14}$$

womit sich Gl. (2.7-11) zu

$$W_{\text{ges}}^{\text{II}}\, V^{\text{II}} = W_{\text{ges}}^{*}\, V^{*}\, \sqrt{\frac{T_{\text{s soll}}}{T_{\text{s}}^{*}}} \tag{2.7-15}$$

vereinfachen läßt, vgl. Gl. (2.4-13).

Nun folgt die auf Normatmosphäre korrigierte Sinkgeschwindigkeit bekanntlich dem gleichen physikalischen Zusammenhang wie Gl. (2.7-9) und läßt sich deshalb in der Form

$$w^{\text{II}} = \frac{1}{m_{\text{F}}\, g}\, (F^{\text{II}}\, V^{\text{II}} - W_{\text{ges}}^{\text{II}}\, V^{\text{II}}) \tag{2.7-16}$$

darstellen. Wir setzen hier Gl. (2.7-10) und Gl. (2.7-15) ein und erhalten nach einigen Zwischenrechnungen

$$w^{\text{II}} = \frac{1}{m_{\text{F}}\, g}\, (F^{*}\, V^{*} - W_{\text{ges}}^{*}\, V^{*})\, \sqrt{\frac{T_{\text{s soll}}}{T_{\text{s}}^{*}}} - \frac{V^{*}}{m_{\text{F}}\, g}\, \Delta F\, \sqrt{\frac{T_{\text{s soll}}}{T_{\text{s}}^{*}}}\,. \tag{2.7-17a}$$

Für F^{II} haben wir die in Gl. (2.4-15) bereitgestellte Beziehung $F^{\text{II}} = F^{*} - \Delta F$ eingesetzt. Für den Fall, daß sich der Rest an Vortriebskraft im Leerlauf vernachlässigen läßt, wird diese Beziehung ganz einfach

$$w^{\text{II}} = -\frac{W_{\text{ges}}^{*}\, V^{*}}{m_{\text{F}}\, g}\, \sqrt{\frac{T_{\text{s soll}}}{T_{\text{s}}^{*}}}\,. \tag{2.7-17 b}$$

Man sieht sofort ein, daß der Term $(F^{*}\, V^{*} - W_{\text{ges}}^{*}\, V^{*})/m_{\text{F}} g$ in Gl. (2.7-17 a) exakt der Sinkgeschwindigkeit unter Versuchsbedingungen entspricht. Weil die Größe ΔF wegen der Bedingung Gl. (2.4-18) verschwindet, gilt schließlich

$$w^{\text{II}} = w^{*}\, \sqrt{\frac{T_{\text{s soll}}}{T_{\text{s}}^{*}}} = \frac{\mathrm{d}H^{\text{II}}}{\mathrm{d}t^{*}}\,. \tag{2.7-18}$$

Es ist bemerkenswert, daß man bei dieser Korrektur im Prinzip weder auf die Vortriebskraft noch auf den Widerstand besonders eingehen muß. Die Sinkgeschwindigkeiten verhalten sich ganz einfach wie die Wurzeln der Temperaturen, ganz gleich, welcher Restschub und welcher Widerstand vorhanden ist.

Für die numerische Berechnung der temperaturkorrigierten Sinkgeschwindigkeit ist es wieder vorteilhaft, wenn wir die Schreibweise

$$w^{\mathrm{II}} = f^{\mathrm{II}}\, w^*$$
(2.7-19)

verwenden, worin w^* die gemessene Sinkgeschwindigkeit und

$$f^{\mathrm{II}} = \sqrt{\frac{T_{\mathrm{s\,soll}}}{T_{\mathrm{s}}^*}}$$
(2.7-20)

den Korrekturfaktor für den Temperatureinfluß darstellt.

Die Sinkgeschwindigkeit wird hier entsprechend dem in Gl. (2.7-7) bereitgestellten Zusammenhang aus der Höhenänderung pro Zeiteinheit bestimmt, wobei die barometrische Höhenstufe durch

$$\mathrm{d}H^* = -\frac{\mathrm{d}p_{\mathrm{s}}^*}{\varrho_{\mathrm{s}}^*\, g} = -\,\mathrm{d}p_{\mathrm{s}}^*\,\frac{T_{\mathrm{s}}^*}{p_{\mathrm{s}}^*}\,\frac{R}{g}$$
(2.7-21)

gegeben ist. Damit gilt

$$w^* = \frac{\mathrm{d}H^*}{\mathrm{d}t^*} = -\frac{\mathrm{d}p_{\mathrm{s}}^*}{\mathrm{d}t^*}\,\frac{T_{\mathrm{s}}^*}{p_{\mathrm{s}}^*}\,\frac{R}{g}\,,$$
(2.7-22)

wonach w^* berechnet wird. Im Prinzip gelten hier die gleichen Zusammenhänge wie beim Steigen, was die Abhängigkeit zwischen $\mathrm{d}H^*$ und $\mathrm{d}p_{\mathrm{s}}^*$ unter dem atmosphärischen Temperatureinfluß anbetrifft, s. dazu Bild 2.54.

C.1.b Windkorrektur

Wir gehen ähnlich vor wie beim Steigflug, vgl. dazu Abschnitt 2.4.2. So wird angenommen, daß der Wind parallel zum Boden bläst. Die dabei auftretenden Windgradienten $\mathrm{d}u_{\mathrm{Wg}}/\mathrm{d}H$ werden auch hier vom Piloten als Änderung der Fluggeschwindigkeit registriert und durch entsprechende Änderung der Nicklage kompensiert, womit sich die Sinkgeschwindigkeit ändert.

Für den stationären Sinkflug bei Windstille gilt

$$\dot{e}^{\mathrm{I}} = \frac{\mathrm{d}H^{\mathrm{I}}}{\mathrm{d}t^*}\,,$$
(2.7-23)

während sich der Sinkflug bei Wind in der Form

$$\dot{e}^{\mathrm{II}} = \frac{\mathrm{d}H^{\mathrm{II}}}{\mathrm{d}t^*} + \frac{V^{\mathrm{II}}}{g}\,\frac{\mathrm{d}u_{\mathrm{Wg}}\cos\gamma_{\mathrm{a}}}{\mathrm{d}t^*}$$
(2.7-24)

darstellt unter der Voraussetzung, daß die Temperaturkorrektur bereits durchgeführt ist. Hierin gibt $V^{\mathrm{II}} = Ma^* \sqrt{\kappa R} \sqrt{T_{\mathrm{s\,soll}}}$ die der Norm-temperatur entsprechende Fluggeschwindigkeit an, während u_{Wg} die horizontale Windkomponente und γ_{a} den Flugwindneigungswinkel bedeutet. Wegen $e^{\,\mathrm{I}} = e^{\,\mathrm{II}}$ gehorcht die Korrekturgleichung der Beziehung

$$\frac{\mathrm{d}H^{\mathrm{I}}}{\mathrm{d}t^*} = \frac{\mathrm{d}H^{\mathrm{II}}}{\mathrm{d}t^*} \left(1 + \frac{Ma^* \sqrt{\kappa\,R} \sqrt{T_{\mathrm{s\,soll}}}}{g} \frac{\mathrm{d}u_{\mathrm{Wg}} \cos \gamma_{\mathrm{a}}}{\mathrm{d}H^{\mathrm{II}}} \right). \qquad (2.7\text{-}25)$$

Wir führen für $\mathrm{d}H^{\mathrm{I}}/\mathrm{d}t^*$ die Größe w^{I} und für $\mathrm{d}H^{\mathrm{II}}/\mathrm{d}t^*$ die Größe w^{II} ein und schreiben

$$w^{\mathrm{I}} = f^{\mathrm{I}}\, w^{\mathrm{II}}. \qquad (2.7\text{-}26)$$

Hierin ist

$$f^{\mathrm{I}} = 1 + \frac{Ma^* \sqrt{\kappa\,R} \sqrt{T_{\mathrm{s\,soll}}}}{g} \frac{\mathrm{d}u_{\mathrm{Wg}} \cos \gamma_{\mathrm{a}}}{w^{\mathrm{II}}\, \mathrm{d}t^*} \qquad (2.7\text{-}27)$$

der Korrekturfaktor für den Wind.

Nach Gl. (2.4-33) können wir für den Flugwindneigungswinkel die Beziehung

$$\gamma_{\mathrm{a}} = \arcsin \left(\frac{w^{\mathrm{II}}}{Ma^* \sqrt{\kappa\,R} \sqrt{T_{\mathrm{s\,soll}}}} \right) \qquad (2.7\text{-}28)$$

verwenden.

C.1.c Korrektur der Flugmasse

Ausgangsbasis der Überlegungen ist die weiter oben abgeleitete Gl. (2.7-8)

$$w = \frac{\mathrm{d}H}{\mathrm{d}t} = \frac{F - W_{\mathrm{ges}}}{m_{\mathrm{F}}\, g}\, V. \qquad (2.7\text{-}29)$$

Die Abhängigkeit von der Flugmasse läßt sich wieder durch partielle Differentiation feststellen. Dabei ist zu berücksichtigen, daß auch die Variable W_{ges} von m_{F} abhängt, da die Flugmasse in den Anteil des induzierten Widerstands eingeht. Man erhält damit analog zum Steigen exakt den selben Zusammenhang wie in Gl. (2.4-35), nämlich

$$\mathrm{d}w = -\frac{F - W_{\mathrm{ges}}}{m_{\mathrm{F}}\, g}\, V \frac{\mathrm{d}m_{\mathrm{F}}}{m_{\mathrm{F}}} - \frac{V}{m_{\mathrm{F}}\, g}\, \mathrm{d}W_{\mathrm{ges}}, \qquad (2.7\text{-}30)$$

unter der Annahme, daß die Fluggeschwindigkeit konstant bleibt. Das Glied $(F - W_{\mathrm{ges}})/m_{\mathrm{F}}\, g$ läßt sich nach Gl. (2.7-29) durch w ersetzen, womit man die Beziehung

$$dw = -w \frac{dm_F}{m_F} - \frac{V}{m_F\, g}\, dW_{ges} \qquad (2.7\text{-}31)$$

bzw.

$$\Delta w^I = -w \frac{\Delta m_F}{m_F^*} - \frac{Ma^* \sqrt{\kappa\, R}\, \sqrt{T_{s\,soll}}}{m_F^*\, g}\, \Delta W_{ges} \qquad (2.7\text{-}32)$$

erhält. Hierin ist w^I die Sinkgeschwindigkeit bei Normtemperatur und Windstille nach Gl. (2.7-26), also vor der Korrektur der Flugmasse. Für das Inkrement der Flugmasse läßt sich die Beziehung

$$\Delta m_F = m_F^* - m_{F\,soll} \qquad (2.7\text{-}33)$$

einsetzen, worin m_F^* die gemessene und $m_{F\,soll}$ die Bezugsflugmasse darstellt.

Für das Widerstandsinkrement ΔW_{ges} gelten die gleichen Ableitungen wie bei der Korrektur der Masseeinflüsse auf die Steigflugleistungen. Wir können hier somit ohne weiteres auf Gl. (2.4-43) zurückgreifen. Es gilt

$$\Delta W_{ges} = \frac{2\,[(m_F^*\, g\, \cos\, \gamma_a)^2 - (m_{F\,soll}\, g\, \cos\, \gamma_{a\,soll})^2]}{p_s^*\, Ma^{*2}\, \kappa\, \pi\, b^2}, \qquad (2.7\text{-}34)$$

worin b wieder die Flügelspannweite darstellt und die Flugwindneigungswinkel γ_a und $\gamma_{a\,soll}$ durch einen mittleren Wert nach Gl. (2.4-33) ersetzt werden können.

Faßt man schließlich Gl. (2.7-34) und Gl. (2.7-33) mit Gl. (2.7-32) zusammen und berücksichtigt dabei Gl. (2.4-33), so erhält man nach einigen Zwischenrechnungen für ΔW_{ges} die Beziehung

$$\Delta w = -w^I \left(1 - \frac{m_{F\,soll}}{m_F^*}\right)$$

$$- \frac{2\, g\, \sqrt{\kappa\, R}\, \sqrt{T_{s\,soll}}}{\kappa\, \pi\, b^2} \frac{\cos^2\left[\text{arc sin}\,(w^{II}/Ma^* \sqrt{\kappa\, R}\, \sqrt{T_{s\,soll}})\right]}{p_s\, Ma^*} \frac{m_F^{*2} - m_{F\,soll}^{*2}}{m_F^*}.$$

$$(2.7\text{-}35)$$

Diese nutzen wir, um die Korrekturgleichung zu bilden. Sie läßt sich in der Form

$$w = w^I - \Delta w = w^I \left(1 - \frac{\Delta w}{w^I}\right) \qquad (2.7\text{-}36)$$

definieren und in der Form

$$w = f \, w^{\mathrm{I}} \tag{2.7-37}$$

darstellen. Hierin ist w^{I} die temperatur- und windkorrigierte Sinkgeschwindigkeit nach Gl. (2.7-26) und

$$f = 1 - \frac{\Delta w}{w^{\mathrm{I}}} \tag{2.7-38}$$

der Korrekturfaktor für die Flugmasse. Für Δw wird Gl. (2.7-35) eingesetzt.

Zusammenfassung: Faßt man die Korrekturgleichungen zusammen so erhält man

$$w = w^* \, f^{\mathrm{II}} \, f^{\mathrm{I}} \, f \, . \tag{2.7-39}$$

Die Gleichungen dafür sind in der nachfolgenden Tabelle zusammengefaßt

Tabelle 2.18   Gleichungen der Korrekturfaktoren

Faktor	f^{II}	f^{I}	f
Gleichung	2.7-20	2.7-27	2.7-38

C.2   Zeit zum Sinken

Ganz analog zu Gl. (2.4-50) gilt

$$t = \sum_{H_{\mathrm{A}}}^{H_{\mathrm{E}}} \frac{\Delta H}{w(H)} \, . \tag{2.7-40}$$

Man beachte, daß hier wegen $H_{\mathrm{E}} < H_{\mathrm{A}}$ die Größe ΔH negativ wird. Wegen des negativen Vorzeichens von $w(H)$ wird t jedoch positiv, wie zu erwarten ist $w(H)$ ist die korrigierte Sinkgeschwindigkeit nach Gl. (2.7-39).

C.3   Brennstoffverbrauch

Der Brennstoffverbrauch ist eine Funktion von Machzahl und Bruttoschub und der Bruttoschub hängt von der Kräftebilanz am Flugzeug während des Sinkflugs ab. Analog zu Gl. (2.4-51) gilt

$$F_{\mathrm{B}} \cos (\alpha + \sigma) - \dot{m}_{\mathrm{L}} \, V = F = \frac{m_{\mathrm{F}} \, g}{V} \, w + W_{\mathrm{ges}} \tag{2.7-41}$$

unter der Voraussetzung, daß ein stationärer Sinkflug vorliegt und dadurch das Beschleunigungsglied wegfällt.

An Hand dieser Gleichgewichtsbedingung läßt sich die Rest-Vortriebskraft unter korrigierten Randbedingungen sofort angeben. Sie gehorcht der Beziehung

$$F = \frac{m_{\text{F soll}}\, g}{Ma^* \sqrt{\kappa\, R}\, \sqrt{T_{\text{s soll}}}}\, w + \frac{C_{\text{W ges}}\, p_s^*\, Ma^{*2}\, \kappa\, S}{2}\,, \qquad (2.7\text{-}42)$$

worin w die korrigierte Sinkgeschwindigkeit nach Gl. (2.7-39) und $m_{\text{F soll}}$ unsere Bezugsflugmasse darstellt. Wir können für unsere Betrachtungen den Einlaufwiderstand $\dot{m}_{\text{L}}\, V$ vernachlässigen. Dann folgt der Bruttoschub der Gleichung

$$F_{\text{B}} = \frac{F}{\cos\,(\alpha^* + \sigma)}\,. \qquad (2.7\text{-}43)$$

Damit können wir uns den reduzierten Bruttoschub

$$F_{\text{B red}} = F_{\text{B}}\, \frac{p_{\text{n}}}{p_s^*} \qquad (2.7\text{-}44)$$

sofort berechnen. Hierzu wird nun aus Tabellen oder Diagrammen der reduzierte Brennstoffdurchsatz $\dot{m}_{\text{B red}}$ abgelesen, s. Bild 2.6 b.
In einem weiteren Schritt wird aus $\dot{m}_{\text{B red}}$ der entsprechende Brennstoffdurchsatz bestimmt. Er läßt sich mittels der Beziehung

$$\dot{m}_{\text{B}} = \dot{m}_{\text{B red}}\, \frac{p_s^*}{p_{\text{n}}} \sqrt{\frac{T_{\text{s soll}}}{T_{\text{n}}}} \qquad (2.7\text{-}45)$$

ausrechnen.

C.4 Übergrundstrecke

Sie folgt aus der Fluggeschwindigkeit, dem beim Sinken zurückgelegten Höhenunterschied und der Sinkgeschwindigkeit. Es gilt hier der einfache geometrische Zusammenhang nach Bild 2.80

$$x_{\text{g}} = \sum_{H_{\text{A}}}^{H_{\text{E}}} \cot \left[\arc \sin \left(\frac{w}{Ma^* \sqrt{\kappa\, R}\, \sqrt{T_{\text{s soll}}}} \right) \right] \Delta H\,. \qquad (2.7\text{-}46)$$

Hierin ist $w = w\,(H)$ die korrigierte Sinkgeschwindigkeit nach Gl. (2.7-39) und x_{g} ist die Strecke, die das Flugzeug von der Höhe H_{A} bis zur Höhe H_{E} während des Sinkfluges zurücklegt.

2.7.3 Versuchsablauf

Wie beim Steigen wird auch hier wieder streng zwischen zwei Arten von Versuchen unterschieden:

● Zuerst wird das optimale Sinkgesetz bestimmt, was im Prinzip auf die Ermittlung von $\dot e$ hinausläuft. Dieses geschieht mit Hilfe von Verzögerungs- bzw. stationären Sinkflügen. Beide Verfahren wurden bereits in Abschnitt 2.1.3 ausführlich behandelt. In Tabelle 2.3 sind auch die Versuchsparameter angegeben. Mit dem optimalen Sinkgesetz wird das empfohlene Sinkgesetz festgelegt.

● Nach dem empfohlenen Sinkgesetz wird eine Serie von Sinkflügen durchgeführt. Die Versuchsparameter dazu sind in Tabelle 2.19 zusammengestellt.

Tabelle 2.19　Versuchsparameter zur Ermittlung der Sinkflugleistung

Bodenmessung			
	u_{Wg}	m/s	horizontale Windkomponente in Flugrichtung
	m_{F0}	kg	Abflugmasse **)
	m_B	kg	verbrauchte Brennstoffmasse *)
	$\dot m_B$	kg/s	Brennstoffdurchsatz *)
	p_{si}	N/m²	gemessener statischer Umgebungsdruck
	q_{ci}	N/m²	gemessener Auftreffdruck
	T_{ti}	K	gemessene Totaltemperatur

Die linke Randspalte nennt oben „Bodenmessung" und unten „Bodenmessung"; rechts sind die Größen zusammengefasst zu $\left.\right\}\,m_F$ sowie $\left.\right\}\,V_c$, zusammen $\left.\right\}\,Ma_i$.

*)　gemessen ab Anlassen der Triebwerke
**)　gemessen vor dem Anlassen der Triebwerke

2.7.4 Versuchsauswertung

Das optimale Sinkgesetz wird ausgewertet, wie in Abschnitt 2.1.4 und 2.7.2 beschrieben. Wir erhalten damit Kennfelder in der Art von Bild 2.81 und Bild 2.82.
Die Sinkflugleistung werten wir mit Hilfe des in Abschnitt 2.7.2 bereitgestellten Formelapparates aus.
Bild 2.84 zeigt das empfohlene Sinkgesetz am Beispiel eines Kampfflugzeugs im Höhen-Machzahl Diagramm. Die Kurven a bis c geben die in 3 ver-

schiedenen Versuchen erzielten Sinkflüge wieder. Die Sinkflüge begannen
in etwa 7 000 m Höhe und wurden bis auf etwa 1 000 m Höhe herunter-
geführt.

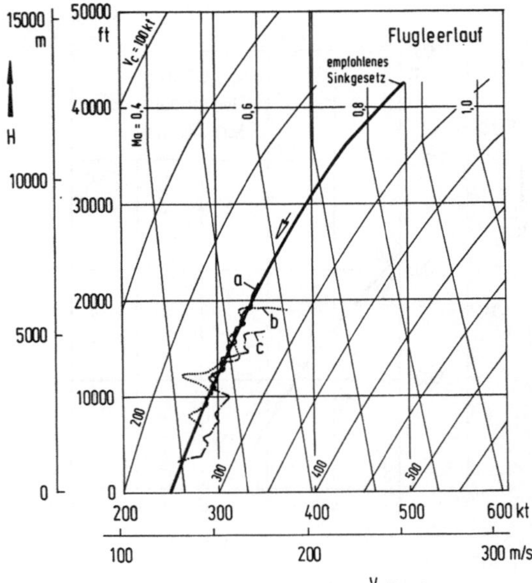

Bild 2.84
Versuchsflüge zur Ermitt-
lung der Sinkflugleistung im
Höhen-Machzahl-Diagramm

Die folgenden Bilder zeigen die Fähigkeit des Korrekturverfahrens, Abweichungen des Versuchsablaufs von der vorgeschriebenen Prozedur auszugleichen.

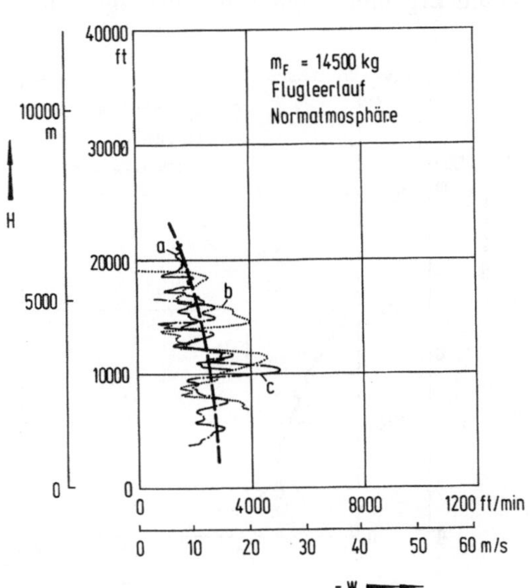

Bild 2.85
Sinkgeschwindigkeit als
Funktion der Flughöhe

Bild 2.85 gibt die Sinkgeschwindigkeit wieder, die hier, wie man erkennt,
zum Boden hin leicht zunimmt. In diesem Fall schwanken die Ergebnisse
allerdings im Mittel etwa um ± 5 m/s.

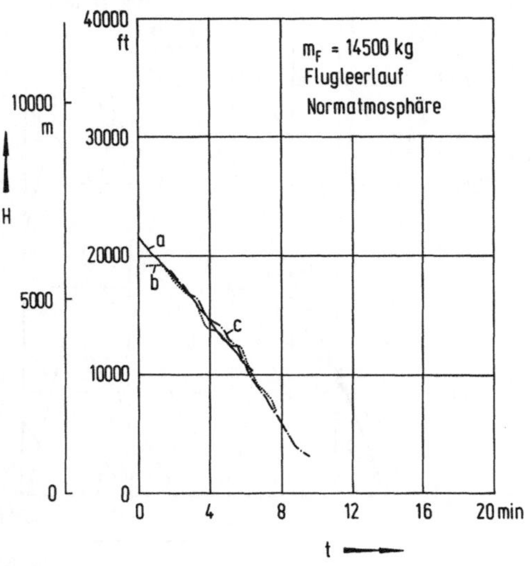

Bild 2.86
Zeit zum Sinken als
Funktion der Flughöhe

Die Zeit zum Sinken gibt Bild 2.86 wieder, Bild 2.87 zeigt den Verlauf des
Brennstoffverbrauchs und Bild 2.88 die zurückgelegte Übergrundstrecke als
Funktion der Flughöhe. Hier weisen bei allen drei Versuchen die korrigier-
ten Ergebnisse keine Abweichungen auf.

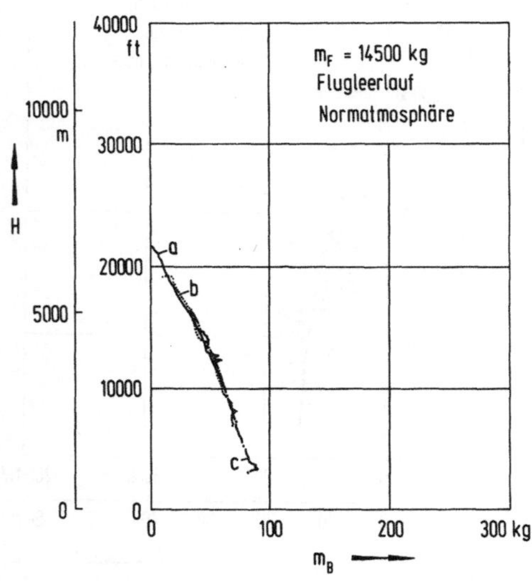

Bild 2.87
Brennstoffverbrauch als
Funktion der Flughöhe

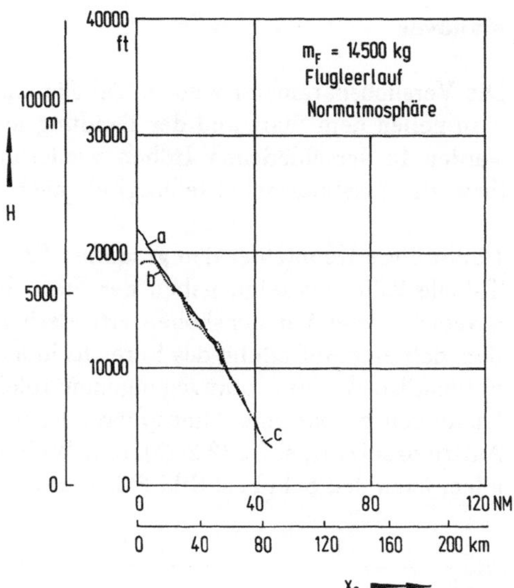

Bild 2.88
Übergrundstrecke als
Funktion der Flughöhe

2.8 Zusammenfassung

Die Abschnitte 2.1 bis 2.7 dieses Kapitels befaßten sich mit den einzelnen
Sparten der Flugleistungen, den dazugehörenden Flugversuchsmethoden
und deren Ableitungen.

In diesem Abschnitt wollen wir die gefundenen Versuchsabläufe zu einem
geschlossenen Erprobungsprogramm zusammenfassen. Da mehrere der
oben behandelten Verfahren die gleichen Manöver benutzen, läßt sich durch
geschickte Kombination dieser Versuchsabläufe Flugzeit einsparen.

Das Ergebnis eines solchen in sich abgestimmten Erprobungsprogramms ist
ein vollständiger Satz von Flugleistungskennfeldern. Er gibt Auskunft über
die Start- und Landeleistung, die Steigflugleistung, die Horizontalflugleistung, die Kurvenflugleistung und die Sinkflugleistung. Zugleich gewinnt
man das Totalenergiekennfeld des Flugzeugs sowie Kennfelder für die Vortriebskraft als Funktion von Höhe, Machzahl und Brennstoffdurchsatz,
woraus sich unter anderem die Widerstandsbeiwerte für die Bestimmung der
Flugzeugpolare ableiten lassen.

Manöver

Die Versuchsparameter sind in Tabelle 2.20 aufgelistet. Man erkennt, daß man neben dem Start und der Landung mit 7 Manövern auskommt. Diese werden in verschiedenen Höhen wiederholt, wobei sowohl die Machzahl (bzw. die Leistungshebelstellung) als auch die Flugmasse variiert wird.

Damit diese Kennfelder den gesamten Höhenbereich abdecken, sind, wie in Tabelle 2.20 angezeigt, neben der Start- bzw. Landebahnhöhe mindestens 4 verschiedene Versuchshöhen erforderlich. Es sollte hierzu bemerkt werden, daß eine Aufteilung des Bereichs in äquidistante Höhenintervalle nicht optimal ist. Wie die vorangegangenen Ableitungen zeigen, hängen die Flugleistungen primär vom Atmosphärendruck ab. Dieser bestimmt neben dem Auftriebsbeiwert, s. Gl. (2.2-25), und Widerstandsbeiwert, s. Gl. (2.2-26), vor allem auch den Schub, s. Bild 2.8, und den Brennstoffdurchfluß, s. Bild 2.9.

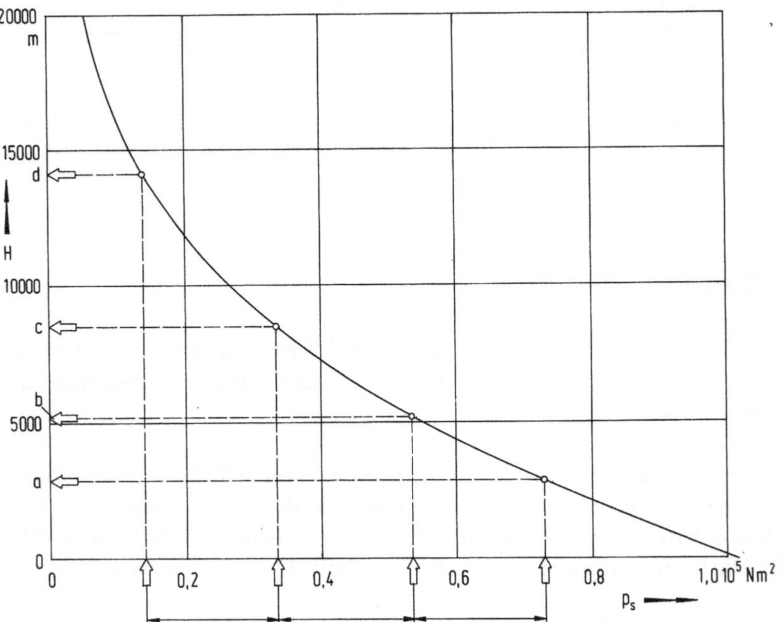

Bild 2.89 Festlegung der Versuchshöhen nach konstanten Intervallen des Atmosphärendrucks

Weil der Umgebungsdruck mit zunehmender Flughöhe asymptotisch abnimmt, sollte man die Versuchshöhen so wählen, daß sich der Druck von einer Höhe zur anderen in etwa gleichen Intervallen ändert, um den

Höheneinfluß differenziert herauszuarbeiten. Das bedeutet nach oben zunehmende Abstände zwischen den Versuchshöhen a, b, c, d ..., s. Bild 2.89.

Tabelle 2.20 Mindestbedarf an Flugversuchsmanövern und Meßpunkten zur Bestimmung der Flugleistungskennfelder

Versuchsmanöver		Parameter				Zweck der Manöver	Bild
		H	Ma	m_F	δ_T		
Start		1	—	4	max.	Startleistung	2.47
stationärer Steigflug		4	1	1	max.	Totalenergie Steigflugleistung	2.18 2.85 bis 2.88
beschleunigter horizontaler Geradeausflug		4	—	1	5	Totalenergie opt. Steiggesetze Kurvenflugleistung Vortriebskraft	2.18 2.49 2.79 2.26
verzögerter horizontaler Kurvenflug		4	—	1	1	Totalenergie Kurvenflugleistung	2.18 2.79
stationärer horizontaler Geradeausflug		4	6	1	—	Totalenergie Horizontalflug- leistung	2.18. 2.67
beschleunigter horizontaler Kurvenflug		4	—	1	1	Totalenergie Kurvenflugleistung	2.18 2.79
verzögerter horizontaler Geradeausflug		4	—	1	5	Totelenergie opt. Sinkgesetze Vortriebskraft	2.18 2.81 2.26
stationärer Sinkflug		4	1	1	min.	Totalenergie Sinkflugleistung	2.18 2.56 bis 2.59
Landung		1	—	4	min.	Landeleistung	2.48

Machzahl und Leistungshebelstellung

Auch diese sollten in jeder der gewählten Flughöhen möglichst den gesamten ausfliegbaren Geschwindigkeitsbereich abdecken.

● Beim stationären horizontalen Geradeausflug richtet sich die Leistungshebelstellung allein nach der vorgegebenen Machzahl. Hierbei kommt man, wie die Erfahrung zeigt, mit 5 bis 7 verschiedenen Machzahlen aus.

● Beim beschleunigten wie verzögerten horizontalen Geradeaus- und Kurvenflug genügen 4 verschiedene Leistungshebelstellungen, wobei der Geschwindigkeitsbereich jeweils von der obersten bzw. untersten ausfliegbaren Geschwindigkeitsgrenze bis zum zugehörigen stationären Flugzustand (der sich bei der gewählten Leistungshebelstellung einstellt) durchflogen wird, s. dazu Bild 2.90.

● Beim stationären Steigflug liegt die maximale Leistungshebelstellung (Voll-Last) an. Der stationäre Sinkflug wird mit minimaler Leistungshebelstellung (Leerlauf) durchgeführt. In diesen beiden Fällen geschieht die Variation der Machzahl über den Flugwindneigungswinkel

● Start und Landung verstehen sich von selbst mit maximaler bzw. minimaler Leistungshebelstellung

Flugmasse

Im Prinzip genügt eine einzige Flugmasse, um Auskunft über das Flugleistungspotential des Flugzeugs zu gewinnen.
Bei den Start- und den Landestrecken, wo die Flugmasse die Haupteinflußgröße ist, braucht man 3 bis 4 verschiedene Werte, um die Tendenz im Streckenverlauf eindeutig festzustellen. Diese sollten allerdings das Spektrum der zugelassenen Beladungszustände abdecken.
Für den Start, den Steigflug und den Kurvenflug sind die großen Flugmassen von Bedeutung, während für Sinkflug und Landung eher die kleinen Flugmassen interessieren.

Darstellung im Höhen-Machzahl Diagramm

Da ein solches zusammenfassendes Erprobungsprogramm ohnehin in mehreren Flügen, mit Zwischenlandung zum Auftanken, durchgeführt werden muß, können die Manöver so abgeflogen werden, daß Start, Steigflug und Kurvenflug von den hohen, Sinkflug und Landung von den niedrigen Flugmassen profitieren. Die Horizontalflugleistung läßt sich dabei voll-

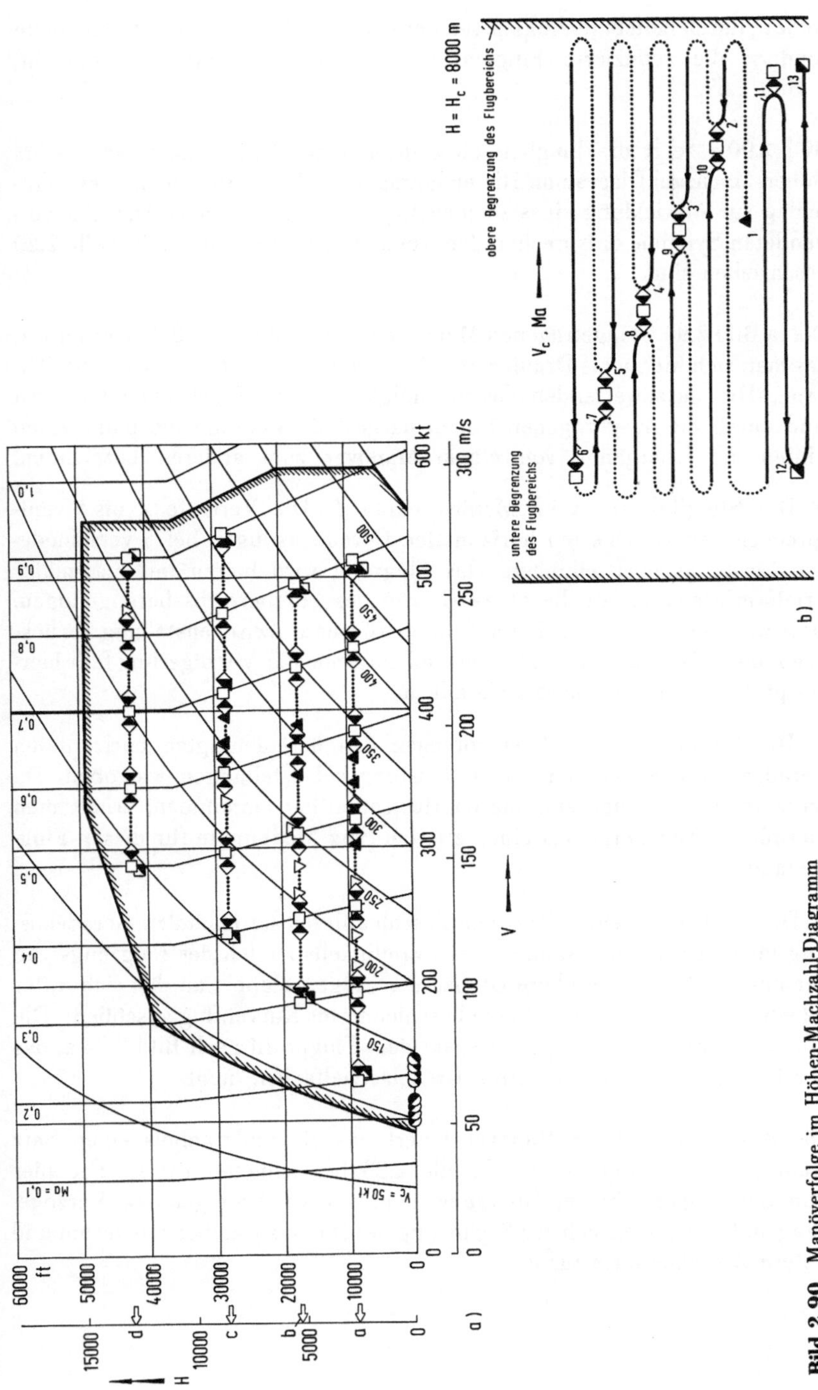

Bild 2.90 Manöverfolge im Höhen-Machzahl-Diagramm

ständig durch beliebige Flugmassen abdecken, da hier nicht die Masse allein sondern die reduzierte Flugmasse m_F / δ in die Kennfelder eingeht, s. Bild 2.67.

Bild 2.90 a zeigt die Flugbereichsgrenzen eines Unterschallflugzeugs im Höhen-Machzahl Diagramm. Die eingetragenen Manöverfolgen sind ein Vorschlag zur Abwicklung eines solchen Erprobungsprogramms. Die hier verwendeten Symbole entsprechen den Versuchsmanövern, die in Tabelle 2.20 beschrieben sind.

Die in Bild 2.90 a eingetragenen Manöverfolgen sind in Bild 2.90 b erläutert, das man sich hierzu als Draufsicht auf eine Flugfläche $H = $ const vorstellen kann. Die auszuwertenden Geschwindigkeits- bzw. Machzahländerungen sind durch die ausgezogenen Linien dargestellt, während die punktierten Linien die Übergänge von einem Manöver zum anderen bezeichnen:

● Der Steigflug endet im Manöverpunkt *1*. Die Verläufe *2* bis *6* entsprechen den verzögerten horizontalen Geradeausflügen bei 5 verschiedenen Leistungshebelstellungen. Das Flugzeug wird hierzu mit maximaler Triebwerksleistung an die obere Grenze des Flugbereichs herangeflogen. Dort wird der Leistungshebel auf die gewünschte Zwischenstellung zurückgenommen. Der stationäre Flugzustand am Ende der Verzögerung fällt hierbei praktisch als Nebenergebnis mit ab.

● Die Verläufe *7* bis *10* entsprechen den beschleunigten horizontalen Geradeausflügen bei den selben Leistungshebelstellungen wie oben. Da diese wieder in einen stationären Horizontalflug einmünden, erhält man hiermit als Nebenergebnis einen zweiten Satz Meßpunkte für diesen Flugzustand.

● Der Verlauf *11* entspricht dem beschleunigten horizontalen Geradeausflug quer durch den gesamten Geschwindigkeitsbereich des Flugzeugs von der unteren bis an die obere Grenze der Flugenveloppe, an den sich unter *12* ein verzögerter und mit *13* ein beschleunigter Kurvenflug anschließt. Die Manöverfolge *11* bis *13* gleicht exakt dem Flugprofil nach Bild 2.74 a, das der Bestimmung des stationären Grenzlastvielfachen dient.

Die Auswertung dieser Manöver liefert uns als Endergebnis einen Satz Kennfelder in Form der in Tabelle 2.20 bezeichneten Bilder. Die hier punktiert eingezeichneten Übergänge sind Beschleunigungen bzw. Verzögerungen. Diese lassen sich zur Ergänzung der Daten zusätzlich auswerten und liefern Zwischenwerte für $\dot{e}$.

3 Zelle und Triebwerk als Einzelsysteme

Die im vorangegangenen Kapitel behandelten Verfahren betreffen die
Erprobung des Flugzeugs als Gesamtsystem. Diese zeichnet sich dadurch
aus, daß keine besonderen Kenntnisse über das Triebwerk erforderlich sind.
Als unmittelbares Ergebnis gewinnt man die Kennfelder für die einzelnen
Bereiche der Flugleistungen wie Start- und Landung, Steigflug, Horizontalflug, Kurvenflug und Sinkflug.
In diesem Kapitel wird dagegen in aller Strenge zwischen den Leistungs-
anteilen der Zelle und denen des Triebwerks unterschieden. Man erhält bei
dieser Betrachtungsweise zum einen die Kennfelder für den Brennstoffverbrauch, den Luftdurchsatz und den Schub. Zum anderen gewinnt man
Aussagen über die aerodynamischen Kräfte A und W (Auftrieb und Widerstand), die von der Zelle herrühren. Über den Auftrieb und den Widerstand
kommen wir auf die Polare der Flugzeugzelle, welche in Verbindung mit den
Triebwerkskennfeldern die Grundlage jeder Flugleistungsrechnung darstellt. Sie unterscheidet sich von den Flugzeugpolaren dadurch, daß sie nur
die Einflüsse der Zelle ohne die verschiedenen Einflüsse des Antriebssystems
enthält. Die Leistungsrechnung selber ist nicht Gegenstand dieses Buchs.

3.1 Allgemeines

Der Weg über die Zellen-Polare stellt die einzelne Möglichkeit dar,
Vergleiche zwischen Flugversuchsergebnissen und Windkanalvorhersagen
anzustellen oder die Einflüsse von speziellen Bauelementen auf die Flugleistungen zu erfassen oder auch, durch entsprechende Hochrechnungen,
die Auswirkungen von konstruktiven Änderungen an Zelle und Triebwerk
auf die Flugleistungen vorauszusagen. Dieser Weg ist allerdings mit einem
hohen Meß-, Kalibrier-, Software- und Rechenaufwand verbunden.
Die darauf abgestellte Versuchsmethodik wird deshalb vorwiegend von der
Industrie, und zwar bei der Erprobung von neu entwickelten Flugzeugen, angewandt. Sie ist ein geeignetes Werkzeug, wenn es darum geht, die
einzelnen Bauelemente zu optimieren und den Entwurf auf ein bestimmtes
Entwicklungsziel hin auszurichten. Das Problem bei dieser Art der Versuchsmethodik besteht darin, daß die von der Aerodynamik des Flugzeugs
herrührenden Kräfte A und W einer Messung im Fluge nicht unmittelbar zugänglich sind.

Bisher, im Kapitel 2 dieses Buchs, hatten wir ausschließlich mit dem
Gesamtauftrieb A_{ges} und dem Gesamtwiderstand W_{ges} der Zellen-Triebwerks-

kombination operiert, die mit der nach unten wirkenden Trägheitskraft $m_F\,g\,n_{za}$ bzw. der nach vorn wirkenden Differenz aus Vortriebskraft F und Trägheitskraft $m_F\,g\,n_{xa}$ im Gleichgewicht stehen und deshalb relativ einfach zu ermitteln sind, s. Abschnitt 2.2. Da wir dabei immer nur die Leistungen des Flugzeugs als Gesamtsystem behandelt haben, reichte hier diese Betrachtungsweise vollständig aus.

Um Zelle und Antriebssystem unabhängig voneinander beurteilen zu können, müssen wir jedoch die aerodynamischen Auftriebs- und Widerstandskräfte isolieren, indem wir die einzelnen vom Antriebssystem herrührenden Kraftkomponenten in Auftriebs- und Flugwindrichtung bestimmen und von den Größen A_{ges} bzw. W_{ges} abziehen. Die Ermittlung der Zellen-Polare beruht somit im wesentlichen auf der Bestimmung der Antriebskräfte.

3.2   Grundbeziehungen

3.2.1   Antriebskräfte

Die Frage, ob bestimmte Flugleistungsphänomene dem Triebwerk (d.h. dem Schub) oder der Zelle (d.h. dem Widerstand) zugeschlagen werden sollen, ist häufig zwischen dem Triebwerks- und dem Zellenhersteller strittig.

3.2.1.1 Bruttoschubdefinition

Eine wichtige Voraussetzung ist die Einigung über die Definition des Schubes. Wir wollen im folgenden die in [10] benützten Definitionen verwenden, die inzwischen weitgehend Anerkennung gefunden haben.

Demnach denkt man sich die auf das Flugzeug zukommende Luftmasse aufgeteilt in einen inneren Luftstrom, der durch das Triebwerk fließt, und in einen äußeren Luftstrom, der die Zelle umströmt. Die Grenzfläche wird durch die Oberfläche der Stromröhre vor und hinter dem Triebwerk sowie durch die benetzte Oberfläche von Zelle und Triebwerk gebildet, s. Bild 3.1.

Nach dieser Definition werden dem Triebwerk alle diejenigen Kräfte zugeschlagen, die der innere Luftstrom auf Eintrittsstromröhre, Einlaufkanal, benetzte Oberfläche des Triebwerks und Austrittsstromröhre ausübt. Dementsprechend entfallen auf die Zelle diejenigen Kräfte, die der äußere Luftstrom an der Eintrittsstromröhre, der benetzten Oberfläche der Flugzeugstruktur und der Austrittsstromröhre hervorruft.

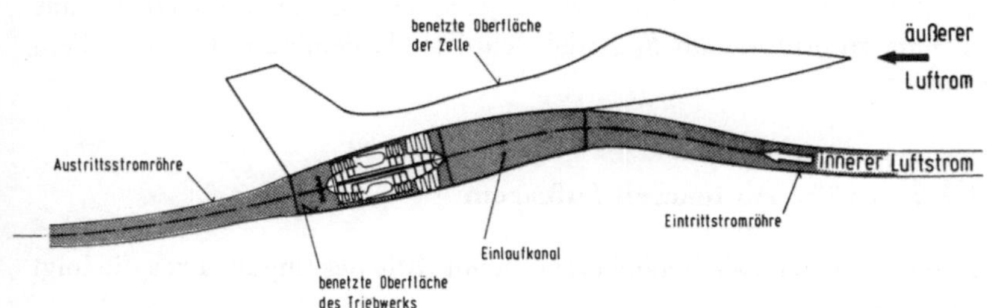

Bild 3.1 Aufteilung der die Zelle und das Triebwerk beaufschlagenden Luftströme

Für die Quantifizierung und Zuordnung dieser Kräfte ist eine Abgrenzung des Strömungsgebiets durch Kontrollebenen erforderlich. Diese werden senkrecht zur Strömungsrichtung in der Stromröhre definiert, s. Bild 3.2.

Man bezeichnet üblicherweise mit (0) einen Strömungsquerschnitt in genügender Entfernung vor dem Flugzeug, wo die Strömung noch ungestört ist. Die Ebene (1) wird gewöhnlich an den Einlaufdiffusor gelegt, während (2) den eigentlichen Triebwerkseinlauf am Ende des Einlaufkanals und (9) die Austrittsebene der Schubdüse angibt. Der Strömungsquerschnitt (00) liegt nach dieser Definition in hinreichender Entfernung hinter dem Flugzeug, wo sich der Abgasstrahl im Bezugsquerschnitt bereits wieder auf den Atmosphärendruck p_s entspannt hat. Mit (7) wird die Ebene hinter dem Nachbrenner, vor der Schubdüse, bezeichnet. Wir folgen mit diesen Festlegungen den in [10] gewählten Definitionen.

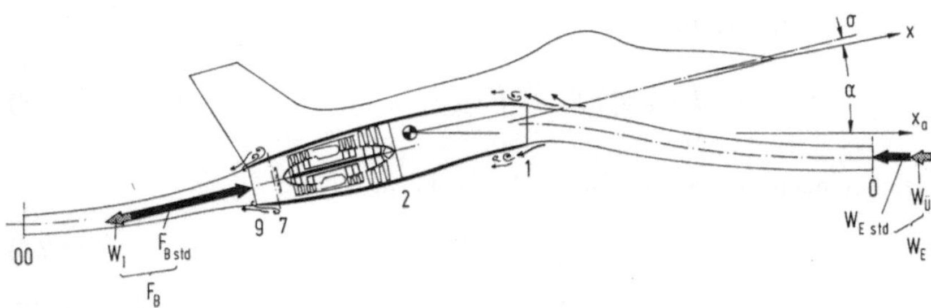

Bild 3.2 Definition der Kontrollebenen im inneren Luftstrom

Wir brauchen bei unseren Betrachtungen zunächst nur die beiden Ebenen (0) und (9) beachten, denn die Triebwerkshersteller greifen bei der Angabe der Triebwerksschübe immer auf die sogenannte Standardschub-Definition zurück, welche der Impuls- und Kraftänderung zwischen den Kontrollebenen (0) und (9) entspricht. Die daraus resultierende Schubkraft des Triebwerks stützt sich über die Innenströmung auf der Zelle ab. Sie setzt sich aus dem Standardbruttoschub $F_{\mathrm{B\,std}}$ und dem Standardeinlaufwiderstand $W_{\mathrm{E\,std}}$ zusammen.

3.2.1.2   Kräfte am inneren Luftstrom

Der Standardeinlaufwiderstand läßt sich mit Hilfe des Impulssatzes wie folgt anschreiben:

$$W_{\mathrm{E\,std}} = \int\limits_{(S_0)} \varrho_{\mathrm{s0}}\, u_0^2\, \mathrm{d}S + \int\limits_{(S_0)} (p_{\mathrm{s0}} - p_{\mathrm{s}})\, \mathrm{d}S\,. \tag{3.2.-1}$$

Hierin ist ϱ_{s0} die örtliche Luftdichte, u_0 die örtliche Strömungsgeschwindigkeit und p_{s0} der örtlich in der durchströmten Querschnittsfläche S_0 herrschende statische Druck, während p_{s} den statischen Druck in der ungestörten Strömung angibt.

Da nach Definition im Strömungsquerschnitt S_0 der statische Umgebungsdruck p_{s} herrschen soll, verschwindet das Druckintegral in der Gl. (3.2-1) und die Strömungsgeschwindigkeit u_0 ist identisch mit der wahren Fluggeschwindigkeit V.

Damit können wir den Standardeinlaufwiderstand durch die einfache Gleichung

$$W_{\mathrm{E\,std}} = \dot{m}_{\mathrm{L}}\, u_0 = \dot{m}_{\mathrm{L}}\, V \tag{3.2.-2}$$

ausdrücken.

In der Kontrollebene (9) liefert der Impulssatz den Zusammenhang für den Standardbruttoschub

$$F_{\mathrm{B\,std}} = \int\limits_{(S_9)} \varrho_{\mathrm{s9}}\, u_9^2\, \mathrm{d}S + \int\limits_{(S_9)} (p_{\mathrm{s9}} - p_{\mathrm{s}})\, \mathrm{d}S\,, \tag{3.2-3}$$

welcher nach Lösung der Integrale die Form

$$F_{\mathrm{B\,std}} = \dot{m}_{\mathrm{G}}\, u_9 + (p_{\mathrm{s9}} - p_{\mathrm{s}})\, S_9 \tag{3.2-4}$$

annimmt. Es bedeuten S_9 die Düsenaustrittsfläche u_9 die Austrittsgeschwindigkeit und p_{s9} den im Mündungsquerschnitt herrschenden statischen Druck, $\dot{m}_{\mathrm{G}}$ ist die in der Zeiteinheit ausströmende Gasmasse.

Darstellung von Schub und Gasdurchsatz durch meßbare Größen

Die Größen u_9, $\dot{m}_{\mathrm{G}}$ und $\dot{m}_{\mathrm{L}}$ sind einer Messung im Fluge nicht unmittelbar zugänglich. Wir werden sie im folgenden durch meßbare Größen ausdrücken, wofür sich die bekannten Beziehungen für den Ausfluß aus einem Behälter (Kessel) anbieten.

Man kann dazu die Kammer zwischen Turbine und Schubdüse, s. Bild 3.2 als Behälter auffassen, in dem ein definierter Ruhezustand herrscht, welcher sich durch den Gesamtdruck p_{t7} und die Gesamttemperatur T_{t7} in der Kontrollebene (7) auszeichnet. Das dorthin kontinuierlich nachgeschobene Gas strömt über die Schubdüse ins Freie ab, wodurch der Ruhezustand im Behälter praktisch aufrecht erhalten wird.

Die Beziehungen für den Strömungszustand in einem Gas, das über eine sich verjüngende Düse in der Art von Bild 3.2 aus einem solchen ''Behälter'' austritt, sind in der Literatur abgeleitet, z.B. in [11].

Bei einer idealen konvergenten Düse bleibt der statische Druck p_{s9} im Austrittsquerschnitt S_9 solange gleich dem Außendruck p_s, bis hier mit steigendem Gesamtdruck p_{t7} oder mit abnehmendem Außendruck die Schallgeschwindigkeit erreicht wird. Dieser Strömungszustand entspricht dem sogenannten kritischen Druckverhältnis

$$\left(\frac{p_{t7}}{p_{s9}}\right)_{\text{krit}} = \left(\frac{\kappa + 1}{2}\right)^{\frac{\kappa}{\kappa - 1}}. \tag{3.2-5}$$

Bei weiter zunehmendem Expansions-Druckverhältnis p_{t7}/p_s bleibt die Ausströmgeschwindigkeit gleich der Schallgeschwindigkeit, die Düse ist ''thermisch verblockt''. Ab hier übersteigt der Druck p_{s9} im Austrittsquerschnitt den Außendruck p_s, wenn p_{t7}/p_s weiter angehoben wird.

Um das Gas auf eine höhere als die Schallgeschwindigkeit zu beschleunigen, müßte man an die konvergente Düse in Bild 3.2 eine Erweiterung nach Laval anschließen. Bei dieser konvergent-divergenten Düse (Laval-Düse) herrscht im konvergenten Teil Unterschallgeschwindigkeit, im engsten Querschnitt Schallgeschwindigkeit und im divergenten Teil Überschallgeschwindigkeit. Da in jedem Fall der Massendurchsatz durch die Schallgeschwindigkeit im engsten Querschnitt bestimmt wird, müssen hier der engste und der Austrittsquerschnitt dem jeweiligen Druckverhältnis angepaßt werden, damit die Kontinuitätsbedingung erfüllt und die Strömung über die gesamte Düsenlänge beschleunigt wird. Andernfalls treten in der Düse Verdichtungsstöße auf und man erhält keine optimalen Verhältnisse.
Dieses macht eine aufwendige Konstruktion und ein Regelsystem erforderlich, weshalb man versucht, weitgehend mit konvergenten Düsen auszukommen. Letztlich wird die Düsenform aber durch die operationellen Forderungen bestimmt. Flugzeuge, die in niedrigen Höhen und im Bereich bis $Ma = 1.5$ operieren, sind heute meist mit konvergenten Düsen ausgerüstet. Die Theorie der Schubdüsen ist nicht Gegenstand dieses Buchs. Zu der exemplarischen Behandlung der Flugschubmessung mit kalibrierten Triebwerken dürfen wir uns deshalb an dieser Stelle auf die einfach überschaubaren Verhältnisse der konvergenten Düse beschränken. Bezüglich der konvergent - divergenten Düse sei auf die Literatur verwiesen, z.B. auf [11], wo die entsprechenden Zusammenhänge bereitgestellt sind.

Wir müssen also zwischen insgesamt 3 Strömungszuständen unterscheiden: mit unterkritischem, kritischem und überkritischem Druckverhältnis.

a) Unterkritisches Expansions-Druckverhältnis $p_{t7}/p_s < (p_{t7}/p_{s9})_{krit}$

In diesem Fall ist das Expansions-Druckverhältnis kleiner als der kritische
Wert nach Gl. (3.2-5). Damit stellt sich im Düsenendquerschnitt S_9 der
Umgebungsdruck ein. Es gilt also $p_{s9} = p_s$, was eine wichtige Voraus-
setzung für die nachfolgenden Überlegungen ist.

Da κ konstant und der Strömungsverlauf in der Düse isentrop angenommen
werden kann, läßt sich für die Strömungsgeschwindigkeit im Austrittsquerschnitt ohne Ableitung sofort die Gleichung

$$u_9 = \sqrt{\kappa\,R\,T_{t7}}\ \sqrt{\frac{2}{\kappa-1}\left[1-\left(\frac{p_s}{p_{t7}}\right)^{\frac{\kappa-1}{\kappa}}\right]} \tag{3.2-6}$$

anschreiben, s. dazu [11]. Das ist die Gleichung für die Geschwindigkeit an
einer Stelle der Düse, wo der Druck p_{s9} bzw. p_s herrscht, wenn das
strömende Gas aus einem Behälter mit den Zustandsgrößen p_{t7} und T_{t7}
stammt.
Die ausströmende Gasmasse $\dot{m}_G = S_9\,u_9\,\varrho_{s9}$ läßt sich mit Hilfe der
Gl. (3.2-6) und der Isentropenbeziehung $T_{s9}/T_{t7} = (p_{s9}/p_{t7})^{(\kappa-1)/\kappa}$ ausrechnen, wobei man $\varrho_{s9} = p_{s9}/R\,T_{s9}$ und $p_{s9} = p_s$ setzt. Damit erhält
man die bekannte Beziehung

$$\dot{m}_G = \frac{S_9\,p_{t7}}{\sqrt{R\,T_{t7}}}\left(\frac{p_s}{p_{t7}}\right)^{\frac{1}{\kappa}}\sqrt{\frac{2\,\kappa}{\kappa-1}\left[1-\left(\frac{p_s}{p_{t7}}\right)^{\frac{\kappa-1}{\kappa}}\right]}\,. \tag{3.2-7}$$

Setzt man die Gl. (3.2-7) und (3.2-6) in Gl. (3.2-4) ein, so erhält man nach einigen Zwischenrechnungen den Zusammenhang

$$F_{B\,std} = S_9\,p_s\,\frac{2\,\kappa}{\kappa-1}\left[\left(\frac{p_{t7}}{p_s}\right)^{\frac{\kappa-1}{k}}-1\right] \tag{3.2-8}$$

für den Standardbruttoschub. Der statische Restschub verschwindet hier
wegen $p_{s9} = p_s$.

b) Kritisches Expansions-Druckverhältnis $p_{t7}/p_s = (p_{t7}/p_{s9})_{krit}$

In diesem Fall hat das Expansions-Druckverhältnis exakt den Wert des
kritischen Druckverhältnisses nach Gl. (3.2-5). Dabei stellt sich im End-
querschnitt der Düse gerade noch der Umgebungsdruck ein, d.h. wie beim
unterkritischen Expansionsdruckverhältnis gilt $p_{s9} = p_s$. Die Austrittsgeschwindigkeit

$$u_9 = \sqrt{2\,R\,T_{t7}}\ \sqrt{\frac{\kappa}{\kappa+1}} \tag{3.2-9}$$

ist dabei identisch mit der örtlichen Schallgeschwindigkeit. Man erhält diesen Zusammenhang, indem man Gl. (3.2-5) in Gl. (3.2-6) einsetzt.

Die ausströmende Gasmasse $\dot{m}_G = S_9 u_9 \varrho_{s9}$ wird in diesem Fall mittels der Gl. (3.2-9), der Isentropenbeziehung $T_{s9}/T_{t7} = (p_{s9}/p_{t7})^{(\kappa-1)/\kappa}$ und der Beziehung $\varrho_{s9} = p_{s9}/R\,T_{s9}$ bestimmt, indem man den statischen Druck in der Düsenmündung, dem kritischen Druckverhältnis entsprechend, durch die Beziehung $p_{s9} = p_{t7}(2/(\kappa+1))^{\kappa/(\kappa-1)}$ ersetzt. Es folgt

$$\dot{m}_G = \frac{S_9\,p_{t7}}{\sqrt{R\,T_{t7}}}\,\sqrt{\kappa\left(\frac{2}{\kappa+1}\right)^{\frac{\kappa+1}{\kappa-1}}}. \tag{3.2-10}$$

Faßt man die beiden Gln. (3.2-10) und (3.2-9) mit Gl. (3.2-4) zusammen, setzt $p_{s9} = p_s$ und berücksichtigt bei p_{t7}/p_{s9} das kritische Druckverhältnis nach Gl. (3.2-5), so erhält man nach einigen Zwischenrechnungen den Zusammenhang

$$F_{B\,std} = S_9\,p_s\,\kappa \tag{3.2-11}$$

für den Standardbruttoschub. Auch hier verschwindet wieder der statische Restschub wegen $p_{s9} = p_s$.

c) Überkritisches Expansions-Druckverhältnis $p_{t7}/p_s > (p_t/p_{s9})_{krit}$

Im diesem Fall ist das Expansions-Druckverhältnis größer als das kritische Druckverhältnis entsprechend der Gl. (3.2-5). Da bei einer sich verjüngenden Düse bekanntlich dieses größtmögliche Verhältnis zwischen dem "Kesseldruck" und dem Druck in der Düsenmündung nicht überschritten werden kann, auch wenn p_{t7} weiter ansteigt bzw. p_s weiter absinkt, stellt sich im Austrittsquerschnitt ein statischer Druck p_{s9} ein, der nunmehr größer als der Umgebungsdruck p_s ist. Er wird allein durch den Druck p_{t7} in der Düsenvorkammer bestimmt, wobei der Zusammenhang von Gl. (3.2-5) gilt. Mit dem kritischen Druckverhältnis bleibt auch die Austrittsgeschwindigkeit konstant gleich der Schallgeschwindigkeit entsprechend der Gl. (3.2-9). Der Austrittsgeschwindigkeit entsprechend gilt auch bei überkritischem Druckverhältnis die Gl. (3.2-10).
Faßt man die Gln. (3.2-10) und (3.2-9) mit Gl. (3.2-4) zusammen, so erhält man für den Standardbruttoschub den Zusammenhang

$$F_{B\,std} = S_9\,p_s\left[2\left(\frac{2}{\kappa+1}\right)^{\frac{1}{\kappa-1}}\frac{p_{t7}}{p_s} - 1\right], \tag{3.2-12}$$

indem man für den statischen Druck in der Düsenmündung wieder die Beziehung $p_{s9} = p_{t7}(2/(\kappa+1))^{\kappa/(\kappa-1)}$ entsprechend dem kritischen Druckverhältnis einsetzt.

3.2.1.3 Kräfte durch Wechselwirkung zwischen innerem und äußerem Luftstrom

Der durch das Triebwerk geführte innere Luftstrom bleibt jedoch nicht ohne Rückwirkungen auf das äußere Strömungsfeld. Er übt auf diesem Wege auch Zusatzkräfte auf die Oberfläche der Zelle aus, deren lückenlose Erfassung für die erforderliche Trennung der aerodynamischen Kräfte von den Antriebskräften von gleicher Wichtigkeit ist wie die Ermittlung der beiden Schubkraftkomponenten $F_{B\,std}$ und $W_{E\,std}$.

Es ist üblich diese Zusatzkräfte in zwei Anteile aufzuspalten, von denen der eine am Vorkörper, der andere am Heckkörper des Flugzeugs wirksam wird. Die Trennlinie ist dabei willkürlich:

● Der sogenannte *Überlaufwiderstand* $W_{\ddot{U}}$ (engl.: "spillage drag") wird durch die Strömungsverhältnisse am Einlauf hervorgerufen.
Er kommt dadurch zustande, daß sich die Eintrittsstromröhre zwischen (0) und (1) erweitert (s. Bild 3.2), wodurch ein Teil des ankommenden Luftstroms über die Diffusorlippen zur Zellenoberfläche hin abgelenkt wird (überläuft). Dieser Überlaufvorgang bewirkt einerseits eine Druckkraft der divergierenden Stromröhre auf die Stirnfläche S_1 - S_0. Er verändert zum anderen aber gleichzeitig auch die Druckverteilung über der Zelle am Vorkörper des Flugzeugs, indem er dort den Strömungsverlauf beeinflußt und teilweise sogar Ablösungen und Wirbelbildungen an den Diffusorlippen hervorruft. Die Änderung der Druckverteilung ist mit zusätzlichen Saug- bzw. Druckkraftkomponenten in Strömungsrichtung verbunden.
Zusammenfassend bewirkt der Überlaufvorgang, abhängig von den Strömungsverhältnissen im inneren Luftstrom und den Anströmverhältnissen, die zusätzliche Widerstandskomponente $W_{\ddot{U}}$ (s. Bild 3.2), wodurch die wirksame Schubkraft des Triebwerks (der Nettoschub) vermindert wird.

Nach Definition verschwindet der Überlaufwiderstand $W_{\ddot{U}}$, wenn der Querschnitt S_0 der Eintrittsstromröhre gleich der Diffusoreintrittsfläche S_1 wird. Diese Zusammenhänge sind im einzelnen sehr anschaulich in [10] dargestellt.

Der Überlaufwiderstand $W_{\ddot{U}}$ kann nicht im Fluge gemessen werden. Er wird durch Kraftmessungen an skalierten Einlauf- bzw. Vorkörpermodellen im Windkanal bestimmt und als Funktion der verschiedenen Einflußgrößen für die Flugversuchsauswertung bereitgestellt. Man benutzt für diese Darstellungen gewöhnlich nicht die Kraft sondern den Kraftbeiwert

$$C_{w\ddot{u}} = \frac{W_{\ddot{u}}}{q\,S_2} \,, \qquad\qquad (3.2\text{-}13)$$

worin q den Staudruck und S_2 die Kontrollebene am Verdichtereintritt bedeutet. Dieser Kraftbeiwert hängt neben der Machzahl Ma und dem

Anstellwinkel α von den Zustandsgrößen p_{t2}, T_{t2} des Luftstroms am Verdichtereintritt und von der dort eintretenden Luftmasse $\dot{m}_L$ ab. Bild 3.3 macht diese Zusammenhänge an einem Beispiel deutlich.

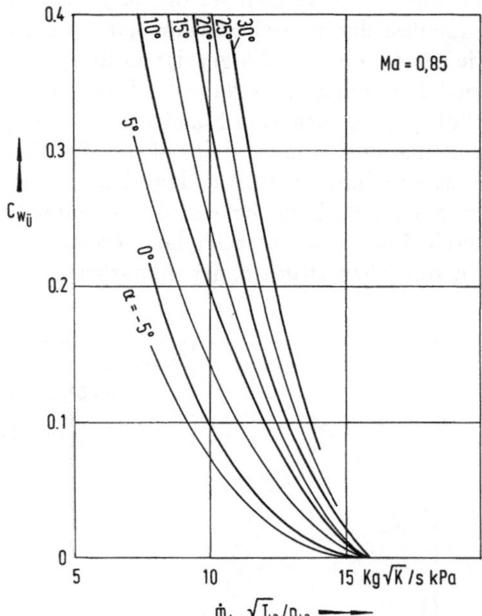

Bild 3.3
Typische Abhängigkeit des
Überlauf-Widerstandsbeiwerts
bei einem Seiteneinlauf

• Der sogenannte *Heck- bzw. Interferenzwiderstand* W_I (engl.: ''interference drag'') wird durch die gegenseitige Beeinflussung von Abgasstrahl und Zellenumströmung hervorgerufen.
Diese Wechselwirkungen sind sehr kompliziert und vielfältig und kaum in ihre einzelnen Einflüsse aufzuspalten. Eine sehr detaillierte Diskussion dieser Zusammenhänge findet sich in [12].
Letztendlich hängt von diesen Interferenzen zwischen Innen- und Außenströmung auch die Strömungsform am äußeren Mantel der Heckverjüngung ab, die teilweise sogar mit Ablösungen und Wirbelzonen verbunden ist, und auch die Form der sich ausbreitenden Glocke des Treibstrahls. Durch die sich einstellende Strömungsform werden die Druckverhältnisse im hinteren Heckteil des Flugzeugs bestimmt, welche für die dort herrschenden Kräfteverhältnisse verantwortlich sind.
Zusammenfassend bewirken die Interferenzvorgänge die zusätzliche Kraftkomponente W_I (s. Bild 3.2), die von den Strömungsverhältnissen im inneren Luftstrom und den Anströmverhältnissen abhängig ist. Diese kann entweder als Widerstand oder als zusätzliche Schubkomponente wirken.

Mit dem Interferenzwiderstand werden zugleich auch die Abweichungen des statischen Drucks in der Umgebung der Schubdüse mit erfaßt, die wir bei der Ableitung der Schub- und Durchsatzgleichungen am Eingang dieses Kapitels vernachlässigt hatten:

Wir waren bekanntlich davon ausgegangen, daß in der Umgebung der Schubdüse der statische Druck p_s der ungestörten Strömung herrscht.

Wie aus dem in Bild 3.4 gezeigtem Beispiel ersichtlich ist, hängt jedoch der Druck in unmittelbarer Nähe des Düsenaustritts neben dem Düsendruckverhältnis p_{t7} / p_s auch vom Staudruck $q = V^2 p_s / 2$ der ungestörten Außenströmung und vom Anstellwinkel α des Flugzeugs ab. Außerdem ist die Druckverteilung nicht über dem Umfangswinkel konstant. In Bild 3.4 ist der sogenannte Druckbeiwert $\Delta p / q$ aufgetragen worin $\Delta p = p_{s\,tats} - p_s$ die Abweichung des tatsächlichen (gemessenen) statischen Drucks $p_{s\,tats}$ vom statischen Druck p_s der ungestörten Strömung darstellt.

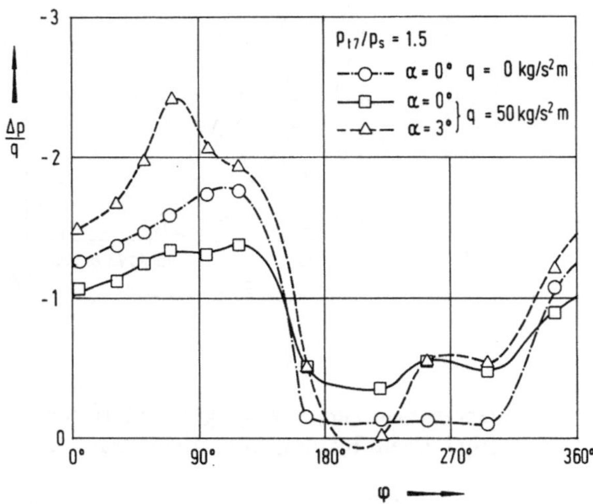

Bild 3.4 Typische Druckverteilung in unmittelbarer Nähe der Schubdüsenfläche, gemessen an einem zweistrahligen Kampfflugzeug nach [13].

Die Notwendigkeit zur Berücksichtigung dieser Druckabweichung ist die logische Folge, daß nicht die Ebene (00) (s. Bild 3.2), wo sich der Druck ausgeglichen und wieder auf den Umgebungszustand entspannt hat, als Bezugsebene für den Standardbruttoschub definiert worden ist sondern die Ebene (9), weil sich eine Ebene weit hinter dem Flugzeug eben weder im Fluge noch am Prüfstand für eine Kraftmessung eignet.

In der Eintrittsstromröhre sind die Verhältnisse genau umgekehrt. Hier bietet sich die Ebene (0) in der noch ungestörten Strömung förmlich an als Bezugsebene, weil an dieser Stelle der Eintrittsimpuls über das einfache Produkt aus Luftmasse und Fluggeschwindigkeit leichter bestimmt werden kann als in der eigentlich zu bevorzugenden Ebene (1) direkt am Triebwerkseinlauf, wo man die Druckverteilung vermessen müßte.

Auch der Interferenzwiderstand W_I läßt sich nicht im Fluge bestimmen. Er

wird, wie der Einlaufwiderstand, durch Kraftmessungen an skalierten Heckmodellen im Windkanal ermittelt und als Funktion seiner verschiedenen
Einflußgrößen für die Flugversuchsauswertung bereitgestellt.

Diese Versuche am Einzelbauteil sind deshalb erforderlich, weil es nach dem heutigen Stand
der Windkanaltechnik nicht möglich ist, die auf das Gesamtmodell eines Flugzeugs wirkende
resultierende Kraft bei gleichzeitiger realistischer Simulation von Einlaufströmung und
Strömung am Schubdüsenaustritt in geschlossener Form zu ermitteln.

Bild 3.5 macht die typischen Zusammenhänge an einem Beispiel deutlich.
Es ist hier das Produkt aus Widerstandsbeiwert $C_{W\,I}$ und Referenzfläche
S_{Ref} aufgetragen. Dieses ist wegen

$$C_{\mathrm{WI}} = \frac{W_{\mathrm{I}}}{q\,S_{\mathrm{Ref}}} \tag{3.2-14}$$

mit dem Quotienten $W_{\mathrm{I}}\,/\,q$ aus Interferenzwiderstand W_{I} und Staudruck
identisch. Als Referenzfläche S_{Ref} wird die Heckstirnfläche gewählt. Wie
man erkennt, hängt der Interferenzwiderstand neben der Machzahl Ma vom
Expansionsdruckverhältnis $p_{t\,7}\,/\,p_{\mathrm{s}}$ ab. Man beachte hier besonders, daß ein
Bereich existiert, in dem $C_{W\,I}$ negativ wird, in dem also durch die Heck-
interferenzen keine Widerstands- sondern eine Schubkomponente erzeugt
wird.

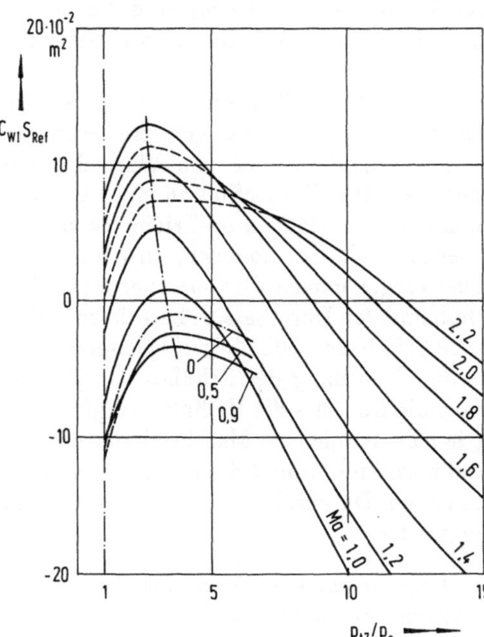

Bild 3.5
Typischer Verlauf des Bei-
werts für den Heck- bzw.
Interferenzwiderstand

Bei den Windkanalversuchen an Einlauf- und Heckmodellen zur Bestimmung von $W_{\mathrm{Ü}}$ und W_{I} muß sorgfältig darauf geachtet werden, daß vor allem die Verteilung des statischen Drucks in der Umgebung der Ein- bzw. Auslaßöffnung mit den wirklichen Verhältnissen am Flugzeug übereinstimmt und daß diese Verteilung in richtiger Weise vom Anströmzustand des Flugzeugs (Machzahl und Anstellwinkel) und vom Strömungszustand (Gesamtdruck und Gesamttemperatur) in den Bezugsflächen (S_2 bzw. S_9) abhängt. Dieses ist besonders für den Bereich des unterkritischen Druckverhältnisses wichtig, weil dort sowohl der Standardbruttoschub als auch der Luftdurchsatz eine Funktion des Expansions-Druckverhältnisses $p_{\mathrm{t}7}/p_{\mathrm{s}}$ sind, s. die Gln. (3.2-8) und (3.2-7). Eine detaillierte Beschreibung der Vorgehensweise bei dieser Art von Versuchen findet sich in [10].

3.2.1.4 Schub- und Durchsatzkalibrierung

Die am Anfang dieses Kapitels abgeleiteten Gleichungen für den Standardeinlaufimpuls W_{E}, den Standardbruttoschub $F_{\mathrm{B\,std}}$ und den Luftdurchsatz $\dot{m}_{\mathrm{L}}$, sowie die in Bild 3.3 und Bild 3.5 demonstrierten Zusammenhänge für den Überlaufwiderstand $W_{\mathrm{Ü}}$ und den Interferenzwiderstand W_{I} lassen erkennen, welche Größen im Fluge gemessen werden müssen, um die Antriebskräfte zu bestimmen. Neben der Machzahl Ma, dem Anstellwinkel α und dem Brennstoffdurchsatz $\dot{m}_{\mathrm{L}}$ sind dies in erster Linie die Zustandsgrößen $p_{\mathrm{t}2}$ und $T_{\mathrm{t}2}$ in de Verdichtereintrittsebene sowie die Zustandsgrößen $p_{\mathrm{t}7}$ und $T_{\mathrm{t}7}$ vor der Schubdüse.

Bei einer einfachen Turbomaschine ohne Nachbrenner können die Referenzgrößen $p_{\mathrm{t}7}$ und $T_{\mathrm{t}7}$ direkt gemessen werden. Im Nachbrennerbetrieb muß $T_{\mathrm{t}7}$ unter Zuhilfenahme von Wärmebilanzrechnungen (z.B. iterativ) bestimmt werden. Die Definition eines praktikablen Verfahrens, um von bestimmten Gaszuständen im Triebwerk auf die entsprechenden Verhältnisse in der Schubdüse zu kommen, wird deshalb gewöhnlich vom Triebwerkshersteller vorgenommen. Die oben bereitgestellten Gleichungen, um damit den Schub und den Durchsatz zu berechnen, gelten allerdings immer nur für die ideale Schubdüse. Die oben abgeleiteten Gleichungen lassen sich aber auch für die Ermittlung des Schubes von Zweikreistriebwerken anwenden, bei denen die Kaltdüse die Heißdüse ringförmig umschließt. Die Grundaufgabe ist immer die gleiche: Man bestimmt die Massendurchsätze in den beiden Triebwerkskreisen und die Expansionsgeschwindigkeiten in beiden Düsen. Die beiden Düsenschübe werden zum Gesamtschub des Triebwerks zusammengesetzt.

Wir fassen zusammen: Man muß die Strömungszustände im Austrittsquerschnitt der Schubdüse kennen, um den Standardbruttoschub und den Luftdurchsatz zu berechnen. Für eine konvergente Schubdüse gelten dabei die Gleichungen, die oben bereitgestellt worden sind. Diese Strömungszustände lassen sich aus Druck- und Temperaturwerten ableiten, die stromaufwärts (an dafür geeigneten Stellen im Triebwerk) gemessen werden. Da nun aber die Strömungszustände in den wirklichen Schubdüsen teilweise sehr stark von den Verhältnissen in einer idealen Schubdüse abweichen, werden Korrekturen der mittels dieser Gleichungen berechneten Schübe und Durchsätze erforderlich. Die Korrelation zwischen den tatsächlichen und den idealen Werten wird dabei durch eine Kalibrierung des Triebwerks an einem Prüfstand vorgenommen, wo neben den für die Rechnung benötigten Referenzdrücken und Referenztemperaturen gleichzeitig die Schübe und die Durchsätze selber mit gemessen werden können.

Eine solche Kalibrierung soll möglichst den gesamten Höhen-Machzahl-Bereich abdecken, der im Fluge überstrichen wird. Zwei Arten von Prüfstandsversuchen kommen dabei zu Anwendung:

a) Im *Boden-Prüfstand* nach Bild 3.6 wird dem Triebwerk die Luft mit dem Druck, der Temperatur und der Feuchte der augenblicklichen Außenatmosphäre zugeführt. Der Einlaufdiffusor dient zugleich der Durchsatzmessung.

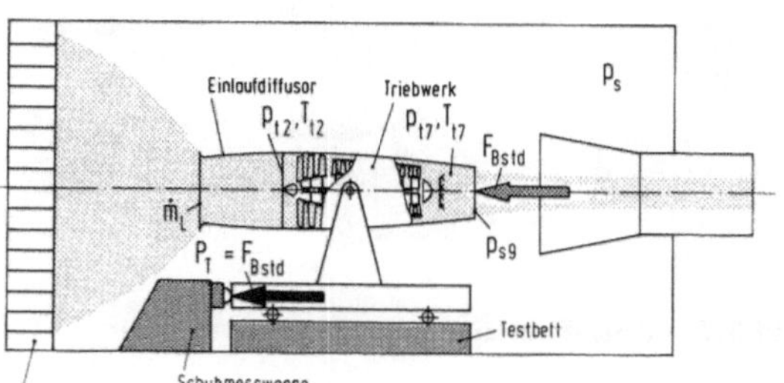

Bild 3.6 Boden-Prüfstand

Da sich hierbei die Saugkraft und Einlaufkraft weitgehend gegeneinander aufheben, ist die an der Schubmeßwaage anliegende Kraft p_T im Prinzip gleich dem Standardbruttoschub $F_{B\,std}$. Nach [10] beträgt die Abweichung höchstens zwischen 2 und 3 %.
Der Aufbau dieses Prüfstands ist vergleichsweise einfach, hat aber den Nachteil, daß weder die im Fluge erzielbaren Expansions-Druckverhältnisse noch die Verdichtereintrittstemperaturen voll verwirklicht werden können. Die Expansions-Druckverhältnisse eines Strahltriebwerks variieren in Meereshöhe zwischen 1.4 und 2.8, während im Fluge Werte von 10 und mehr erreicht werden. Diese Unterschiede machen ziemlich weitgehende Extrapolationen erforderlich, bei denen man wegen der oben erwähnten Abweichungen der wirklichen von der idealen Strömungsmaschine beachtliche Unsicherheiten in Kauf nehmen muß.

b) Im *Höhen-Prüfstand* nach Bild 3.7 lassen sich die wirklichen Verhältnisse simulieren. Die angesaugte Luft wird hier getrocknet und dem Einlauf aus einer Sammelkammer mit den Zustandvariablen $p_{t\,00}$, $T_{t\,00}$ zugeführt, welche der gewünschten Machzahl und Flughöhe entsprechen. Auch hier dient der Einlaufkanal, der über eine flexible Ringdichtung kräftefrei mit dem Triebwerk verbunden ist, der Durchsatzmessung. Zugleich werden in der Verdichtereintrittsebene mit einem Pitot-Rechen die Druck- und Geschwindigkeitsverteilung in der Verdichtereintrittsebene gemessen.

Aus den Strömungsverhältnissen in der Verdichtereintrittsebene und dem Luftdurchsatz wird die Einlaufkraft p_E bestimmt. Da diese größer als der Standardbruttoschub $F_{B\,std}$ werden kann, wird die Schubmeßwaage über einen Monitor mit der Kraft p_M vorbelastet, um stets eine positive Ablesung zu erhalten. Der Standardbruttoschub folgt damit der Beziehung

$$F_{B\,std} = P_T - P_M - P_E \,. \tag{3.2-15}$$

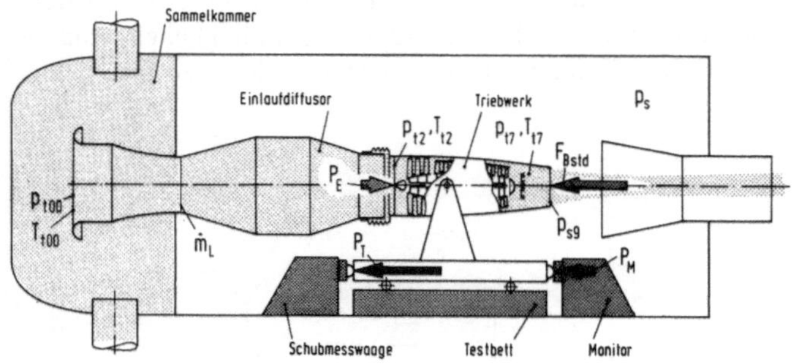

Bild 3.7 Höhen-Prüfstand

Es ist wichtig zu wissen, daß die Kalibrierung streng an die Instrumentierung des Triebwerks gebunden ist. Die Flugmessungen müssen deshalb mit ein und denselben Meßwertaufnehmern durchgeführt werden, um Meßunsicherheiten auszuschließen. Man benutzt bei den Druck- und Temperaturmessungen im Triebwerk sogar teilweise mehrere über den Meßquerschnitten verteilte Aufnehmer, deren Signale zu einem Mittelwert zusammengefaßt und gegenüber einem Referenzwert gemessen werden, um sichere Aussagen zu gewinnen.

Schub- und Durchsatzkoeffizienten

Die Ergebnisse einer solchen Kalibrierung werden in Koeffizientenform dargestellt. Der Schub wird durch einen Schubkoeffizienten, der Durchsatz durch einen Durchsatzkoeffizienten ausgedrückt. Die Vorgehensweise ist folgende:

- Zunächst wird aus den im Triebwerk gemessenen Parametern (Drücken, Temperaturen, Brennstoffdurchsätzen etc.), unter Zuhilfenahme geeigneter strömungsmechanischer und thermodynamischer Zusammenhänge das Expansions-Druckverhältnis p_{t7}/p_s bestimmt. Die Vorgehensweise, auf die wir hier nicht im einzelnen eingehen können, hängt von der Bauweise des Triebwerks, den gewählten Meßgrößen und deren individuellen Einbauorten ab. Sie wird gewöhnlich vom Triebwerkshersteller festgelegt.

In [13] finden wir die sehr ausführliche Behandlung zweier ähnlich konzipierter Zweikreistriebwerke, welche die unterschiedliche Auffassung verschiedener Triebwerkshersteller bei der Festlegung solcher Schubmeßverfahren wiederspiegelt. Häufig werden zur Kontrolle mehrere Schubmeßverfahren gleichzeitig angewendet, die sich beispielsweise in den verwendeten Meßparametern und der Art der Wärmebilanzrechnung oder in der Ermittlung des Luftdurchsatzes unterscheiden. In [14] sind am Beispiel ein und desselben Dreiwellentriebwerks 5 verschiedene Verfahren einander gegenübergestellt.

- Mit Hilfe des Expansions-Druckverhältnisses p_{t7}/p_s finden wir nun die Idealwerte von Schub und Gasdurchsatz, die unsere Düse bei isentroper Strömung (gewissermaßen verlustfrei) verwirklichen könnte. Das Endziel ist dabei der Vergleich mit den Werten der tatsächlichen Schubdüse.
Wie später noch zu erkennen sein wird ist es zweckmäßig, Schub und Durchsatz in Form von dimensionslosen Kennzahlen auszudrücken. Die Kennzahlen der idealen Schubdüse ergeben sich ganz einfach aus den Gln. (3.2-8), (3.2-11) und (3.2-12) für den Standardbruttoschub und den Gln. (3.2-7) und (3.2-10) für den Gasdurchsatz, indem man den Bruttoschub auf $S_9\,p_s$ und den Gasdurchsatz auf $S_9\,p_{t7}/\sqrt{R\,T_{t7}}$ bezieht. Im Fall der konvergenten Schubdüse können wir uns dazu der Gleichungssätze in Tabelle 3.1 und Tabelle 3.2 bedienen, die aus den oben bereitgestellten Gleichungen abgeleitet sind. Bei divergent-konvergenten Schubdüsen gelten zwar andere Beziehungen doch die Vorgehensweise ist analog.
Wir halten fest: Die Gleichungen für die Schub- und Durchsatzzahlen der idealen Schubdüse hängen zum einen von der Düsenform (konvergent oder konvergent - divergent) ab, zum anderen vom Expansions-Druckverhältnis (unterkritisch, kritisch und überkritisch).

- Die korrespondierenden Kennzahlen der tatsächlichen Düse kann man aus den am Triebwerksprüfstand gemessenen Parametern ausrechnen, s. dazu Bild 3.6 und 3.7, wo deren Meßstellen eingezeichnet sind.
Wir messen Standardbruttoschub $F_{B\,std}$ und Außendruck p_s und bilden damit den Quotienten $F_{B\,std}/S_9\,p_s$, welcher die Schubkennzahl der tatsächlichen Schubdüse darstellt. Aus dem gemessenen Gasdurchsatz $\dot{m}_G = \dot{m}_L - \dot{m}_B - \dot{m}_{L\,Abzapf}$ und dem Gesamtzustand p_{t7}, T_{t7} läßt sich die Durchsatzkennzahl der tatsächlichen Schubdüse bestimmen; $\dot{m}_B$ ist die zugeführte Brennstoffmasse und $\dot{m}_{L\,Abzapf}$ ist die Luftmasse, die zwischen

der Meßstelle von $\dot{m}_\mathrm{L}$ und der Schubdüse aus dem System abgeführt wird, sie ist gesondert zu bestimmen.

Tabelle 3.1 Gleichungen für die Schub-Kennzahl einer idealen konvergenten Schubdüse

Schub-kennzahl	$\dfrac{p_{t7}}{p_s}$	Gleichung	Bezugs-Gleichung
$\left(\dfrac{F_{B\,\mathrm{std}}}{S_9\,p_s}\right)_{\mathrm{id}}$	unter-kritisch	$\dfrac{2\,\kappa}{\kappa-1}\left[\left(\dfrac{p_{t7}}{p_s}\right)^{\frac{\kappa-1}{\kappa}}-1\right]$	3.2-8
	kritisch	κ	3.2-11
	über-kritisch	$2\left(\dfrac{2}{\kappa+1}\right)^{\frac{1}{\kappa-1}}\left(\dfrac{p_{t7}}{p_s}\right)-1$	3.2-12

Tabelle 3.2 Gleichungen für die Durchsatz-Kennzahl einer idealen konvergenten Schubdüse

Durchsatz-kennzahl	$\dfrac{p_{t7}}{p_s}$	Gleichung	Bezugs-Gleichung
$\left(\dfrac{\dot{m}_G\sqrt{R\,T_{t7}}}{S_9\,p_{t7}}\right)$	unter-kritisch	$\left(\dfrac{p_s}{p_{t7}}\right)^{\frac{1}{\kappa}}\sqrt{\dfrac{2\,\kappa}{\kappa-1}\left[1-\left(\dfrac{p_s}{p_{t7}}\right)^{\frac{\kappa-1}{\kappa}}\right]}$	3.2-7
	kritisch	$\sqrt{\kappa\left(\dfrac{2}{\kappa+1}\right)^{\frac{\kappa+1}{\kappa-1}}}$	3.2-10
	über-kritisch		

● Das Verhältnis der beiden dimensionslosen Schubkennzahlen (tatsächliche Düse zu idealer Düse) ist als Schubkoeffizient definiert.

Es gilt

$$C_F = \frac{F_{\mathrm{B\,std}}}{S_9\,p_s} \left/ \left(\frac{F_{\mathrm{B\,std}}}{S_9\,p_s}\right)_{\mathrm{id}}\right. . \tag{3.2-16}$$

Analog wird als Durchsatzkoeffizient der Verhältnis

$$C_{\dot{m}} = \frac{\dot{m}_G\,\sqrt{R\,T_{t7}}}{S_9\,p_{t7}} \left/ \left(\frac{\dot{m}_G\,\sqrt{R\,T_{t7}}}{S_9\,p_{t7}}\right)_{\mathrm{id}}\right. \tag{3.2-17}$$

festgelegt.

An dieser Stelle sei daran erinnert, daß die Kennzahlen für die ideale Düse allein aus dem Expansions-Druckverhältnis p_{t7}/p_s und dem Isentropenexponenten berechnet werden. Allerdings wird bei κ die Abhängigkeit von der Gesamttemperatur mit berücksichtigt.

Man erhält auf diese Weise Zusammenhänge in der Form von Bild 3.8 und Bild 3.9. Beide Koeffizienten hängen, wie man sieht, vom Expansionsdruckverhältnis p_{t7}/p_s und dem Umgebungsdruck bzw. der Flughöhe H ab.

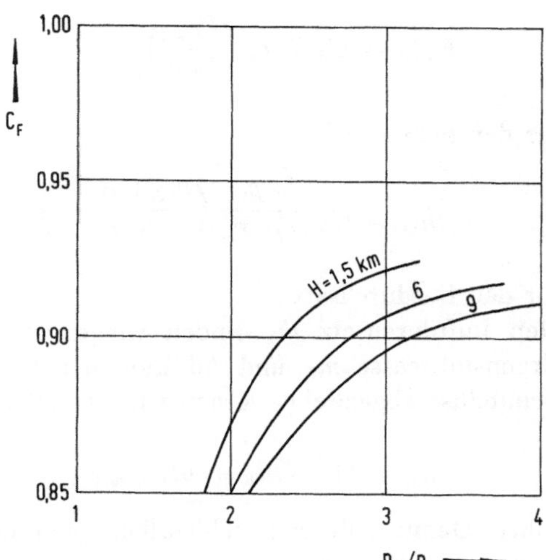

Bild 3.8
Typischer Verlauf des Schubkoeffizienten nach [10]

Da im Fluge dieselbe Meßinstallation wie am Prüfstand in Verbindung mit demselben Auswerteverfahren verwendet wird, um den Strömungszustand in der Schubdüse zu bestimmen, läßt sich sowohl die dimensionslose Schubkennzahl $(F_{\mathrm{B\,std}}/S_9\,p_s)_{\mathrm{id}}$ als auch die dimensionslose Durchsatzkennzahl $(\dot{m}_G\,\sqrt{R\,T_{t7}}/S_9\,p_{t7})_{\mathrm{id}}$ der idealen Schubdüse durch Flugmessungen nachvollziehen.

Wir kennen den dazugehörenden Schub- und Durchsatzkoeffizienten aus der Prüfstandskalibrierung, s. Bild 3.8 und Bild 3.9, und können damit den Schub und den Gasdurchsatz ausrechnen.

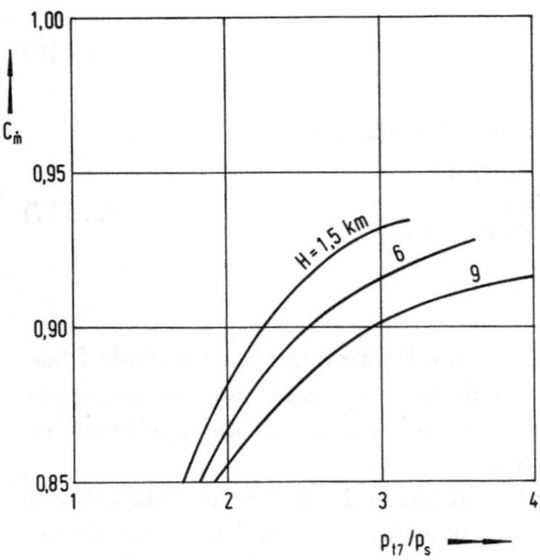

Bild 3.9
Typischer Verlauf des Luft-
Durchsatzkoeffizienten nach
[10]

Es gilt

$$F_{\text{B std}} = C_{\text{F}}\, S_9\, p_{\text{s}} \left(\frac{F_{\text{B std}}}{S_9\, p_{\text{s}}}\right)_{\text{id}} \tag{3.2-18}$$

für den Schub und

$$\dot{m}_{\text{G}} = C_{\dot{m}}\, \frac{S_9\, p_{t7}}{\sqrt{R\, T_{t7}}} \left(\frac{\dot{m}_{\text{G}} \sqrt{R\, T_{t7}}}{S_9\, p_{t7}}\right)_{\text{id}} \tag{3.2-19}$$

für den Gasdurchsatz.

Den Luftdurchsatz $\dot{m}_{\text{L}}$ finden wir durch Subtraktion der zugeführten Brennstoffmasse $\dot{m}_{\text{B}}$ und Addition der Luftmasse $\dot{m}_{\text{L Abzapf}}$, die vor der Schubdüse abgezweigt worden ist, was auf die Beziehung

$$\dot{m}_{\text{L}} = \dot{m}_{\text{G}} - \dot{m}_{\text{B}} + \dot{m}_{\text{L Abzapf}} \tag{3.2-20}$$

führt. Damit läßt sich schließlich auch der Standardeinlaufwiderstand bestimmen. Es folgt

$$W_{\text{E std}} = \left[C_{\dot{m}}\, \frac{S_9\, p_{t7}}{\sqrt{R\, T_{t7}}} \left(\frac{\dot{m}_{\text{G}} \sqrt{R\, T_{t7}}}{S_9\, p_{t7}}\right)_{\text{id}} - \dot{m}_{\text{B}} + \dot{m}_{\text{L Abzapf}}\right] V, \tag{3.2-21}$$

indem Gl. (3.2-2) mit den Gln. (3.2-19) und (3.2-20) zusammengefaßt wird.

Reduzierte Kennfelder, Broschürenverfahren

Im vorangegangenen Abschnitt hatten wir die Flugschubbestimmung mittels der Koeffizientenmethode behandelt, die eine spezielle Meßinstallation im

Triebwerk in Verbindung mit teilweise komplizierten Auswerteverfahren verlangt, basierend auf einer Kalibrierung am Boden- oder Höhenprüfstand. Wegen des damit verbundenen Aufwands kommt diese Methode normalerweise nur bei der Entwicklungserprobung (an Prototypen) zur Anwendung.

Eine Reihe wichtiger Triebwerksparameter, wie Drehzahlen oder Brennstoffdurchsätze, lassen sich jedoch auch an Serientriebwerken im Fluge messen, und zwar mit relativ geringem nachträglichen Instrumentierungsaufwand. Diese Parameter stehen in unmittelbarem Zusammenhang mit Durchsatz und Schub und lassen sich für die Messung im Fluge ausnutzen.

Ihre Abhängigkeiten werden meistens in reduzierter Form, d.h. bezogen auf das Druckverhältnis $\delta = p_\mathrm{s} / p_\mathrm{n}$ und das Temperaturverhältnis $\theta = T_\mathrm{s} / T_\mathrm{n}$, dargestellt, die uns bereits vom Abschnitt 2.1.2 her vertraut sind. Als Variable kann man entweder den reduzierten Brennstoffverbrauch oder eine reduzierte Triebwerksdrehzahl wählen. Es gilt

$$\frac{F_\mathrm{B\,std}}{\delta} = \mathrm{f}\left(\frac{\dot{m}_\mathrm{B}}{\delta\sqrt{\theta}}, Ma, H\right) \tag{3.2-22a}$$

bzw.

$$\frac{F_\mathrm{B\,std}}{\delta} = \mathrm{f}\left(\frac{N_\mathrm{T}}{\sqrt{\theta}}, Ma, H\right) \tag{3.2-22b}$$

und

$$\frac{\dot{m}_\mathrm{L}\sqrt{\theta}}{\delta} = \mathrm{f}\left(\frac{\dot{m}_\mathrm{B}}{\delta\sqrt{\theta}}, Ma, H\right) \tag{3.2-23a}$$

bzw.

$$\frac{\dot{m}_\mathrm{L}\sqrt{\theta}}{\delta} = \mathrm{f}\left(\frac{N_\mathrm{T}}{\sqrt{\theta}}, Ma, H\right), \tag{3.2-23b}$$

worin $F_\mathrm{B\,std}$ den Standardbruttoschub, $\dot{m}_\mathrm{L}$ den Luftdurchsatz, $\dot{m}_\mathrm{B}$ den Brennstoffdurchsatz, N_T die Triebwerksdrehzahl, Ma die Machzahl und H die Flughöhe darstellt.

Diese reduzierten Funktionen beruhen auf den Ähnlichkeitsgesetzen der Strömung im Triebwerk und gelten im gesamten Höhen- und Temperaturbereich, solange nicht der Regler (beispielsweise durch Änderung der Geometrie der Maschine) einen neuen Gleichgewichtszustand herstellt und damit den Kreisprozeß verändert. Die Gln. (3.2-22a) bis (3.2-23b) findet man mit Hilfe des Buckingham'schen π-Theorems, das im Abschnitt 2.5.2 zur Bestimmung des Ähnlichkeitsgesetzes für die Vortriebskraft F angewendet worden ist, vgl. Gl. (2.5-18b). Die Variable H in den Gln. (3.2-22a) bis (3.2-23b) steht für den Reynoldszahl-Einfluß. Es werden Meßdaten eingesetzt, die mit entsprechend instrumentierten Triebwerken in Prüfstandsversuchen ermittelt worden sind. Die Kennzahlen gelten für ein bestimmtes Fertigungslos.

Da zwischen den einzelnen Triebwerken aufgrund ihrer individuellen Fertigungstoleranzen Unterschiede bestehen, ist die Toleranzbreite der auf diese Weise ermittelten Schub- und Durchsatzwerte relativ groß. Sie liegt in der Größenordnung von 6 %, während man mit einem individuelle kalibrierten Triebwerk nach der Koeffizientenmethode immerhin Genauigkeiten zwischen 1.5 % und 3 % erzielen kann. Eine sehr eingehende Fehlerbetrachtung findet man in [10].

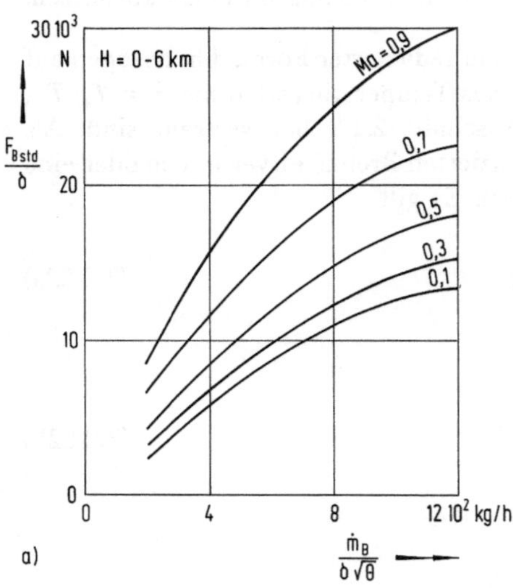

a)

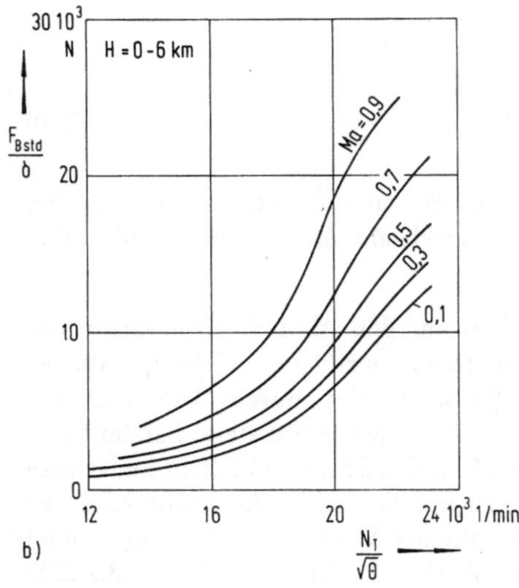

b)

Bild 3.10
Typischer Zusammenhang zwischen reduziertem Standardbruttoschub, Machzahl und Flughöhe
a) als Funktion des reduzierten Brennstoffdurchsatzes
b) als Funktion der reduzierten Triebwerksdrehzahl

Bild 3.10 und 3.11 soll die funktionellen Zusammenhänge veranschaulichen. Hier sind die Verhältnisse am Triebwerk dargestellt, so wie man sie an einem Prüfstand nach Bild 3.7 erhält. Man vergleiche Bild 3.10a mit Bild 2.6b, Bild 3.10b mit Bild 2.9b, Bild 3.11a mit Bild 2.6a und Bild 3.11b mit Bild 2.9a (Mit den Bildern 2.6 und 2.9 sind die Verhältnisse am eingebauten Triebwerk erfaßt: Sie enthalten die Einflüsse des Überlaufwiderstands $W_{\ddot{U}}$ und des Interferenzwiderstands W_{I}).

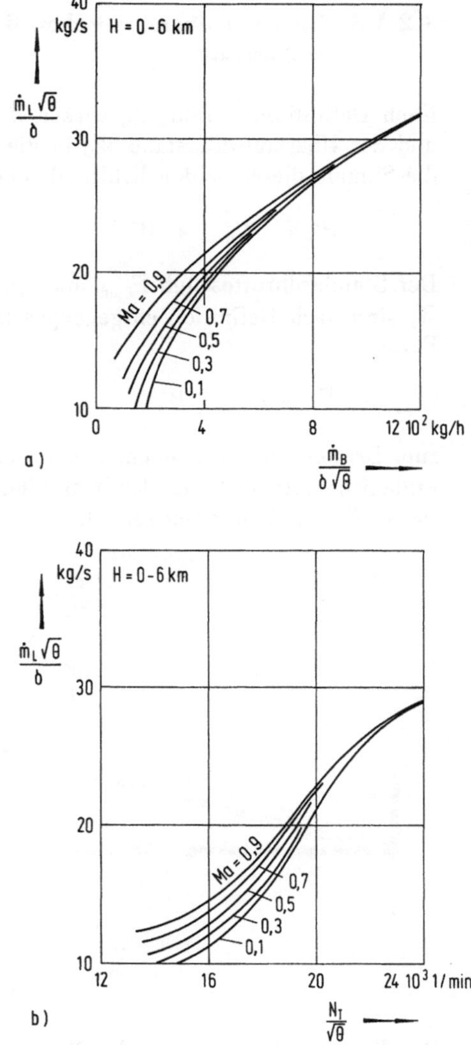

Bild 3.11
Typischer Zusammenhang zwischen reduziertem Luftdurchsatz, Machzahl und Flughöhe
a) als Funktion des reduzierten Brennstoffdurchsatzes
b) als Funktion der reduzierten Triebwerksdrehzahl

Häufig werden diese Triebwerksdaten auch vom Triebwerkshersteller unaufbereitet in Form rechnergestützter Auswerteprogramme (sogenannter

Broschürenprogramme) zur Verfügung gestellt, mit deren Hilfe Schub und Durchsatz für jeden gewünschten Flug- und Drosselzustand individuell berechnet werden können.

Die "Broschürenverfahren" sind die am häufigsten verwendeten Verfahren der Schubmessung im Fluge.

3.2.1.5 Zusammenhang zwischen Bruttoschub, Nettoschub und Vortriebskraft

Nach Definition, s. Bild 3.2, wirken der Standardeinlaufwiderstand $W_{E\,std}$ und der Überlaufwiderstand $W_{\ddot{U}}$ in die gleiche Richtung. Wir bezeichnen die Summe dieser beiden Kräfte als den Einlaufwiderstand

$$W_E = W_{E\,std} + W_{\ddot{u}} .\tag{3.2-24}$$

Der Standardbruttoschub $F_{B\,std}$ und der Heck- bzw. Interferenzwiderstand W_I sind nach Definition entgegengesetzt gerichtet. Wir setzen sie in der Form

$$F_B = F_{B\,std} - W_I \tag{3.2-25}$$

zum Bruttoschub zusammen. Die Resultierende aus Bruttoschub F_B und Einlaufwiderstand W_E ist der Nettoschub F_N des Triebwerks im Flugzeug, wie in Bild 2.12 veranschaulicht.

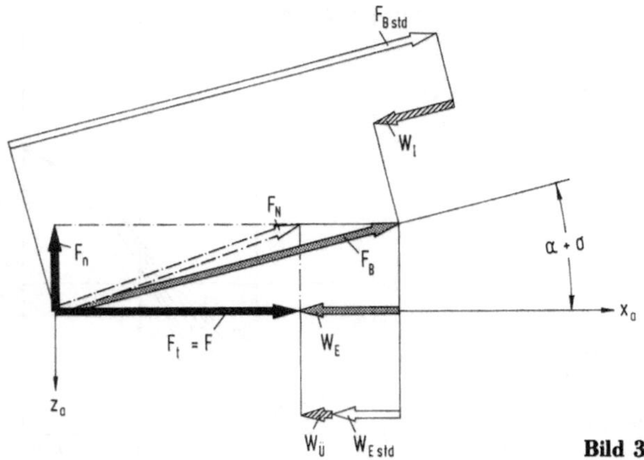

Bild 3.12 Schubkomponenten

Die Tangentialkomponente des Nettoschubes ist gleich der Schubkomponente in Flugwindrichtung x_a. Diese folgt, da der Abgasstrahl um den Winkel $\alpha + \sigma$ gegenüber der Anströmrichtung geneigt ist, der Beziehung

$$F_t = F_B \cos(\alpha + \sigma) - W_E = F. \tag{3.2-26}$$

Die Normalkomponente des Nettoschubes

$$F_n = F_B \sin(\alpha + \sigma) \tag{3.2-27}$$

ist die Schubkomponente in Auftriebsrichtung z_a.

Die Größe $F_t = F$ entspricht exakt der Vortriebskraft, die uns das in Abschnitt 2.2 vorgestellte Flugversuchsverfahren liefert.

3.2.2 Auftriebsbeiwert der Zelle

Der gesuchte Auftrieb A ist in der Symmetrie-Ebene des Flugzeugs definiert, senkrecht zur Flugwindrichtung x_a. Er entspricht, wie wir wissen, der z_a-Komponente der resultierenden Luftkraft, die von außen auf die Zelle einwirkt und setzt sich aus Anteilen zusammen, die von der Flügelrumpfkombination und vom Höhenleitwerk herrühren.

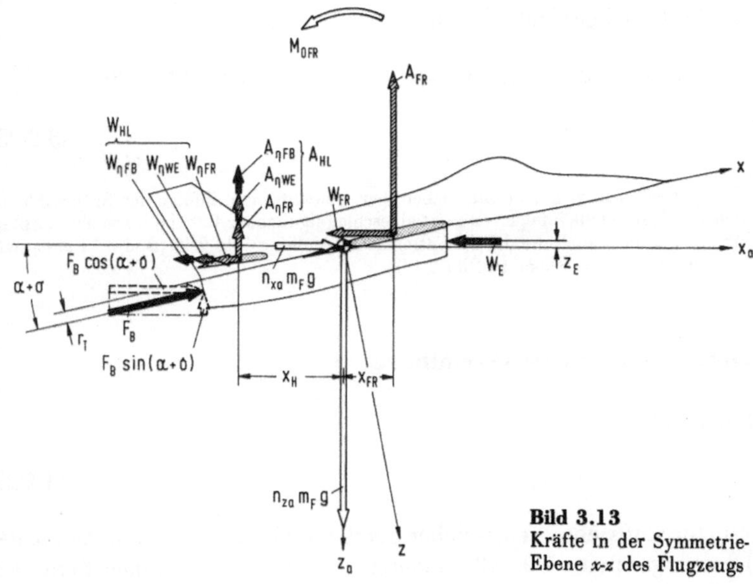

Bild 3.13
Kräfte in der Symmetrie-Ebene x-z des Flugzeugs

Kräftebilanz in Auftriebsrichtung

In Auftriebsrichtung, s. Bild 3.13, wirken der Auftrieb A_{FR} der Flügelrumpfkombination, der Komponente $F_B \sin(\alpha + \sigma)$ des Bruttoschubes und der Auftrieb A_{HL} des Höhenleitwerks. Den Auftrieb des Höhenleitwerks müssen wir uns aus mehreren Kraftkomponenten zusammengesetzt denken, nur eine davon hängt von den Luftkräften ab.

● Die Teilkraft $A_{\eta\,\mathrm{FR}}$ greift am Hebelarm x_{H} an. Sie dient dem Ausgleich des Nullmoments $M_{0\,\mathrm{FR}}$ der Flügelrumpfkombination und des Moments, das durch den Auftrieb A_{FR} der Flügelrumpfkombination am Hebelarm x_{FR} um den Schwerpunkt erzeugt wird.

● Die ebenfalls am Hebelarm x_{H} angreifende Teilkraft $A_{\eta\,\mathrm{WE}}$ ist erforderlich, um das Zusatzmoment auszugleichen, welches vom Einlaufwiderstand W_{E} über den Hebelarm z_{E} erzeugt wird.

● Die Teilkraft $A_{\eta\,\mathrm{FB}}$ am Hebelarm x_{H} gleicht das Zusatzmoment des Bruttoschubes F_{B} aus, der über den Hebelarm r_{T} (Abstand der Triebwerksachse vom Schwerpunkt) auf das System einwirkt.

Für jede dieser drei Teilauftriebe ist ein zusätzlicher Höhenruderausschlag erforderlich.

Die Kraftkomponenten des Gesamtauftriebs stehen mit der Trägheitskraft $m_{\mathrm{F}}\,g\,n_{\mathrm{za}}$ im Gleichgewicht. Es gilt

$$A_{\mathrm{ges}} = A_{\mathrm{FR}} + A_{\eta\mathrm{FR}} + A_{\eta\mathrm{WE}} + A_{\eta\mathrm{FB}} + F_{\mathrm{B}}\sin\left(\alpha + \sigma\right)$$

$$= n_{\mathrm{za}}\,m_{\mathrm{F}}\,g \tag{3.2-28}$$

In der Komponente $n_{\mathrm{za}}\,m_{\mathrm{F}}\,g$ sind hier neben dem Gewichtsanteil infolge der Erdbeschleunigung auch alle Kraftanteile infolge von Inertialbeschleunigungen (z.B. beim Kurven und Abfangen) enthalten; s. dazu auch die dreidimensionale Darstellung Bild 2.19 (Bild 3.13 entspricht der Draufsicht auf die x-z Ebene in Bild 2.19).

Abtrennung der Triebwerkseinflüsse

In Gl. (3.2-28) ist

$$A = A_{\mathrm{FR}} + A_{\eta\mathrm{FR}} \tag{3.2-29}$$

der gesuchte Auftriebsanteil, welcher durch die Luftkräfte (Aerodynamik der Zelle) hervorgerufen wird. Alle anderen Anteile auf der linken Seite von Gl. (3.2-28) werden vom Antriebssystem hervorgerufen.
Da die Zellen-Polare nach Definition nur die Aerodynamik des Flugzeugs beschreiben soll, müssen für die nachfolgenden Betrachtungen die Anteile $A_{\eta\mathrm{WE}}$, $A_{\eta\mathrm{FB}}$ und $F\sin\left(\alpha + \sigma\right)$ eliminiert werden.

Statt mit dem Auftrieb A wird üblicherweise mit dem dimensionslosen

Beiwert

$$C_A = \frac{2\,A}{\varrho_s\,V^2\,S} \tag{3.2-30}$$

operiert, der sich durch Zusammenfassung mit den Gln. (3.2-28) und (3.2-29) in der Form

$$C_A = 2\,\frac{n_{za}\,m_F\,g - A_{\eta WE} - A_{\eta FB} - F_B \sin(\alpha + \sigma)}{p_s\,Ma^2\,\kappa\,S} \tag{3.2-31}$$

anschreiben läßt.

In Gl. (3.2-31) kommt das Lastvielfache n_{za} vor. Dieses läßt sich, wie wir von Gl. (2.1-23) her wissen bzw. aus Bild 2.1b ablesen können, durch die Beschleunigungskomponenten ausdrücken, die wir im körperfesten Achsenkreuz messen. Es gilt

$$n_{za} = \frac{b_x \sin\alpha - b_z \cos\alpha}{g}\,. \tag{3.2-32}$$

Gleichzeitig können wir die durch den Triebwerkseinfluß erforderlichen Zusatzauftriebe des Höhenleitwerks in Gl. (3.2-31) noch durch die entsprechenden Momentengleichungen ersetzen, da

$$A_{\eta WE} = \frac{z_E}{x_H}\,W_E \tag{3.2-33}$$

und

$$A_{\eta FB} = \frac{r_T}{x_H}\,F_B \tag{3.2-34}$$

gilt.

Wir bezeichnen nun, entsprechend der im vorangegangenen Kapitel getroffenen Zeichenkonvention, die gemessenen Variablen wieder mit einem Stern und fassen die Gln. (3.2-31) bis (3.2-34) zusammen. Damit folgt für den Auftriebsbeiwert die Beziehung

$$C_A = 2\,\frac{m_F^*\,(b_x^* \sin\alpha^* - b_z^* \cos\alpha^*) - F_B^* \sin(\alpha^* + \sigma)}{p_s^*\,Ma^{*2}\,\kappa\,S} - \Delta C_{A\eta}^*\,, \tag{3.2-35}$$

worin

$$\Delta C_{A\eta}^* = \frac{2}{x_H}\,\frac{z_E\,W_E^* + r_T\,F_B^*}{p_s^*\,Ma^{*2}\,\kappa\,S} \tag{3.2-36}$$

das Auftriebsinkrement am Höhenleitwerk zum Ausgleich der Schubmomente darstellt.

Wir gehen davon aus, daß sowohl F_B^* als auch W_E^* von der Flugschubmessung her bekannt sind, die in Abschnitt 3.1 beschrieben worden ist.

Damit enthält Gl. (3.2-35) nur noch Größen, die einer Messung im Fluge zugänglich sind.

3.2.3 Widerstandsbeiwert der Zelle

Der gesuchte Widerstand W ist, wie der Auftrieb, in der Symmetrie-Ebene des Flugzeugs definiert, in Flugwindrichtung x_a. Er entspricht der x_a-Komponente der resultierenden Luftkraft, die von außen auf die Zelle einwirkt und setzt sich aus zwei Anteilen zusammen, die von der Flügelrumpfkombination und dem Höhenleitwerk herrühren.

Kräftebilanz in Vortriebsrichtung

In Vortriebsrichtung (Flugwindrichtung), s. Bild 3.13, wirken der Widerstand W_{FR} der Flügelrumpfkombination, die Komponente $F_B \cos(\alpha + \sigma)$ des Bruttoschubes, der Einlaufwiderstand W_E und der Widerstand W_{HL} des Höhenleitwerks. Den Widerstand des Höhenleitwerks müssen wir uns wieder aus mehreren Kraftkomponenten zusammengesetzt denken, s. Bild 3.13.

● Die Teilkraft $W_{\eta FR}$ ist durch den Teilauftrieb $A_{\eta FR}$ bedingt, der dem Ausgleich des Nullmoments und des Moments dient, das durch den Auftrieb der Flügelrumpfkombination bewirkt wird.

● Die beiden mit Steuerwiderstand bezeichneten Teilkräfte $W_{\eta WE}$ und $W_{\eta FB}$ hängen von den Auftriebskraftanteilen $A_{\eta WE}$ und $A_{\eta FB}$ ab, mit denen die von den Triebwerkskräften W_E und F_B herrührenden Momente durch zusätzliche Höhenruderausschläge ausgeglichen werden müssen, analog dem Momentenausgleich der anteiligen Auftriebskräfte in Abschnitt 3.2.2.

Die Kraftkomponenten des Gesamtwiderstands stehen mit der Trägheitskraft $n_{xa}\, m_F\, g$ im Gleichgewicht. Es gilt

$$W_{ges} = -W_{FR} - W_{\eta FR} - W_{\eta WE} - W_{\eta FB} - W_E + F_B \cos(\alpha + \sigma)$$

$$= n_{xa}\, m_F\, g\,. \tag{3.2-37}$$

In der Größe $n_{xa}\, m_F\, g$ sind neben dem Gewichtskraftanteil infolge der Erdbeschleunigung wieder alle Kraftanteile infolge von Inertialbeschleunigungen zusammengefaßt.

Abtrennung der Triebwerkseinflüsse

In Gl. (3.2-37) ist

$$W = W_{FR} + W_{\eta FR} \qquad (3.2\text{-}38)$$

der gesuchte Widerstandsanteil, welcher durch die Luftkräfte (Aerodynamik der Zelle) hervorgerufen wird. Alle anderen Anteile auf der linken Seite von Gl. (3.2-37) sind vom Antriebssystem abhängig. Um die Polare von den Triebwerkseinflüssen unabhängig zu machen, müssen für die nachfolgenden Betrachtungen die Anteile $W_{\eta WE}$, $W_{\eta FB}$ und $F_B \cos(\alpha + \sigma)$ eliminiert werden. Statt mit dem Widerstand W operieren wir dabei wieder mit dem dimensionslosen Beiwert

$$C_W = \frac{2\,W}{\varrho_s\, V^2\, S}\,. \qquad (3.2\text{-}39)$$

Dieser läßt sich unter Verwendung der Gln. (3.2-37) und (3.2-38) analog zu Gl. (3.2-31) in der Form

$$C_W = 2\,\frac{F_B \cos(\alpha + \sigma) - n_{xa}\, m_F\, g - W_{\eta WE} - W_{\eta FB} - W_E}{p_s\, Ma^2\, \kappa\, S} \qquad (3.2\text{-}40)$$

darstellen.

Das Lastvielfache n_{xa} kann hierbei mittels der Beschleunigungskomponenten im flugzeugfesten Achsenkreuz ausgedrückt werden. Mit Gl. (2.1-10) gilt

$$n_{xa} = \frac{b_{xa}}{g} = \frac{b_x \cos\alpha - b_z \sin\alpha}{g}\,. \qquad (3.2\text{-}41)$$

Die beiden Widerstandsterme $W_{\eta WE}$ und $W_{\eta FB}$ in Gl. (3.2-41) lassen sich durch ein Widerstandsinkrement $\Delta C_{W\eta}$ ausdrücken, womit sich die Gl. (3.2-40), analog zu Gl. (3.2-35), in der Form

$$C_W = 2\,\frac{F_B \cos(\alpha + \sigma) - n_{xa}\, m_F\, g - W_E}{p_s\, Ma^2\, \kappa\, S} - \Delta C_{W\eta} \qquad (3.2\text{-}42)$$

darstellen läßt.

Dieses Widerstandsinkrement $\Delta C_{W\eta}$ bestimmt man am einfachsten mit Hilfe der ungetrimmten Polaren des Flugzeugs, die aus Windkanalmessungen zur Verfügung stehen, und zwar in Form der Auftriebspolare $C_A = f(\alpha, \eta, Ma)$ und der Auftriebs-Widerstandspolare $C_A = f(C_W, \eta, Ma)$. Bilds 3.14 und Bild 3.15 zeigen solche Polaren, worin η den Höhenruderausschlag bezeichnet.

Im Prinzip benötigen wir an dieser Stelle bereits Kenntnisse über die Polaren der Flugzeugzelle, die letztlich das Ergebnis unserer Untersuchungen sein sollen. Da es bei den vorliegenden Betrachtungen jedoch nicht auf die Absolutwerte von Auftrieb und Widerstand, sondern nur auf deren Änderungen ankommt, können wir hier ohne weiteres die "vorläufigen" Windkanalpolaren als Grundlage benutzen. Die Erfahrung lehrt, daß der Modellversuch, was die Tendenzen der Kurven anbetrifft, sehr zuverlässige Werte liefert, die gut mit der Wirklichkeit übereinstimmen.

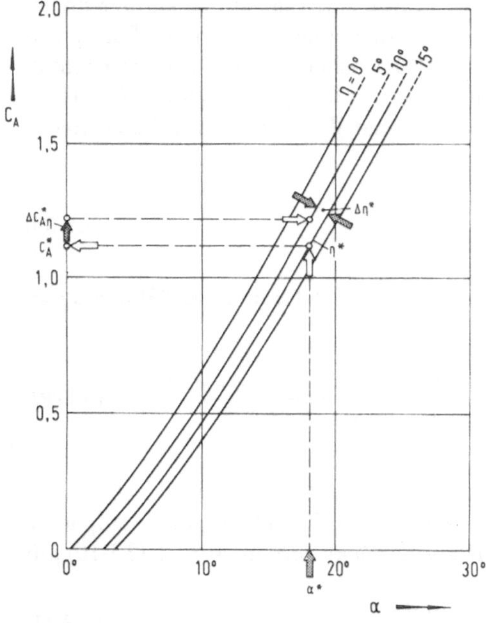

Bild 3.14
Ermittlung von $\Delta \eta^*$

Die Vorgehensweise ist wie folgt:

Vom Flugversuch her sind der gemessene Anstellwinkel α^* und der gemessene Höhenruderausschlag η^* bekannt. Man kennt auch die Größe $\Delta C_{A\eta}^*$, die sich anhand von Gl. (3.2-36) aus den vorhandenen Meßwerten bestimmen läßt: zu α^* wird mittels Bild 3.14 die Größe C_A^* bestimmt. Eine Änderung des Auftriebs um den Betrag $\Delta C_{A\eta}^*$ bei gleichem Anstellwinkel α^* bedarf einer Änderung des Höhenruderausschlags um den Betrag $\Delta \eta^*$, der sich dazu aus Bild 3.14 ablesen läßt.

Zu C_A^*, $\Delta C_{A\eta}^*$, η^* und $\Delta \eta^*$ wird die Größe $\Delta C_{W\eta}^*$ aus Bild 3.15 herausgelesen.

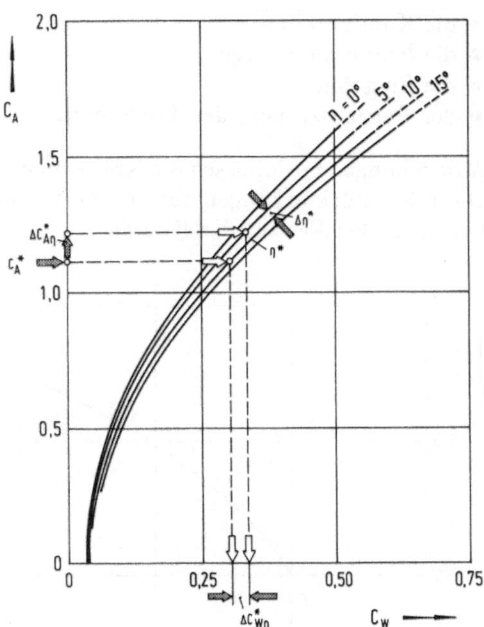

Bild 3.15
Ermittlung von $\Delta C_{W\eta}^*$

Fassen wir die Gl. (3.2-42) mit Gl. (3.2-41) zusammen und bezeichnen die durch Messung zu gewinnenden Größen wieder mit einem Stern, so folgt für den Widerstandsbeiwert die Beziehung

$$C_W = 2 \frac{F_B^* \cos(\alpha^* + \sigma) - m_F^* (b_x^* \cos \alpha^* - b_z^* \sin \alpha^*) - W_E^*}{p_s^* \, Ma^{*2} \, \kappa \, S} - \Delta C_{W\eta}^* .$$

$$(3.2\text{-}43)$$

3.2.4 Polare der Zelle

Der Zusammenhang zwischen dem Auftriebs- und dem Widerstandsbeiwert wird gewöhnlich in der Form

$$C_A = f\,(C_W, Ma) \qquad\qquad (3.2\text{-}44)$$

dargestellt und zeigt den in Bild 3.16 dargestellten typischen Verlauf, vergleiche auch Bild 2.27.

Randbedingungen

Diese einfache Darstellungsform der Polaren setzt allerdings voraus, daß eine Reihe von Randbedingungen definiert sind, insbesondere

- die Konfiguration
- die Schwerpunktslage
- die Flughöhe
- der Betriebszustand der Triebwerke.

Abweichungen beeinflussen die Kräfte- und Momentenbilanz des Flugzeugs. Diese hat Rückwirkungen auf den Auftriebs- und Widerstandsbeiwert und bestimmt den Verlauf der Polaren.

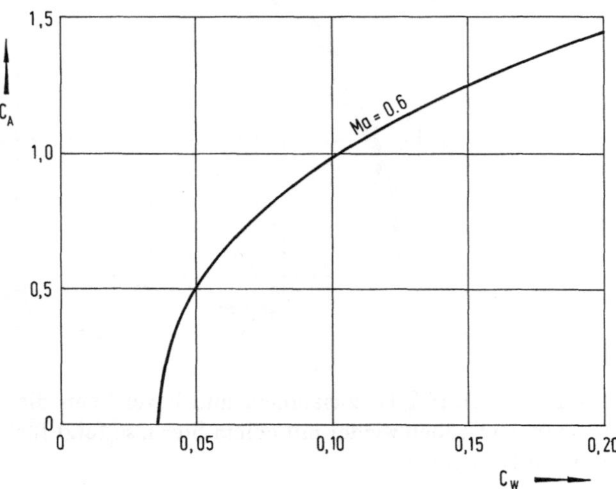

Bild 3.16 Polare der Flugzeugzelle

Im Prinzip ändert sich bei Abweichungen von den definierten Bedingungen letztlich immer die Umströmung des Flugzeugs und damit das Druckfeld, von dem die Kräfte und Momente abhängen und zwar

- im Fall der Konfiguration (Klappenstellung, Art und Anordnung der Außenlasten): infolge der Veränderung der aerodynamischen Formgebung

- im Fall der Schwerpunktslage: infolge der Veränderung der Trimmstellung durch zusätzliche Ruderausschläge

- im Fall der Flughöhe: zum einen durch die Änderung der Reynoldszahl, (wodurch sich der reibungsabhängige Widerstand ändert) zum anderen durch die unterschiedliche Verformung der elastischen Flugzeugzelle, da bei gleicher Machzahl der Staudruck höhenabhängig ist

- im Fall des Betriebszustands der Triebwerke: a) durch die Änderungen der Strömungsverhältnisse am Einlauf (Überlaufwiderstand) und im Abgasstrahl (Interferenzwiderstand); b) durch die Änderung der Rampenstellung bei geregelten Lufteinlässen; c) durch die Änderung der Querschnitte, wenn die Schubdüsen verstellbar sind.

Mathematischer Ansatz

In den drei vorangestellten Abschnitten wurden die Gln. (3.2-35) und (3.2-43)
abgeleitet, um C_A und C_W aus Flugmeßdaten zu bestimmen. Durch die Auftragung der beiden Variablen entsprechend der Gl. (3.2-44) erhielt man die
Polare der Flugzeugzelle.
Das Problem in diesem Abschnitt besteht darin, einen geeigneten mathematischen Ansatz zu finden, der die Meßwerte mit genügender Genauigkeit
wiedergibt. Diese mathematische Beschreibung der Polaren wird für die
Flugleistungsrechnung benötigt, wobei es um geschlossene Lösungen geht.

Der übliche Polarenansatz lautet

$$C_W = C_{W0} + k_1 C_A + k_2 C_A^2 , \tag{3.2-45}$$

worin C_{W0} den Widerstandsbeiwert bei Nullauftrieb bedeutet. Häufig wird
auch die etwas allgemeinere Form

$$C_W = C_{W0} + k_1 C_A + k_2 C_A^n \tag{3.2-46}$$

verwendet. Die in den Gleichungen vorkommenden Größen C_{W0}, k_1, k_2
und n lassen sich aus den Flugmeßdaten $C_A = f(C_W)$ mit Hilfe einer
Regressionsanalyse bestimmen. Sie hängen allein von der Machzahl Ma ab,
da die Polaren machzahlabhängig sind.
Die Erfahrung lehrt, daß sich die Gesamtpolare recht gut durch mehrere
ineinander übergehende Parabeläste annähern läßt. Diese stellen sich in der
Auftragung C_W über C_A^2 als Geraden dar, wie in Bild 3.17 schematisch dargestellt ist.

In [15] wird deshalb vorgeschlagen, für die Flugversuchsauswertung einen
einfachen parabolischen Ansatz zu benutzen. Dieser ist vom jeweiligen
Polarenast abhängig und lautet:

für $C_A < C_{A1}$

$$C_W = C_{W0} + k_1 C_A^2 , \tag{3.2-47a}$$

für $C_{A1} < C_A < C_{A2}$

$$C_W = C_{W0} + k_1 C_{A1}^2 + k_2 (C_A^2 - C_{A1}^2) , \tag{3.2-47b}$$

für $C_{A2} < C_A$

$$C_W = C_{W0} + k_1 C_{A1}^2 + k_2 (C_{A2}^2 - C_{A1}^2) + k_3 (C_A^2 - C_{A2}^2) . \tag{3.2-47c}$$

Diese Reihe läßt sich beliebig fortsetzen. Die Erfahrung hat jedoch gezeigt,
daß man gewöhnlich mit drei Parabelästen auskommt, was einen guten

Kompromiß zwischen Aufwand und dem Grad der Annäherung darstellt. Natürlich sind dabei gewisse Abweichungen in den Übergangsbereichen von einem zum anderen Parabelast in Kauf zu nehmen. Der Ansatz nach Gl. (3.2-47) hat jedoch gegenüber den üblichen Ansätzen den Vorteil, daß auch der Bereich der hohen C_A-Werte gut abgedeckt wird. Auch hier sind die Größen C_{W0}, k_1, k_2 und k_3 machzahlabhängig. Mit einem solchen Ansatz lassen sich auch unsymmetrische (parabolische) Polarenverläufe beschreiben: Die k-Faktoren nehmen hier negative Vorzeichen an, wenn C_A über C_W abnimmt.

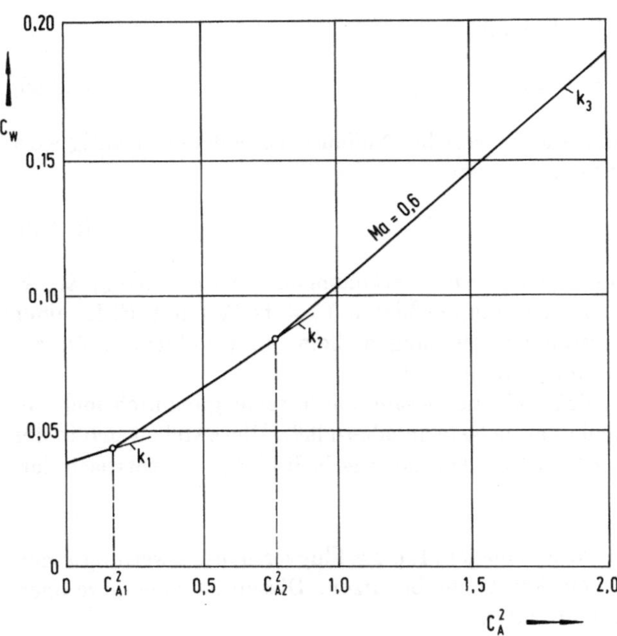

Bild 3.17 Annäherung der Polare durch Parabeläste (Beispiel Bild 3.16)

3.3 Versuchsablauf

Gefragt sind Meßdaten, um die Polarenäste $C_A = f(C_W)$ als Funktion der Machzahl zu bestimmen, wie in Bild 2.4 bzw. Bild 3.16 dargestellt.
Gl. (3.2-31) und Gl. (3.2-40) lassen erkennen, daß die Größen C_A und C_W neben der Machzahl Ma sowie den Parametern F_B, W_E, m_F und p_s vor allem vom Lastvielfachen n_{za} abhängen.

Die Variable n_{za} bestimmt deshalb den Versuchsablauf

a) Die C_A-Werte im Bereich des Nullauftriebs am unteren Ende des Polarenastes lassen sich nur durch dynamische Manöver provozieren, die sich als Wellenflüge, sogenannte "Push Over - Pull Up" oder "Roller-Coaster", darstellen, s. Bild 3.18.

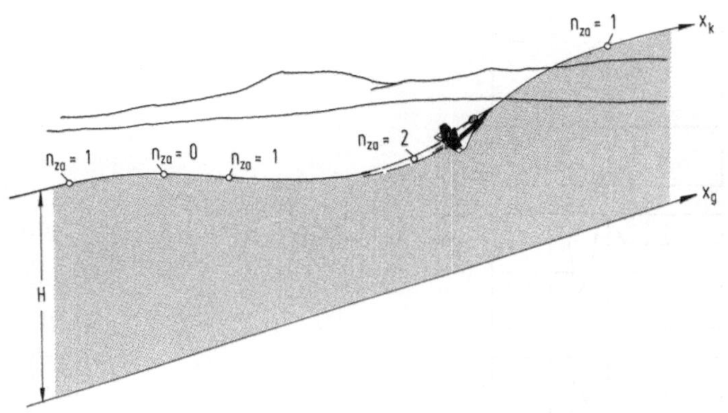

Bild 3.16 "Push Over - Pull Up" oder "Roller Coaster" Manöver

Ein solches Manöver geht von einem getrimmten Horizontalflug mit $n_{za} = 1$ bei der gewünschten Machzahl und Flughöhe aus. Durch langsames Nachdrücken wird das Lastvielfache zunächst kontinuierlich bis zum schwerelosen Zustand bei $n_{za} = 0$ verringert und in diesem Umkehrpunkt durch langsames Ziehen in einen Abfangbogen übergeleitet, in dessen Verlauf der Lastfaktor auf maximal $n_{za} = 2$ ansteigt.

Auf diese Weise erhält man die Meßdaten für eine Folge von Polarenpunkten in der Nähe des Trimmzustands. Das eigentliche Ziel des Manövers sind aber die Meßdaten im Durchgang des Flugzeugs durch den schwerelosen Zustand bei $n_{za} = 0$. Sie dienen der Bestimmung von C_{W0} bei $C_A = 0$. Bild 3.19 zeigt für die wichtigsten Meßparameter den zeitlichen Verlauf an einem Versuchsbeispiel. Die Klammer an der Zeitachse markiert den auswertbaren Teil des Manövers. Man beachte, daß hier nicht n_{za} sondern das im körperfesten Achsenkreuz gemessene Lastvielfache n_z aufgetragen ist. Die beiden Parameter unterscheiden sich bekanntlich nur durch verschieden große Erd- und Inertialbeschleunigungsanteile, was bei diesem Manöver in erster Näherung vernachlässigt werden kann. Man achte insbesondere auf den Richtungswechsel im Verlauf von n_z. Zu bemerken ist, daß die Höhen- und Machzahländerungen bei diesem Manöver durchaus klein gehalten werden können, obwohl n_z relativ stark variiert wird.

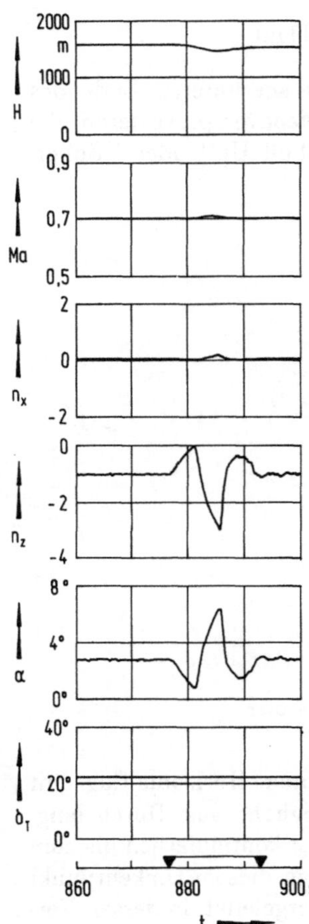

Bild 3.19
Zeitlicher Verlauf der wichtigsten Meßparameter während eines "Push Over - Pull Up" bzw. "Roller Coaster" Manövers.

b) Die C_A - Werte im mittleren Bereich des Polarenastes entsprechend den unbeschleunigten geradlinigen Horizontalflügen bei $n_{za} = 1$, s. Bild 3.20. Durch Variieren der Flughöhe (sprich p_s) und der Flugmasse m_F läßt sich mit diesem Manöver der Ausschnitt des Polarenastes etwas verlängern.

Der bei der gewünschten Machzahl und Flughöhe ausgetrimmte Flugzustand wird etwa 1/2 min lang aufrecht erhalten.

Dieses Manöver ist allerdings nicht sehr effektiv, da man pro Stabilisation immer nur für einen einzigen Polarenpunkt die entsprechenden Meßdaten gewinnt. Den zeitlichen Verlauf der wichtigsten Meßparameter zeigt Bild 3.21. Die Klammer an der Zeitachse gibt wieder den auswertbaren Bereich an.

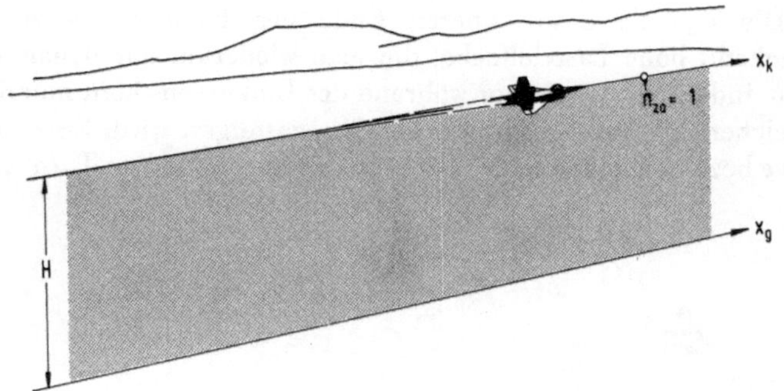

Bild 3.20 Unbeschleunigter geradliniger Horizontalflug

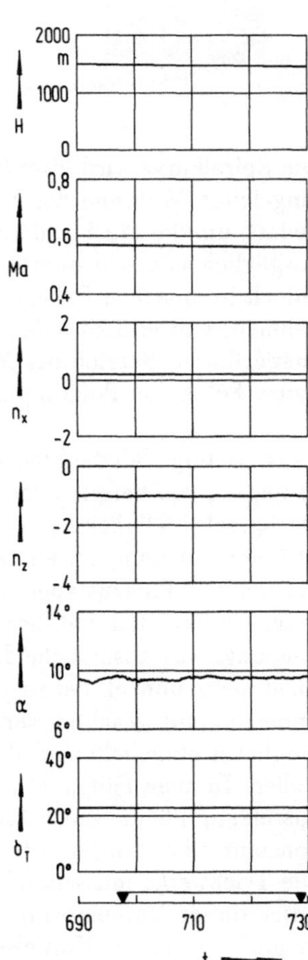

Bild 3.21
Zeitlicher Verlauf der wichtigsten Meßparameter während eines unbeschleunigten geradlinigen Horizontalflugs

c) Die C_A-Werte am oberen Ende des Polarenastes verlangen entsprechend hohe Lastvielfache, die man wiederum nur dynamisch erzielen kann, indem der Lastfaktor während des Einkurvens kontinuierlich bis zum Erreichen der Auftriebsgrenze bei C_{max} gesteigert wird. Eine solche Spiralkurve bezeichnet man in der Fachsprache mit "Wind up Turn", s. Bild 3.22.

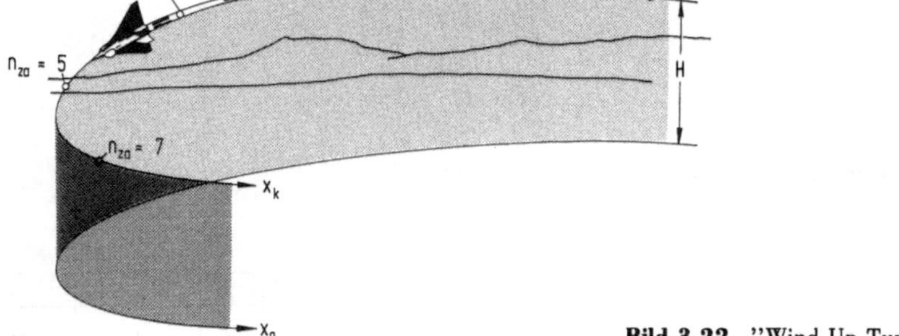

Bild 3.22 "Wind Up Turn"

Die Spiralkurve wird etwa 500 m oberhalb der gewünschten Versuchshöhe eingeleitet. Während des Ziehens zur Erhöhung von n_{za} wird der Energiebedarf, um die Machzahl konstant zu halten, durch Aufgabe von Flughöhe ausgeglichen. Um allzu große Höhenverluste zu vermeiden, empfiehlt es sich jedoch in manchen Fällen, einen gewissen Abfall der Machzahl in Kauf zu nehmen, s. Bild 3.23. Die Klammer an der Zeitachse markiert wieder den auswertbaren Bereich des Manövers. Man gewinnt in diesem Bereich eine ganze Folge von Polarenpunkten.

Es ist wichtig, daß die Steuereingaben bei den dynamischen Manövern unter a) und c), wie bereits angedeutet, weich und fließend erfolgen, damit die Drehgeschwindigkeiten und -beschleunigungen klein bleiben und der Strömungszustand am Flugzeug möglichst wenig von den Verhältnissen des getrimmten Flugzustands abweicht. Außerdem verfälschen solche Zusatzgeschwindigkeiten und -beschleunigungen die Fahrt- und Beschleunigungsmessung, was zusätzliche Korrekturen erfordert. Diese Korrekturen sind nicht mehr sinnvoll bei zu großen Abweichungen. Grundsätzlich sollte aber immer darauf geachtet werden, daß die Machzahl während des Manövers möglichst eingehalten wird, da wir Polarenäste für $Ma = $ const ermitteln wollen. In allen Fällen ist ein schiebefreier Flugzustand eine wichtige Voraussetzung für die Zuverlässigkeit der Meßdaten. Alle Manöver werden bei konstanter Leistungshebelstellung durchgeführt, s. Bild 3.19, 3.21 und 3.23. Die Triebwerke müssen dabei ausreichend lang stabilisiert werden, da nur unter dieser Voraussetzung, wie wir wissen, eine genaue Schubrechnung möglich ist. Nähere Hinweise zur Versuchsdurchführung findet man in [15].

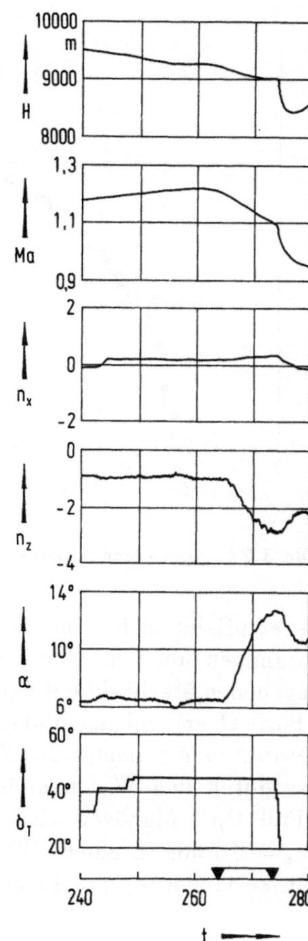

Bild 3.23
Zeitlicher Verlauf der wichtigsten Meßparameter während eines "Wind Up Turns"

Bild 3.24 veranschaulicht abschließend an einem Versuchsbeispiel die einzelnen Bereiche der Polare, die mittels der drei hier beschriebenen Versuchsmanöver identifiziert werden können. Die Überlappung dient zugleich der Kontrolle der Ergebnisse. Die Polarenpunkte sind hier mittels einer Reynoldszahlkorrektur auf ein und dieselbe Bezugshöhe umgerechnet. Andernfalls wäre die Streuung größer.

Die unbeschleunigten horizontalen Geradeausflüge decken, wie man erkennt, nur einen relativ kleinen Ausschnitt ab, dessen Ausdehnung praktisch durch die Variationsbreite von Flugmasse m_F und statischen Umgebungsdruck p_s festgelegt ist. Dieser Bereich wird sowohl von den "Wind Up Turn" Manövern (von oben her), als auch von den "Roller Coaster" Manövern (von unten her) überstrichen und läßt sich damit auf dreifache Weise bestätigen.

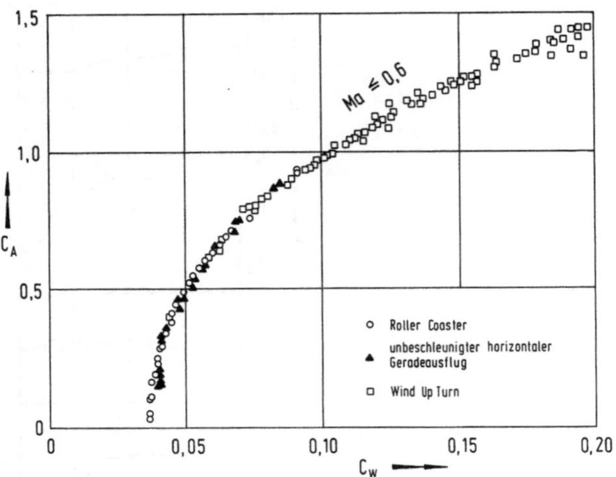

Bild 3.24 Anwendungsbereiche der Flugversuchsmanöver

Es empfiehlt sich, diese drei Manöver wie folgt zu einer Manöverfolge zusammenzufassen: Man beginnt in der gewünschten Höhe bei der vorgegebenen Machzahl mit einem geradlinigen Horizontalflug, an den sich ein "Push Over" mit nachfolgendem "Pull Up" anschließt. Auf diese Weise gewinnt man zunächst die Meßdaten für das untere Ende des Polarenastes, das durch den Widerstandsbeiwert $C_{W\,0}$ bei $C_A = 0$ markiert wird. Das "Pull Up" Manöver wird von einem stabilisierten Zwischenflugzustand ($n_z = 1$) aus in einen "Wind Up Turn" übergeleitet, der die Meßdaten zur Verlängerung des Polarenastes bis an die $C_{A\,max}$-Grenze liefert.

Die erforderlichen Meßparameter sind in Tabelle 3.3 zusammengestellt.

Tabelle 3.3 Versuchsparameter zur Ermittlung der Flugzeugpolare
aus stationären und dynamischen Manövern

Bodenmessung				
	m_{F0}	kg	Abflugmasse **)	$\Big\}\,m_F$
Bordmessung	m_B	kg	verbrauchte Brennstoffmasse *)	
	$\dot{m}_B$	kg/s	Brennstoffdurchsatz *)	
	N_T	1/min	Bezugs-Triebwerksdrehzahl	
	p_{si}	N/m²	gemessener statischer Umgebungsdruck	$\Big\}\,V_c\,\Big\}\,Ma_i$
	q_{ci}	N/m²	gemessener Auftreffdruck	
	T_{ti}	K	gemessene Totaltemperatur der umgebenden Atmosphäre	
	S_9	m²	Austrittsquerschnitt der Schubdüse (s. Bild 3.2)	
	p_{t2}	N/m²	Totaldruck in der Bezugsebene 2 des Triebwerks (s. Bild 3.2)	
	p_{t7}	N/m²	Totaldruck in der Bezugsebene 7 des Triebwerks (s. Bild 3.2)	
	T_{t2}	K	Totaltemperatur in der Bezugsebene 2 des Triebwerks (s. Bild 3.2)	
	T_{t7}	K	Totaltemperatur in der Bezugsebene 7 des Triebwerks (s. Bild 3.2)	
	α	°	Anstellwinkel	
	β	°	Schiebewinkel	
	η	°	Höhenruderausschlag	
	q	°/s	Nickgeschwindigkeit	
	p	°/s	Rollgeschwindigkeit	
	r	°/s	Giergeschwindigkeit	
	b_x	m/s²	x - Komponente von $\vec{b}$ (s. Bild 2.1)	
	b_y	m/s²	y - Komponente von $\vec{b}$ (s. Bild 2.1)	
	b_z	m/s²	z - Komponente von $\vec{b}$ (s. Bild 2.1)	

*) gemessen ab Anlassen der Triebwerke
**) gemessen vor dem Anlassen der Triebwerke

3.4 Versuchsauswertung

In Abschnitt 3.2 sind die Gleichungen zur Berechnung von C_A und C_W abgeleitet worden unter der Voraussetzung, daß die notwendigen Kalibrierinformationen für das Antriebssystem (Schub- und Luftdurchsatz), für den Einlauf (Überlaufwiderstand) und für die Heckpartie (Interferenzwiderstand) vorliegen. Für die Auswertung der Manöver werden die zeitlichen Verläufe der in Tabelle 3.3 aufgelisteten Meßparameter benötigt.

3.4.1 Antriebskräfte

Wie in Abschnitt 3.2.1 abgeleitet, gehören neben dem Standardbruttoschub $F_{B\,std}$ und dem Standardeinlaufwiderstand $W_{E\,std}$ auch der Überlaufwiderstand $W_{\ddot{U}}$ und der Interferenzwiderstand W_I zu den Antriebskräften. Daraus werden zunächst der Bruttoschub F_B und der Einlaufwiderstand W_E abgeleitet, die unmittelbar in die Berechnung von C_A und C_W mit eingehen.

Standardbruttoschub, Standardeinlaufwiderstand

● Wenn die Schub- und Durchsatzinformationen in Koeffizientenform vorliegen, kann der Standardbruttoschub unter Rückgriff auf Gl. (3.2-18) mit Hilfe der Beziehung

$$F_{B\,std} = C_F\, S_9^*\, p_s^* \left(\frac{F_{B\,std}}{S_9\, p_s}\right)_{id} \tag{3.4-1}$$

ausgerechnet werden, wobei für die Schubkennzahl $(F_{B\,std}\,/\,S_9\,p_s)_{id}$, abhängig vom gemessenen Expansionsdruckverhältnis $p_{t7}\,/\,p_s = p_{t7}^*\,/\,p_s^*$, die zugehörige Gleichung nach Tabelle 3.1 einzusetzen ist. Den Schubkoeffizienten C_F entnimmt man grafischen Darstellungen ähnlich Bild 3.8. Der Standardeinlaufwiderstand wird entsprechend Gl. (3.2-21) über die Beziehung

$$W_{E\,std} = \left[C_{\dot{m}}\, \frac{S_9^*\, p_{t7}^*}{\sqrt{R\, T_{t7}^*}} \left(\frac{\dot{m}_G\, \sqrt{R\, T_{t7}}}{S_9\, p_{t7}}\right)_{id} - \dot{m}_B + \dot{m}_{L\,Abzapf} \right] V^* \tag{3.4-2}$$

bestimmt. Für die Durchsatzkennzahl $(\dot{m}_G\,\sqrt{R\,T_{t7}}\,/\,S_9 p_{t7})_{id}$ wird hier, abhängig vom gemessenen Expansionsdruckverhältnis $p_{t7}\,/\,p_s = p_{t7}^*\,/\,p_s^*$ die entsprechende Gleichung nach Tabelle 3.2 eingesetzt. Den Durchsatzkoeffizienten kann man dazu den grafischen Darstellungen nach Bild 3.9 entnehmen.

● Wenn uns für die Schub- und Durchsatzbestimmung nur Broschüren-kennfelder zur Verfügung stehen, greifen wir zur Bestimmung des Standard-bruttoschubes auf den in Gl. (3.2-22) angegebenen Zusammenhang

$$\frac{F^*_{\text{B std}}}{\delta^*} = f\left(\frac{\dot{m}^*_{\text{B}}}{\delta^* \sqrt{\theta^*}}, Ma^*, H^*\right) \tag{3.4-3}$$

bzw.

$$\frac{F^*_{\text{B std}}}{\delta^*} = f\left(\frac{N^*_{\text{T}}}{\sqrt{\theta^*}}, Ma^*, H^*\right) \tag{3.4-4}$$

zurück, der vom Triebwerkshersteller in grafischer Form, ähnlich Bild 3.10, bereitgestellt wird.

Der Standardeinlaufwiderstand kann unter Verwendung der Gl. (3.2-2) mit Hilfe der Beziehung

$$W^*_{\text{E std}} = \dot{m}^*_{\text{L}} V^* \tag{3.4-5}$$

berechnet werden, wobei für den Luftdurchsatz auf den in Gl. (3.2-23) ange-gebenen Zusammenhang

$$\frac{\dot{m}^*_{\text{L}} \sqrt{\theta^*}}{\delta^*} = f\left(\frac{\dot{m}^*_{\text{B}}}{\delta^* \sqrt{\theta^*}}, Ma^*, H^*\right) \tag{3.4-6}$$

bzw.

$$\frac{\dot{m}^*_{\text{L}} \sqrt{\theta^*}}{\delta^*} = f\left(\frac{N^*_{\text{T}}}{\sqrt{\theta^*}}, Ma^*, H^*\right) \tag{3.4-7}$$

zurückgegriffen wird. Dieser liegt, ähnlich Bild 3.11, in grafischer Form vor.

Überlaufwiderstand

Wir dürfen davon ausgehen, daß der Zusammenhang für den Überlaufwider-stand in Beiwertform vorliegt, wie in Bild 3.3 dargestellt. Für die Ermittlung von $C_{\text{WÜ}}$ ist dann, wie man erkennt, neben den direkt meßbaren Größen Ma, α, T_{t2} und p_{t2} die Kenntnis des Luftdurchsatzes $\dot{m}_{\text{L}}$ in der Verdich-tereintrittsebene, s. Bild 3.2, Voraussetzung. Für die Ermittlung der Größe $\dot{m}_{\text{L}}$ gibt es wieder zwei Möglichkeiten:

● Wenn die Durchsatzinformation in Koeffizientenform vorliegt, s. Bild 3.9, kann man unter Berücksichtigung von Gl. (3.2-19) und Gl. (3.2-20) den gleichungsmäßigen Zusammenhang

$$\dot{m}_{\mathrm{L}}^* = C_{\dot{m}} \frac{S_9^* \, p_{\mathrm{t7}}^*}{\sqrt{R \, T_{\mathrm{t7}}^*}} \left(\frac{\dot{m}_{\mathrm{G}} \, \sqrt{R \, T_{\mathrm{t7}}}}{S_9 \, p_{\mathrm{t7}}} \right)_{\mathrm{id}} - \dot{m}_{\mathrm{B}}^* + \dot{m}_{\mathrm{L\,Abzapf}}^* \tag{3.4-8}$$

verwenden. Man geht vom gemessenen Expansionsdruckverhältnis $p_{\mathrm{t7}}/p_{\mathrm{s}} = p_{\mathrm{t7}}^*/p_{\mathrm{s}}^*$ aus. Aus Kalibrierkurven, ähnlich Bild 3.9, liest man in diesem Fall den Durchsatzkoeffizienten $C_{\dot{m}}$ ab, während man die Gleichung zur Berechnung der Durchsatzkennzahl ($\dot{m}_{\mathrm{G}} \, \sqrt{R \, T_{\mathrm{t7}}} \, / \, S_9 \, p_{\mathrm{t7}}$)$_{\mathrm{id}}$ der Tabelle 3.2 entnimmt. Alle anderen in Gl. (3.4-8) vorkommenden Größen werden direkt gemessen, s. Tabelle 3.3.

● Wenn uns nur Broschürenkennfelder zur Verfügung stehen, greifen wir auf die in Gl. (3.4-6) und Gl. (3.4-7) angegebenen Zusammenhänge zurück, die üblicherweise in grafischer Form, ähnlich Bild 3.12 vorliegen. Man findet damit $\dot{m}_{\mathrm{L}}^*$ über den reduzierten Luftdurchsatz $\dot{m}_{\mathrm{L}}^* \, \sqrt{\theta^*} / \delta^*$ als Funktion der Machzahl Ma^* und des reduzierten Brennstoffdurchsatzes $\dot{m}_{\mathrm{B}}^* / \, \delta^* \sqrt{\theta^*}$ bzw. der reduzierten Triebwerksdrehzahl $N_{\mathrm{T}}^* / \sqrt{\theta^*}$; θ^* , δ^* , $\dot{m}_{\mathrm{B}}^*$ und N_{T}^* sind die im Fluge gemessenen Größen.

Der Beiwert für den Überlaufwiderstand ist eine Funktion von $\dot{m}_{\mathrm{L}}^* \, \sqrt{T_{\mathrm{t7}}^*} / p_{\mathrm{t7}}^*$, α^* und Ma^*, die sich in der Art von Bild 3.3 darstellt. Nach Gl. (3.2-13) gilt für den Überlaufwiderstand die Beziehung

$$W_{\ddot{\mathrm{u}}}^* = C_{\mathrm{W\ddot{u}}} \, q^* \, S_2 , \tag{3.4-9}$$

worin $q^* = \varrho_{\mathrm{s}}^*/2 \, V^{*2}$ den kinetischen Druck der anströmenden Luft wiedergibt; S_2 ist die Bezugsfläche am Verdichtereintritt, s. Bild 3.2.

Interferenzwiderstand

Wir setzen voraus, daß der Interferenzwiderstand wie der Überlaufwiderstand in Beiwertform vorliegt, ähnlich Bild 3.5. Er hängt vom gemessenen Expansionsdruckverhältnis $p_{\mathrm{t7}}/p_{\mathrm{s}} = p_{\mathrm{t7}}^*/p_{\mathrm{s}}^*$ und der gemessenen Machzahl Ma^* ab. Den Überlaufwiderstand finden wir mittels Gl. (3.2-14) über die Beziehung

$$W_{\mathrm{I}}^* = C_{\mathrm{WI}} \, q^* \, S_{\mathrm{Ref}} , \tag{3.4-10}$$

worin $q^* = \varrho_{\mathrm{s}}^*/2 \, V^{*2}$ wieder den kinetischen Druck der anströmenden Luft darstellt; S_{Ref} ist die Heckstirnfläche.

Bruttoschub, Einlaufwiderstand

Nach Gl. (3.2-25) gilt

$$F_B^* = F_{B\,std}^* - W_I^*.$$

(3.4-11)

Die Bestimmungsgleichung für den Einlaufwiderstand folgt dem in Gl. (3.2-24) bereitgestellten Zusammenhang in der Form

$$W_E^* = W_{E\,std}^* - W_ü^*.$$

(3.4-12)

3.4.2 Auftriebsbeiwert der Zelle

Die Bestimmungsgleichung für den Auftriebsbeiwert wurde in Abschnitt 3.2.2 abgeleitet. Wir fassen Gl. (3.2-35) und Gl. (3.2-36) zusammen und erhalten den Ausdruck

$$C_A = 2\,\frac{m_F^*\,(b_x^*\sin\alpha^* - b_z^*\cos\alpha^*) - F_B^*\sin(\alpha^* + \sigma)}{p_s^*\,Ma^{*2}\,\kappa\,S}$$

$$- \frac{2}{x_H}\,\frac{z_E\,W_E^* + r_T\,F_B^*}{p_s^*\,Ma^{*2}\,\kappa\,S}.$$

(3.4-13)

Die mit einem Stern bezeichneten Variablen $\dot{m}_F^*$, b_x^*, b_z^*, α^*, p_s^*, Ma^*, F_B^* und W_E^* sind gemessene Größen, die jeweils ein und demselben Meßpunkt zugeordnet sind. Die Vorgehensweise zur Ermittlung von F_B^* und W_E^* ist in Abschnitt 3.4.1 beschrieben, sie führt auf Gl. (3.4-11) und Gl. (3.4-12). Die Definition der Hebelarme x_H, r_T und z_E finden wir in Bild 3.13.

3.4.3 Widerstandsbeiwert der Zelle

Die Bestimmungsgleichung für den Widerstandsbeiwert ist mit Gl. (3.2-43) gegeben. Sie lautet

$$C_W = 2\,\frac{F_B^*\cos(\alpha^* + \sigma) - m_F^*\,(b_x^*\cos\alpha^* - b_z^*\sin\alpha^*) - W_E^*}{p_s^*\,Ma^{*2}\,\kappa\,S} - \Delta C_{W_\eta}^*.$$

(3.4-14)

Bezüglich der Variablen gilt das in Abschnitt 3.4.2 Gesagte. Die Vorgehensweise zur Bestimmung von $\Delta C_{W\eta}$ ist in Abschnitt 3.2.3 beschrieben, s. dort Bild 3.14 und Bild 3.15.

3.4.4 Polare der Zelle

Die bei ein und derselben Machzahl gemessenen Wertepaare $C_A = f(C_W)$ formen einen Polarenast, wie wir ihn bereits von Bild 3.24 bzw. Bild 3.16 her kennen. Die bei verschiedenen Machzahlen ermittelten Polarenäste bilden ein Polarenkennfeld ähnlich Bild 3.25. Ein solches Kennfeld beschreibt die Auftriebs- Widerstandscharakteristik des Flugzeugs für eine bestimmte Konfiguration (Behängung mit Außenlasten, Fahrwerksstellung oder Position der Lande- und Manöverklappen).

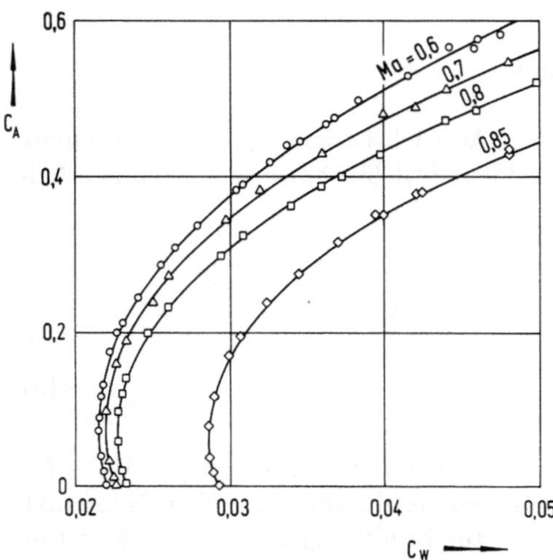

Bild 3.25 Polarenkennfeld

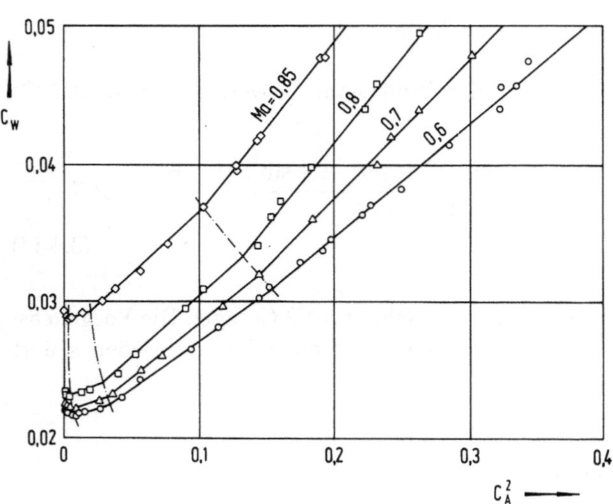

Bild 3.26 Annäherung der Polaren durch Parabeläste (Beispiel Bild 3.25)

Gefragt ist nach der mathematischen Beschreibung des Polarenkennfelds, mit deren Hilfe wir analytische Betrachtungen anstellen und vor allem Leistungsrechnungen durchführen können. Hierzu werden, wie in Bild 3.26 gezeigt (s. dazu auch Bild 3.17), die Meßpunkte mit gleicher Machzahl in der Form $C_W = f(C_A^2)$ aufgetragen und durch Geradensegmente angenähert. Das Ziel dieser Auftragung ist in Bild 3.27 dargestellt.

Man erkennt, daß sich diese Meßpunkte innerhalb begrenzter Bereiche gut durch Parabelsegmente annähern lassen. Die einzelnen Bereich sind dabei im allgemeinen sehr deutlich gegeneinander abgesetzt.

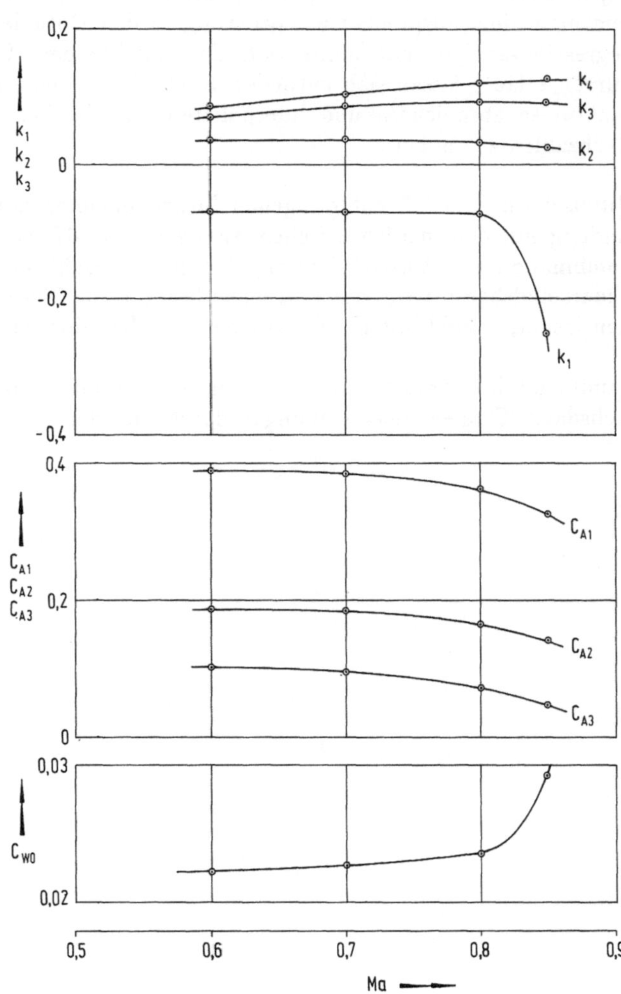

Bild 3.27 Auftragung des Nullwiderstandsbeiwerts C_{W0} der Eckwerte C_{A1}, bis C_{An} und der Steigungen k_1 bis k_{n+1}

Die Aufgabe besteht darin, für jeden Polarenast $Ma = $ const den Nullwiderstandsbeiwert C_{W0}, die Steigungen k_1, bis k_{n+1} der Ausgleichsgeraden und die Eckwerte C_{A1} bis C_{An} in den Schnittpunkten der einzelnen Parabelsegmente zu bestimmen. Man kann sich dazu beispielsweise einer Regressionsanalyse bedienen.

Bild 3.27 demonstriert die Auftragung der gefundenen Größen über der Machzahl. Bei sorgfältig angepaßten Parabelsegmenten verlaufen die Ausgleichskurven im allgemeinen (ähnlich wie in unserem Beispiel) affin. Diese Eigenschaft läßt sich zur Anpassung der Parabelsegmente ausnutzen, indem man eine entsprechende Forderung in den Optimierungsprozeß der Regressionsanalyse mit einbezieht. Die auf diesem Wege gefundenen Kurvenverläufe lassen sich entweder durch ein Polynom ausdrücken oder punktweise abspeichern und interpolieren, um die Werte für Zwischen-Machzahlen zu finden.

Mittels der in Bild 3.27 aufgetragenen Zusammenhänge läßt sich also in Verbindung mit dem mathematischen Ansatz Gl. (3.2-47) zu jeder beliebigen Kombination von Auftriebsbeiwert C_A und Machzahl Ma der zugehörige Widerstandsbeiwert C_W des Flugzeugs bestimmen. Diese Aufgabe ist einfach lösbar, sowohl mit Hand- als auch mit Maschinenrechnung.

Damit sind die Voraussetzungen geschaffen, um auf der Basis von Flugversuchsdaten Flugleistungsrechnungen durchzuführen.

Anhang A

Ermittlung der Luftwerte

Unter den Luftwerten werden die Meßwerte der Versuchsparameter verstanden, die man zur Beschreibung des Strömungszustands am Ort des Flugzeugs benötigt. Diese Parameter sind der Druck und die Temperatur der Umgebungsluft sowie die Drehwinkel zwischen dem körperfesten und dem aerodynamischen Achsenkreuz. Im Bedarfsfall wird angenommen, daß diese Größen am Ort des Flugzeugs mit den entsprechenden Größen p_s, T_s, α und β der ungestörten Atmosphäre identisch ist.
Da das Luftfahrzeug die Strömung beeinflußt, registrieren die Sensoren die örtlichen Bedingungen im gestörten Feld. Um die Größen der idealisierten ungestörten Atmosphäre am Ort des Flugzeugs zu erhalten sind also Umrechnungen bzw. Korrekturen erforderlich.

Die Korrekturgrößen hängen vom Einbauort der Sensoren und dem Flugzustand ab und erfordern spezielle Kalibrierungen mittels besonderer Flugversuche, deren Behandlung jedoch über den Rahmen dieses Buches hinausgeht. Im folgenden werden deshalb nur die wichtigsten Zusammenhänge bereitgestellt, soweit ihre Kenntis als Arbeitsgrundlage für die Umrechnung der gemessenen Größen in die entsprechenden Größen der ungestörten Atmosphäre unumgänglich notwendig ist.

A.1 Statischer Druck

Der statische Umgebungsdruck p_s wird nach Definition für die Berechnung von Höhe und Fahrt benötigt und geht in die Luftdichte ein.

A.1.1 Messung des statischen Drucks

Sie erfolgt über spezielle Druckmeßbohrungen, die entweder normal zur Strömungsrichtung seitlich am Flugzeugrumpf angebracht oder mit dem Pitot-Rohr des Flugzeugs zu einem Prandtlschen Staurohr zusammengefaßt sind, s. Bild A.1. Der an einer solchen seitlichen Druckmeßbohrung aufgenommene Druck p_{si} wird als angezeigter statischer Druck bezeichnet. Vorn, im Staupunkt des Prandtl'schen Staurohrs, wird der Pitotdruck p_p registriert.

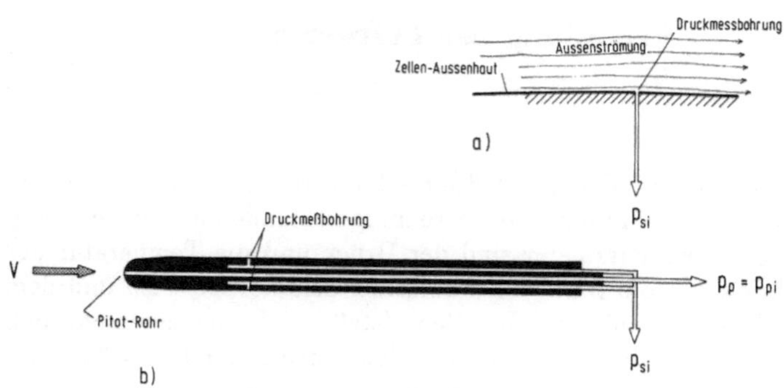

Bild A.1 a) Meßbohrung für den statischen Druck, b) Prandtl'sches Staurohr

Während der registriert Pitotdruck p_p die Verhältnsise in der ungestörten Strömung nahezu unverfälscht wiedergibt, also keine besonderen Korrekturen erfordert, ist die Statikdruckanzeige fehlerbehaftet: Die ankommende Strömung wird durch die Verdrängungseffekte am Flugzeug beeinflußt, so daß am Ende der Meßkette (an der Druckmeßbohrung) nicht der gesuchte wahre Statikdruck p_s der ungestörten Atmosphäre sondern der (örtliche) angezeigte statische Druck p_si zur Verfügung steht.

A.1.2 Statikdruckfehler

Die Differenz aus wahrem Statikdruck p_s und angezeigtem Statikdruck p_si ist in Übereinstimmung mit DIN 1319 (Fehler = falscher Wert minus richtiger Wert) als Statikdruckfehler definiert. Es gilt

$$\Delta p_\mathrm{s} = p_\mathrm{si} - p_\mathrm{s}\,. \tag{A-1}$$

Der Statikdruckfehler hängt neben dem Einbauort der Druckmeßbohrung vom angezeigten Statikdruck p_si, von dem angezeigten Auftreffdruck

$$q_\mathrm{ci} = p_\mathrm{p} - p_\mathrm{si} \tag{A-2}$$

und vom Anstellwinkel α ab. Statt α kann auch die Flugmasse m_F als Parameter gewählt werden, da zwischen diesen beiden Größen eine unmittelbare Abhängigkeit besteht.

Der Statikdruckfehler folgt demnach dem allgemeinen Zusammenhang

$$\Delta p_\mathrm{s} = \mathrm{f}\,(p_\mathrm{si},\ q_\mathrm{ci},\ \alpha) \tag{A-3a}$$

bzw.

$$\Delta p_s = f\,(p_{si},\ q_{ci},\ m_F)\,, \tag{A-3b}$$

der experimentell, über entsprechende Flugversuche, ermittelt werden muß.
Man erhält damit typische Kurvenscharen in der Form von Bild A.2

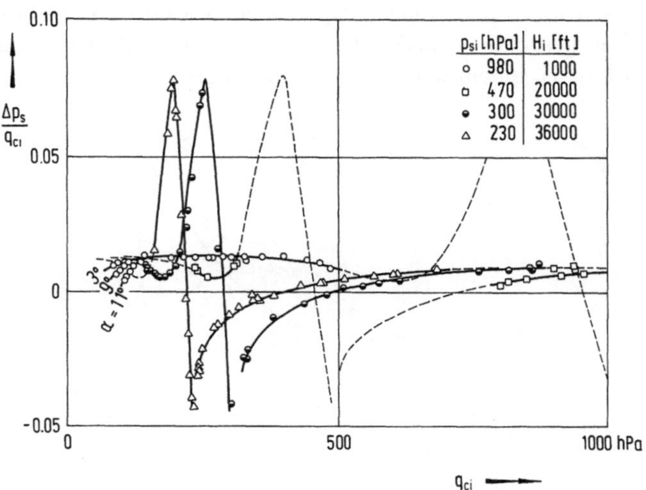

Bild A.2   Typischer Verlauf des Statikdruckfehlers in der Auftragung $\Delta p_s/q_{ci} = f\,(q_{ci}\,,p_{si})$

Der Drucksprung tritt dort auf, wo der Auftreffdruck q_{ci} der Schallgeschwindigkeit entspricht, also bei $Ma = 1$. Er verschiebt sich deshalb mit
abnehmenden p_{si} (zunehmender angezeigter Flughöhe H_i) zu kleineren
Auftreffdrücken, da die Machzahl vom Verhältnis q_{ci}/p_s abhängt, s. dazu
Gl. (B-8).
Der Einfluß von Anstellwinkel bzw. Flugmasse macht sich nur im Bereich
niedriger Fluggeschwindigkeiten, d.h. bei kleineren q_{ci} -Werten bemerkbar,
wie in Bild A.2 angedeutet ist.

Neben der in Bild A.2 gezeigten Darstellung des Druckfehlers findet häufig
auch die Auftragung nach Bild A.3 Anwendung. Diese hat den Vorteil, daß
die verschiedenen Parameterkurven p_{si} in einem einzigen Kurvenzug zusammenfallen.

Das schiefwinkelige Koordinatensystem baut zum einen auf dem Zusammenhang zwischen
q_c/p_s und Ma nach Gl. (B-7) zum anderen auf dem Zusammenhang zwischen p_{si}/q_{ci} (hier
ausgedrückt durch p_s/q_{ci}, $\Delta p_s/q_{ci}$) und Ma_i nach Gl. (B-8) auf. Mit Hilfe dieser Auftragung
kann sofort der Zusammenhang zwischen der angezeigten Machzahl Ma_i, der wahren Machzahl Ma und dem wahren statischen Druck p_s hergestellt werden für den Fall, daß Ma_i und
q_{ci} durch Flugmessung bekannt sind. Die Größe Ma_i wird meist nicht direkt gemessen
sondern aus q_{ci} und p_{si} berechnet, und zwar mittels Gl. (B-8).

In diesem Buch wird davon ausgegangen, daß die Kurven für den Statikdruckfehler des untersuchten Flugzeugs entweder in der Auftragung nach
Bild A.2 oder in der Auftragung nach Bild A.3 vorliegen.
Wir messen p_p, p_{si} und α (bzw. m_F). Mit p_p und p_{si} berechnen wird q_{ci}
anhand von Gl. (A-2). Zu q_{ci} und p_{si} finden wir Ma_i mittels Gl. (B-8). Dazu
lesen wir Δp_s aus der entsprechenden Kalibrierkurve ab.
Der gesuchte statische Druck p_s der ungestörten Atmosphäre folgt aus
Gl. (A-1), indem dort Δp_s und p_{si} eingesetzt wird.

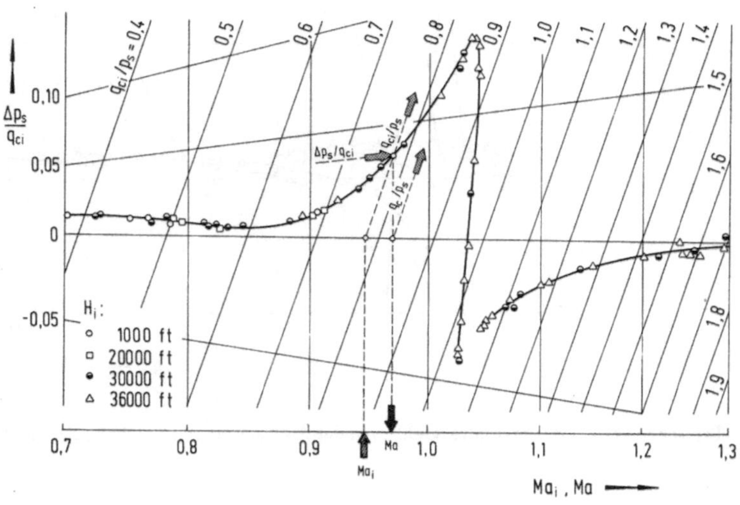

Bild A.3 Typischer Verlauf des Statikdruckfehlers in der Auftragung $\Delta p_s / q_{ci} = f(Ma_i)$

A.2 Statische Temperatur

Die Kenntnis der statischen Temperatur ist, wie die Kenntnis des statischen
Drucks, Voraussetzung für die Berechnung der Luftdichte und der Fahrt.

A.2.1 Messung der statischen Temperatur

Im Gegensatz zum statischen Druck ist die statische Temperatur T_s einer
Messung im Fluge nicht unmittelbar zugänglich. Messen läßt sich hier nur
die Gesamttemperatur (Ruhetemperatur) T_t, woraus T_s mit Hilfe der bekannten Beziehungen für die Staupunktströmung abgeleitet wird.
Die Messung der Gesamttemperatur erfolgt mittels einer Gesamttemperatursonde, s. Bild A.4, die seitlich an der Flugzeugzelle angeordnet ist.

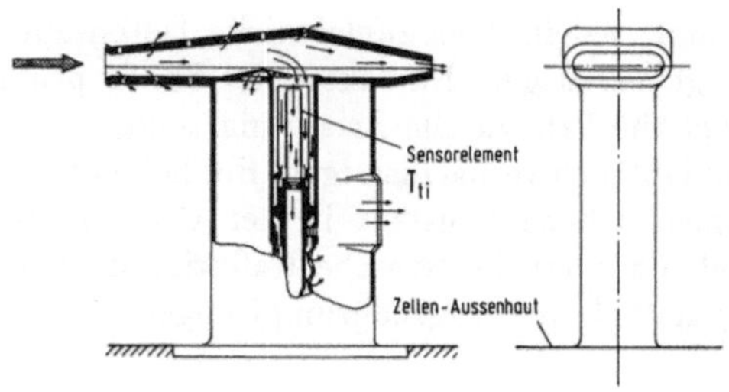

Bild A.4 Gesamttemperatursonde

Da die an der Sonde ankommende Strömung wieder den Verdrängungs-
effekten des Flugzeugs unterliegt, hängt die gemessene Gesamttemperatur
in erster Linie vom Einbauort der Sonde ab. Hinzu kommt, daß es trotz des
konstruktiven Aufwands nicht gelingt, die Luft am Sensorelement vollständig zum Stillstand zu bringen. Außerdem ist nicht zu vermeiden, daß ein
Teil der aufgestauten Wärme über die Leiter und Halterungen abfließt oder
durch Strahlung verloren geht, wodurch grundsätzlich eine etwas niedrigere
als die örtliche Stautemperatur registriert wird. Aus diesen Gründen steht
am Ende der Meßkette (am Sensorelement) nicht die tatsächliche Gesamttemperatur T_t der ungestörten Anströmung sondern die sogenannte angezeigte Gesamttemperatur T_{ti} zur Verfügung.

A.2.2 Wärmerückgewinnfaktor

Ausgangsbasis für die Korrektur der Temperaturmessung ist die Beziehung

$$\frac{T_t}{T_s} = 1 + \frac{\kappa - 1}{2}\, Ma^2 \tag{A-4}$$

für die isentrop verlaufende Staupunktströmung, die den Zusammenhang
zwischen der Machzahl Ma, der Totaltemperatur T_t und der Statiktempe-
ratur T_s herstellt.
Man hat sich darauf geeinigt, die verschiedenen Einflüsse auf die
Temperaturmessung durch Einführung des Wärmerückgewinnfaktors K zu
berücksichtigen und damit eine Beziehung zwischen T_s und den meßbaren
Größen T_{ti} und Ma_i mittels der Beziehung

$$T_s = \frac{T_{ti}}{1 + \dfrac{\kappa - 1}{2}\, K\, Ma_i^2} \tag{A-5}$$

herzustellen, in Analogie zu Gl. (A-4).

Man nennt den Wärmerückgewinnfaktor auch K-Faktor. Dieser wird
experimentell mittels entsprechender Flugversuche anhand von Gl. (A-5) be-

stimmt, welche hier zugleich die Definitionsgleichung ist. Der K-Faktor hängt neben dem Einbauort der Sonde primär von der Machzahl ab. Die Flughöhe hat, wie die Erfahrung zeigt, meist keinen ausgeprägten Einfluß und läßt sich vernachlässigen. Bei hohen Machzahlen ist der K-Faktor fast immer nahezu konstant in der Größenordnung zwischen 0.95 und 1.0. Bild A.5 zeigt die typische Kalibrierkurve für eine Totaltemperatursonde, die seitlich am Flugzeugrumpf angebracht ist.

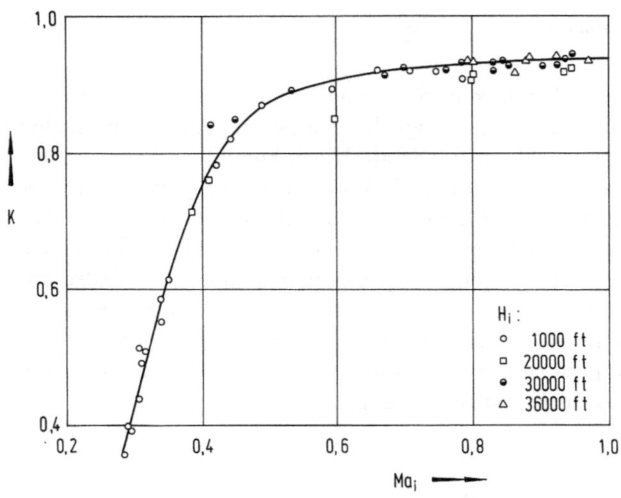

Bild A.5 Typischer Verlauf des K-Faktors als Funktion der angezeigten Machzahl

In der Literatur wird der K-Faktor öfters auch als Funktion der wahren Machzahl Ma definiert. Wenn man von Flugmeßdaten ausgeht, ist jedoch die Auftragung über der angezeigten Machzahl vorteilhafter als die Auftragung über der wahren Machzahl, da Ma_i entweder direkt gemessen wird oder aus den angezeigten Größen p_{si} und q_{ci} unmittelbar abgeleitet werden kann, s. Gl. (B-8). Um Ma zu bestimmen muß dagegen zusätzlich noch der Statikdruckfehler Δp_s bekannt sein.

Wir messen T_{ti}, p_p und p_{si}. Mit p_p und p_{si} wird q_{ci} anhand von Gl. (A-2) bestimmt. Mit q_{ci} und p_{si} erhalten wir Ma_i mittels Gl. (B-8). Zu Ma_i liest man K aus der Kalibrierkurve, vgl. Bild A.5, ab.
Die gesuchte statische Temperatur T_s der ungestörten Atmosphäre wird aus T_{ti} und K mit Gl. (A-5) berechnet.

A.3 Anstellwinkel

Der Anstellwinkel α legt die Drehlage des körperfesten Achsenkreuzes
(x, y, z) gegenüber dem experimentellen Achsenkreuz (x_e, y_e, z_e) fest,
s. Bild A.6. Das experimentelle Achsenkreuz ist gegenüber dem aerodynamischen Achsenkreuz (x_a, y_a, z_a) um den Schiebewinkel β verdreht.

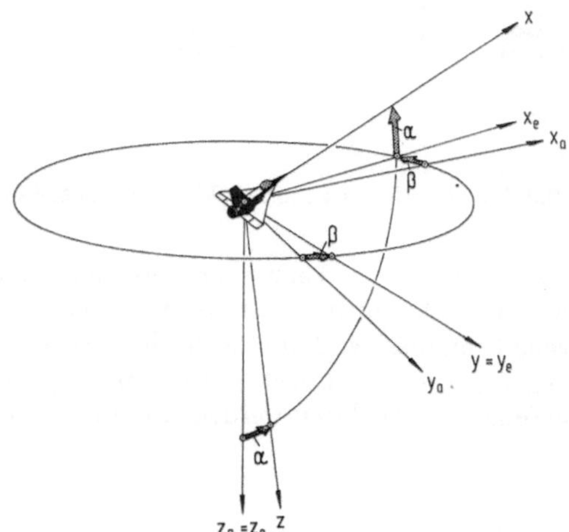

Bild A.6
Definition von Anstellwinkel
und Schiebewinkel

Da Schieben ein unkoordinierter Flugzustand ist, bei dem zusätzliche aerodynamische Widerstände am Flugzeug auftreten, werden Flugleistungs-
manöver stets unter der Bedingung durchgeführt, daß möglichst keine
Schiebezustände auftreten. Aus diesem Grunde ist bei allen Betrachtungen
in diesem Buch der Schiebewinkel β zu Null gesetzt, womit das experimentelle Achsenkreuz mit dem aerodynamischen Achsenkreuz zusammenfällt.

Bei der Flugleistungserprobung hat α besondere Bedeutung für die Transformation der Beschleunigungskomponenten vom körperfesten in das aerodynamische Achsenkreuz bei der Ermittlung von $\dot{e}$.

A.3.1 Messung des Anstellwinkels

Die Messung des Anstellwinkels erfolgt mittels seitlich am Rumpf ange-
brachter Meßflügel oder Meßkonen. Die Meßflügel, s. Bild A.7a), sind
schwenkbar und wirken als Windfahnen. Die Meßkonen, s. Bild A.7b), sind
drehbar und richten sich auf die Strömung aus, bis an den seitlichen Druckmeßbohrungen Kräftegleichgewicht herrscht.

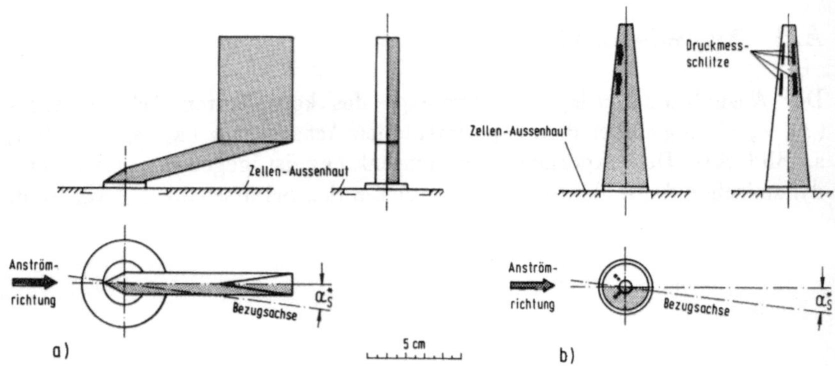

Bild A.7   Anstellwinkelsonde: a) Windfahne, b) Meßkonus

Eine solche Sonde kann allerdings immer nur die augenblickliche örtliche
Anströmrichtung anzeigen, welche durch die Verdrängungseffekte am Flugzeug beeinflußt wird, und nicht die gesuchte Richtung der freien Strömung
gegenüber der Längsachse des Flugzeugs, die als der wahre Anstellwinkel
definiert ist. Dadurch werden Korrekturen erforderlich.

A.3.2   Kalibrierfunktion

Der Zusammenhang zwischen dem wahren Anstellwinkel α und dem mittels
der Sonde registrierten Winkel α_S wird in Flugversuchen ermittelt.
Man erhält lineare Zusammenhänge in der Form von Bild A.8, welche sich
durch die Beziehung

$$\alpha = k_{1\alpha} + k_{2\alpha}\,\alpha_s \tag{A-6}$$

darstellen lassen. Die Größen $k_{1\alpha}$ und $k_{2\alpha}$ sind von der Machzahl Ma
abhängig, s. Bild A.9, schiebefreier Flugzustand ($\beta = 0^\circ$) vorausgesetzt.

Gl. (A-7) und Bild A.8 gelten allerdings in aller Strenge nur für stationäre
geradlinige Flugzustände. Bei dynamischen Manövern werden an der Sonde
zusätzliche Winkeländerungen hervorgerufen, welche sich mittels der
Beziehung

$$\alpha_S = \alpha_S^* - \Delta\alpha_{S\,\text{Nick}} - \Delta\alpha_{S\,\text{Roll}} - \Delta\alpha_{S\,\text{Biegung}} \tag{A-7}$$

erfassen bzw. korrigieren lassen. Hierin ist α_S^* die von der Sonde angezeigte, gemessene Strömungsrichtung.

Das Inkrement

$$\Delta\alpha_{S\ Nick} = arc\ sin\left(\frac{q\ r_{x\alpha}}{V}\right) \tag{A-8}$$

beschreibt die zusätzliche Winkeländerung, welche bei einem dynamischen Manöver um die Querachse y (Kurven oder Auf- und Abnicken) durch die senkrecht zur wahren Fluggeschwindigkeit V an der Sonde induzierte Geschwindigkeit $q\ r_{x\alpha}$ hervorgerufen wird, wobei q die Nickgeschwindigkeit und $r_{x\alpha}$ den Abstand der Sonde von der Drehachse bedeutet. Die Nickgeschwindigkeit q ist bei Aufnicken positiv definiert, $r_{x\alpha}$ wird in Flugrichtung nach vorn positiv gezählt.

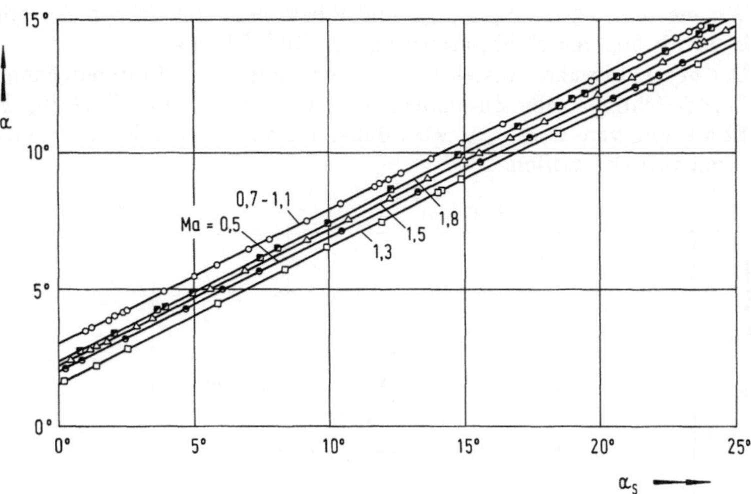

Bild A.8 Typische Kalibrierkurve von einer Anstellwinkelsonde

Analog stellt

$$\Delta\alpha_{S\ Roll} = arc\ sin\left(-\frac{p\ r_{y\alpha}}{V}\right) \tag{A-9}$$

die zusätzliche Winkeländerung bei einer Flugzeugbewegung um die Längsachse x (Rollen) dar, welche durch die senkrecht zur wahren Fluggeschwindigkeit V an der Sonde induzierte Geschwindigkeit $p\ r_{y\alpha}$ bewirkt wird, p ist die Rollgeschwindigkeit und $r_{y\alpha}$ der Abstand der Sonde von der Drehachse. Es ist p beim Rollen nach rechts positiv und $r_{y\alpha}$ nach links (in Flugrichtung gesehen) negativ definiert.

Die Größe

$$\Delta\alpha_{S\ Biegung} = f\ (n_z,\ \alpha,\ \varrho_s,\ V,\ x_S,\ y_S,\ z_S) \tag{A-10}$$

kommt vor allem bei Sonden zum Tragen, die an langen Nasenmasten, weit vor dem Drehpunkt installiert sind. Da sich die Zelle unter den Luftlasten und Massekräften verformt, findet eine Verdrehung des Sensors um den bezeichneten Betrag gegenüber dem körperfesten Achsenkreuz statt. Diese Verdrehung hängt vom Verlauf der resultierenden Biegelinie ab, der von Festigkeitsrechnungen her bekannt ist. Die Größe $\Delta\alpha_{S\,\text{Biegung}}$ wird entweder berechnet oder aus Tabellen entnommen. Die Größen x_S, y_S und z_S bezeichnen den Abstand der Sonde vom Bezugspunkt, n_z gibt das Lastvielfache in z-Richtung und ϱ_s die Dichte der Umgebungsluft an. Für α kann man näherungsweise die Größe α_S nach Gl. (A-7) einsetzen, die durch Messung bekannt ist.

Wir messen $\alpha^{*}_{S}, p, q, n_z, \varrho_s$ und V bzw. Ma. Die Größen $k_{1\alpha}$ und $k_{2\alpha}$ lesen wir aus den Kalibrierkurven, vgl. Bild A.9, ab.

Der gesuchte wahre Anstellwinkel α wird mittels Gl. (A-6) berechnet unter Berücksichtigung der Zusammenhänge von Gl. (A-7) bis Gl. (A-10). Für die Ermittlung von $\Delta\alpha_{S\,\text{Biegung}}$ wird dabei auf entsprechende Festigkeitsunterlagen zurückgegriffen.

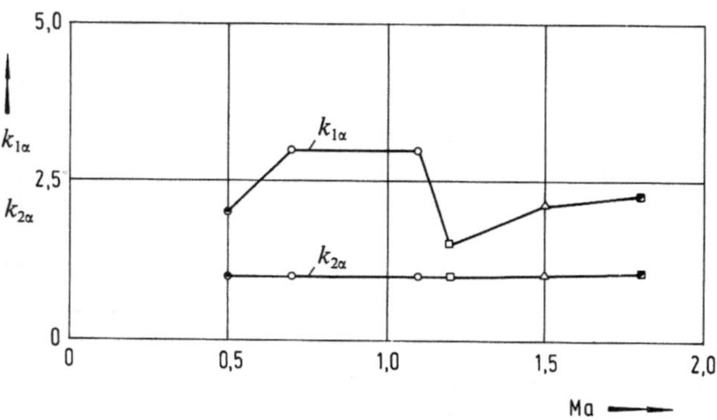

Bild A.9   Abhängigkeit der Größen $k_{1\alpha}$ und $k_{2\alpha}$ von der Machzahl

A.4   Schiebewinkel

Der Schiebewinkel β legt die Drehlage des aerodynamischen gegenüber dem experimentellen Achsenkreuz fest. Grundsätzlich sollen bei der Flugleistungserprobung die Versuchsmanöver so durchgeführt werden, das kein Schieben auftritt. Wir messen die Größen β lediglich, um diese Forderung zu überprüfen.

A.4.1 Messung des Schiebewinkels

Die Messung des Schiebewinkels erfolgt, wie die Anstellwinkelmessung, mit Hilfe von Meßflügeln oder Meßkonen, s. Bild A.7, die hier jedoch an der Ober- bzw. Unterseite des Rumpfes angebracht sind. Die Anzeige ist wieder durch die Rumpfumströmung verfälscht, was Korrekturen erforderlich macht.

A.4.2 Kalibrierfunktion

Der Zusammenhang zwischen dem wahren Schiebewinkel β und dem mittels der Sonde registrierten Winkel β_S wird durch Flugversuche ermittelt.

Analog zur Kalibrierung der Anstellwinkelsonde erhält man eine Kalibrierkurve für die Schiebewinkelsonde, welche sich durch den linearen Zusammenhang

$$\beta = k_{1\beta} + k_{2\beta}\,\beta_S \qquad (A-11)$$

wiedergeben läßt, s. Bild A.10. Die Größen $k_{1\beta}$ und $k_{2\beta}$ sind streng genommen von der Machzahl Ma abhängig. Sie können aber unter Mittelwertbildung meist als Konstante angenommen werden, da bei den kleinen Absolutwerten von β die Abweichungen vernachlässigbar klein sind.

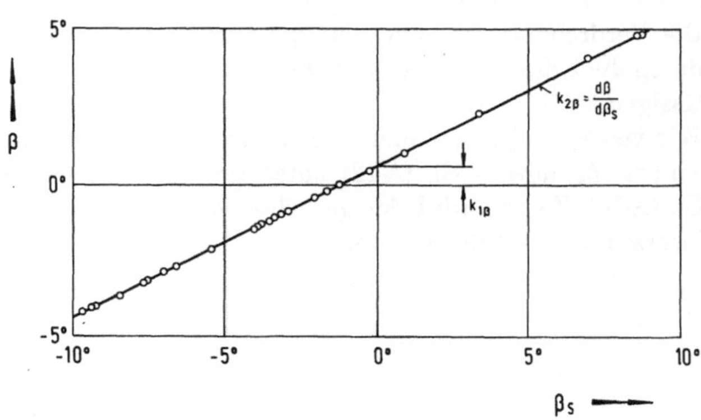

Bild A.10 Typische Kalibrierkurve von einer Schiebewinkelsonde

Gl. (A-11) und Bild A.10 gelten in aller Strenge nur für stationäre geradlinige Flugzustände bei konstantem Anstellwinkel α. Bei Drehbewegungen um die Hoch- und Längsachse werden an der Sonde wieder Geschwindigkeiten senkrecht zur Anströmgeschwindigkeit V induziert, welche zusätzliche Winkeländerungen bewirken. Diese lassen sich mittels der Beziehung

$$\beta_S = \beta_S^* - \Delta\beta_{S\,\text{Gier}} - \Delta\beta_{S\,\text{Roll}} \qquad\qquad (A\text{-}12)$$

kompensieren. Hierin ist β_S^* die von der Sonde angezeigte, gemessene Strömungsrichtung.

Das Inkrement

$$\Delta\beta_{S\,\text{Gier}} = \text{arc sin}\left(\frac{r\,r_{x\beta}}{V}\right) \qquad\qquad (A\text{-}13)$$

beschreibt die Schiebewinkeländerung, welche bei einer Gierbewegung (Bewegung um die Hochachse z) durch die induzierte Geschwindigkeit $r\,r_{x\beta}$ hervorgerufen wird, wobei r die Giergeschwindigkeit und $r_{x\beta}$ den Abstand der Sonde von der Drehachse bedeutet; r ist beim Gieren nach rechts positiv definiert; $r_{x\beta}$ wird in Flugrichtung nach vorn positiv gezählt.

Analog stellt

$$\Delta\beta_{S\,\text{Roll}} = \text{arc sin}\left(-\frac{p\,r_{z\beta}}{V}\right) \qquad\qquad (A\text{-}14)$$

die Schiebewinkelverfälschung bei einer Rollbewegung (Bewegung um die Längsachse x) dar, welche durch die induzierte Geschwindigkeit $p\,r_{x\beta}$ hervorgerufen wird. Es bedeutet p die Rollgeschwindigkeit, die beim Rollen nach rechts positiv definiert ist, und $r_{x\beta}$ den Abstand der Sonde von der Drehachse, der nach oben negativ gezählt wird.
Die Verdrehung der Sonde infolge einer seitlichen Biegung des Rumpfes durch die beim Schieben auftretenden Luftlasten läßt sich zumeist vernachlässigen.
Wir messen β_S^*, p, r und V bzw. Ma und bestimmen dazu den Sondenwinkel β_S mittels Gl. (A-12) unter Berücksichtigung von Gl. (A-13) und Gl. (A-14). Zu β_S wird der gesuchte wahre Schiebewinkel β an der Kalibrierkurve, vgl. Bild A.9, abgelesen.

Anhang B

Ermittlung der Flughöhe, Machzahl und Fluggeschwindigkeit

Höhe, Fluggeschwindigkeit und Machzahl sind abgeleitete Größen. Sie werden durch Druck- und Temperaturmessung bestimmt. Berechnungsgrundlage sind die bekannten Zusammenhänge der Strömungsmechanik bzw. Gasdynamik.

B.1 Flughöhe

In der Flugversuchstechnik wird ausschließlich mit der sogenannten (geopotentiellen) Druckhöhe H_p gearbeitet, welche die Höhe des Luftfahrzeugs gegenüber einer gewählten Niveaufläche in mittlerer Meereshöhe (Normalnull) beschreibt und unter Zugrundelegung der Normatmosphäre definiert ist.

Nach der Definition in [1] versteht man unter H_p diejenige geopotentielle Höhe H, die in der Normatmosphäre dem Luftdruck p_s an dem beachteten Punkt P zugeordnet ist. Die geopotentielle Höhe ist hierbei durch die Beziehung $H = 1/g_{n_0} \int^{H(P)} g(h)\, dh$ definiert, worin h die geometrische Höhe (gemessen entlang der durch P laufenden Schwerefeldlinie), $g(h)$ die Fallbeschleunigung als Funktion der geometrischen Höhe h und $g_n = 9{,}80665$ m/s² die Normfallbeschleunigung bedeutet.
Für die Normatmosphäre gibt es mehrere Definitionen. In der Flugversuchstechnik wird gewöhnlich die US-Standardatmosphäre nach [3] benutzt. Wir können uns jedoch ohne weiteres auch der deutschen Normatmosphäre nach [2] bedienen, die im wesentlichen mit der US-Standardatmosphäre übereinstimmt.

Man nimmt bei der Berechnung von H_p also an, daß der momentan im betrachteten Punkt P herrschende Luftdruck p_s der Normatmosphäre entspricht, womit eine einheitliche Grundlage für die Berechnung der Höhe sichergestellt ist.

Grundsätzlich wird in der Normatmosphäre zwischen mehreren Bereichen unterschieden. Für uns ist nur der Bereich von 0 bis 20 km Höhe von praktischem Interesse.

● Von 0 bis 11 km Höhe (entsprechend $p_s < 22632{,}04$ N/m²) wird angenommen, daß die statische Umgebungstemperatur T_s mit dem konstanten Gradienten $dT_s/dH_p = -0{,}0065$ K/m linear nach oben abnimmt. Damit gilt im betrachteten Höhenband für die Temperaturfunktion die Beziehung

$$T_s = T_n - 0{,}0065\, H_p , \tag{B-1}$$

worin $T_n = 288{,}15$ K die Normtemperatur (in mittlerer Meereshöhe bei $H_p = 0$) darstellt. Wir müssen hier H_p in m einsetzen und erhalten T_s in K. Die Druckhöhe H_p hängt bei einem vorgegebenen konstanten vertikalen Temperaturgradienten dT_s / dH_p allein vom statischen Umgebungsdruck p_s ab. Wir finden in [2] die Beziehung

$$H_p = - \frac{T_n}{dT_s/dH_p} \left[1 - \left(\frac{p_s}{p_n} \right)^{-\frac{R\, dT_s/dH_p}{g_n}} \right] , \tag{B-2}$$

worin $g_n = 9{,}80665$ m/s² die Normfallgeschwindigkeit, $R = 287{,}05287$ m²/s² K die Normgaskonstante der Umgebungsluft und $p_n = 1{,}01325\ 10^5$ N/m² den Normdruck (in mittlerer Meereshöhe) bezeichnet. Damit läßt sich Gl. (B-2) auch in der Form

$$H_p = \frac{1 - (p_s/101325{,}0)^{0{,}190263}}{2{,}2557696\ 10^{-5}} \tag{B-3}$$

anschreiben, worin p_s in N/m² einzusetzen ist.

● von 11 bis 20 km Höhe (entsprechend 22632,04 N/m² $< p_s <$ 5474,878 N/m²) wird eine konstante statische Temperatur angenommen, für die wegen Gl. (B-1)

$$T_s = 216{,}65\ K \tag{B-4}$$

zutrifft.

Für den Zusammenhang zwischen der Druckhöhe und dem Statikdruck bei konstanter Temperatur finden wir in [2] die Beziehung

$$H_p = H_A - \frac{R\, T_A}{g_n} \ln \frac{p_s}{p_A} . \tag{B-5}$$

Im hier betrachteten Höhenband gelten die Anfangsbedingungen $H_A = 11000$ m, $T_A = 216{,}65$ K und $p_A = 0{,}2263204\ 10^5$ N/m² , womit sich Gl. (B-5) in der Form

$$H_p = 11000{,}0 - 6341{,}713\ \ln \frac{p_s}{22632{,}04} \tag{B-6}$$

darstellen läßt. Wir setzen hier p_s in N/m² ein und erhalten H_p in m.

B.2 Machzahl

Die Machzahl läßt sich als Funktion des Auftreffdrucks q_c und des statischen Drucks p_s darstellen. Sie ist durch die nachfolgend beschriebenen Beziehungen festgelegt.

Wir unterscheiden in der Flugversuchstechnik zwischen der sogenannten wahren Machzahl und der angezeigten Machzahl: Die wahre Machzahl Ma wird mit den Größen q_c und p_s berechnet, welche nach Definition den Zustand der ungestörten Atmosphäre am Ort des Luftfahrzeugs repräsentieren. Die angezeigte Machzahl Ma_i erhält man, wenn man statt q_c und p_s die gemessenen Werte q_{ci} und p_{si} verwendet, die am Ende der jeweiligen Meßkette am Flugzeug auftreten. Die gleichungsmäßigen Zusammenhänge sind die selben.

- Für Unterschall, $Ma \leqslant 1$ (entsprechend $q_c/p_s \leqslant 0{,}892929$) gilt für die wahre Machzahl

$$Ma = \sqrt{\frac{2}{\kappa - 1}\left(\frac{q_c}{p_s} + 1\right)^{\frac{\kappa - 1}{2}} - 1} \qquad \text{(B-7)}$$

und für die angezeigte Machzahl

$$Ma_i = \sqrt{\frac{2}{\kappa - 1}\left(\frac{q_{ci}}{p_{si}} + 1\right)^{\frac{\kappa - 1}{2}} - 1}\,. \qquad \text{(B-8)}$$

- Für Überschall, $Ma \geqslant 1$ (entsprechend $q_c/p_s \geqslant 0{,}892929$) läßt sich der Zusammenhang zwischen Auftreffdruck, statischem Druck und Machzahl nicht mehr explizit nach der Machzahl auflösen. Für die wahre Machzahl gilt in diesem Bereich

$$\frac{q_c}{p_s} = \left(\frac{\kappa + 1}{2}\,Ma^2\right)^{\frac{\kappa}{\kappa - 1}}\left[1 + \frac{2\,\kappa}{\kappa + 1}\,(Ma^2 - 1)\right]^{\frac{\kappa}{1 - \kappa}} - 1\,. \qquad \text{(B-9)}$$

Der Zusammenhang für die angezeigte Machzahl stellt sich in der Form

$$\frac{q_{ci}}{p_{si}} = \left(\frac{\kappa + 1}{2}\,Ma_i^2\right)^{\frac{\kappa}{\kappa - 1}}\left[1 + \frac{2\,\kappa}{\kappa + 1}\,(Ma_i^2 - 1)\right]^{\frac{\kappa}{1 - \kappa}} - 1 \qquad \text{(B-10)}$$

dar.

Die Machzahl muß hier iterativ bestimmt werden. Für die Auswertung wird der Zusammenhang häufig in Tabellenform oder grafisch dargestellt, worin interpoliert werden kann.

Die Größen p_{si} und p_s bzw. q_{ci} und q_c sind dabei über den Statikdruckfehler untereinander verknüpft, der in Anhang A (Abschnitt A.1) behandelt ist.

Nach Gl. (A-1) gilt für den statischen Druck

$$p_s = p_{si} - \Delta p_s \,, \qquad\qquad (B\text{-}11)$$

woraus für den Auftreffdruck $q_c = p_p - p_s$ die Beziehung

$$q_c = q_{ci} + \Delta p_s \qquad\qquad (B\text{-}12)$$

folgt, worin definitionsgemäß $q_{ci} = p_p - p_{si}$ den angezeigten Auftreffdruck darstellt, $p_p = p_{pi}$ ist der gemessene Pitotdruck.

Wir messen p_{si} und q_{ci} und können dazu unmittelbar Ma_i mittels Gl. (B-8) bzw. Gl. (B-10) ausrechnen.

Die Berechnung von Ma setzt, wie oben bereits erkennbar, die Kenntnis des Statikdruckfehlers Δp_s voraus, der eine Funktion von p_{si}, q_{ci} und Ma_i ist, s. dazu Abschnitt A.1, insbesondere Bild A.2 und Bild A.3. Mit Δp_s werden anhand von Gl. (B-11) und Gl. (B-12) zunächst die Größen p_s und q_{ci} bestimmt. Es folgt Ma aus Gl. (B-7) bzw. Gl. (B-9).

B.3   Fluggeschwindigkeit

Die Fluggeschwindigkeit hängt neben dem statischen Druck und dem Auftreffdruck von der Temperatur der Umgebungsluft ab.
Bei der Ermittlung der Flugleistungen interessiert vor allem die ''wahre'' Fluggeschwindigkeit V. Nebenher wird in diesem Buch noch die sogenannte kalibrierte Gechwindigkeit oder Fahrt V_c verwendet.

V_c ist die Geschwindigkeit, die der Pilot vom Fahrtmesser abliest. Diese Größe ist auf den Normdruck und die Normtemperatur (in mittlerer Meereshöhe) bezogen. Der Fahrtmesser des Luftfahrzeugs ist nach der Definitionsgleichung von V_c kalibriert, s. Gl. (B-13) bzw. Gl. (B-15).

Die kalibrierte Geschwindigkeit V_c erhält man unter Verwendung von q_c, p_n und T_n, während man für die Berechnung von V die Größen q_c, p_s und T_s benötigt. Die gleichungsmäßigen Zusammenhänge sind die selben.

● Im Unterschallbereich gelten die nachfolgenden Beziehungen:

a) für die Fahrt im Bereich $V_c \leqslant a_n$ (entsprechend $q_c \leqslant 90476{,}0$ N/m²)

$$V_c = \sqrt{\frac{2\,a_n^2}{\kappa - 1}\left[\left(1 + \frac{q_c}{p_n}\right)^{\frac{\kappa - 1}{\kappa}} - 1\right]}\,. \qquad\qquad (B\text{-}13)$$

b) für die wahre Fluggeschwindigkeit im Bereich $V \leqslant a_n$ (entsprechend $q_c / p_s \leqslant 0.892929$)

$$V = \sqrt{\frac{2\,a_c^2}{\kappa - 1}\left[\left(1 + \frac{q_c}{p_s}\right)^{\frac{\kappa - 1}{\kappa}} - 1\right]}.\qquad\text{(B-14)}$$

● Im Überschallbereich lassen sich die Bestimmungsgleichungen nicht mehr explizit nach der Geschwindigkeit auflösen. Es gilt

a) für die Fahrt im Bereich $V_c \geqslant a_n$ (entsprechend $q_c \geqslant 90476{,}0$ N/m²)

$$q_c = p_n\left\{\left(\frac{\kappa + 1}{2}\,\frac{V_c^2}{a_n^2}\right)^{\frac{\kappa}{\kappa - 1}}\left[1 + \frac{2\,\kappa}{\kappa + 1}\left(\frac{V^2}{a_n^2} - 1\right)\right]^{\frac{1}{1 - \kappa}} - 1\right\}.\qquad\text{(B-15)}$$

b) für die wahre Fluggeschwindigkeit im Bereich $V \geqslant a_n$ (entsprechend $q_c/p_s \geqslant 0{,}892929$)

$$\frac{q_c}{p_s} = \left(\frac{\kappa + 1}{2}\,\frac{V^2}{a_c^2}\right)^{\frac{\kappa}{\kappa - 1}}\left[1 + \frac{2\,\kappa}{\kappa + 1}\left(\frac{V^2}{a_c^2} - 1\right)\right]^{\frac{1}{1 - \kappa}} - 1.\qquad\text{(B-16)}$$

Hierin stellt

$$a_n = \sqrt{\kappa\,R\,T_n} = 340{,}294\ \text{m/s}\qquad\text{(B-17)}$$

die Normschallgeschwindigkeit (in mittlerer Meereshöhe) dar, während

$$a_c = a = \sqrt{\kappa\,R\,T_s}\qquad\text{(B-18)}$$

nach [1] die sogenannte Eichschallgeschwindigkeit angibt.

$R = 287{,}05287$ m²/s² K ist die Normgaskonstante der Umgebungsluft, $p_n = 1{,}01325\ 10^5$ N/m² der Normdruck (in mittlerer Meereshöhe) und $\kappa = 1{,}4$ der Normwert des Verhältnisses der spezifischen Wärmekapazitäten.
Die wahre Fluggeschwindigkeit kann auch einfacher nach der Definitionsgleichung

$$V = a\,Ma\qquad\text{(B-19)}$$

berechnet werden, wenn die Machzahl *Ma* bekannt ist.

Literaturverzeichnis

1   Deutsche Luftfahrtnorm, Bezeichnungen in der Flugmechanik, LN 9300, Teil 1 (1970) und Teil 2 (1976).

2   Deutsche Normen, Normatmosphäre, DIN 5450 (1968).

3   US Standard Atmosphere 1962.

4   Brüning, G.; Hafer, X.: Flugleistungen. Berlin, Heidelberg, New York: Springer 1978.

5   Rosenberg, R.; Schuch, G.: Die M.C.A.-Methode, ein flugversuchstechnisches Verfahren zur Ermittlung des Schubes von Strahlflugzeugen im Fluge: z. Flugwiss. Weltraumforsch. 6 (1982), Heft 6, 383 ff.

Rosenberg, R.; Schuch, G.: The M.C.A. Method of Determining Thrust of Jet Aircraft in Flight: Journal of Aircraft, Volume 22, Number 10, 1985, 888 ff.

6   Schuch, G.: Ein auswertetechnisches Verfahren zur Berücksichtigung von Beschleunigungsänderungen bei der Startstreckenkorrektur von Strahlflugzeugen, interner Bericht BWB AFB LG IV 07/84.

7   Schlichting, H.; Truckenbrodt, E.: Aerodynahmik des Flugzeugs, Bd. 1 und 2, Springer Verlag, Berlin/Göttingen/Heidelberg.

8   Zierep, I.: Ähnlichkeitsgesetze und Modellregeln der Strömungslehre. Karlsruhe: Verlag G. Braun 1972.

9   Rosenberg, R.: Ein vereinfachtes flugversuchstechnisches Verfahren zur Ermittlung der Horizontalflugleistungen von Strahlflugzeugen, z. Flugwiss. 24 (1976), Heft 6, S. 350 ff.

10   Ascough, J.C.: Procedures for the measurement of engine thrust in flight, AGARD-Tagung, Porz-Wahn 11.-14.10.1976.

11   Truckenbrodt, E.: Strömungsmechanik, Springer Verlag, Berlin, Heidelberg, New York 1968.

12   Riedel, H.: Heckwiderstand: Luftfahrttechnisches Handbuch, Band Aerodynamik, LTH-Koordinierungsstelle der IABG, München.

13   Friedel, H.: Ermittlung des Schubes von TL-Triebwerken im Fluge: Luftfahrttechnisches Handbuch, Band Flugversuchstechnik, LTH-Koordinierungsstelle der IABG, München.

14   Zeidler, V.: Performance Assessment of an Advanced Reheated Turbo Fan Engine: AIAA/SETP/SFTE/SAE/ITEA/IEEE 1st Flight Testing Conference (AIAA-81-2447), Nov. 11 - 13, Las Vegas, Nevada.

15   Kohlberg, J.: Ermittlung von Auftriebs und Widerstandspolaren aus stationären und instationären Flugmanövern: Luftfahrttechnisches Handbuch, Band Flugversuchstechnik, LTH-Koordinierungsstelle der IABG, München.

Sachverzeichnis